BERTIES

ÜBUNGSBEISPIELE AUS DER WÄRMELEHRE

ÜBUNGSBEISPIELE AUS DER WÄRMELEHRE

VON ING. WERNER BERTIES

11., neubearbeitete Auflage

Mit 74 Bildern
einem *h,s-*, *h,x-* und lg *p,h*-Diagramm
sowie einer Zusammenstellung der Gleichungen

VEB FACHBUCHVERLAG LEIPZIG

ISBN-13: 978-3-528-94905-1 e-ISBN-13: 978-3-322-86353-9
DOI: 10.1007/978-3-322-86353-9

Softcover reprint of the hardcover 1st edition 1976
11. Auflage
Lizenznummer 114-210/27/76
LSV 3093
Verlagslektor: Sonja Klauß

Satz und Druck: VEB Druckhaus „Maxim Gorki", 74 Altenburg
Redaktionsschluß: 31. 3. 1976
Bestellnummer: 545 153 4
DDR 7,80 M

Vorwort

Die vorliegenden Übungsbeispiele aus der Wärmelehre sollen den Studenten der Ingenieurschulen das Eindringen in das Gebiet der Wärmelehre erleichtern. Auch der Ingenieur findet Anregungen, um Aufgaben, denen er in seiner praktischen Tätigkeit gegenübersteht, leichter lösen zu können.

Vor jedem Abschnitt ist daher kurz die Theorie des jeweiligen Teiles erläutert. Dann folgen zugeordnete Beispiele. Innerhalb der Beispiele befinden sich »Bemerkungen zum Lösungsgang«, die das Erfassen der gestellten Aufgaben erleichtern.

Weitestgehend wurden Größengleichungen angewendet. Wo noch Zahlenwertgleichungen notwendig sind, z. B. bei Näherungsformeln, sind neben der Gleichung die zu den jeweiligen Größen zugehörigen Einheiten in einem Kamm angegeben.

Der Schrägbruchstrich gilt bis zum nächsten Rechenzeichen, wie Multiplikations-, Additions-, Subtraktions- und Gleichheitszeichen.

Beispiel:

$$\dot{m} = \frac{p_1 V_1}{R T_1} = \frac{10^5 \mathrm{N/m^2} \cdot 250\ \mathrm{m^3/h}}{287\ \mathrm{Nm/kgK} \cdot 291\ \mathrm{K}} = 300\ \mathrm{kg/h}.$$

Zeitbezogene Größen werden durch Setzen eines Punktes über dem Formelzeichen gekennzeichnet, z. B. $\dot{m}$, $\dot{V}$. Welche Zeiteinheit einzusetzen ist, z. B. s oder h, ist dem Zusammenhang zu entnehmen.

Die Ergebnisse wurden mit dem Rechenstab errechnet. Im Anhang befinden sich 24 Tabellen, die zur Lösung der Beispiele erforderlich sind und auch zur Lösung von Aufgaben aus der Berufspraxis dienen können.

Die vorliegende Auflage wurde vollständig auf SI-Einheiten (Système International d'Unités) umgestellt.

Es ist zu empfehlen, zu jeder Gleichung die Einheitenprobe, wenn notwendig, beruhend auf den Basiseinheiten, durchzuführen. Als besondere Ergänzung wurde das Gebiet der »Feuchten Luft« mit Beispielen über das Nebelgebiet vervollkommnet.

Die Beispiele für den Wärmeübergang wurden so ausgewählt, daß die am meisten vorkommenden Fälle aus der Praxis berücksichtigt sind. Dem Studenten wird empfohlen, zunächst den ganzen Abschnitt Wärmeübergang und auch den Abschnitt Wärmestrahlung zu lesen, um sich einen Überblick zu verschaffen, und erst dann die Beispiele langsam durchzuarbeiten. Durch die Beherrschung der Wärmeübergangsvorgänge wird die Überdimensionierung von Heizflächen bzw. die Wahl von zu kleinen Heizflächen verhindert.

Sind in Berechnungen Entscheidungen zu treffen, wo Erfahrungswerte fehlen, so soll durch die Anwendung der hier erarbeiteten Grundlagen eine Bestimmung der notwendigen Größen ermöglicht werden. Die mit den Gleichungen für den Wärmeübergang ermittelten Werte haben bei richtiger Anwendung eine Fehlerquelle von 10 bis 20%. Die errechneten Heizflächen sind, je nach dem auftretenden Verschmutzungsgrad, um 20···30% zu vergrößern.

Anregungen aus der Praxis, die der weiteren Verbesserung dieses Buches dienen, nimmt der Verfasser gern entgegen.

Verfasser und Verlag

Inhaltsverzeichnis

1. Grundlagen

1.1. Allgemeines

1.1.1. Thermodynamisches System

Das thermodynamische System stellt einen abgrenzbaren Bereich dar, der durch vorhandene oder gedachte Wände gegen die Umgebung abgegrenzt ist.
Innerhalb der thermodynamischen Systeme werden nur die Wechselwirkungen an der Systemgrenze, Stoff- oder Energieaustausch, betrachtet.
Ein *geschlossenes System* ist dann vorhanden, wenn mit der Umgebung kein Stoffaustausch aber ein Energieaustausch stattfinden kann. Das geschlossene System ist massedicht.
Ein *offenes System* ist dann vorhanden, wenn mit der Umgebung ein Stoffaustausch und ein Energieaustausch stattfinden kann. Das offene System ist massedurchlässig.

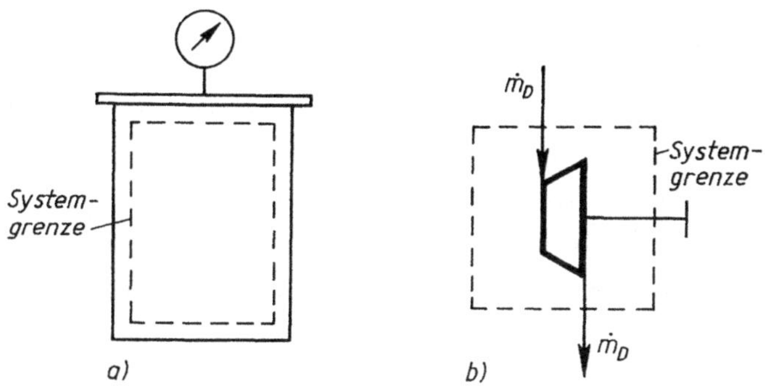

Bild 1

Beispiele für thermodynamische Systeme

a) *geschlossenes System* (massedicht)
Druckfester Dampfkochtopf (Bild 1a)
(Energietransport nur an der Systemgrenze in Form von Wärme möglich)

b) *offenes System* (massedurchlässig)

1. Turbine, wärmedicht (Bild 1b)
(außer dem massegebundenen Energietransport ist der Energietransport nur als technische Arbeit möglich)

2. Verbrennungsmotor, gekühlter Kompressor
(massegebundener Energietransport und Energietransport in Form von technischer Arbeit oder Wärme möglich)

3. Rohrleitung, Drosselorgan, Düse
(nur massegebundener Energietransport möglich)

Die Systembedingungen werden von den angegebenen technischen Beispielen meist nur näherungsweise erfüllt.

Festlegung der Vorzeichen (Q Wärme; W Arbeit):

Wird einem System Wärme zugeführt: $Q > 0$ (Vorzeichen also +)
Aus einem System Wärme abgeführt: $Q < 0$ (Vorzeichen also −)
Wird einem System Arbeit zugeführt: $W > 0$ (Vorzeichen also +)
Aus einem System Arbeit abgeführt: $W < 0$ (Vorzeichen also −)

Innerhalb der Beispiele befinden sich entsprechende Hinweise.

1.1.2. SI-Einheiten; Dichte, spezifisches Volumen

Die Einheiten im SI haben die Namen von verdienstvollen Forschern erhalten.
Newton (N), Joule (J), Watt (W), Pascal (Pa)

Es ist:

Kraft[1])	1 N	$= 1\ \text{kg m/s}^2$
Arbeit	1 Nm	$= 1\ \text{J} = 1\ \text{Ws} = 1\ \text{kg m}^2/\text{s}^2$
Leistung	1 Nm/s	$= 1\ \text{J/s} = 1\ \text{W} = 1\ \text{kg m}^2/\text{s}^3$
Druck[2])	1 Pa	$= 1\ \text{N/m}^2 = 1\ \text{kg/m s}^2$
	1 bar	$= 1 \cdot 10^5\ \text{N/m}^2 = 1 \cdot 10^5\ \text{kg/m s}^2$
	1 bar	= 1000 mbar (Millibar)
	1 mbar	$= 1 \cdot 10^2\ \text{N/m}^2$

Folgende Formelzeichen werden verwendet (vollständige Zusammenstellung befindet sich im Anhang):

m Masse in kg — $F = m\,a$ Kraft in N
V Volumen in m^3 — (a Beschleunigung in m/s^2)
w Geschwindigkeit in m/s — $G = m\,g$ Gewicht (Gewichtskraft) in N
T thermodynamische Temperatur (absolute Temp.) in K (Kelvin)
$t = T - 273$ K Temperatur in °C
(bei Temperaturdifferenzen ist 1 °C = 1 K)
p Druck in bar, mbar
p_b äußerer Luftdruck (Barometerstand) in bar, mbar

Gegenüber den bisher gebräuchlichen Einheiten bestehen folgende Umrechnungswerte (s. a. Tab. 24):

[1]) 1 kp = 9,806 65 N; 1 kp = 9,81 N (gerundet)

[2]) $1\ \text{kp/cm}^2 = 1 \cdot 10^4\ \text{kp/m}^2 = 0{,}981\ \text{bar} = 0{,}981 \cdot 10^5\ \text{N/m}^2 = 0{,}981 \cdot 10^5\ \text{kg/m s}^2$

Weiterhin ist:

760 Torr = 1,01325 bar, physikalische Atmosphäre (atm)
750,06 Torr = 1 bar

Die Druckeinheit Torr ist eine dem SI fremde Einheit und wird in den Beispielen nicht verwendet.
Die physikalische Atmosphäre wird nur zur Kennzeichnung des physikalischen Normzustandes (0 °C und 1,01325 bar) verwendet.

Dichte (Masse je Volumeneinheit)

$$\varrho = \frac{m}{V}$$

Innerhalb der Wärmelehre wird meist die Einheit kg/m^3 verwendet. Weitere mögliche Einheiten sind: kg/dm^3, kg/cm^3 oder g/cm^3.

Spezifisches Volumen (Volumen der Masseneinheit)

$$v = \frac{V}{m}$$

Innerhalb der Wärmelehre wird fast ausschließlich die Einheit m^3/kg verwendet.
Das spezifische Volumen v gibt an, welchen Raum 1 kg eines Stoffes (fest, flüssig oder gasförmig) einnimmt.

Zwischen dem spez. Volumen und der Dichte besteht folgender Zusammenhang:

$$v = \frac{1}{\varrho} \tag{1}$$

1.2. Gesetze von Gay-Lussac und Boyle-Mariotte

a) Gesetz von Gay-Lussac[1])

Bei unveränderlichem Druck verhalten sich die Volumina wie die absoluten Temperaturen.

Vorstellungsmäßig:

Ein reibungslos beweglicher Kolben mit Belastung bewegt sich in einem gasgefüllten Zylinder (Bild 2).

---

[1]) Die Gasgesetze beziehen sich auf ideales Gas. Ideales Gas ist ein Modellstoff, der nur in der Gasphase vorhanden ist und nicht verflüssigbar ist.
Die permanenten Gase, d. h. schwer verflüssigbaren Gase H_2, N_2, O_2 und He kommen dem Zustandsverhalten des idealen Gases in weiten Druck- und Temperaturbereichen sehr nahe.
Für hohe Drücke sind die empirisch ermittelten Gln. von *Kammerlingh-Onnes, Rudolf Plank* u. a. zu verwenden.

Voraussetzung: Druck p = konstant

$$\frac{V_1}{V_2} = \frac{T_1}{T_2} \quad \text{(Isobare)} \tag{2}$$

Bei konstantem Volumen verhalten sich die Drücke wie die absoluten Temperaturen.

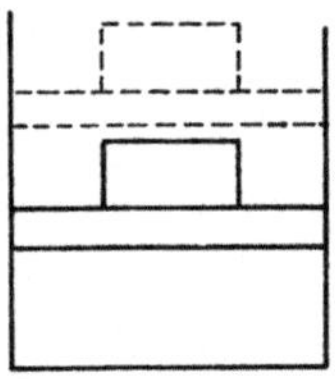

Bild 2

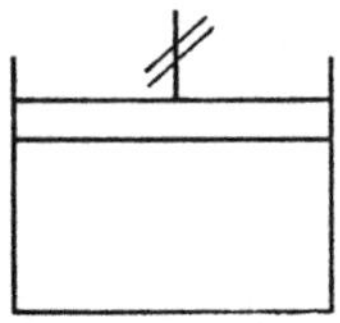

Bild 3

Vorstellungsmäßig:

Das Gas in einem Zylinder, dessen Kolben festgesetzt ist, wird erwärmt bzw. abgekühlt (Bild 3).

Voraussetzung: Volumen V = konstant

$$\frac{p_1}{p_2} = \frac{T_1}{T_2} \quad \text{(Isovolume oder Isochore)} \tag{3}$$

b) Gesetz von Boyle-Mariotte

Bei gleichbleibender Temperatur verhalten sich die Volumina umgekehrt wie die Drücke.

Vorstellungsmäßig:

Das eingeschlossene Gas in einem Zylinder wird von Wasser, dessen Temperatur konstant ist, so stark umspült, daß die Temperatur des Gases während der Kolbenbewegung konstant bleibt (Bild 4).

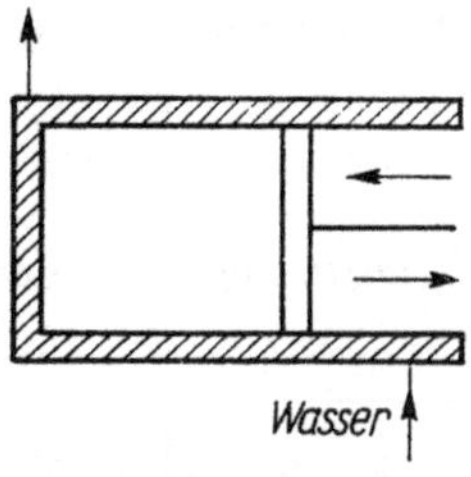

Bild 4

Voraussetzung: Temperatur T = konstant

$$\frac{p_1}{p_2} = \frac{V_2}{V_1} \quad \text{(Isotherme)} \tag{4}$$

Durch Zusammenfassung von a) und b) ergibt sich das allgemeine Gasgesetz:

$$\frac{p_1 V_1}{p_2 V_2} = \frac{T_1}{T_2} \tag{5}$$

Spezifisches Volumen v eingesetzt:

$$\frac{p_1 v_1}{p_2 v_2} = \frac{T_1}{T_2}$$

Es ist

$$\frac{p_1 v_1}{T_1} = \frac{p_2 v_2}{T_2} = R = \text{konstant}$$

Allgemein gilt:

$$\frac{pv}{T} = R$$

R spezifische Gaskonstante mit den möglichen Einheiten Nm/kg K, J/kg K oder kJ/kg K.
Jedes Gas hat einen bestimmten Wert, der für das betreffende Gas konstant ist, s. Tabelle 1.

1.3. Zustandsgleichung

Für 1 kg Gas:

$$pv = RT \tag{6}$$

Wird für $v = \frac{V}{m}$ eingesetzt, so ergibt sich die Zustandsgleichung für die Masse m eines Gases:

$$pV = mRT \tag{7}$$

1.4. Volumen im Normzustand (bei 0 °C und 1,013 bar)

Ein Normkubikmeter ist die Gasmasse, die im physikalischen Normzustand (0 °C und 1,013 bar = 760 Torr) das Volumen von 1 m³ einnimmt.
Das Normvolumen wird berechnet nach

$$V_0 = V \frac{p}{p_0} \frac{T_0}{T} \text{ [1]} \tag{8}$$

V_0 Volumen im Normzustand in m³ bei 0 °C und 1,013 bar
p_0 = 1,013 bar
T_0 = 273 K

---

[1]) Der Index 0 kennzeichnet den Normzustand (0 °C und 1,013 bar).

1.5. Absoluter Druck

Allgemein errechnet sich der Druck p in N/m² aus der Höhe h in m, der Dichte ϱ in kg/m³ und der Fallbeschleunigung $g = 9{,}81$ m/s².

$$p = h \varrho g$$

Die Manometer zeigen den Überdruck $\Delta p_{ü}$ in bar an.
Für die Gesetze der Wärmelehre ist jedoch maßgebend und muß stets eingesetzt werden: der absolute Druck.[1])
Wenn p_b der jeweilige Luftdruck (Barometerstand) ist, dann ist der absolute Druck ($\Delta p_{ü}$ Überdruck, Δp_u Unterdruck)

$$p = p_b + \Delta p_{ü}\,^{2)} \tag{9a}$$

$$p = p_b - \Delta p_u \tag{9b}$$

Anmerkung: Die Druckeinheit bar ist eine dem SI fremde Einheit.
Es wird angestrebt, das Bar durch das Megapascal (MPa) zu ersetzen.
Es ist:

$$1 \text{ bar} = 1 \cdot 10^5 \text{ N/m}^2 = 0{,}1 \cdot 10^6 \text{ N/m}^2 = 0{,}1 \text{ MPa}$$

Bei Umrechnungen ist

$$1 \text{ mm WS} = 9{,}80665 \text{ Pa}$$

Eine manchmal verwendete, aber nicht zu empfehlende Druckeinheit ist

Dekanewton/Quadratmeter = Dekapascal

$$10 \text{ N/m}^2 = 1 \text{ daN/m}^2 = 1 \text{ daPa}$$

Beispiele:

Bemerkungen zum Lösungsgang von Beispiel 1···8

Es ist der absolute Druck in bar zu bestimmen. Die Überdrücke bzw. Unterdrücke sind meist in anderen Einheiten angegeben (m WS ist eine dem SI fremde Einheit).
Es ist:

$$1 \text{ bar} = 1 \cdot 10^5 \text{ N/m}^2 \qquad 10{,}1972 \text{ m WS} \approx 10{,}2 \text{ m WS} = 1 \text{ bar}$$

$$1 \text{ bar} = 1000 \text{ mbar}$$

$$1 \text{ mbar} = 1 \cdot 10^2 \text{N/m}^2$$

1. Das Manometer eines Dampfkessels zeigt einen Überdruck von 9,2 bar an. Wie hoch ist der absolute Druck im Kessel, wenn der Luftdruck 1032 mbar beträgt?

---

[1]) Wenn nicht aus der Aufgabenstellung hervorgeht, daß der absolute Druck noch bestimmt werden muß, dann wird bei Druckangaben in den Beispielen immer der absolute Druck angegeben.
[2]) Wird der Luftdruck mit b in Torr angegeben, dann ist mit $b_b = 750$ Torr $= 1$ bar für p_b in den Gln. (9a) und (9b) zu setzen

$$p_b = \frac{b}{b_b}.$$

Lösung:

Nach Gl. (9a) ist der absolute Druck

$p_b = 1032\ \text{mbar} = 1{,}032\ \text{bar} \qquad \Delta p_ü = 9{,}2\ \text{bar}$

$$p = p_b + \Delta p_ü = (1{,}032 + 9{,}2)\ \text{bar} = 10{,}232\ \text{bar}$$

2. Bei einem Luftdruck von 1000 mbar ist in einer Gasleitung ein Überdruck von 7 mbar vorhanden.
Wie groß ist der absolute Druck in der Gasleitung?

Lösung:

Mit Gl. (9a) $p_b = 1000\ \text{mbar} = 1\ \text{bar} \qquad \Delta p_ü = 7\ \text{mbar}$

$$p = p_b + \Delta p_ü = 1\ \text{bar} + \frac{7\ \text{mbar}}{1000\ \text{mbar/bar}} = 1{,}007\ \text{bar}$$

oder, wenn der Überdruck in N/m² = Pa angegeben wird, mit 1 bar = $1 \cdot 10^5$ N/m²
$p_b = 1\ \text{bar} \qquad \Delta p_ü = 700\ \text{N/m}^2$

$$p = p_b + \Delta p_ü = 1\ \text{bar} + \frac{700\ \text{N/m}^2}{100000\ \text{N/m}^2\text{bar}} = 1{,}007\ \text{bar}$$

3. Bei einem Luftdruck von 981 mbar soll in einer Dampfheizung der Überdruck 0,1 bar betragen.

a) Welche Länge muß die Wassersäule im Sicherheitsstandrohr ohne Sicherheitszuschläge haben?

b) Wie groß ist der absolute Druck?

Lösung:

a) Da 10,2 m WS = 1 bar Überdruck ist, muß $l = 0{,}1 \cdot 10{,}2$ m WS = 1,02 m WS betragen.

b) Mit Gl. (9a) $\qquad p_b = 981\ \text{mbar} = 0{,}981\ \text{bar} \qquad \Delta p_ü = 0{,}1\ \text{bar}$

$$p = p_b + \Delta p_ü = 0{,}981\ \text{bar} + 0{,}1\ \text{bar} = 1{,}081\ \text{bar}$$

4. Bei einer Ölpumpe zeigt das Manometer einen Überdruck von 10 bar an. Wie hoch ist die Ölsäule, die diesem Druck entspricht, wenn die Dichte des Öles 0,9 kg/dm³ beträgt?

Lösung:

Für die Länge der Ölsäule gilt (s. ersten Abschnitt von 1.5.):

$\Delta p_ü = 10\ \text{bar} = 10 \cdot 10^5\text{N/m}^2 = 10 \cdot 10^5\ \text{kg/m s}^2 \qquad g = 9{,}81\ \text{m/s}^2$

$\varrho = 900\ \text{kg/m}^3$

$$l = \frac{\Delta p_ü}{g\varrho} = \frac{10 \cdot 10^5\ \text{kg/m s}^2}{9{,}81\ \text{m/s}^2 \cdot 900\ \text{kg/m}^3} = 113{,}3\ \text{m}$$

5. In einem Kondensator wurde bei einem Luftdruck von 972 mbar ein Unterdruck von 800 mbar = 600 Torr gemessen.

a) Wie groß ist der absolute Druck im Kondensator?

b) Wie groß ist das Vakuum in %?

Lösung:

a) Nach Gl. (9b)

$p_b = 972$ mbar $= 0{,}972$ bar $\qquad \Delta p_u = 800$ mbar $= 0{,}8$ bar

$$p = p_b - \Delta p_u = (0{,}972 - 0{,}8)\ \text{bar} = 0{,}172\ \text{bar}$$

Würde der Unterdruck mit $b = 600$ Torr angegeben sein, dann errechnet sich der Unterdruck in bar

$$\Delta p_u = \frac{b}{b_b} = \frac{600\ \text{Torr}}{750\ \text{Torr/bar}} = 0{,}8\ \text{bar}$$

b) $\text{Vakuum in } \% = \dfrac{\text{Unterdruck}}{\text{Luftdruck}} \cdot 100\% = \dfrac{800\ \text{mbar}}{972\ \text{mbar}} \cdot 100\% = 82{,}2\%$

6. In einer Niederdruckgasleitung herrscht ein Überdruck von 2000 N/m² bei einem Luftdruck von 1 bar.

a) Wie groß ist der Überdruck in bar?

b) Wie groß ist der absolute Druck in der Gasleitung?

Ergebnis: a) $\Delta p_ü = 0{,}02$ bar $\qquad$ b) $p = 1{,}02$ bar

7. In dem Kondensator einer Dampfmaschine soll ein Vakuum von 85% herrschen. Luftdruck 1025 mbar.
Wieviel Bar Unterdruck muß das Vakuummeter (Unterdruckmesser) anzeigen? Wie groß ist der absolute Druck?

Ergebnis: $p = 0{,}154$ bar $\qquad \Delta p_u = 0{,}872$ bar

8. Um in einem Gefäß einen Überdruck zu halten, mußte eine Quecksilbersäule von 60 cm Höhe und eine Wassersäule von 1,6 m Höhe in ein U-Rohr gefüllt werden. Der Luftdruck betrug 1013 mbar. Wie groß war der absolute Druck im Gefäß?

Ergebnis: $p = 1{,}967$ bar

Beispiele:

Verwendung der Gasgesetze: Isobare, Isotherme, Isochore, allgemeines Gasgesetz, Zustandsgleichung.

9. Am Fuße eines 40 m hohen Schornsteins beträgt die Abgastemperatur 270 °C, der Abgasvolumenstrom 5000 m³/h. Welches Volumen strömt in einer Stunde durch die Schornsteinmündung, wenn je m die Temperatur im Schornstein um 0,5 K sinkt?

Lösung:

Der Druckunterschied zwischen Schornsteinfuß und Mündung ist geringfügig, so daß konstanter Druck vorausgesetzt werden kann. Es gilt das Gesetz der Isobare, Gl. (2).

Die Temperatur des Gases in der Schornsteinmündung ist

$t_1 = 270\,°C$; $T_1 = 543$ K $l = 40$ m

$\Delta T = 0{,}5$ K/m $\dot{V}_1 = 5000$ m³/h

$$T_2 = T_1 - l\Delta T = 543\text{ K} - 40\text{ m} \cdot 0{,}5\text{ K/m} = 523\text{ K}; \quad t_2 = 250\,°\text{C}$$

Der Volumenstrom aus der Schornsteinmündung

$$\dot{V}_2 = \dot{V}_1 \frac{T_2}{T_1} = \frac{5000\text{ m}^3/\text{h} \cdot 523\text{ K}}{543\text{ K}} = 4820\text{ m}^3/\text{h}$$

10. In einem geschlossenen Gefäß befindet sich Luft mit einem Druck von 1,06 bar und einer Temperatur von 57 °C. Welcher Druck stellt sich im Gefäß ein, wenn der Inhalt auf 17 °C abgekühlt wird?

Lösung:

Volumen ist konstant, Isochore, Gl. (3)

$p_1 = 1{,}06$ bar $t_1 = 57\,°C$; $T_1 = 330$ K

$t_2 = 17\,°C$; $T_2 = 290$ K

$$p_2 = p_1 \frac{T_2}{T_1} = 1{,}06\text{ bar} \cdot \frac{290\text{ K}}{330\text{ K}} = 0{,}932\text{ bar}$$

11. In einem Glockengasbehälter befinden sich 8000 m³ Gas mit einer Temperatur von 15 °C bei einem Luftdruck von 981 mbar. Durch Sonneneinstrahlung steigt die Temperatur auf 25 °C bei einem Luftdruck von 1000 mbar. Wieviel Kubikmeter Gas sind dann im Behälter?

Lösung:

Druck, Volumen und Temperatur ändern sich. Allgemeines Gasgesetz, Gl. (5)

$V_1 = 8000$ m³ $p_1 = 0{,}981$ bar $t_1 = 15\,°C$; $T_1 = 288$ K

$p_2 = 1$ bar $t_2 = 25\,°C$; $T_2 = 298$ K

Das Endvolumen ist

$$V_2 = V_1 \frac{p_1}{p_2} \frac{T_2}{T_1} = \frac{8000\text{ m}^3 \cdot 0{,}981\text{ bar} \cdot 298\text{ K}}{1\text{ bar} \cdot 288\text{ K}} = 8120\text{ m}^3$$

12. Unter einem gewichtsbelasteten (G = konstant) Kolben befinden sich 0,3 m³ Gas mit einem Druck von 3 bar bei einer Temperatur von 20 °C. Wie hoch steigt die Temperatur, wenn durch Wärmezufuhr das Volumen auf 0,5 m³ steigt?

Lösung:

Druck bleibt konstant. Isobare, Gl. (2)

$V_1 = 0{,}3\ \text{m}^3 \qquad V_2 = 0{,}5\ \text{m}^3 \qquad t_1 = 20\,°\text{C}; \qquad T_1 = 293\ \text{K}$

$$T_2 = T_1 \frac{V_2}{V_1} = \frac{293\ \text{K} \cdot 0{,}5\ \text{m}^3}{0{,}3\ \text{m}^3} = 488\ \text{K}; \quad t_2 = 215\,°\text{C}$$

13. 0,028 m³ Luft werden bei unveränderlicher Temperatur von 0,95 bar auf 5 bar verdichtet. Wie groß ist dann das Volumen?

Lösung:

Temperatur bleibt konstant. Isotherme, Gl. (4).

$V_1 = 0{,}028\ \text{m}^3 \qquad p_1 = 0{,}95\ \text{bar} \qquad p_2 = 5\ \text{bar}$

$$V_2 = \frac{V_1 p_1}{p_2} = \frac{0{,}028\ \text{m}^3 \cdot 0{,}95\ \text{bar}}{5\ \text{bar}} = 0{,}005\,32\ \text{m}^3 = 5{,}32\ \text{l}$$

14. Ein Luftspeicherbehälter mit einem Volumen von 7 m³ soll von einem Kompressor bei einem Luftdruck von 1 bar auf einen Druck von 8 bar gepumpt werden.
Die Anfangstemperatur und Endtemperatur beträgt 20 °C. Das Fördervolumen des Kompressors beträgt 240 m³/h mit einer Temperatur von 20 °C.
Wieviel Minuten muß der Kompressor laufen, um den geforderten Druck zu erreichen?

1. Lösung:

Die Temperaturen vor und nach der Verdichtung sind gleich. Es gilt das Gesetz der Isotherme.
Die im Behälter nach der Verdichtung eingeschlossene Luft (Zustand *2*) hat vor der Verdichtung nach Gl. (4) das Volumen

$p_1 = 1\ \text{bar} \qquad p_2 = 8\ \text{bar} \qquad V_2 = 7\ \text{m}^3 \qquad \dot{V} = 240\ \text{m}^3/\text{h}$

$$V_1 = \frac{V_2 p_2}{p_1} = \frac{7\ \text{m}^3 \cdot 8\ \text{bar}}{1\ \text{bar}} = 56\ \text{m}^3$$

Hiervon waren vor der Verdichtung bereits 7 m³ im Behälter vorhanden. Vom Kompressor sind also zu fördern

$$V_{\text{Ko}} = V_1 - V_2 = (56 - 7)\ \text{m}^3 = 49\ \text{m}^3$$

Die Laufzeit des Kompressors ist dann

$$z = \frac{V_{\text{Ko}}}{\dot{V}} = \frac{49\ \text{m}^3 \cdot 3\,600\ \text{s/h}}{[illegible]} = 736\ \text{s} \approx 12{,}3\ \text{min}$$

2. Lösung (mit m gerechnet):

Die Luftmasse im Behälter beim Zustand *2* (8 bar, 20 °C) und beim Zustand *1* (1 bar, 20 °C) wird ermittelt. Der Unterschied ist vom Kompressor zu liefern.

Die Errechnung der Luftmasse erfolgt nach der Zustandsgleichung (7). Das Volumen ist in beiden Fällen $V_2 = 7\ \mathrm{m}^3$ bei 20 °C.

$t = 20\,°\mathrm{C}$; $T = 293\ \mathrm{K}$ $\quad R = 287\ \mathrm{Nm/kg\ K}$ (Tab. 1)

$$m_{\mathrm{Ko}} = m_2 - m_1 = \frac{p_2 V_2}{RT} - \frac{p_1 V_2}{RT} = \frac{(p_2 - p_1)\,V_2}{RT}$$

$$= \frac{(8-1)\,10^5\ \mathrm{N/m^2} \cdot 7\ \mathrm{m^3}}{287\ \mathrm{Nm/kg\ K} \cdot 293\ \mathrm{K}} = 58{,}2\ \mathrm{kg}$$

Der geförderte Luftmassenstrom des Kompressors ist

$$\dot{m} = \frac{p_1}{RT} = \frac{1 \cdot 10^5\ \mathrm{N/m^2} \cdot 240\ \mathrm{m^3/h}}{287\ \mathrm{Nm/kg\ K} \cdot 293\ \mathrm{K}} = 285{,}4\ \mathrm{kg/h}$$

Die Laufzeit des Kompressors ist dann

$$z = \frac{m_{\mathrm{Ko}}}{\dot{m}} = \frac{58{,}2\ \mathrm{kg} \cdot 3\,600\ \mathrm{s/h}}{285{,}4\ \mathrm{kg/h}} = 736\ \mathrm{s}\ \text{(wie bei Lösung 1)}$$

15. Die Dichte der Luft beträgt im Normzustand $\varrho_0 = 1{,}293\ \mathrm{kg/m^3}$. Wie groß ist die Dichte bei 20 °C und einem Luftdruck von 1013 mbar?

Lösung:

Beide Barometerstände sind gleich. Isobare, Gl. (2)

$t_0 = 0\,°\mathrm{C}$; $T_0 = 273\ \mathrm{K}$ $\quad t = 20\,°\mathrm{C}$; $T = 293\ \mathrm{K}$ $\quad \varrho_0 = 1{,}293\ \mathrm{kg/m^3}$

Spezifisches Volumen eingesetzt

$$\frac{v_0}{v} = \frac{T_0}{T}$$

Mit Einsetzung von Gl. (1) wird die Dichte

$$\frac{\frac{1}{\varrho_0}}{\frac{1}{\varrho}} = \frac{T_0}{T};\quad \frac{\varrho}{\varrho_0} = \frac{T_0}{T};\quad \varrho = \varrho_0 \frac{T_0}{T} = \frac{1{,}293\ \mathrm{kg/m^3} \cdot 273\ \mathrm{K}}{293\ \mathrm{K}} = 1{,}205\ \mathrm{kg/m^3}$$

16. Wieviel Kilogramm Luft sind in einem Raum mit einem Volumen von $30\ \mathrm{m}^3$ bei einer Temperatur von 20 °C und einem Druck von 1 bar, wenn $R = 287\ \mathrm{Nm/kg\ K}$ ist?

Lösung:

Nach Zustandsgleichung (7)

$t = 20\,°\mathrm{C}; \quad T = 293\ \mathrm{K} \qquad V = 30\ \mathrm{m}^3$

$p = 1\ \mathrm{bar} = 1 \cdot 10^5\ \mathrm{N/m}^2 \qquad R = 287\ \mathrm{Nm/kg\,K}$

$$m = \frac{pV}{RT} = \frac{1 \cdot 10^5\ \mathrm{N/m}^2 \cdot 30\ \mathrm{m}^3}{287\ \mathrm{Nm/kg\,K} \cdot 293\ \mathrm{K}} = 35{,}7\ \mathrm{kg}$$

17. In einem Behälter befinden sich 0,07 m³ Gas unter einem Druck von 3 bar. Wie hoch steigt der Druck, wenn das Volumen auf 10 l verringert wird und die Temperatur sich nicht ändert?

Lösung:

Temperatur ist konstant. Isotherme, Gl. (4)

$V_1 = 0{,}07\ \mathrm{m}^3 \qquad V_2 = 0{,}01\ \mathrm{m}^3 \qquad p_1 = 3\ \mathrm{bar}$

$$p_2 = p_1 \frac{V_1}{V_2} = \frac{3\ \mathrm{bar} \cdot 0{,}07\ \mathrm{m}^3}{0{,}01\ \mathrm{m}^3} = 21\ \mathrm{bar}$$

18. Bei einem Luftdruck von 973 mbar nimmt ein Gas bei einer Temperatur von 20 °C einen Raum von 3 m³ ein. Wie groß ist das Volumen im Normzustand?

Lösung:

Druck, Volumen und Temperatur ändern sich. Allgemeines Gasgesetz, Gl. (5)

$V = 3\ \mathrm{m}^3 \qquad p = 973\ \mathrm{mbar} \qquad t = 20\,°\mathrm{C}; \quad T = 293\ \mathrm{K}$

$p_0 = 1013\ \mathrm{mbar} \qquad t_0 = 0\,°\mathrm{C}; \quad T_0 = 273\ \mathrm{K}$

$$\frac{p_1 V_1}{p_2 V_2} = \frac{T_1}{T_2}; \quad \frac{p_0 V_0}{pV} = \frac{T_0}{T}; \quad V_0 = V \frac{p T_0}{p_0 T} \qquad \text{[s. Gl. (8)]}$$

$$V_0 = 3\ \mathrm{m}^3 \frac{973\ \mathrm{mbar} \cdot 273\ \mathrm{K}}{1013\ \mathrm{mbar} \cdot 293\ \mathrm{K}} = 2{,}685\ \mathrm{m}^3$$

19. Auf einem Kolben von 400 mm Dmr. ruht eine Last (Masse) von 3000 kg. Im Zylinder befinden sich 2,12 kg Luft mit 18 °C. Durch Wärmezufuhr steigt das Volumen auf das Doppelte des ursprünglichen Volumens. Luftdruck 1006 mbar.

a) Welche Temperatur herrscht dann im Zylinder?

b) Wie groß ist das spezifische Volumen im Zustand *2*?

c) Wie groß ist die Dichte im Zustand *1* und *2*?

Lösung:

a) Da der Druck konstant ist, gilt das Gesetz der Isobare, Gl. (2).

$d \quad = 0{,}4\ \text{m};\ A = 0{,}1257\ \text{m}^2 \qquad t_1 = 18\,^\circ\text{C};\ \ T_1 = 291\ \text{K}$

$m_{\text{La}} = 3000\ \text{kg} \qquad R = 287\ \text{Nm/kg K}$

$p_\text{b} \quad = 1{,}006\ \text{bar} \qquad m = 2{,}12\ \text{kg}$

Die durch die Last (Masse) ausgeübte Kraft beträgt

$$F = m_{\text{La}}g = 3000\ \text{kg} \cdot 9{,}81\ \text{m/s}^2 = 29430\ \text{kg m/s}^2 = 29430\ \text{N}$$

Der absolute Druck ist mit Gl. (9a)

$$p = p_\text{b} + \Delta p_\text{ü} = p_\text{b} + \frac{F}{A} = 1{,}006\ \text{bar} + \frac{29430\ \text{N}}{0{,}1257\ \text{m}^2 \cdot 10^5\ \text{N/m}^2\text{bar}}$$

$$= 3{,}34\ \text{bar} = 3{,}34 \cdot 10^5\ \text{N/m}^2$$

Das Anfangsvolumen ist mit Gl. (7)

$$V_1 = \frac{mRT_1}{p} = \frac{2{,}12\ \text{kg} \cdot 287\ \text{Nm/kg K} \cdot 291\ \text{K}}{3{,}34 \cdot 10^5\ \text{N/m}^2} = 0{,}532\ \text{m}^3$$

Das Endvolumen

$$V_2 = 2 \cdot V_1 = 2 \cdot 0{,}532\ \text{m}^3 = 1{,}064\ \text{m}^3$$

Aus Gl. (2) ist die Endtemperatur

$$T_2 = T_1 \frac{V_2}{V_1} = \frac{291\ \text{K} \cdot 1{,}064\ \text{m}^3}{0{,}532\ \text{m}^3} = 291\ \text{K}\,\frac{2}{1} = 582\ \text{K};\quad t_2 = 309\,^\circ\text{C}$$

b) Das spezifische Volumen im Zustand 2 ist

$$v_2 = \frac{V_2}{m} = \frac{1{,}064\ \text{m}^3}{2{,}12\ \text{kg}} = 0{,}502\ \text{m}^3/\text{kg}$$

c) Die Dichten sind [s. Gl. (12)]

$$\varrho_1 = \frac{m}{V_1} = \frac{2{,}12\ \text{kg}}{0{,}532\ \text{m}^3} = 3{,}99\ \text{kg/m}^3$$

$$\varrho_2 = \frac{m}{V_2} = \frac{1}{v_2} = \frac{1}{0{,}502\ \text{m}^3/\text{kg}} = 1{,}995\ \text{kg/m}^3$$

20. Eine Gasometerglocke faßt 30000 m³ Gas bei 20 °C und einem Barometerstand von 1000 mbar. Das Gewicht der Glocke ist so bemessen, daß ein Überdruck von

260 mm WS herrscht. Der Glockendurchmesser beträgt 40 m. Gaskonstante des Gases $R_G = 683$ Nm/kg K (Bild 5).

a) Wie groß ist das Gewicht und die Masse der Glocke, wenn der Auftrieb des eingetauchten Glockenrandes vernachlässigt wird?

b) Welche Gasmasse befindet sich unter der Glocke?

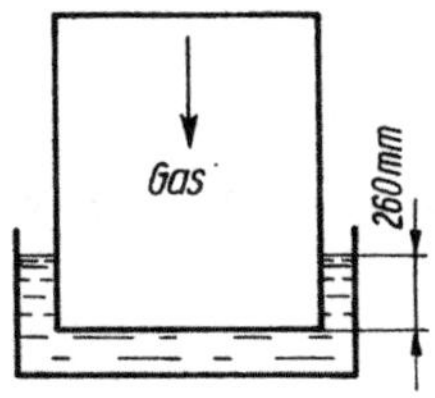

Bild 5

Lösung:

Die vertikalen Kräfte, das Gewicht der Glocke und die vom Gas ausgeübte Kraft = Kreisfläche mal Überdruck stehen im Gleichgewicht.

a) Das Glockengewicht (Gewichtskraft)

$\Delta p_{ü} = 0{,}26$ m WS $\qquad d = 40$ m; $\quad A = 1257\ \text{m}^2$

$$\Delta p_{ü} = \frac{0{,}26 \text{ m WS}}{10{,}2 \text{ m WS/bar}} = 0{,}0255 \text{ bar} = 0{,}0255 \cdot 10^5 \text{ N/m}^2 = 2550 \text{ N/m}^2$$

$$G_{Gl} = A \Delta p_{ü} = 1257 \text{ m}^2 \cdot 2550 \text{ N/m}^2 = 3200000 \text{ N}$$

Die Masse der Glocke

$$m_{Gl} = \frac{G_{Gl}}{g} = \frac{3200000 \text{ N}}{9{,}81 \text{ m/s}^2} = \frac{3200000 \text{ kg m/s}^2}{9{,}81 \text{ m/s}^2} = 327000 \text{ kg} = 327 \text{ t}$$

(Wird das Glockengewicht in daN angegeben, dann ist der Zahlenwert gegenüber der Masse in kg nur um $\approx 2\%$ unterschiedlich.)

b) Gasmasse

$R_G = 683$ Nm/kg K $\qquad V = 30000\ \text{m}^3$

$p_b = 1$ bar $\qquad t = 20\,°\text{C}; \quad T = 293$ K

Der absolute Druck ist mit Gl. (9a)

$$p = p_b + \Delta p_{ü} = 1 \text{ bar} + 0{,}0255 \text{ bar} = 1{,}0255 \text{ bar}$$

Aus Gl. (7) ist dann die Gasmasse

$$m = \frac{pV}{R_G T} = \frac{1{,}0255 \cdot 10^5 \text{ N/m}^2 \cdot 30000 \text{ m}^3}{683 \text{ Nm/kg K} \cdot 293 \text{ K}} = 15370 \text{ kg}$$

21. Welche Dichte hat Kohlendioxid (CO_2) im Normzustand? Gaskonstante $R = 189$ Nm/kg K

Lösung:

Nach Zustandsgl. (6), mit Einsetzung von Gl. (1), s. a. Gl. (12)

$p_0 = 1{,}013 \text{ bar} = 1{,}013 \cdot 10^5 \text{ N/m}^2 \qquad R = 189 \text{ Nm/kg K}$

$t_0 = 0\,°\text{C}; \quad T_0 = 273 \text{ K}$

$$p_0 \frac{1}{\varrho_0} = RT_0$$

$$\varrho_0 = \frac{p_0}{RT_0} = \frac{1{,}013 \cdot 10^5 \text{ N/m}^2}{189 \text{ Nm/kg K} \cdot 273 \text{ K}} = 1{,}965 \text{ kg/m}^3$$

22. Eine Sauerstoffflasche hat ein Volumen von 40 l. Bei einem Luftdruck von 1000 mbar und einer Temperatur von 20 °C beträgt der Überdruck 90 bar.
Wie groß ist die in der Flasche befindliche Sauerstoffmasse, wenn die Gaskonstante des Sauerstoffs $R = 259{,}9$ Nm/kg K ist?

Lösung:

Der absolute Druck ist nach Gl. (9a)

$p_b = 1 \text{ bar} \qquad t = 20\,°\text{C}; \quad T = 293 \text{ K} \qquad V = 0{,}04 \text{ m}^3$

$\Delta p_ü = 90 \text{ bar} \qquad R = 259{,}9 \text{ Nm/kg K}$

$$p = p_b + \Delta p_ü = 1 \text{ bar} + 90 \text{ bar} = 91 \text{ bar}$$

Die in der Flasche befindliche Sauerstoffmasse ist mit Gl. (7)

$$m = \frac{pV}{RT} = \frac{91 \cdot 10^5 \text{ N/m}^2 \cdot 0{,}04 \text{ m}^3}{259{,}9 \text{ Nm/kg K} \cdot 293 \text{ K}} = 4{,}8 \text{ kg}$$

23. Wie groß ist das Volumen einer Sauerstoffflasche zu bemessen, die bei einem Druck von 100 bar und einer Temperatur von 25 °C eine Sauerstoffmasse aufnimmt, die auf 1,1 bar bei 18 °C entspannt einen Raum von 1 m³ einnimmt?

Lösung:

Nach Zustandsgleichung (7)

$p_1 = 100 \text{ bar} = 100 \cdot 10^5 \text{ N/m}^2 \qquad p_2 = 1{,}1 \text{ bar} = 1{,}1 \cdot 10^5 \text{ N/m}^2$

$t_1 = 25\,°\text{C}; \quad T_1 = 298 \text{ K} \qquad t_2 = 18\,°\text{C}; \quad T_2 = 291 \text{ K}$

$R = 259{,}9 \text{ Nm/kg K} \qquad V_2 = 1 \text{ m}^3$

Die Masse ist

$$m = \frac{p_2 V_2}{RT_2} = \frac{1{,}1 \cdot 10^5 \text{ N/m}^2 \cdot 1 \text{ m}^3}{259{,}9 \text{ Nm/kg K} \cdot 291 \text{ K}} = 1{,}455 \text{ kg}$$

$$V_1 = \frac{mRT_1}{p_1} = \frac{1{,}455 \text{ kg} \cdot 259{,}9 \text{ Nm/kg K} \cdot 298 \text{ K}}{100 \cdot 10^5 \text{ N/m}^2} = 0{,}01127 \text{ m}^3$$

Oder, da p, V und T unterschiedlich sind, mit dem allgemeinen Gasgesetz, Gl. (5)

$$V_1 = V_2 \frac{T_1 p_2}{T_2 p_1} = 1\ \text{m}^3 \frac{298\ \text{K} \cdot 1{,}1\ \text{bar}}{291\ \text{K} \cdot 100\ \text{bar}} = 0{,}01127\ \text{m}^3$$

24. 20000 m³/h Luft von 20 °C werden in einem Winderhitzer auf eine Temperatur von 750 °C gebracht. Wie groß ist dann das Volumen?

Lösung:

Es kann praktisch konstanter Druck vorausgesetzt werden. Isobare, Gl. (2)

$\dot{V}_1 = 20000\ \text{m}^3/\text{h} \quad t_1 = 20\,°\text{C}; \quad T_1 = 293\ \text{K}$

$t_2 = 750\,°\text{C}; \quad T_2 = 1023\ \text{K}$

$$\dot{V}_2 = \dot{V}_1 \frac{T_2}{T_1} = 20000\ \text{m}^3/\text{h} \cdot \frac{1023\ \text{K}}{293\ \text{K}} = 70000\ \text{m}^3/\text{h}$$

25. Die Dichte eines Stadtgases beträgt im Normzustand $\varrho_0 = 0{,}61\ \text{kg/m}^3$. Wie groß ist die Gaskonstante?

Lösung:

Nach Zustandsgleichung (6) mit Einsetzung von Gl. (1) [s. a. Gl. (12)]

$p_0 = 1{,}013\ \text{bar} = 1{,}013 \cdot 10^5\ \text{N/m}^2 \qquad \varrho_0 = 0{,}61\ \text{kg/m}^3$

$t_0 = 0\,°\text{C}; \quad T_0 = 273\ \text{K}$

$$p_0 \frac{1}{\varrho_0} = R T_0$$

$$R = \frac{p_0}{T_0 \varrho_0} = \frac{1{,}013 \cdot 10^5\ \text{N/m}^2}{273\ \text{K} \cdot 0{,}61\ \text{kg/m}^3} = 610\ \text{Nm/kg K}$$

26. Es ist nachzuprüfen, welcher der aufgeführten Verbrennungsmotoren einen günstigeren Brennstoffverbrauch hat, wenn beide die gleiche Leistung haben und die Brenngas-Zusammensetzung die gleiche ist.

Motor *1* arbeitet bei einem äußeren Luftdruck von 973 mbar und verbraucht 0,57 m³ Gas je kWh mit einer Temperatur von 20 °C.

Motor *2* arbeitet bei einem Luftdruck von 1000 mbar und verbraucht 0,55 m³ Gas je kWh mit einer Temperatur von 15 °C.

Lösung:

Beide Verbrauchswerte werden nach Gl. (8) auf den Normzustand bezogen.

Motor *1*: $\dot{V} = 0{,}57\ \text{m}^3/\text{kWh} \qquad p_b = 973\ \text{mbar} \qquad t = 20\,°\text{C}; \quad T = 293\ \text{K}$

$p_0 = 1013\ \text{mbar} \qquad t_0 = 0\,°\text{C}; \quad T_0 = 273\ \text{K}$

$$\dot{V}_0 = \dot{V} \frac{p_b}{p_0} \frac{T_0}{T} = 0{,}57\ \text{m}^3/\text{kWh} \cdot \frac{973\ \text{mbar} \cdot 273\ \text{K}}{1013\ \text{mbar} \cdot 293\ \text{K}} = 0{,}51\ \text{m}^3/\text{kWh}$$

Motor *2*: $\dot{V} = 0{,}55\ \mathrm{m^3/kWh}$ $\quad p_b = 1000\ \mathrm{mbar}$ $\quad t = 15\,°\mathrm{C}$; $\quad T = 288\ \mathrm{K}$

$$\dot{V}_0 = 0{,}55\ \mathrm{m^3/kWh} \cdot \frac{1000\ \mathrm{mbar} \cdot 273\ \mathrm{K}}{1013\ \mathrm{mbar} \cdot 288\ \mathrm{K}} = 0{,}514\ \mathrm{m^3/kWh}$$

Motor *1* hat den geringeren Brenngasverbrauch, ist also wirtschaftlich günstiger.

27. Für eine Luftheizungsanlage werden je Stunde 3850 m³ Warmluft von 40 °C benötigt. Heizungsbeginn bei einer Außentemperatur von 10 °C.
Wie groß muß der Durchmesser des Frischluftkanals und des Hauptverteilungskanals für die Warmluft sein, wenn die Geschwindigkeit der Luft in den Kanälen 5 m/s nicht überschreiten soll?

Bemerkungen zum Lösungsgang:

Der Frischluftkanal wird für das Volumen bei 10 °C (Heizungsbeginn) berechnet, der Hauptverteilungskanal für das Luftvolumen bei 40 °C.

Die Errechnung des Querschnittes erfolgt nach der Überlegung:

Volumen je Zeiteinheit = Fläche mal Geschwindigkeit.

Es kann weiterhin für das Rohrnetz konstanter Druck vorausgesetzt werden, so daß die Umrechnungen der Volumina nach dem Gesetz der Isobare, Gl. (2), erfolgen können.

Frischluftkanal: $\dot{V}_2 = 3850\ \mathrm{m^3/h}$ $\quad t_1 = 10\,°\mathrm{C}$; $\quad T_1 = 283\ \mathrm{K}$

$w = 5\ \mathrm{m/s}$ $\quad t_2 = 40\,°\mathrm{C}$; $\quad T_2 = 313\ \mathrm{K}$

$$\dot{V}_1 = \dot{V}_2 \frac{T_1}{T_2} = 3850\ \mathrm{m^3/h} \cdot \frac{283\ \mathrm{K}}{313\ \mathrm{K}} = 3480\ \mathrm{m^3/h}$$

Querschnitt $\dot{V}_1 = A_1 w$; $\quad A_1 = \frac{\dot{V}_1}{w} = \frac{3480\ \mathrm{m^3/h}}{3600\ \mathrm{s/h} \cdot 5\ \mathrm{m/s}} = 0{,}193\ \mathrm{m^2}$

Der Durchmesser ist dann $d_1 \approx 500\ \mathrm{mm}$.

Der Durchmesser des Hauptverteilungskanals ist:

$$A_2 = \frac{\dot{V}_2}{w} = \frac{3850\ \mathrm{m^3/h}}{3600\ \mathrm{s/h} \cdot 5\ \mathrm{m/s}} = 0{,}214\ \mathrm{m^2}; \qquad d_2 = 522\ \mathrm{mm}$$

28. In einem Schornstein von 30 m Höhe beträgt die mittlere Abgastemperatur 225 °C. Wie hoch ist der theoretische Schornsteinzug, wenn die äußere Lufttemperatur 20 °C beträgt?

Die Dichten der beiden Gase im Normzustand betragen

$\varrho_{L,0} = 1{,}293\ \mathrm{kg/m^3}$ und $\varrho_{A,0} = 1{,}34\ \mathrm{kg/m^3}$

Bemerkungen zum Lösungsgang:

Der theoretische Schornsteinzug wird errechnet nach $\Delta p_Z = hg(\varrho_L - \varrho_A)$ mit der Einheit mbar oder $\mathrm{N/m^2} = \mathrm{Pa}$. ϱ_L und ϱ_A sind die Dichten bei der jeweils herrschenden Temperatur.

Der Druckunterschied zwischen Schornsteinfuß und der Schornsteinmündung ist geringfügig, so daß die Umrechnungen der Dichten nach dem Gesetz der Isobare, Gl.(2), vorgenommen werden können.

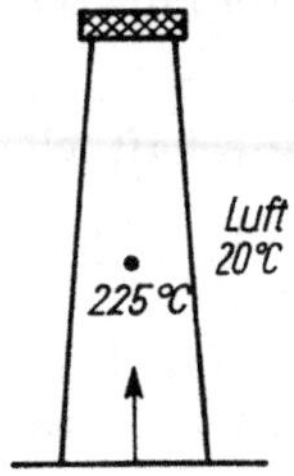

Bild 6

Mit Verwendung der Gl. (1) ist die Dichte bei der herrschenden Temperatur

$h = 30\,\text{m} \qquad t_L = 20\,°\text{C};\; T_L = 293\,\text{K} \qquad \varrho_{L,0} = 1{,}293\,\text{kg/m}^3$

$g = 9{,}81\,\text{m/s}^2 \qquad t_A = 225\,°\text{C};\; T_A = 498\,\text{K} \qquad \varrho_{A,0} = 1{,}34\,\text{kg/m}^3$

$$\frac{v_1}{v_2} = \frac{T_1}{T_2}; \quad \frac{\frac{1}{\varrho_1}}{\frac{1}{\varrho_2}} = \frac{T_1}{T_2}; \quad \frac{\varrho_2}{\varrho_1} = \frac{T_1}{T_2}; \quad \varrho_2 = \varrho_1 \frac{T_1}{T_2}.$$

Es ist dann

$$\varrho_L = \varrho_{L,0} \frac{T_0}{T_L} \quad \text{und} \quad \varrho_A = \varrho_{A,0} \frac{T_0}{T_A}$$

Der Schornsteinzug ist dann

$$\Delta p_Z = hg \left(\varrho_{L,0} \frac{T_0}{T_L} - \varrho_{A,0} \frac{T_0}{T_A}\right)$$

$$\Delta p_Z = 30\,\text{m} \cdot 9{,}81\,\text{m/s}^2 \cdot \left(1{,}293\,\frac{273}{293} - 1{,}34\,\frac{273}{498}\right)\text{kg/m}^3$$

$$= 138{,}6\,\text{kg m}^2/\text{m}^3\,\text{s}^2 = 138{,}6\,\text{kg/m s}^2 = 138{,}6\,\text{N/m}^2$$

$$= 1{,}386\,\text{mbar} = 138{,}6\,\text{Pa}$$

29. Bei welcher Temperatur ist die Dichte der Luft 1 kg/m³, wenn der äußere Luftdruck 1013 mbar beträgt ($R = 287$ Nm/kg K)?

Lösung:

Nach Zustandsgl. (6) mit Einsetzung von Gl. (1), s. a. Gl. (12)

$\varrho = 1\,\text{kg/m}^3 \qquad p_b = p_0 = 1{,}013\,\text{bar} = 1{,}013 \cdot 10^5\,\text{N/m}^2$

$$T = \frac{p_0}{\varrho R} = \frac{1{,}013 \cdot 10^5\,\text{N/m}^2}{1\,\text{kg/m}^3 \cdot 287\,\text{Nm/kg K}} = 353\,\text{K}; \quad t = 80\,°\text{C}$$

30. In einem Zylinder werden 0,05 kg Luft von 1 bar und 30 °C auf 4 bar isotherm verdichtet. Wie groß ist das Volumen und die Dichte nach der Verdichtung?

Lösung:

Endvolumen nach Zustandsgl. (7)

$m = 0{,}05\ \text{kg} \qquad t = 30\,°\text{C}; \quad T = 303\ \text{K}$

$R = 287\ \text{Nm/kg K} \qquad p_2 = 4\ \text{bar} = 4 \cdot 10^5\ \text{N/m}^2$

$$V_2 = \frac{mRT}{p_2} = \frac{0{,}05\ \text{kg} \cdot 287\ \text{Nm/kg K} \cdot 303\ \text{K}}{4 \cdot 10^5\ \text{N/m}^2} = 0{,}01087\ \text{m}^3$$

Die Dichte ist dann nach Gl. (12)

$$\varrho_2 = \frac{m}{V_2} = \frac{0{,}05\ \text{kg}}{0{,}01087\ \text{m}^3} = 4{,}6\ \text{kg/m}^3$$

31. Wie groß ist die Dichte eines Gases bei 15 °C und einem Druck von 5 bar, wenn bei einem Druck von 2 bar und 15 °C die Dichte $\varrho = 2{,}62\ \text{kg/m}^3$ beträgt?

Lösung:

Temperaturen sind gleich. Gesetz der Isotherme, Gl. (4) mit Gl. (1)

$p_1 = 2\ \text{bar} \qquad p_2 = 5\ \text{bar} \qquad \varrho_1 = 2{,}62\ \text{kg/m}^3$

$$\frac{V_1}{V_2} = \frac{p_2}{p_1}; \quad \frac{v_1}{v_2} = \frac{p_2}{p_1}; \quad \frac{\frac{1}{\varrho_1}}{\frac{1}{\varrho_2}} = \frac{p_2}{p_1}; \quad \frac{\varrho_2}{\varrho_1} = \frac{p_2}{p_1}$$

$$\varrho_2 = \varrho_1 \frac{p_2}{p_1} = 2{,}62\ \text{kg/m}^3 \cdot \frac{5\ \text{bar}}{2\ \text{bar}} = 6{,}55\ \text{kg/m}^3$$

32. In einem geschlossenen Behälter mit einem Volumen von $0{,}2\ \text{m}^3$ befinden sich 500 g Gas mit einem Druck von 2 bar bei einer Temperatur von 20 °C. Wie groß wird der Druck, und welche Dichte hat das Gas, wenn durch Wärmezufuhr die Temperatur auf 40 °C steigt?

Lösung:

Volumen ist konstant. Isochore, Gl. (3)

$m = 0{,}5\ \text{kg} \qquad t_1 = 20\,°\text{C}; \quad T_1 = 293\ \text{K} \qquad p_1 = 2\ \text{bar}$

$V = 0{,}2\ \text{m}^3 \qquad t_2 = 40\,°\text{C}; \quad T_2 = 313\ \text{K}$

$$p_2 = p_1 \frac{T_2}{T_1} = 2\ \text{bar}\, \frac{313\ \text{K}}{293\ \text{K}} = 2{,}136\ \text{bar}$$

Die Dichte ist nach Gl. (12)

$$\varrho = \frac{m}{V} = \frac{0{,}5\ \text{kg}}{0{,}2\ \text{m}^3} = 2{,}5\ \text{kg/m}^3$$

33. Eine Sauerstoffflasche mit einem Volumen von 20 l, einem Druck von 50 bar bei einer Temperatur von 15 °C wird bei 1013 mbar und 15 °C entleert. Wieviel Liter Sauerstoff können der Flasche entnommen werden?

Lösung:

Temperaturen sind gleich. Isotherme, Gl. (4).

$V_1 = 0{,}02\ \text{m}^3 \qquad p_1 = 50\ \text{bar} \qquad p_2 = 1{,}013\ \text{bar}$

$$V_2 = V_1 \frac{p_1}{p_2} = 0{,}02\ \text{m}^3\ \frac{50\ \text{bar}}{1{,}013\ \text{bar}} = 0{,}987\ \text{m}^3$$

Es können entnommen werden

$$\Delta V = V_2 - V_1 = (0{,}987 - 0{,}02)\ \text{m}^3 = 0{,}967\ \text{m}^3 = 967\ \text{l}$$

34. Wie groß ist die Dichte von Sauerstoff bei $t = 15\ °\text{C}$ und $p = 30$ bar?

Ergebnis: $\varrho_2 = 40{,}1\ \text{kg/m}^3$

35. In einer Feuerung entstehen 5000 m³ Abgas im Normzustand je Stunde. Wie groß wird das Volumen bei 280 °C und 973 mbar?

Ergebnis: $\dot{V}_2 = 10\,540\ \text{m}^3/\text{h}$

36. In einem Zylinder befinden sich 500 g Luft mit einem Volumen von 0,2 m³ und 25 °C bei einem Barometerstand von 993 mbar. Welche Last muß auf dem Kolben ruhen, wenn der Dmr. 30 cm beträgt; wie groß wird das Volumen, wenn durch Wärmezufuhr die Temperatur auf 80 °C steigt?

Ergebnis: $m_{\text{La}} = 825\ \text{kg} \qquad V_2 = 0{,}237\ \text{m}^3$

37. Ein Luftspeicherraum hat ein Volumen von 3 m³. Der Druck im Speicher beträgt 10 bar bei einer Temperatur von 25 °C (Temperatur bleibt konstant). An der Verbrauchsstelle werden 3,74 m³/h von 2,75 bar und 20 °C entnommen. Der Einschaltdruck des Kompressors beträgt 3 bar. Nach welchem Zeitraum muß der Kompressor wieder laufen?

Ergebnis: $z = 2{,}016\ \text{h}$

38. 1 kg Luft mit einem Druck von 1 bar und einer Temperatur von 15 °C wird bei gleichbleibender Temperatur auf 8 bar verdichtet.

a) Welcher Raum wird bei Zustand *1* und *2* eingenommen?

b) Um wieviel m bewegt sich der Kolben, wenn der Zylinderdmr. 60 cm beträgt?

Ergebnis: a) $v_1 = 0{,}826\ \text{m}^3/\text{kg}$; $v_2 = 0{,}1032\ \text{m}^3/\text{kg}$ b) $\Delta l = 2{,}56\ \text{m}$

1.6. Mol und Molvolumen

Benötigte Formelzeichen:

M in kg/kmol; $\bar{v}$ in m³/kmol

Gesetz von Avogadro:

Bei gleichem Druck und gleicher Temperatur sind in gleichen Räumen gleich viel kleinste Teilchen (Moleküle) vorhanden.

Folgerung:

Bei gleichem Druck und gleicher Temperatur sind die Molvolumina aller vollkommenen (idealen) Gase gleich.
Es ist das Molvolumen aller Gase (Mittelwert) beim Normzustand 0 °C und 1,013 25 bar $\bar{v}_0 = 22{,}41$ m³/kmol.
Das Molvolumen errechnet sich aus

$$\bar{v} = Mv \tag{10}$$

Die Zustandsgleichung für die Masse m war nach Gl. (7)

$$pV = mRT$$

Die Zustandsgleichung für ein kmol ist

$$p\bar{v} = MRT \tag{11a}$$

Die universelle oder allgemeine Gaskonstante ist

$$\bar{R} = MR = 8314{,}4 \text{ J/kmol K} = 8314{,}4 \text{ Nm/kmol K} \tag{11b}$$

Es ist dann die Zustandsgleichung für ein kmol

$$p\bar{v} = \bar{R}T \tag{11c}$$

Die Dichte kann ermittelt werden nach

$$\varrho = \frac{m}{V} = \frac{M}{\bar{v}} = \frac{p}{RT} = \frac{1}{v} \tag{12}$$

Beispiele:

39. Wie groß ist das mittlere Molvolumen aller Gase bei einem Druck von 2 bar und einer Temperatur von 30 °C?

Lösung:

Nach Gl. (11c)

$p = 2 \text{ bar} = 2 \cdot 10^5 \text{ N/m}^2 \qquad t = 30\,°\text{C}; \quad T = 303 \text{ K}$

$$\bar{v} = \frac{\bar{R}T}{p} = \frac{8314 \text{ Nm/kmol K} \cdot 303 \text{ K}}{2 \cdot 10^5 \text{ N/m}^2} = 12{,}6 \text{ m}^3/\text{kmol},$$

d. h., 32 kg Sauerstoff (O_2) oder 16 kg Methan (CH_4) usw. nehmen bei einem Druck von 2 bar und einer Temperatur von 30 °C einen Raum von 12,6 m³ ein.

40. In einer Stahlflasche mit einem Volumen von 15 l befindet sich Kohlendioxid (CO_2) ($M = 44$ kg/kmol) mit einem Druck von 110 bar bei einer Temperatur von 18 °C.
Wie groß ist die Gasmasse, das Molvolumen und die Dichte?

Lösung:

$p = 110 \text{ bar} = 110 \cdot 10^5 \text{ N/m}^2 \qquad V = 0{,}015 \text{ m}^3$

$t = 18\,°\text{C}; \quad T = 291 \text{ K} \qquad M = 44 \text{ kg/kmol}$

Die Gaskonstante ist nach Gl. (11b)

$$R = \frac{\overline{R}}{M} = \frac{8314 \text{ Nm/kmol K}}{44 \text{ kg/kmol}} = 189 \text{ Nm/kg K (s. a. Tab. 1)}$$

Die in der Flasche enthaltene Gasmasse ist nach Gl. (7)

$$m = \frac{pV}{RT} = \frac{110 \cdot 10^5 \text{ N/m}^2 \cdot 0{,}015 \text{ m}^3}{189 \text{ Nm/kg K} \cdot 291 \text{ K}} = 3 \text{ kg}$$

Das Molvolumen ist nach Gl. (11c)

$$\overline{v} = \frac{\overline{R}T}{p} = \frac{8314 \text{ Nm/kmol K} \cdot 291 \text{ K}}{110 \cdot 10^5 \text{ N/m}^2} = 0{,}22 \text{ m}^3\text{/kmol}$$

Die Dichte ist mit sämtlichen Anwendungen aus Gl. (12)

$$1)\quad \varrho = \frac{m}{V} = \frac{3 \text{ kg}}{0{,}015 \text{ m}^3} = 200 \text{ kg/m}^3$$

$$2)\quad \varrho = \frac{M}{\overline{v}} = \frac{44 \text{ kg/kmol}}{0{,}22 \text{ m}^3\text{/kmol}} = 200 \text{ kg/m}^3$$

$$3)\quad \varrho = \frac{p}{RT} = \frac{110 \cdot 10^5 \text{ N/m}^2}{189 \text{ Nm/kg K} \cdot 291 \text{ K}} = 200 \text{ kg/m}^3$$

$$4)\quad \varrho = \frac{1}{v}; \quad v = \frac{V}{m} = \frac{0{,}015 \text{ m}^3}{3 \text{ kg}} = 0{,}005 \text{ m}^3\text{/kg}$$

$$\varrho = \frac{1}{0{,}005 \text{ m}^3\text{/kg}} = 200 \text{ kg/m}^3$$

41. Wie groß sind die Dichten von Sauerstoff (O_2), Stickstoff (N_2) und Kohlendioxid (CO_2) im Normzustand?

Lösung:

Das mittlere Molvolumen aller Gase beim Normzustand ist $\overline{v}_0 = 22{,}4$ m³/kmol.

$$\varrho_0 = \frac{M}{\bar{v}_0}$$

$M_{O_2} = 32$ kg/kmol $\qquad \varrho_{O_2,0} = \frac{32 \text{ kg/kmol}}{22{,}4 \text{ m}^3/\text{kmol}} = 1{,}43 \text{ kg/m}^3$

$M_{N_2} = 28$ kg/kmol $\qquad \varrho_{N_2,0} = \frac{28 \text{ kg/kmol}}{22{,}4 \text{ m}^3/\text{kmol}} = 1{,}251 \text{ kg/m}^3$

$M_{CO_2} = 44$ kg/kmol $\qquad \varrho_{CO_2,0} = \frac{44 \text{ kg/kmol}}{22{,}4 \text{ m}^3/\text{kmol}} = 1{,}965 \text{ kg/m}^3$

Für CO_2 ist mit $\bar{v}_0 = 22{,}26 \text{ m}^3/\text{kmol}$ genauer

$$\varrho_{CO_2,0} = \frac{44 \text{ kg/kmol}}{22{,}26 \text{ m}^3/\text{kmol}} = 1{,}977 \text{ kg/m}^3$$

(s. a. Tab. 1 im Anhang)

42. 1,2 kg Luft ($R = 287$ Nm/kg K) nehmen bei einem Druck von 30 bar einen Raum von 0,08 m³ ein.
Wie hoch ist die Temperatur, die scheinbare Molmasse, das spezifische Volumen und das Molvolumen?

Lösung:

Die Temperatur ist aus Gl. (7)

$m = 1{,}2$ kg $\qquad p = 30 \text{ bar} = 30 \cdot 10^5 \text{ N/m}^2$

$V = 0{,}08 \text{ m}^3 \qquad R = 287$ Nm/kg K

$$T = \frac{pV}{mR} = \frac{30 \cdot 10^5 \text{ N/m}^2 \cdot 0{,}08 \text{ m}^3}{1{,}2 \text{ kg} \cdot 287 \text{ Nm/kg K}} = 697 \text{ K}; \quad t = 424\,°\text{C}$$

Die scheinbare Molmasse ist nach Gl. (11b)

$$M = \frac{\bar{R}}{R} = \frac{8314 \text{ Nm/kmol K}}{287 \text{ Nm/kg K}} = 28{,}9 \text{ kg/kmol}$$

Das spezifische Volumen ist mit Umkehrung der Gl. (12)

$$v = \frac{V}{m} = \frac{0{,}08 \text{ m}^3}{1{,}2 \text{ kg}} = 0{,}0667 \text{ m}^3/\text{kg}$$

Das Molvolumen nach Gl. (10)

$$\bar{v} = Mv = 28{,}9 \text{ kg/kmol} \cdot 0{,}0667 \text{ m}^3/\text{kg} = 1{,}93 \text{ m}^3/\text{kmol}$$

1.7. Gasmischungen

Gesetz von Dalton:

In einer Gasmischung verhält sich jedes Einzelgas so, als wenn es den gegebenen Gesamtraum unbehindert von den übrigen Einzelgasen ausfüllen würde.
In den nachfolgenden Gleichungen bezeichnen die Formelzeichen mit einem Index die zugeordneten Größen für Gas 1, 2 usw. Zum Beispiel sind p_1, p_2 die Drücke von Gas 1 und 2, oder R_3, R_4 sind die Gaskonstanten von Gas 3 und 4.
Die Formelzeichen ohne Indizes gelten für die Gasmischung.
Besteht eine Gasmischung, so haben die Einzelgase alle den gleichen Rauminhalt, gleiche Temperatur, aber verschiedene Drücke.
Der Druck der Mischung ergibt sich als Summe der Drücke der Einzelgase (der Teildrücke oder der Partialdrücke).
Der Mischungsdruck ist

$$p = p_1 + p_2 + \cdots + p_k$$

Sind k Komponenten an der Mischung beteiligt, dann gilt

$$p = \sum_{i=1}^{k} p_i \tag{13}$$

Die Masse der Gasmischung ist

$$m = m_1 + m_2 + \cdots + m_k$$

$$m = \sum_{i=1}^{k} m_i \tag{14}$$

Gaskonstante der Mischung:
Betrachtet man die Einzelgase innerhalb der Mischung, so ergeben sich folgende Zustandsgleichungen (V und T sind Mischungsgrößen):

Gas 1 $\quad p_1 V = m_1 R_1 T$

Gas 2 $\quad p_2 V = m_2 R_2 T$

Gas 3 $\quad p_3 V = m_3 R_3 T$

für die Mischung $(p_1 + p_2 + p_3)\, V = (m_1 R_1 + m_2 R_2 + m_3 R_3)\, T$

Der Mischungsdruck war $p = p_1 + p_2 + p_3 + \cdots$
Es ist dann $pV = (m_1 R_1 + m_2 R_2 + m_3 R_3 + \cdots)\, T$.
Für die Mischung gilt die Zustandsgleichung (7)

$$pV = mRT,$$

also

$$mR = m_1 R_1 + m_2 R_2 + m_3 R_3 + \cdots$$

$$R = \frac{m_1}{m} R_1 + \frac{m_2}{m} R_2 + \frac{m_3}{m} R_3 + \cdots$$

Der Quotient $\frac{m_1}{m}, \frac{m_2}{m}, \ldots$ wird *Massenanteil* $g_1, g_2, \ldots$ genannt.

Es ist

$$g_i = \frac{m_i}{m} \tag{15}$$

und weiter

$$\sum_{i=1}^{k} g_i = 1 \tag{15a}$$

Für die Gaskonstante der Mischung gilt:

$$R = g_1 R_1 + g_2 R_2 + \cdots + g_k R_k$$

$$R = \sum_{i=1}^{k} (g_i R_i) \tag{16}$$

Raumanteil:

Bleibt zum Beispiel das Gas 1 allein in dem Raum, den vorher die gesamte Gasmischung eingenommen hat, so sinken die Temperatur und der Druck. Wird nun das Volumen so lange verkleinert, bis sich Mischungstemperatur und Mischungsdruck wieder einstellen, so nimmt das Gas 1 einen bestimmten Raum ein. Alle Mischungsgase einzeln so behandelt, wie oben beschrieben, würden zusammengenommen wieder das Mischungsvolumen ergeben.
Für die so betrachteten Gase gelten folgende Zustandsgleichungen:

$$pV_1 = m_1 R_1 T$$

$$pV_2 = m_2 R_2 T$$

$$pV_3 = m_3 R_3 T$$

$$p(V_1 + V_2 + V_3) = (m_1 R_1 + m_2 R_2 + m_3 R_3)\, T$$

Für die Gasmischung gilt:

$$pV = mRT,$$

es wird $\quad pV = p(V_1 + V_2 + V_3 + \cdots)$

Das Mischungsvolumen ist

$$V = V_1 + V_2 + V_3 + \cdots$$

$$1 = \frac{V_1}{V} + \frac{V_2}{V} + \frac{V_3}{V} + \cdots$$

Der Quotient $\frac{V_1}{V}, \frac{V_2}{V}, \ldots$ wird *Raumanteil* $r_1, r_2, \ldots$ genannt.
Es ist

$$r_i = \frac{V_i}{V} \tag{17}$$

und weiter

$$\sum_{i=1}^{k} r_i = 1 \tag{17a}$$

Die Dichte der Gasmischung ist

$$\varrho = r_1\varrho_1 + r_2\varrho_2 + \cdots + r_k\varrho_k$$

$$\varrho = \sum_{i=1}^{k} (r_i\varrho_i) \tag{18}$$

Das spezifische Volumen der Gasmischung ist

$$v = g_1v_1 + g_2v_2 + \cdots + g_kv_k$$

$$v = \sum_{i=1}^{k} (g_iv_i) \tag{19}$$

Die scheinbare Molmasse der Mischung errechnet sich nach

$$M = r_1M_1 + r_2M_2 + \cdots + r_kM_k$$

$$M = \sum_{i=1}^{k} (r_iM_i) \tag{20}$$

Umrechnungen:

a) Massenanteil, errechnet aus gegebenen Raumanteilen:

$$g_1 = \frac{r_1M_1}{r_1M_1 + r_2M_2 + \cdots + r_kM_k}$$

$$g_1 = \frac{r_1M_1}{\sum_{i=1}^{k} (r_iM_i)} = \frac{r_1M_1}{M} \tag{21}$$

b) Raumanteil, errechnet aus gegebenen Massenanteilen:

$$r_1 = \frac{\dfrac{g_1}{M_1}}{\dfrac{g_1}{M_1} + \dfrac{g_2}{M_2} + \cdots + \dfrac{g_k}{M_k}} \qquad r_1 = \frac{\dfrac{g_1}{M_1}}{\sum_{i=1}^{k}\left(\dfrac{g_i}{M_i}\right)} \tag{22}$$

c) Partialdruck (Teildruck), errechnet bei gegebenem Massenanteil:

$$p_1 = g_1 \frac{R_1}{R}\, p \tag{23}$$

d) Partialdruck, errechnet mit gegebenem Raumanteil:

$$p_1 = r_1p \tag{24}$$

1.8. Mischen von Gasen

Werden verschiedene Gase mit unterschiedlichem Druck p, Volumen V und unterschiedlicher Temperatur T miteinander gemischt, so ist die Mischungstemperatur

$$T = \frac{p_1 V_1 \frac{c_{v_1}}{R_1} + p_2 V_2 \frac{c_{v_2}}{R_2} + p_3 V_3 \frac{c_{v_3}}{R_3} + \cdots}{\frac{p_1 V_1}{T_1} \frac{c_{v_1}}{R_1} + \frac{p_2 V_2}{T_2} \frac{c_{v_2}}{R_2} + \frac{p_3 V_3}{T_3} \frac{c_{v_3}}{R_3} + \cdots} \tag{25}$$

Für alle 2atomigen Gase ist $\frac{c_v}{R}$ = konstant, so daß

$$T = \frac{p_1 V_1 + p_2 V_2 + \cdots}{\frac{p_1 V_1}{T_1} + \frac{p_2 V_2}{T_2} + \cdots} \tag{25a}$$

der Mischungsdruck ist

$$p = \frac{p_1 V_1 + p_2 V_2 + \cdots}{V_1 + V_2 + V_3 + \cdots}; \quad p = \frac{p_1 V_1 + p_2 V_2 + \cdots}{V} \tag{26}$$

Beispiele:

43. Trockene Luft besteht (von Edelgasen abgesehen) aus 23,2% ($g_1 = 0{,}232$) Massenteilen Sauerstoff (O_2) ($M_1 = 32$ kg/kmol) und 76,8% ($g_2 = 0{,}768$) Massenteilen Stickstoff (N_2) ($M_2 = 28$ kg/kmol).

a) Wie groß sind die Raumanteile?

b) Wie groß ist die scheinbare Molmasse?

c) Welchen Wert hat die Gaskonstante?

d) Wie groß sind die Partialdrücke, wenn der Luftdruck 1000 mbar beträgt?

Lösung:

a) Raumanteile

Da Massenanteile gegeben sind, wird mit Gl. (22) der Raumanteil von O_2

$$r_1 = \frac{\frac{g_1}{M_1}}{\sum_{i=1}^{k} \left(\frac{g_i}{M_i}\right)} = \frac{\frac{g_1}{M_1}}{\frac{g_1}{M_1} + \frac{g_2}{M_2}} = \frac{\frac{0{,}232}{32}}{\frac{0{,}232}{32} + \frac{0{,}768}{28}} = 0{,}21$$

Mit Gl. (17a) ist dann der Raumanteil von N_2

$$r_2 = 1 - r_1 = 1 - 0{,}21 = 0{,}79$$

b) Die scheinbare Molmasse der Luft ist nach Gl. (20)

$$M = \sum_{i=1}^{k} (r_i M_i) = r_1 M_1 + r_2 M_2 = (0{,}21 \cdot 32 + 0{,}79 \cdot 28) \text{ kg/kmol}$$
$$= 28{,}9 \text{ kg/kmol}$$

c) Die Gaskonstante der Luft ist mit Gl. (11b)

$$R = \frac{\bar{R}}{M} = \frac{8314\ \text{Nm/kmol K}}{28{,}9\ \text{kg/kmol}} = 287\ \text{Nm/kg K}$$

d) Die Partialdrücke in mbar sind nach Gl. (24)

$$p_1 = r_1 p_b = 0{,}21 \cdot 1000\ \text{mbar} = 210\ \text{mbar}$$

$$p_2 = r_2 p_b = 0{,}79 \cdot 1000\ \text{mbar} = 790\ \text{mbar}$$

Kontrolle nach Gl. (13): $\sum_{i=1}^{k} p_i = 1000\ \text{mbar}$

44. Bei einer Kesselanlage ergab die Abgasanalyse in Raumanteilen die folgenden Werte:

CO_2	12,0%;	$r_1 = 0{,}12$;	$M_1 = 44$ kg/kmol
CO	1,0%;	$r_2 = 0{,}01$;	$M_2 = 28$ kg/kmol
O_2	7,5%;	$r_3 = 0{,}075$;	$M_3 = 32$ kg/kmol
N_2	79,5%;	$r_4 = 0{,}795$;	$M_4 = 28$ kg/kmol

a) Wie groß ist die Dichte der einzelnen Gase bei 0 °C und 1,013 bar (Normzustand)?
b) Wie groß ist die Dichte der Gasmischung?
c) Wie groß ist die scheinbare Molmasse der Abgase?
d) Die Gaskonstante der Gasmischung?
e) Die Massenanteile der Einzelgase in der Mischung?

Lösung:

a) Mit Gl. (12) ist die Dichte der Einzelgase im Normzustand:

$$\varrho_{1,0} = \frac{M_1}{\bar{v}_0} = \frac{44\ \text{kg/kmol}}{22{,}4\ \text{m}^3/\text{kmol}} = 1{,}964\ \text{kg/m}^3$$

$$\varrho_{2,0} = \frac{M_2}{\bar{v}_0} = \frac{28\ \text{kg/kmol}}{22{,}4\ \text{m}^3/\text{kmol}} = 1{,}25\ \text{kg/m}^3$$

$$\varrho_{3,0} = \frac{M_3}{\bar{v}_0} = \frac{32\ \text{kg/kmol}}{22{,}4\ \text{m}^3/\text{kmol}} = 1{,}429\ \text{kg/m}^3$$

$$\varrho_{4,0} = \frac{M_4}{\bar{v}_0} = \frac{28\ \text{kg/kmol}}{22{,}4\ \text{m}^3/\text{kmol}} = 1{,}25\ \text{kg/m}^3$$

b) Die Dichte der Gasmischung im Normzustand ist mit Gl. (18)

$$\varrho_0 = \sum_{i=1}^{k} (r_i \varrho_i) = r_1 \varrho_{1,0} + r_2 \varrho_{2,0} + r_3 \varrho_{3,0} + r_4 \varrho_{4,0}$$

$$\varrho_0 = (0{,}12 \cdot 1{,}964 + 0{,}01 \cdot 1{,}25 + 0{,}075 \cdot 1{,}429 + 0{,}795 \cdot 1{,}25)\ \text{kg/m}^3$$

$$\varrho_0 = 1{,}35\ \text{kg/m}^3$$

c) Die scheinbare Molmasse ist nach Gl. (20)

$$M = \sum_{i=1}^{k} (r_i M_i) = r_1 M_1 + r_2 M_2 + r_3 M_3 + r_4 M_4$$

$$M = (0{,}12 \cdot 44 + 0{,}01 \cdot 28 + 0{,}075 \cdot 32 + 0{,}795 \cdot 28)\ \text{kg/kmol}$$

$$M = (5{,}28 + 0{,}28 + 2{,}4 + 22{,}25)\ \text{kg/kmol} = 30{,}21\ \text{kg/kmol}$$

d) Die Gaskonstante ist mit Gl. (11b)

$$R = \frac{\bar{R}}{M} = \frac{8314\ \text{Nm/kmol K}}{30{,}21\ \text{kg/kmol}} = 275\ \text{Nm/kg K}$$

e) Die Massenanteile sind nach Gl. (21) zu bestimmen.

$$g_1 = \frac{r_1 M_1}{M}\ \text{usw.}$$

Der Wert $r_1 M_1$ usw. wurde schon bei der Bestimmung der Molmasse errechnet. Es ist:

$$g_1 = \frac{5{,}28}{30{,}21} = 0{,}1748 \qquad g_2 = \frac{0{,}28}{30{,}21} = 0{,}009275$$

$$g_3 = \frac{2{,}4}{30{,}21} = 0{,}0796 \qquad g_4 = \frac{22{,}25}{30{,}21} = 0{,}738$$

Kontrolle nach Gl. (15a): $\sum_{i=1}^{k} g_i = 1{,}001675$

45. Ein Stadtgas hat folgende Analyse in Raumteilen:

H_2	50%;	$r_1 = 0{,}50$;	$M_1 = 2$ kg/kmol
CH_4	19%;	$r_2 = 0{,}19$;	$M_2 = 16$ kg/kmol
CO	18%;	$r_3 = 0{,}18$;	$M_3 = 28$ kg/kmol
C_2H_4	2%;	$r_4 = 0{,}02$;	$M_4 = 28$ kg/kmol
CO_2	5%;	$r_5 = 0{,}05$;	$M_5 = 44$ kg/kmol
N_2	6%;	$r_6 = 0{,}06$;	$M_6 = 28$ kg/kmol

Wie groß sind:

a) die scheinbare Molmasse,

b) die Dichte der Mischung bei 0 °C und 1013 mbar,

c) die Gaskonstante,

d) die Teildrücke bei einem Druck von 1 bar?

Lösung:

a) Mit Gl. (20) ist die scheinbare Molmasse

$$M = \sum_{i=1}^{k} (r_i M_i) = r_1 M_1 + r_2 M_2 + r_3 M_3 + r_4 M_4 + r_5 M_5 + r_6 M_6$$

$$M = (0{,}5 \cdot 2 + 0{,}19 \cdot 16 + 0{,}18 \cdot 28 + 0{,}02 \cdot 28 + 0{,}05 \cdot 44 + 0{,}06 \cdot 28) \text{ kg/kmol}$$

$$M = 13{,}52 \text{ kg/kmol}$$

b) Die Dichte im Normzustand (0 °C und 1013 mbar) ist nach Gl. (12)

$$\varrho_0 = \frac{M}{\bar{v}_0} = \frac{13{,}52 \text{ kg/kmol}}{22{,}4 \text{ m}^3\text{/kmol}} = 0{,}605 \text{ kg/m}^3$$

c) Die Gaskonstante ist aus Gl. (11 b)

$$R = \frac{\bar{R}}{M} = \frac{8314 \text{ Nm/kmol K}}{13{,}52 \text{ kg/kmol}} = 615 \text{ Nm/kg K}$$

d) Die Teildrücke sind mit Gl. (24) $p_1 = r_1 p$; $p_2 = r_2 p$ usw. Im vorliegenden Fall ist der Gesamtdruck $p = 1$ bar. Die Teildrücke haben also den gleichen Zahlenwert wie die Raumanteile.

$p_1 = 0{,}5$ bar; $p_2 = 0{,}19$ bar; $p_3 = 0{,}18$ bar; $p_4 = 0{,}02$ bar

$p_5 = 0{,}05$ bar; $p_6 = 0{,}06$ bar

46. Die Abgase einer Steinkohlenfeuerung haben folgende Analyse in Raumteilen:

CO_2 11,2%; $r_1 = 0{,}112$; $M_1 = 44$ kg/kmol

H_2O 3,0%; $r_2 = 0{,}03$; $M_2 = 18$ kg/kmol

SO_2 0,8%; $r_3 = 0{,}008$; $M_3 = 64$ kg/kmol

O_2 7,0%; $r_4 = 0{,}07$; $M_4 = 32$ kg/kmol

N_2 78,0%; $r_5 = 0{,}78$; $M_5 = 28$ kg/kmol

Gesucht sind:

a) die scheinbare Molmasse,

b) die Dichte bei 0 °C und 1013 mbar,

c) die Gaskonstante

Ergebnis: a) $M = 30{,}06$ kg/kmol b) $\varrho_0 = 1{,}34$ kg/m³ c) $R = 277$ Nm/kg K

47. Die Analyse eines Gichtgases in Raumteilen ergibt:

H_2 3%; $r_1 = 0{,}03$; $M_1 = 2$ kg/kmol

CO 26%; $r_2 = 0{,}26$; $M_2 = 28$ kg/kmol

CO_2 11%; $r_3 = 0{,}11$; $M_3 = 44$ kg/kmol

N_2 60%; $r_4 = 0{,}6$; $M_4 = 28$ kg/kmol

Gesucht sind:

a) die scheinbare Molmasse,
b) die Gaskonstante,
c) die Massenanteile

Ergebnis: a) $M = 29$ kg/kmol c) $g_1 = 0{,}00207$; $g_3 = 0{,}167$
b) $R = 287$ Nm/kg K $g_2 = 0{,}251$; $g_4 = 0{,}58$

48. Ein Koksgas hat folgende Analyse in Masseteilen:

H_2 0,5%; $g_1 = 0{,}005$; $M_1 = 2$ kg/kmol; $R_1 = 4124{,}8$ Nm/kg K
CH_4 1,2%; $g_2 = 0{,}012$; $M_2 = 16$ kg/kmol; $R_2 = 518{,}3$ Nm/kg K
CO 28,9%; $g_3 = 0{,}289$; $M_3 = 28$ kg/kmol; $R_3 = 297{,}0$ Nm/kg K
N_2 61,5%; $g_4 = 0{,}615$; $M_4 = 28$ kg/kmol; $R_4 = 296{,}8$ Nm/kg K
CO_2 7,9%; $g_5 = 0{,}079$; $M_5 = 44$ kg/kmol; $R_5 = 189{,}0$ Nm/kg K

Gesucht sind:

a) die Gaskonstante des Koksgases,
b) die scheinbare Molmasse,
c) die Raumanteile

Ergebnis: a) $R = 310$ Nm/kg K c) $r_1 = 0{,}067$; $r_4 = 0{,}588$
b) $M = 26{,}8$ kg/kmol $r_2 = 0{,}0201$; $r_5 = 0{,}0482$
$r_3 = 0{,}277$

49. Das Abgas einer Gichtgasverbrennung hat folgende Zusammensetzung in Raumteilen:

CO_2 19,5%; $r_1 = 0{,}195$; $M_1 = 44$ kg/kmol
O_2 3,5%; $r_2 = 0{,}035$; $M_2 = 32$ kg/kmol
N_2 77,0%; $r_3 = 0{,}77$; $M_3 = 28$ kg/kmol

Gesucht sind:

a) die scheinbaro Molmasse,
b) die Gaskonstante,
c) die Dichte bei 200 °C und einem Barometerstand von 1000 mbar.

Ergebnis: a) $M = 31{,}26$ kg/kmol; b) $R = 266$ Nm/kg K; c) $\varrho = 0{,}795$ kg/m³

50. In einem Gasbrenner werden 1,5 Raumteile Luft ($R_1 = 287$ Nm/kg K) mit einem Raumteil Stadtgas ($R_2 = 615$ Nm/kg K) gemischt.

Gesucht sind:

a) die Raumanteile,
b) die Gaskonstante der Mischung und die Massenteile,
c) die Dichte der Mischung bei 20 °C und 1013 mbar

Lösung:

a) Der Luftraumanteil an der Mischung ist mit Gl. (17)

$$r_1 = \frac{V_1}{V} = \frac{1{,}5}{2{,}5} = 0{,}6$$

für das Stadtgas

$$r_2 = \frac{V_2}{V} = \frac{1}{2{,}5} = 0{,}4$$

Kontrolle nach Gl. (17a): $\sum_{i=1}^{k} r_i = 1{,}0$

b) Zur Ermittlung der Gaskonstante wird mit Gl. (20) zunächst die Molmasse bestimmt. Die einzelnen Molmassen der Gase werden mit Hilfe von Gl. (11b) errechnet. Die scheinbare Molmasse der Luft mit $R_1 = 287$ Nm/kg K

$$M_1 = \frac{\bar{R}}{R_1} = \frac{8314 \text{ Nm/kmol K}}{287 \text{ Nm/kg K}} = 28{,}9 \text{ kg/kmol}$$

für das Stadtgas mit $R_2 = 615$ Nm/kg K

$$M_2 = \frac{\bar{R}}{R_2} = \frac{8314 \text{ Nm/kmol K}}{615 \text{ Nm/kg K}} = 13{,}51 \text{ kg/kmol}$$

Die scheinbare Molmasse der Mischung ist dann nach Gl. (20)

$$M = \sum_{i=1}^{k} (r_i M_i) = r_1 M_1 + r_2 M_2 = (0{,}6 \cdot 28{,}9 + 0{,}4 \cdot 13{,}51) \text{ kg/kmol}$$

$$M = (17{,}34 + 5{,}404) \text{ kg/kmol} = 22{,}74 \text{ kg/kmol}$$

Die Gaskonstante der Mischung ist nach Gl. (11b)

$$R = \frac{\bar{R}}{M} = \frac{8314 \text{ Nm/kmol K}}{22{,}74 \text{ kg/kmol}} = 367 \text{ Nm/kg K}$$

Bei der Errechnung der Massenanteile läßt sich das Ergebnis von $r_1 M_1$ usw. in Gl. (21) wieder verwenden:

$$g_1 = \frac{r_1 M_1}{M} = \frac{17{,}34}{22{,}74} = 0{,}762$$

$$g_2 = \frac{r_2 M_2}{M} = \frac{5{,}404}{22{,}74} = 0{,}238$$

Kontrolle nach Gl. (15a): $\sum_{i=1}^{k} g_i = 1{,}000$

c) Die Dichte ist mit Gl. (12)

$p_0 = 1{,}013 \text{ bar} = 1{,}013 \cdot 10^5 \text{ N/m}^2 \qquad t = 20\,°\text{C}; \quad T = 293 \text{ K}$

$$\varrho = \frac{p_0}{RT} = \frac{1{,}013 \cdot 10^5 \text{ N/m}^2}{367 \text{ Nm/kg K} \cdot 293 \text{ K}} = 0{,}946 \text{ kg/m}^3$$

51. 2 Luftspeicherbehälter sind durch eine Leitung miteinander verbunden. Durch Öffnen von Ventil *I* (Bild 7) kann die Verbindung von Behälter *1* und *2* hergestellt werden.
Vor der Öffnung des Ventils hat Behälter *1* bei einem Volumen von 3 m³ einen Druck von 7 bar mit einer Temperatur von 35 °C. Behälter *2* hat ein Volumen von 2 m³, einen Druck von 5 bar bei einer Temperatur von 18 °C. Welcher Druck und welche Temperatur stellen sich nach der Öffnung des Ventils *I* in beiden Behältern ein? (Wärmeaustausch mit der Umgebung wird vernachlässigt.)

Lösung:

$V_1 = 3 \text{ m}^3 \qquad p_1 = 7 \text{ bar} \qquad t_1 = 35\,°\text{C}; \quad T_1 = 308 \text{ K}$

$V_2 = 2 \text{ m}^3 \qquad p_2 = 5 \text{ bar} \qquad t_2 = 18\,°\text{C}; \quad T_2 = 291 \text{ K}$

Der mittlere Druck ist nach Gl. (26)

$$p = \frac{p_1 V_1 + p_2 V_2}{V_1 + V_2} = \left(\frac{7 \cdot 3 + 5 \cdot 2}{3 + 2}\right) \text{bar} = 6{,}2 \text{ bar}$$

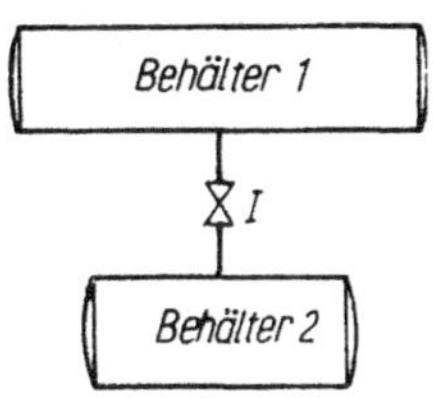

Bild 7

Die mittlere Temperatur ist mit Gl. (25a) (2atomiges Gas)

$$T = \frac{p_1 V_1 + p_2 V_2}{\frac{p_1 V_1}{T_1} + \frac{p_2 V_2}{T_2}} = \left(\frac{7 \cdot 3 + 5 \cdot 2}{\frac{7 \cdot 3}{308} + \frac{5 \cdot 2}{291}}\right) \text{K} = 302 \text{ K}; \quad t = 29\,°\text{C}$$

52. 2 kg Stadtgas ($R_1 = 608$ Nm/kg K) werden mit 10 kg Luft ($R_2 = 287$ Nm/kg K) gemischt.
Wie groß sind die Massenanteile der Einzelgase an der Mischung, und wie groß ist die Gaskonstante der Mischung?

Lösung:

Die Massenteile sind nach Gl. (15) mit $m = m_1 + m_2 = (2 + 10)\,\text{kg} = 12\,\text{kg}$.

$m_1 = 2\,\text{kg}$ 1. Gas $g_1 = \frac{m_1}{m} = \frac{2}{12} = 0{,}167$

$m_2 = 10\,\text{kg}$ 2. Luft $g_2 = \frac{m_2}{m} = \frac{10}{12} = 0{,}833$

Kontrolle nach Gl. (15a): $\sum_{i=1}^{k} g_i = 1{,}000$

Die Gaskonstante ist nach Gl. (16)

$$R = \sum_{i=1}^{k} (g_i R_i) = g_1 R_1 + g_2 R_2$$

$$R = (0{,}167 \cdot 608 + 0{,}833 \cdot 287)\,\text{Nm/kg K} = 340\,\text{Nm/kg K}$$

53. Für eine Trockenanlage steht Abgas (überwiegend 2atomig) mit einer Temperatur von 800 °C zur Verfügung. Die Temperatur ist für das Trockengut zu hoch. Durch Beimischung von Luft, die eine Temperatur von 20 °C hat, soll die Temperatur auf 450 °C gesenkt werden. Wie groß muß das räumliche Mischungsverhältnis sein?

Lösung:

$t_1 = 800\,°\text{C}$; $T_1 = 1073\,\text{K}$ $t_2 = 20\,°\text{C}$; $T_2 = 293\,\text{K}$ $t = 450\,°\text{C}$; $T = 723\,\text{K}$

Da überwiegend 2atomige Gase vorhanden sind, kann Gl. (25a) angewendet werden. Während der Mischung bleibt der Druck praktisch konstant, so daß in Gl. (25a) der Druck fortfallen kann.

Es ist dann

$$T = \frac{V_1 + V_2}{\frac{V_1}{T_1} + \frac{V_2}{T_2}}$$

Die rechte Seite durch V_2 dividiert ergibt nach Umstellung:

$$T = \frac{\frac{V_1}{V_2} + 1}{\frac{V_1}{V_2 T_1} + \frac{1}{T_2}}$$

$$T\left(\frac{V_1}{V_2 T_1} + \frac{1}{T_2}\right) = \frac{V_1}{V_2} + 1; \qquad \frac{V_1 T}{V_2 T_1} + \frac{T}{T_2} = \frac{V_1}{V_2} + 1$$

$$\frac{V_1 T}{V_2 T_1} - \frac{V_1}{V_2} = 1 - \frac{T}{T_2}; \qquad \frac{V_1}{V_2}\left(\frac{T}{T_1} - 1\right) = 1 - \frac{T}{T_2}$$

$$\frac{V_1}{V_2} = \frac{1 - \frac{T}{T_2}}{\frac{T}{T_1} - 1} = \frac{1 - \frac{723\,\text{K}}{293\,\text{K}}}{\frac{723\,\text{K}}{1073\,\text{K}} - 1} = \frac{-1{,}47}{-0{,}327} = \frac{4{,}5}{1}$$

d. h., 4,5 m³ Abgas sind mit je 1 m³ Luft zu mischen.

54. In zwei getrennten Behältern befindet sich Sauerstoff (O_2) und Kohlenoxid (CO).

1. Sauerstoffbehälter: $V_1 = 0{,}05\ \text{m}^3$ $p_1 = 7\ \text{bar}$; $t_1 = 60\,°\text{C}$; $T_1 = 333\ \text{K}$
2. Kohlenoxidbehälter: $V_2 = 0{,}08\ \text{m}^3$ $p_2 = 10\ \text{bar}$ $t_2 = 130\,°\text{C}$; $T_2 = 403\ \text{K}$

Welcher Druck und welche Temperatur stellen sich ein, wenn die Behälter ohne Wärmeaustausch mit der Umgebung miteinander verbunden werden? Wie groß sind dann die Raumanteile, die scheinbare Molmasse, die Gaskonstante, die Teildrücke und die Massenanteile?

Lösung:

Der sich einstellende mittlere Druck ist nach Gl. (26)

$$p = \frac{p_1 V_1 + p_2 V_2}{V_1 + V_2} = \left(\frac{7 \cdot 0{,}05 + 10 \cdot 0{,}08}{0{,}05 + 0{,}08}\right) \text{bar} = 8{,}86\ \text{bar}$$

Die mittlere Temperatur ist mit Gl. (25a) (2atomige Gase)

$$T = \frac{p_1 V_1 + p_2 V_2}{\dfrac{p_1 V_1}{T_1} + \dfrac{p_2 V_2}{T_2}} = \left(\frac{7 \cdot 0{,}05 + 10 \cdot 0{,}08}{\dfrac{7 \cdot 0{,}05}{333} + \dfrac{10 \cdot 0{,}08}{403}}\right) \text{K} = 379\ \text{K}; \quad t = 106\,°\text{C}$$

Das Volumen vom Sauerstoff ist, im Mischungszustand betrachtet, nach dem allgemeinen Gasgesetz, Gl. (5), und $V = V_1 + V_2 = (0{,}05 + 0{,}08)\ \text{m}^3 = 0{,}13\ \text{m}^3$

$$V_{O_2} = V_1 \frac{T}{T_1} \frac{p_1}{p}; \text{ der Raumanteil ist nach Gl. (17) } r_1 = \frac{V_{O_2}}{V},$$

$$r_1 = \frac{V_1 T p_1}{V T_1 p} = \frac{0{,}05\ \text{m}^3 \cdot 379\ \text{K} \cdot 7\ \text{bar}}{0{,}13\ \text{m}^3 \cdot 333\ \text{K} \cdot 8{,}86\ \text{bar}} = 0{,}346$$

Für CO

$$r_2 = \frac{V_2 T p_2}{V T_2 p} = \frac{0{,}08\ \text{m}^3 \cdot 379\ \text{K} \cdot 10\ \text{bar}}{0{,}13\ \text{m}^3 \cdot 403\ \text{K} \cdot 8{,}86\ \text{bar}} = 0{,}654$$

Kontrolle nach Gl. (17a): $\sum_{i=1}^{k} r_i = 1{,}000$

Die scheinbare Molmasse ist mit Gl. (20) ($M_1 = 32$ kg/kmol; $M_2 = 28$ kg/kmol)

$$M = \sum_{i=1}^{k} (r_i M_i) = r_1 M_1 + r_2 M_2 = (0{,}346 \cdot 32 + 0{,}654 \cdot 28)\ \text{kg/kmol}$$

$$M = (11{,}07 + 18{,}31)\ \text{kg/kmol} = 29{,}38\ \text{kg/kmol}$$

Die Gaskonstante ist nach Gl. (11b)

$$R = \frac{\bar{R}}{M} = \frac{8314\ \text{Nm/kmol K}}{29{,}38\ \text{kg/kmol}} = 283\ \text{Nm/kg K}$$

Die Teildrücke sind nach Gl. (24) mit Verwendung des mittleren Druckes

$$p_1 = r_1 p = 0{,}346 \cdot 8{,}86 \text{ bar} = 3{,}06 \text{ bar}$$

$$p_2 = r_2 p = 0{,}654 \cdot 8{,}86 \text{ bar} = 5{,}80 \text{ bar}$$

Kontrolle nach Gl. (13): $\sum_{i=1}^{k} p_i = 8{,}86$ bar

Die Masseteile sind mit Gl. (21)

$$g_1 = \frac{r_1 M_1}{M} = \frac{11{,}07}{29{,}38} = 0{,}377$$

$$g_2 = \frac{r_2 M_2}{M} = \frac{18{,}31}{29{,}38} = 0{,}623$$

Kontrolle nach Gl. (15a): $\sum_{i=1}^{k} g_i = 1{,}000$

55. 500 g Methan (CH_4), 200 g Wasserstoff (H_2) und 400 g Kohlenoxid (CO) werden im Normzustand miteinander gemischt. Wie groß sind die Gaskonstante und die Dichte?

Ergebnis: $R = 1097$ Nm/kg K $\quad \varrho_0 = 0{,}339$ kg/m^3

56. 50 l Methan (CH_4), 20 l Wasserstoff (H_2) und 40 l Kohlenoxid (CO) werden im Normzustand miteinander gemischt. Wie groß sind dann Raumteile, Gaskonstante und Dichte?

Ergebnis:

$$r_1 = 0{,}454 \qquad M = 17{,}824 \text{ kg/kmol}$$

$$r_2 = 0{,}182 \qquad R = 467 \text{ Nm/kg K}$$

$$r_3 = 0{,}364 \qquad \varrho_0 = 0{,}797 \text{ kg/m}^3$$

1.9. Erster Hauptsatz

Aus dem ersten Hauptsatz der Wärmelehre ergibt sich:

Arbeit und Wärme sind äquivalent (d. h. gleichwertig).

Es läßt sich mechanische Arbeit stets in Wärme verwandeln. Für die Umwandlung von Wärme in Arbeit sind immer bestimmte Voraussetzungen erforderlich.
Innerhalb der SI-Einheiten werden *Wärme* (Q) und *Arbeit* (W) nur durch das Symbol (Formelzeichen) unterschieden. Beide haben dieselben Einheiten Nm, J, Ws.
Wird die Wärme je Zeiteinheit zu- oder abgeführt, so gelten die Einheiten der *Leistung* Nm/s, J/s, W.

Für 1 kWh ist Wärmewert = Arbeitswert

$$1 \text{ kWh} = 3{,}6 \cdot 10^6 \text{ J}$$

also

$$Q_{\text{kWh}} = 3{,}6 \cdot 10^6 \text{ J/kWh} = 3{,}6 \cdot 10^3 \text{ kJ/kWh} = 3600 \text{ kJ/kWh}$$

1.10. Spezifische Wärmekapazität

1.10.1. Allgemeines

Die spezifische Wärmekapazität c eines Stoffes ist die Wärme in J, die zur Erwärmung von 1 kg eines Stoffes um 1 K erforderlich ist (Einheit c in J/kg K oder kJ/kg K). Die Wärme errechnet sich nach[1])

$$Q = mc(t_2 - t_1) \tag{27}$$

oder

$$Q = mc(T_2 - T_1)$$

Bei festen und flüssigen Körpern ist c unabhängig vom Druck, c ändert sich aber mit der Temperatur.
Entsprechend der Festlegung der Vorzeichen in 1.1.1. ist:

Dem System zugeführte Wärme: $Q > 0$ (Vorzeichen also $+$)
Aus dem System abgeführte Wärme: $Q < 0$ (Vorzeichen also $-$)

1.10.2. Spezifische Wärmekapazität von Gasen

Bei Gasen werden 2 spezifische Wärmekapazitäten unterschieden:

1. bei konstantem Volumen c_v,
2. bei konstantem Druck c_p.

Der Wärmeinhalt bei konstantem Druck wird Enthalpie genannt. Es ist

$$h = \int_{t_0}^{t} c_p \, \mathrm{d}t$$

Die Enthalpie ist eine Zusammenfassung der inneren Energie und der Verdrängungsarbeit des Stoffes [s. a. Gl. (38)].
Zwischen c_p und c_v besteht folgender Zusammenhang:

$$c_p - c_v = R \tag{28}$$

Weiterhin besteht der Zusammenhang

$$\frac{c_p}{c_v} = \varkappa \tag{29}$$

---

[1]) Gegenüber der bisher gebräuchlichen Einheit kcal besteht folgender Zusammenhang: 1 kcal = 4186,8 J = 4,1868 kJ.
(s. a.[1]) in Abschn. 10. u. Tab. 24)

bei allen 1atomigen Gasen ist $\varkappa = \frac{5}{3} = 1{,}67$,

bei allen 2atomigen Gasen ist $\varkappa = \frac{7}{5} = 1{,}4$.

Bei 3- und mehratomigen Gasen ist $\varkappa < 1{,}4$.

Spezifische Wärmekapazität für 1 m³ in J/m³K oder kJ/m³K.

Da die spezifische Wärmekapazität c sich auf 1 kg bezieht, ist mit ϱ in kg/m³

$$C = \varrho c \tag{30}$$

Es besteht hier der Zusammenhang:

$$C_p - C_v = R\varrho$$

Spezifische Wärmekapazität für 1 kmol in J/kmol K oder kJ/kmol K

$$\bar{c} = cM \tag{31}$$

Es gilt hier

$$\bar{c}_p - \bar{c}_v = RM = \bar{R}$$

1.10.3. Spezifische Wärmekapazität von Gasmischungen

Für Gasmischungen gilt:

$$c_p = g_1 c_{p1} + g_2 c_{p2} + \cdots$$

$$c_p = \sum_{i=1}^{k} (g_i c_{pi}) \tag{32a}$$

und

$$c_v = g_1 c_{v1} + g_2 c_{v2} + \cdots$$

$$c_v = \sum_{i=1}^{k} (g_i c_{vi}) \tag{32b}$$

Die scheinbare molare Wärmekapazität für Gasmischungen ist

$$\bar{c}_p = r_1 M_1 c_{p1} + r_2 M_2 c_{p2} + \cdots$$

$$\bar{c}_p = \sum_{i=1}^{k} (r_i M_i c_{pi}) \tag{32c}$$

und

$$\bar{c}_v = \sum_{i=1}^{k} (r_i M_i c_{vi}) \tag{32d}$$

1.10.4. Mittlere spezifische Wärmekapazität

Bei größeren Temperaturdifferenzen ist mit der mittleren spezifischen Wärmekapazität zu rechnen.
Werden die Werte aus Tab. 6 eingesetzt, dann ist Gl. (27)

$$Q = m\,(c_{p2}|_{t_0}^{t_2}\, t_2 - c_{p1}|_{t_0}^{t_1}\, t_1)$$

Die Werte der Tab. 7 sind auf die wahre spezifische Wärmekapazität bei der jeweiligen Temperatur bezogen.
Für nicht zu große Temperaturdifferenzen kann die mittlere spezifische Wärmekapazität für die mittlere Temperatur $(t_2 + t_1)/2$ nach Tab. 7 eingesetzt werden.

Beispiele:

57. Welche Wärme ist erforderlich, um 2 kg Kupfer von 0 °C auf eine Temperatur von 300 °C zu bringen ($c = 0{,}39$ kJ/kg K)?

Lösung:

Nach Gl. (27)

$m = 2$ kg $\quad t_1 = 0\,°\mathrm{C} \quad t_2 = 300\,°\mathrm{C} \quad c = 0{,}39$ kJ/kg K

$$Q = mc(t_2 - t_1) = 2\ \mathrm{kg} \cdot 0{,}39\ \mathrm{kJ/kg\,K} \cdot (300 - 0)\ \mathrm{K} = 234\ \mathrm{kJ}$$

58. Welche Wärme muß 1000 kg Wasser ($\approx 1\ \mathrm{m}^3$) von 20 °C zugeführt werden. damit die Temperatur auf 90 °C steigt?

Lösung:

Nach Gl. (27)

$m = 1000$ kg $\quad t_1 = 20\,°\mathrm{C} \quad t_2 = 90\,°\mathrm{C} \quad c = 4{,}19$ kJ/kg K

$$Q = mc(t_2 - t_1) = 1000\ \mathrm{kg} \cdot 4{,}19\ \mathrm{kJ/kg\,K} \cdot (90 - 20)\ \mathrm{K} = 293\,300\ \mathrm{kJ}$$

59. Welche Wärme verliert ein Zinkstab von 2,5 kg, der sich von 200 °C auf 16 °C abkühlt?

Lösung:

Nach Gl. (27)

$m = 2{,}5$ kg $\quad t_1 = 200\,°\mathrm{C} \quad t_2 = 16\,°\mathrm{C} \quad c = 0{,}391$ kJ/kg K

$$Q = mc(t_2 - t_1) = 2{,}5\ \mathrm{kg} \cdot 0{,}391\ \mathrm{kJ/kg\,K} \cdot (16 - 200)\ \mathrm{K} = -180\ \mathrm{kJ}$$

(Mit der Festlegung der Vorzeichen übereinstimmend. Hier ist die Systemgrenze die Körperoberfläche des Zinkstabes.)

60. Einem Stahlstück von 2 kg mit $c = 0{,}485$ kJ/kg K werden 33,5 kJ zugeführt. Die Temperatur steigt dabei auf 45 °C. Wie hoch war die Anfangstemperatur?

Lösung:

Aus Gl. (27) ist die Anfangstemperatur

$m = 2\,\text{kg} \qquad Q = 33{,}5\,\text{kJ} \qquad t_2 = 45\,°\text{C} \qquad c = 0{,}485\,\text{kJ/kg K}$

$$t_1 = t_2 - \frac{Q}{mc} = 45\,°\text{C} - \frac{33{,}5\,\text{kJ}}{2\,\text{kg} \cdot 0{,}485\,\text{kJ/kg K}} = 10{,}4\,°\text{C}$$

61. a) Welche Wärme ist erforderlich, um 1 kg Stahl ($c = 0{,}476$ kJ/kg K) von 0 °C auf 150 °C zu bringen?

b) Welche Wärme ist erforderlich, um 1 kg Wasser ($c = 4{,}19$ kJ/kg K) von 0 °C auf 80 °C zu bringen?

c) Welcher der unter a) und b) genannten Körper hat die größere Wärme aufgenommen?

Lösung:

Die Wärme wird nach Gl. (27) ermittelt.

a) Stahl

$m = 1\,\text{kg} \qquad t_1 = 0\,°\text{C} \qquad t_2 = 150\,°\text{C} \qquad c = 0{,}476\,\text{kJ/kg K}$

$$Q = mc(t_2 - t_1) = 1\,\text{kg} \cdot 0{,}476\,\text{kJ/kg K} \cdot (150 - 0)\,\text{K} = 71{,}4\,\text{kJ}$$

b) Wasser

$m = 1\,\text{kg} \qquad t_1 = 0\,°\text{C} \qquad t_2 = 80\,°\text{C} \qquad c = 4{,}19\,\text{kJ/kg K}$

$$Q = mc(t_2 - t_1) = 1\,\text{kg} \cdot 4{,}19\,\text{kJ/kg K} \cdot (80 - 0)\,\text{K} = 335\,\text{kJ}$$

c) Beide Körper haben die gleiche Masse. Bei einer Gegenüberstellung der aufgenommenen Wärme zeigt sich, daß das Wasser trotz seiner geringeren Temperatur mehr Wärme gespeichert hat als der Stahl.
Die Temperatur ist ein Vergleichswert für die Molekularbewegung in den Stoffen. Sie gibt *nicht* die Wärme an.

Mischungen

Bei Mischungen verschiedener Stoffe untereinander gilt die Wärmegleichung:

Aufgenommene Wärme = abgegebene Wärme

oder Mitgebrachte Wärme = Mischungswärme

$$\underbrace{m_1 c_1 t_1}_{\text{Körper 1}} + \underbrace{m_2 c_2 t_2}_{\text{Körper 2}} = \underbrace{(m_1 c_1 + m_2 c_2)\, t_\text{m}}_{\text{Mischung}} \qquad (33)$$

62. 500 g Stahl ($c_1 = 0{,}473$ kJ/kg K) von 800 °C werden in 10 kg Wasser ($c_2 = 4{,}19$ kJ/kg K) von 15 °C abgeschreckt. Wie hoch steigt die Temperatur des Wassers, wenn der Wärmeausgleich ohne Wärmeabgabe an die Umgebung abgeschlossen ist?

Lösung:

Mischungstemperatur aus Gl. (33)

$m_1 = 0{,}5$ kg (Stahl) $\quad m_2 = 10$ kg (Wasser)

$c_1 = 0{,}473$ kJ/kg K $\quad c_2 = 4{,}19$ kJ/kg K

$t_1 = 800\,°C$ $\quad t_2 = 15\,°C$

$$m_1c_1t_1 + m_2c_2t_2 = (m_1c_1 + m_2c_2)t_m$$

Stahl Wasser Mischung

$$t_m = \frac{m_1c_1t_1 + m_2c_2t_2}{m_1c_1 + m_2c_2} = \frac{(0{,}5 \cdot 0{,}473 \cdot 800 + 10 \cdot 4{,}19 \cdot 15)\ \text{kJ}}{(0{,}5 \cdot 0{,}473 + 10 \cdot 4{,}19)\ \text{kJ/K}} = 19{,}4\,°C$$

63. 15 kg Wasser von 60 °C werden mit 25 kg Wasser von 10 °C gemischt. Welche Mischungstemperatur stellt sich nach dem Wärmeausgleich ein?

Lösung:

Da bei Flüssigkeiten die spezifische Wärmekapazität annähernd konstant ist, kann bei der Mischung von gleichen Flüssigkeiten mit unterschiedlicher Temperatur die spezifische Wärmekapazität in Gl. (33) wegfallen.
Es ist dann

$m_1 = 15$ kg $\quad m_2 = 25$ kg $\quad t_1 = 60\,°C \quad t_2 = 10\,°C$

$$m_1t_1 + m_2t_2 = (m_1 + m_2)\, t_m$$

$$t_m = \frac{m_1t_1 + m_2t_2}{m_1 + m_2} = \frac{15 \cdot 60 + 25 \cdot 10}{15 + 25}\,°C = 28{,}75\,°C$$

64. Es sollen 40 kg Wasser von 45 °C durch Mischung hergestellt werden. Zur Verfügung steht Wasser mit 10 °C und Wasser von 60 °C. Wieviel Anteile sind jeweils erforderlich?

Lösung:

$m = 40$ kg $\quad t_m = 45\,°C \quad t_1 = 10\,°C \quad t_2 = 60\,°C$

Es gilt (I) $m_1 + m_2 = m; \quad m_2 = m - m_1$

und (II) $m_1t_1 + m_2t_2 = mt_m$

Gl. (I) in Gl. (II) eingesetzt

$$m_1t_1 + (m - m_1)\, t_2 = mt_m$$

daraus

$$m_1 = \frac{m(t_m - t_2)}{t_1 - t_2} = \frac{40\ \text{kg}(45 - 60)\ \text{K}}{(10 - 60)\ \text{K}} = 12\ \text{kg} \quad \text{mit} \quad t_1 = 10\,°C$$

$$m_2 = m - m_1 = (40 - 12)\ \text{kg} = 28\ \text{kg} \quad \text{mit} \quad t_2 = 60\,°C$$

Kalorimeter (Bild 8)

Zur Feststellung der spezifischen Wärmekapazität dient ein Kalorimeter. Es wird hierbei der Körper, dessen spezifische Wärmekapazität ermittelt werden soll, auf eine bestimmte Temperatur erwärmt und in ein Gefäß mit Wasser gebracht. Es stellt sich dann eine Mischungstemperatur ein.

Aufgenommene Wärme = abgegebene Wärme

$$\underbrace{m_1c_1(t_m - t_1)}_{\text{Wasser}} + \underbrace{m_2c_2(t_m - t_1)}_{\text{Gefäß}} = \underbrace{m_3c_3(t_3 - t_m)}_{\text{Eingebrachter Körper}}$$

Wasser- und Gefäßtemperatur sind am Anfang gleich.

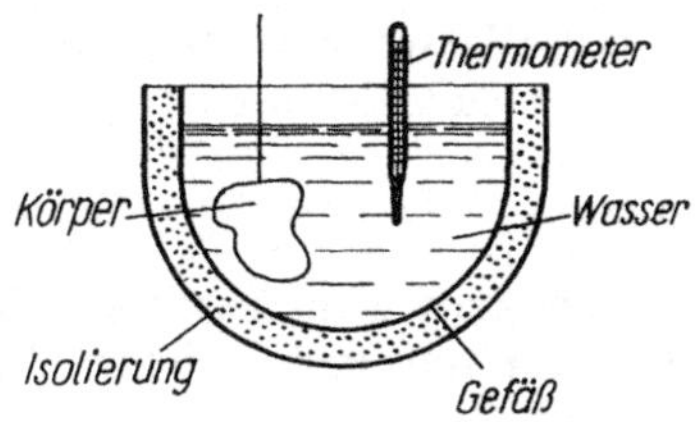

Bild 8

65. Ein Stück Metall von 225 g wird auf 100 °C erwärmt und in ein Kalorimeter aus Messing ($c_2 = 0{,}385$ kJ/kg K) von 200 g Masse gebracht. Wassermasse ($c_1 = 4{,}19$ kJ/kg K) im Kalorimeter 450 g. Anfangstemperatur 15 °C, Mischungstemperatur 19,4 °C. Wie groß ist die spezifische Wärmekapazität des Metalls?

Lösung:

$m_1 = 0{,}45$ kg $m_2 = 0{,}2$ kg $m_3 = 0{,}225$ kg $t_m = 19{,}4\,°C$

$t_1 = 15\,°C$ $t_3 = 100\,°C$

$c_1 = 4{,}19$ kJ/kg K $c_2 = 0{,}385$ kJ/kg K

$$m_1c_1(t_m - t_1) + m_2c_2(t_m - t_1) = m_3c_3(t_3 - t_m)$$

$$c_3 = \frac{(m_1c_1 + m_2c_2)(t_m - t_1)}{m_3(t_3 - t_m)}$$

$$c_3 = \frac{[(0{,}45 \cdot 4{,}19 + 0{,}2 \cdot 0{,}385)(19{,}4 - 15)]\,\text{kJ}}{0{,}225\,\text{kg}(100 - 19{,}4)\,\text{K}} = 0{,}476\ \text{kJ/kg K}$$

66. Ein Nickelzylinder ($c_3 = 0{,}46$ kJ/kg K) von 500 g wird erwärmt und in ein Messingkalorimeter ($c_2 = 0{,}385$ kJ/kg K) von 100 g Masse gebracht. Wassermasse ($c_1 = 4{,}19$ kJ/kg K) im Kalorimeter 300 g; Anfangstemperatur 14,4 °C; Mischungstemperatur 55,9 °C. Wie hoch war die Temperatur des Nickelzylinders vor dem Einbringen in das Kalorimeter?

Lösung:

$m_1 = 0{,}3$ kg $\quad m_2 = 0{,}1$ kg $\quad m_3 = 0{,}5$ kg $\quad t_m = 55{,}9\,°C$

$t_1 = 14{,}4\,°C$

$c_1 = 4{,}19$ kJ/kg K $\quad c_2 = 0{,}385$ kJ/kg K $\quad c_3 = 0{,}46$ kJ/kg K

$$t_3 = \frac{(m_1c_1 + m_2c_2)\,(t_m - t_1)}{m_3c_3} + t_m$$

$$t_3 = \frac{[(0{,}3 \cdot 4{,}19 + 0{,}1 \cdot 0{,}385)\,(55{,}9 - 14{,}4)]\,\text{kJ}}{0{,}5\,\text{kg} \cdot 0{,}46\,\text{kJ/kg K}} + 55{,}9\,°C = 289{,}6\,°C$$

67. Wie groß ist die Wärmekapazität von 1 m^3 Luft im Normzustand bei konstantem Druck?

Lösung:

$c_{p,0} = 1{,}006$ kJ/kg K (Tab. 6) $\quad \varrho_0 = 1{,}293$ kg/m^3 (Tab. 1)

Nach Gl. (30) ist dann

$$C_{p,0} = \varrho_0 c_{p,0} = 1{,}293\,\text{kg/m}^3 \cdot 1{,}006\,\text{kJ/kg K} = 1{,}3\,\text{kJ/m}^3\,\text{K}$$

68. Für eine Lüftungsanlage sollen stündlich 5000 m^3 trockene Luft von $-5\,°C$ auf 22 °C erwärmt werden. Welche Wärme ist hierzu erforderlich, und wieviel m^3 sind nach der Erwärmung vorhanden bei einem Barometerstand von 981 mbar?

Bemerkungen zum Lösungsgang:

Die Erwärmung erfolgt praktisch bei konstantem Druck. Es kann also das Gesetz der Isobare, Gl. (2), verwendet werden. Zur Errechnung der Wärme ist es vorteilhafter, mit der Gasmasse zu rechnen, da das Volumen veränderlich ist. Auch ist die Temperaturdifferenz geringfügig, so daß $c_p = 1{,}006$ kJ/kg K als konstant angenommen werden kann.

$\dot V_1 = 5000$ m^3/h $\quad c_p = 1{,}006$ kJ/kg K

$t_1 = -5\,°C$; $\quad T_1 = 268$ K $\quad R = 287$ Nm/kg K

$t_2 = 22\,°C$; $\quad T_2 = 295$ K $\quad p = p_b = 0{,}981$ bar

Der Luftmassenstrom ist nach Gl. (7)

$$\dot m = \frac{p\dot V_1}{RT_1} = \frac{0{,}981 \cdot 10^5\,\text{N/m}^2 \cdot 5000\,\text{m}^3/\text{h}}{287\,\text{Nm/kg K} \cdot 268\,\text{K}} = 6370\,\text{kg/h}$$

Die zuzuführende Wärme (Enthalpiesteigerung) ist nach Gl. (38)

$$\Delta\dot H = \dot m c_p (T_2 - T_1) = 6370\,\text{kg/h} \cdot 1{,}006\,\text{kJ/kg K} \cdot (295 - 268)\,\text{K}$$

$$= 173300\,\text{kJ/h} = \frac{173300\,\text{kJ/h}}{3600\,\text{s/h}} = \frac{172500\,\text{kWs/h}}{3600\,\text{s/h}} = 48\,\text{kW}$$

Der Volumenstrom nach der Erwärmung ist nach Gl. (2), Isobare,

$$\dot V_2 = \dot V_1 \frac{T_2}{T_1} = 5000\,\text{m}^3/\text{h} \cdot \frac{295\,\text{K}}{268\,\text{K}} = 5500\,\text{m}^3/\text{h}$$

69. Wie groß ist die Wärmekapazität bei konstantem Volumen von 1 m³ Kohlendioxid (CO_2), wenn der Druck 1,1 bar und die Temperatur 20 °C beträgt?

Lösung:

Der Zahlenwert für die spezifische Wärmekapazität bei konstantem Druck ist Tab. 7 zu entnehmen.

$p = 1{,}1$ bar $= 1{,}1 \cdot 10^5$ N/m² $\quad R = 189$ J/kg K

$t = 20$ °C; $T = 293$ K $\quad c_p = 0{,}839$ kJ/kg K

Die spezifische Wärmekapazität bei konstantem Volumen, bezogen auf 1 kg, ist nach Gl. (28)

$$c_v = c_p - R = (0{,}839 - 0{,}189)\ \text{kJ/kg K} = 0{,}65\ \text{kJ/kg K}$$

Die Dichte ist nach Gl. (12)

$$\varrho = \frac{p}{RT} = \frac{1{,}1 \cdot 10^5\ \text{N/m}^2}{189\ \text{Nm/kg K} \cdot 293\ \text{K}} = 1{,}99\ \text{kg/m}^3$$

Die Wärmekapazität für 1 m³ bei konstantem Volumen ist mit Gl. (30)

$$C_v = \varrho c_v = 1{,}99\ \text{kg/m}^3 \cdot 0{,}65\ \text{kJ/kg K} = 1{,}293\ \text{kJ/m}^3\ \text{K}$$

70. Es sollen stündlich 2500 m³ Luft von 1,4 bar und einer Temperatur von 10 °C bei gleichbleibendem Druck auf eine Temperatur von 750 °C gebracht werden. Welche Wärme ist zuzuführen?

Bemerkungen zum Lösungsgang:

Da hier sehr unterschiedliche Temperaturen vorhanden sind, ist entsprechend den Angaben in 1.10.4. die zuzuführende Wärme zu bestimmen.

$\dot{V} = 2500$ m³/h $\quad p = 1{,}4$ bar $= 1{,}4 \cdot 10^5$ N/m² $\quad t_1 = 10$ °C; $T_1 = 283$ K

$R = 287$ Nm/kg K $\quad t_2 = 750$ °C

Der Luftmassenstrom ist mit Gl. (7)

$$\dot{m} = \frac{p\dot{V}}{RT_1} = \frac{1{,}4 \cdot 10^5\ \text{N/m}^2 \cdot 2500\ \text{m}^3/\text{h}}{287\ \text{Nm/kg K} \cdot 283\ \text{K}} = 4310\ \text{kg/h}$$

Die zuzuführende Wärme (Enthalpiesteigerung) ist nach Gl. (38) mit Berücksichtigung der Angaben in 1.10.4. und den Werten der Tab. 6

$$\Delta\dot{H} = \dot{m}\,(c_{pm2}|_{t_0}^{t_2}\, t_2 - c_{pm1}|_{t_0}^{t_1}\, t_1)$$

$$= 4310\ \text{kg/h} \cdot (1{,}067 \cdot 750 - 1{,}006 \cdot 10)\ \text{kJ/kg}$$

$$\Delta\dot{H} = 3400000\ \text{kJ/h} = \frac{3400000\ \text{kWs/h}}{3600\ \text{s/h}} = 944\ \text{kW}$$

71. Wie groß ist die spezifische Wärmekapazität von Abgasen bei konstantem Druck und 200 °C, wenn die Analyse in Raumteilen lautet:

CO_2 11,2%; $r_1 = 0{,}112$; $M_1 = 44$ kg/kmol

H_2O 3,0%; $r_2 = 0{,}03$; $M_2 = 18$ kg/kmol

SO_2 0,8%; $r_3 = 0{,}008$; $M_3 = 64$ kg/kmol

O_2 7,0%; $r_4 = 0{,}07$; $M_4 = 32$ kg/kmol

N_2 78,0%; $r_5 = 0{,}78$; $M_5 = 28$ kg/kmol

Lösung:

Um mit Gl. (32a) $c_p = \sum_{i=1}^{k} (g_i c_{pi})$ rechnen zu können, müssen erst mit Gl. (21) die Massenteile bestimmt werden.

Für Gl. (21) ist zunächst die scheinbare Molmasse mit Gl. (20)

$$M = \sum_{i=1}^{k} (r_i M_i) = r_1 M_1 + r_2 M_2 + r_3 M_3 + r_4 M_4 + r_5 M_5$$

$$M = (0{,}112 \cdot 44 + 0{,}03 \cdot 18 + 0{,}008 \cdot 64 + 0{,}07 \cdot 32 + 0{,}78 \cdot 28)\ \text{kg/kmol}$$

$$M = (4{,}93 + 0{,}54 + 0{,}512 + 2{,}24 + 21{,}84)\ \text{kg/kmol} = 30{,}06\ \text{kg/kmol}$$

Massenteile mit Gl. (21) ($r_1 M_1$ usw. wurden schon bei der Molmasse errechnet):

$$g_1 = \frac{r_1 M_1}{M} = \frac{4{,}93}{30{,}06} = 0{,}1642 \qquad g_4 = \frac{2{,}24}{30{,}06} = 0{,}0747$$

$$g_2 = \frac{0{,}54}{30{,}06} = 0{,}01798 \qquad g_5 = \frac{21{,}84}{30{,}06} = 0{,}727$$

$$g_3 = \frac{0{,}512}{30{,}06} = 0{,}01702$$

Kontrolle nach Gl. (15a): $\sum_{i=1}^{k} g_i = 1{,}00090$

Die spezifische Wärmekapazität der Gasmischung bei konstantem Druck ist mit Gl. (32a) und bei 200 °C mit den Werten der Tab. 7

$$c_p = \sum_{i=1}^{k} (g_i c_{pi}) = g_1 c_{p1} + g_2 c_{p2} + g_3 c_{p3} + g_4 c_{p4} + g_5 c_{p5}$$

$$= (0{,}1642 \cdot 0{,}995 + 0{,}01798 \cdot 1{,}94 + 0{,}01702 \cdot 0{,}714$$

$$+ 0{,}0747 \cdot 0{,}963 + 0{,}727 \cdot 1{,}052)\ \text{kJ/kg K}$$

$$c_p = 1{,}047\ \text{kJ/kg K}$$

72. Ein Abgas hart folgende Analyse in Raumteilen:

CO_2 19,5%; $r_1 = 0{,}195$; $M_1 = 44$ kg/kmol

O_2 3,0%; $r_2 = 0{,}03$; $M_2 = 32$ kg/kmol

N_2 77,5%; $r_3 = 0{,}775$; $M_3 = 28$ kg/kmol

Wie groß sind die spezifischen Wärmekapazitäten für 1 kg, 1 m³ und 1 kmol Abgas im Normzustand?

Lösung:

Mit Gl. (20) ist die scheinbare Molmasse

$$M = \sum_{i=1}^{k} (r_i M_i) = r_1 M_1 + r_2 M_2 + r_3 M_3$$

$$M = (0{,}195 \cdot 44 + 0{,}03 \cdot 32 + 0{,}775 \cdot 28) \text{ kg/kmol}$$

$$M = (8{,}58 + 0{,}96 + 21{,}7) \text{ kg/kmol} = 31{,}24 \text{ kg/kmol}$$

Die Massenteile sind mit Gl. (21)

$$g_1 = \frac{r_1 M_1}{M} = \frac{8{,}58}{31{,}24} = 0{,}274$$

$$g_2 = \frac{0{,}96}{31{,}24} = 0{,}0307$$

$$g_3 = \frac{21{,}7}{31{,}24} = 0{,}696$$

Kontrolle nach Gl. (15a): $\sum_{i=1}^{k} g_i = 1{,}0007$

Die spez. Wärmekapazität für 1 kg Gas bei konstantem Druck wird mit Gl. (32a) und nach Tabelle 6

$$c_{p,0} = \sum_{i=1}^{k} (g_i c_{pi}) = g_1 c_{p1,0} + g_2 c_{p2,0} + g_3 c_{p3,0}$$

$$= (0{,}274 \cdot 0{,}818 + 0{,}0307 \cdot 0{,}915 + 0{,}696 \cdot 1{,}04) \text{ kJ/kg K}$$

$$c_{p,0} = 0{,}976 \text{ kJ/kg K}$$

Die spezifische Wärmekapazität für 1 kg Gas bei konstantem Volumen ist mit den Gln. (28) und (11b)

$$c_{v,0} = c_{p,0} - R = c_{p,0} - \frac{\overline{R}}{M} = 0{,}976 \text{ kJ/kg K} - \frac{8{,}314 \text{ kJ/kmol K}}{31{,}24 \text{ kg/kmol}}$$

$$c_{v,0} = 0{,}71 \text{ kJ/kg K}$$

Die Dichte im Normzustand ist mit Gl. (12)

$$\varrho_0 = \frac{M}{\overline{v}_0} = \frac{31{,}24 \text{ kg/kmol}}{22{,}4 \text{ m}^3\text{/kmol}} = 1{,}395 \text{ kg/m}^3$$

Die spezifischen Wärmekapazitäten für 1 m³ Abgas im Normzustand sind dann mit Gl. (30)

$$C_{p,0} = \varrho_0 c_{p,0} = 1{,}395\ \text{kg/m}^3 \cdot 0{,}976\ \text{kJ/kg K} = 1{,}361\ \text{kJ/m}^3\ \text{K}$$

$$C_{v,0} = \varrho_0 c_{v,0} = 1{,}395\ \text{kg/m}^3 \cdot 0{,}71\ \text{kJ/kg K} = 0{,}99\ \text{kJ/m}^3\ \text{K}$$

Die scheinbaren molaren Wärmekapazitäten sind mit Gl. (31)

$$\bar{c}_{p,0} = M c_{p,0} = 31{,}24\ \text{kg/kmol} \cdot 0{,}976\ \text{kJ/kg K} = 30{,}49\ \text{kJ/kmol K}$$

$$\bar{c}_{v,0} = M c_{v,0} = 31{,}24\ \text{kg/kmol} \cdot 0{,}71\ \text{kJ/kg K} = 22{,}18\ \text{kJ/kmol K}$$

Es muß sein

$$\bar{c}_p - \bar{c}_v = \bar{R} = 8{,}314\ \text{kJ/kmol K},$$

mit den errechneten Werten ist

$$\bar{c}_{p,0} - \bar{c}_{v,0} = (30{,}49 - 22{,}18)\ \text{kJ/kmol K} = 8{,}31\ \text{kJ/kmol K}$$

73. In einem Walzwerk werden 22000 m³/h Braunkohlengas im Normzustand benötigt. Nach dem Verlassen der Retorte wird das Gas auf 250 °C abgekühlt. In 2 nachfolgenden Kühlergruppen zu je 4 Kühlern soll das Gas durch Wasser, das sich von 10 °C auf 40 °C erwärmt, auf 50 °C heruntergekühlt werden.

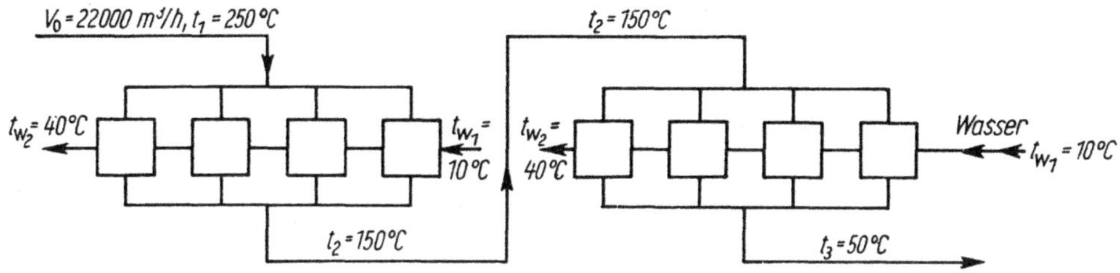

Bild 9

In Kühlergruppe *1* von 250 °C auf 150 °C,

in Kühlergruppe *2* von 150 °C auf 50 °C.

Zum Heranbringen des Kühlwassers steht eine Wasserleitung von 200 mm Dmr. zur Verfügung. Die Wassergeschwindigkeit beträgt 0,7 m/s.
Es ist festzustellen, ob die Fördermenge der Wasserleitung zur Kühlung ausreicht.
Die Analyse des Gases in Raumteilen lautet:

CO 29%; $r_1 = 0{,}29$; $M_1 = 28$ kg/kmol

H_2 12%; $r_2 = 0{,}12$; $M_2 = 2$ kg/kmol

CH_4 2%; $r_3 = 0{,}02$; $M_3 = 16$ kg/kmol

CO_2 4%; $r_4 = 0{,}04$; $M_4 = 44$ kg/kmol

N_2 53%; $r_5 = 0{,}53$; $M_5 = 28$ kg/kmol

Bemerkungen zum Lösungsgang:

An der Systemgrenze ist der Massenstrom des Gases (auf Normkubikmeter bezogen auch der Volumenstrom) beim Ein- und Austritt gleich.
Der Massenstrom des Wassers ist beim Eintritt und Austritt ebenfalls gleich.
Es wird an der Systemgrenze die Wärme abgeführt, es ist $Q < 0$ (Vorzeichen also $-$).
Mit Hilfe der *Dalton*schen Gesetze muß ermittelt werden, welche Wärme dem Mischgas zu entziehen ist. Es ist dann auch die notwendige Wassermasse durch die gegebene Temperaturdifferenz bestimmt. Die Nachprüfung des Leitungsquerschnittes erfolgt nach der Überlegung

Volumen je Zeiteinheit = Fläche · Geschwindigkeit

Der Wärmeentzug erfolgt bei praktisch konstantem Druck. Die scheinbare Molmasse des Gases ist mit Gl. (20)

$$M = \sum_{i=1}^{k} (r_i M_i) = r_1 M_1 + r_2 M_2 + r_3 M_3 + r_4 M_4 + r_5 M_5$$

$$M = (0{,}29 \cdot 28 + 0{,}12 \cdot 2 + 0{,}02 \cdot 16 + 0{,}04 \cdot 44 + 0{,}53 \cdot 28)\ \text{kg/kmol}$$

$$M = (8{,}12 + 0{,}24 + 0{,}32 + 1{,}76 + 14{,}84)\ \text{kg/kmol} = 25{,}28\ \text{kg/kmol}$$

Die Gaskonstante des Mischgases ist mit Gl. (11b)

$$R = \frac{\bar{R}}{M} = \frac{8314\ \text{Nm/kmol K}}{25{,}28\ \text{kg/kmol}} = 328\ \text{Nm/kg K}$$

Der Gasmassenstrom ist dann mit Gl. (7) (da Normzustand gegeben ist, liegen Druck und Temperatur fest)

$$\dot{m} = \frac{p_0 \dot{V}_0}{R T_0} = \frac{1{,}013 \cdot 10^5\ \text{N/m}^2 \cdot 22\,000\ \text{m}^3/\text{h}}{328\ \text{Nm/kg K} \cdot 273\ \text{K}} = 24\,900\ \text{kg/h}$$

Die Massenteile sind nach Gl. (21) ($r_1 M_1$ usw. wurden schon bei der Molmasse errechnet):

$$g_1 = \frac{r_1 M_1}{M} = \frac{8{,}12}{25{,}28} = 0{,}321 \qquad g_4 = \frac{1{,}76}{25{,}28} = 0{,}0697$$

$$g_2 = \frac{0{,}24}{25{,}28} = 0{,}00948 \qquad g_5 = \frac{14{,}84}{25{,}28} = 0{,}588$$

$$g_3 = \frac{0{,}32}{25{,}28} = 0{,}01265$$

Kontrolle nach Gl. (15a): $\sum_{i=1}^{k} g_i = 1{,}00083$

Kühlergruppe *1* (von 250 °C auf 150 °C)
Die mittlere spezifische Wärmekapazität bei konstantem Druck für das Mischgas ist nach Gl. (32a) bei $t_m = (t_1 + t_2)/2 = (250 + 150)\,°\text{C}/2 = 200\,°\text{C}$ und den Werten

der Tab. 7

$$c_{pm1} = \sum_{i=1}^{k} (g_i c_{pi}) = g_1 c_{p1} + g_2 c_{p2} + g_3 c_{p3} + g_4 c_{p4} + g_5 c_{p5}$$

$$= (0{,}321 \cdot 1{,}06 + 0{,}00948 \cdot 14{,}52 + 0{,}01256 \cdot 2{,}467 + 0{,}0697 \cdot 0{,}995 + 0{,}588 \cdot 1{,}052)\ \mathrm{kJ/kg\ K}$$

$$c_{pm1} = 1{,}198\ \mathrm{kJ/kg\ K}$$

Die abzuführende Wärme (Enthalpieentzug) für Kühlergruppe *1* ist dann mit Gl. (38)

$\dot{m} = 24\,900$ kg/h $\quad t_1 = 250\,°\mathrm{C} \quad t_{W1} = 10\,°\mathrm{C}$

$t_2 = 150\,°\mathrm{C} \quad t_{W2} = 40\,°\mathrm{C}$

$$\Delta\dot{H}_1 = \dot{m} c_{pm1}(t_2 - t_1) = 24\,900\ \mathrm{kg/h} \cdot 1{,}198\ \mathrm{kJ/kg\ K} \cdot (150 - 250)\ \mathrm{K}$$

$$\Delta\dot{H}_1 = -2\,980\,000\ \mathrm{kJ/h} = \frac{-2\,980\,000\ \mathrm{kWs/h}}{3600\ \mathrm{s/h}} = -830\ \mathrm{kW}$$

Der erforderliche Kühlwassermassenstrom ist aus Gl. (27)

$$\dot{m}_{W1} = \frac{|\Delta\dot{H}_1|}{c(t_{W2} - t_{W1})} = \frac{2\,980\,000\ \mathrm{kJ/h}}{4{,}19\ \mathrm{kJ/kg\ K} \cdot (40 - 10)\ \mathrm{K}} = 23\,700\ \mathrm{kg/h}$$

oder

$$\dot{m}_{W1} = \frac{830\ \mathrm{kW}}{4{,}19\ \mathrm{kWs/kg\ K} \cdot (40 - 10)\ \mathrm{K}} = 6{,}6\ \mathrm{kg/s} \triangleq 0{,}0066\ \mathrm{m^3/s}$$

Kühlergruppe *2* (von 150 °C auf 50 °C)
Die mittlere spezifische Wärmekapazität der Gasmischung bei konstantem Druck bei $t_m = (150 + 50)\,°\mathrm{C}/2 = 100\,°\mathrm{C}$ ist mit Gl. (32a)

$$c_{pm2} = (0{,}321 \cdot 1{,}045 + 0{,}00948 \cdot 14{,}45 + 0{,}01256 \cdot 2{,}31 + 0{,}0697 \cdot 0{,}916 + 0{,}588 \cdot 1{,}043)\ \mathrm{kJ/kg\ K}$$

$$c_{pm2} = 1{,}178\ \mathrm{kJ/kg\ K}$$

Die abzuführende Wärme (Enthalpieentzug) für Kühlergruppe *2* ist

$$\Delta\dot{H}_2 = 24\,900\ \mathrm{kg/h} \cdot 1{,}178\ \mathrm{kJ/kg\ K} \cdot (50 - 150)\ \mathrm{K}$$

$$= -2\,933\,000\ \mathrm{kJ/h} = \frac{-2\,933\,000\ \mathrm{kWs/h}}{3600\ \mathrm{s/h}} = -815\ \mathrm{kW}$$

Der Kühlwassermassenstrom ist

$$\dot{m}_{W2} = \frac{|\Delta\dot{H}_2|}{c(t_{W2} - t_{W1})} = \frac{2\,933\,000\ \mathrm{kJ/h}}{4{,}19\ \mathrm{kJ/kg\ K} \cdot (40 - 10)\ \mathrm{K}} = 2340\ \mathrm{kg/h}$$

oder

$$\dot{m}_{W2} = \frac{815\ \mathrm{kW}}{4{,}19\ \mathrm{kWs/kg\ K} \cdot (40 - 10)\ \mathrm{K}} = 6{,}5\ \mathrm{kg/s} \triangleq 0{,}0065\ \mathrm{m^3/s}$$

Der Gesamtkühlwassermassenstrom beträgt

$$\dot{m}_W = \dot{m}_{W1} + \dot{m}_{W2} = 23{,}7 \text{ t/h} + 23{,}4 \text{ t/h} = 47{,}1 \text{ t/h} \triangleq 47{,}1 \text{ m}^3\text{/h}$$

Die erforderliche Strömungsgeschwindigkeit des Wassers in der Rohrleitung mit $A = 0{,}0314 \text{ m}^2$ muß sein

$$\dot{V}_W = Aw; \quad w = \frac{\dot{V}_W}{A} = \frac{47{,}1 \text{ m}^3\text{/h}}{3600 \text{ s/h} \cdot 0{,}0314 \text{ m}^2} = 0{,}417 \text{ m/s}$$

oder

$$w = \frac{(0{,}0066 + 0{,}0065) \text{ m}^3\text{/s}}{0{,}0314 \text{ m}^2} = 0{,}417 \text{ m/s}$$

Vorhanden ist eine Geschwindigkeit von 0,7 m/s; der Leitungsdurchmesser reicht aus.

74. Luft mit einer Temperatur von 300 °C soll durch Mischen mit Luft von 17 °C auf eine Temperatur von 130 °C gebracht werden. In welchem Verhältnis ist die Mischung vorzunehmen? (Druck konstant.)

Ergebnis: 1,32 m^3 Luft von 300 °C sind mit 1 m^3 Luft von 17 °C zu mischen.

75. An einer Dampfmaschine wurde eine effektive Leistung von 111 kW gemessen. Wieviel Prozent der Wärme wurden nutzbar gemacht, wenn stündlich 97 kg Steinkohle mit einem Heizwert von 27200 kJ/kg im Kessel verbrannt wurden?

Ergebnis: $\eta = 0{,}151 = 15{,}1\%$

76. In einer Kesselanlage beträgt die stündliche Abgasmasse 3000 kg. Im Wasservorwärmer werden die Abgase von 300 °C auf 200 °C abgekühlt. Wieviel Kilogramm (Liter) Wasser lassen sich von 50 °C auf 80 °C erwärmen?
Die Analyse der Abgase in Raumteilen lautet:

CO_2 12%; $r_1 = 0{,}12$; $M_1 = 44$ kg/kmol
H_2O 5%; $r_2 = 0{,}05$; $M_2 = 18$ kg/kmol
O_2 7%; $r_3 = 0{,}07$; $M_3 = 32$ kg/kmol
N_2 76%; $r_4 = 0{,}76$; $M_4 = 28$ kg/kmol

Ergebnis: $\dot{m}_W = 2570$ kg/h

2. Allgemeine Wärmegleichung, Energie, Zustandsänderungen (Raumänderungsarbeit)

2.1. Allgemeines

Die bei einer Zustandsänderung zu- oder abgenommene Gesamtwärme äußert sich:
1. in einer fühlbaren Wärme durch Erhöhung der Temperatur von t_1 auf t_2 (Q_a);
2. in einer Wärme, die als innere Arbeit zur Auflockerung des molekularen Zusammenhanges dient, die bei einer Aggregatzustandsänderung benötigt wird (Q_b);
3. in einer Wärme, die der äußeren Arbeit (Raumänderungsarbeit) W entspricht (Q_c).

Die Gesamtwärme ist

$$Q = Q_a + Q_b + Q_c$$

2.2. Energie der Gase

Wird die fühlbare Wärme (Q_a) und die innere Arbeit (Q_b) zu dem Begriff der Energie U zusammengefaßt, dann hat der Stoff vor der Zustandsänderung den Energiebetrag U_1, nach der Zustandsänderung den Energiebetrag U_2. Bei beliebigen Zustandsänderungen, bei denen die äußere Lage- und Bewegungsenergie vernachlässigbar klein wird, ist die Wärmegleichung (Schreibweise für den ersten Hauptsatz der Wärmelehre):

$$Q_{12} = U_2 - U_1 + W_{12} \tag{34}$$

2.3. Wärmegleichung der Gase

Wird während der Zustandsänderung von *1* nach *2* der Aggregatzustand nicht geändert, dann ist die Berücksichtigung der inneren Arbeit nicht notwendig. Die Errechnung der zu- oder abgeführten Wärme erfolgt dann nach

$$\underset{\text{I}}{Q_{12}} = \underbrace{mc_v(T_2 - T_1)}_{\text{II}} + \underset{\text{III}}{W_{12}} \tag{35}$$

Raumänderungsarbeit:

Allgemein gilt bei Zustandsänderungen im gasförmigen Zustand:

$$W = \int_1^2 \mathrm{d}W$$

In einem p, V-Diagramm ist die Arbeit als Fläche dargestellt und berechnet sich

$$W = \int_{V_1}^{V_2} p \, \mathrm{d}V$$

Entsprechend der Vorzeichenfestlegung in 1.1.1. gilt:

Wird Wärme einem System zugeführt: $Q > 0$ (Vorzeichen also +)
Aus einem System Wärme abgeführt: $Q < 0$ (Vorzeichen also −)
Wird Arbeit einem System zugeführt: $W > 0$ (Vorzeichen also +)
Aus einem System Arbeit abgeführt: $W < 0$ (Vorzeichen also −)

2.4. Zustandsänderung bei gleichbleibendem Volumen

V = konstant (Isochore)

Gasgesetz: $\frac{p_1}{p_2} = \frac{T_1}{T_2}$

Raumänderungsarbeit (Bild 10):
Da $V_1 = V_2$, wird keine Arbeit verrichtet; $W = 0$

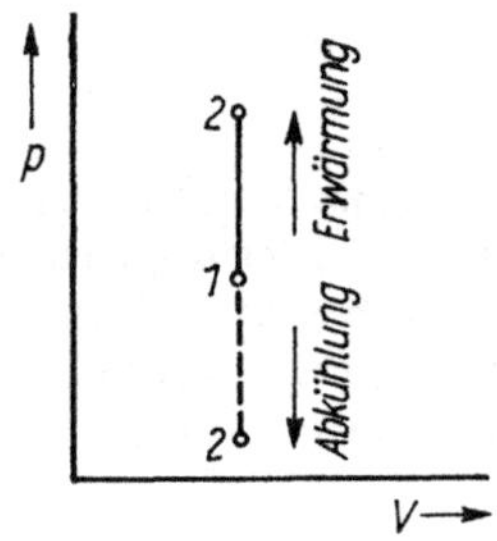

Bild 10

Wärme:

In Gl. (35) wird Glied III = 0, da $W_{12} = 0$.

$$Q_{12} = U_2 - U_1 = mc_v(T_2 - T_1) \tag{36}$$

2.5. Zustandsänderung bei gleichbleibendem Druck

p = konstant (Isobare)

Gasgesetz: $\frac{V_1}{V_2} = \frac{T_1}{T_2}$

Raumänderungsarbeit (Bild 11):

$$W_{12} = p(V_2 - V_1) \tag{37a}$$

$$W_{12} = mR(T_2 - T_1) \tag{37b}$$

Wärme (Enthalpiesteigerung oder Enthalpieentzug):
In Gl. (35) wird für W Gl. (37b) eingesetzt und ergibt

$$Q_{12} = H_2 - H_1 = mc_p(T_2 - T_1) \tag{38}$$

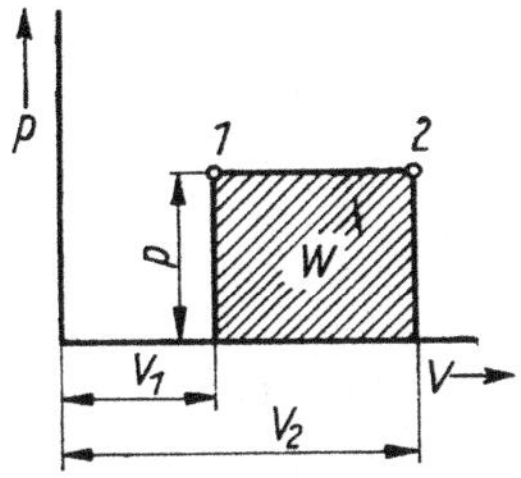

Bild 11

2.6. Zustandsänderung bei gleichbleibender Temperatur

T = konstant (Isotherme)

Gasgesetz: $\dfrac{p_1}{p_2} = \dfrac{V_2}{V_1}$

Raumänderungsarbeit (Bild 12):

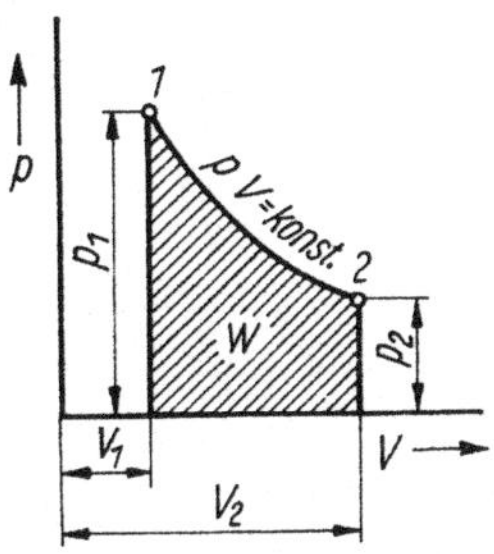

Bild 12

$$\mathrm{d}W = p\,\mathrm{d}V; \quad W = \int_{V_1}^{V_2} p\,\mathrm{d}V$$

$$\frac{p}{p_1} = \frac{V_1}{V}; \quad p = p_1 \frac{V_1}{V}$$

$$W_{12} = \int_{V_2}^{V_1} p_1 V_1 \frac{\mathrm{d}V}{V} = p_1 V_1 \int_{V}^{V_2} \frac{\mathrm{d}V}{V}$$

$$W_{12} = p_1 V_1 \ln \frac{V_2}{V_1}\text{[1]} \text{ (gleichseitige Hyperbel)} \tag{39a}$$

$$W_{12} = mRT \ln \frac{p_1}{p_2} \tag{39b}$$

[1] $\ln a = 2{,}3026 \lg a$; $\lg a = 0{,}4343 \ln a$

Wärme:

In Gl. (35) wird, da $T_1 = T_2$, Glied II = 0.

$$Q_{12} = -W_{12} \tag{40}$$

Anmerkung: Bei einer isothermen *Kompression* ist eine der *aufgewendeten* Arbeit entsprechende Wärme *abzuführen*.
Bei einer isothermen *Expansion* ist eine der *frei werdenden* Arbeit entsprechende Wärme *zuzuführen*.

2.7. Zustandsänderung ohne Wärmezufuhr oder Wärmeentzug

Isentrope

Gesetz:

$$pV^{\varkappa} = \text{konstant}$$

$$\frac{T_1}{T_2} = \left(\frac{V_2}{V_1}\right)^{\varkappa-1} \tag{41a}$$

$$\frac{p_1}{p_2} = \left(\frac{V_2}{V_1}\right)^{\varkappa} \tag{41b}$$

$$\frac{T_1}{T_2} = \left(\frac{p_1}{p_2}\right)^{\frac{\varkappa-1}{\varkappa}} \tag{41c}$$

Raumänderungsarbeit (Bild 13):

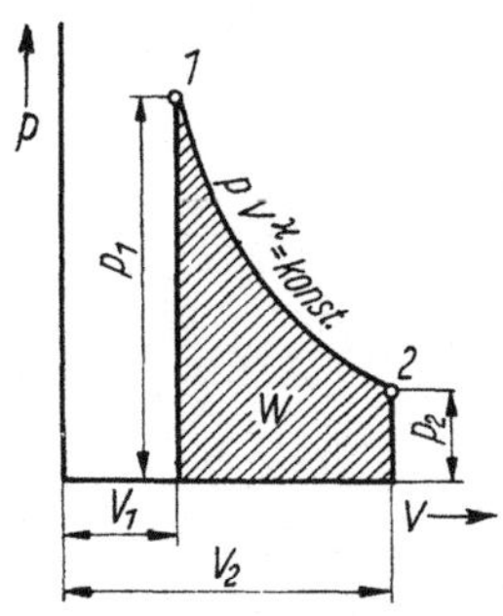

Bild 13

In Gl. (35) wird Glied I = 0

$$W_{12} = mc_v(T_1 - T_2); \quad c_v = \frac{R}{\varkappa - 1}$$

$$W_{12} = m\,\frac{R}{\varkappa - 1}\,(T_1 - T_2) \tag{42a}$$

$$W_{12} = \frac{1}{\varkappa - 1}\,(p_1 V_1 - p_2 V_2) \tag{42b}$$

$$W_{12} = \frac{p_1 V_1}{\varkappa - 1}\left(1 - \frac{T_2}{T_1}\right) \tag{42c}$$

$$W_{12} = \frac{p_1 V_1}{\varkappa - 1}\left[1 - \left(\frac{p_2}{p_1}\right)^{\frac{\varkappa - 1}{\varkappa}}\right] \tag{42d}$$

$$W_{12} = \frac{p_1 V_1}{\varkappa - 1}\left[1 - \left(\frac{V_1}{V_2}\right)^{\varkappa - 1}\right] \tag{42e}$$

zu- oder abgeführte Wärme

$$Q_{12} = 0$$

Eine isentrope Zustandsänderung ist nur innerhalb eines gegenüber der Umgebung thermisch isolierten (adiabaten) Systems möglich.
Da $\mathrm{d}q = 0$, ist auch die Entropie $\mathrm{d}s = 0$, s. a. Abschn. 3.

2.8. Polytrope Zustandsänderung

p, V und T veränderlich

Es gelten für die polytrope Zustandsänderung die Gasgesetze der Isentrope, die Gln. (41a)···(41c);
für die Raumänderungsarbeit die Gln. (42a)···(42e), wenn für $\varkappa$ der Polytropenexponent n eingesetzt wird. Für die praktisch wichtigen Polytropen ist

$$1 < n < \varkappa$$

Für *sämtliche* Zustandsänderungen gilt das Gesetz:

$pV^n =$ konstant (siehe Bild 14).

Wärme

Die zu- oder abgeführte Wärme ist

$$Q_{12} = mc_n(T_2 - T_1), \tag{43}$$

wenn

$$c_n = c_v\,\frac{n - \varkappa}{n - 1} \tag{44}$$

Das Verhältnis Wärme zur Arbeit ist

$$\frac{Q_{12}}{W_{12}} = \frac{\varkappa - n}{\varkappa - 1} \tag{45}$$

p, V-Diagramm

Im p, V-Diagramm verläuft die Kurve der Isotherme (gleichseitige Hyperbel) am flachsten. Die steilste Kurve ist bei isentroper Zustandsänderung. Zwischen beiden liegt die polytrope Zustandsänderung.

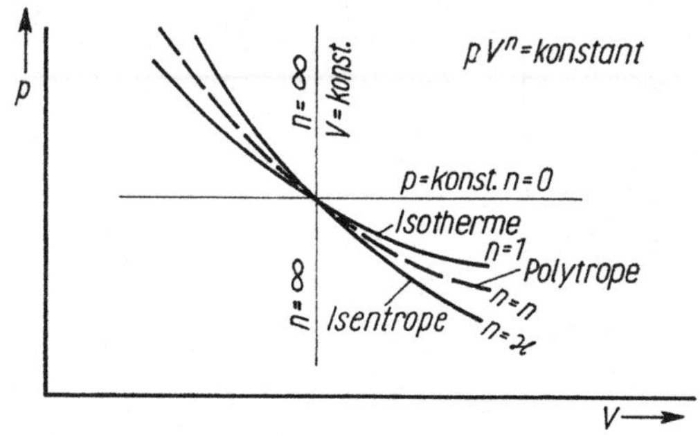

Bild 14

2.9. Konstruktion der Polytrope nach dem Verfahren von Brauer

Man zieht OA unter dem Winkel α gegen die x-Achse, bestimmt den Winkel β aus der Gleichung $(1 + \tan \beta) = (1 + \tan \alpha)^n$ und zieht von den dem Anfangszustand entsprechenden Punkten C und D auf den Koordinatenachsen abwechselnd zu den Koordinatenachsen winkelrechte und unter 45° geneigte Geraden in der aus dem Bild 15 ersichtlichen Weise, dann sind die Punkte *1*, *2* usw. Punkte der Kurve.

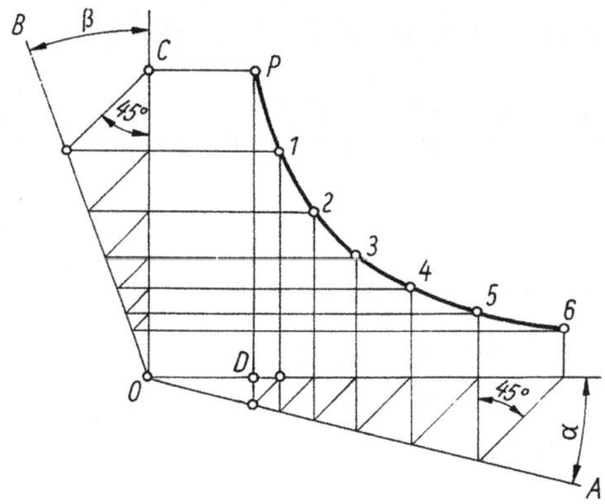

Bild 15

Zweckmäßig wählt man $\tan \alpha = 0{,}25$, dann wird für

$n =$	1,1	1,2	1,3	1,4
$\tan \beta =$	0,278	0,307	0,337	0,367

Beispiele (Isobare, Isochore, Isotherme):

77. In einem geschlossenen Gefäß mit einem Volumen von 20 l befindet sich Kohlenoxid (CO) von 18 °C bei einem Druck von 3 bar. Wie hoch steigen Druck und Temperatur, wenn in Form von Wärme 21 kJ zugeführt werden? Gegeben: $c_{pm} = 1{,}076$ kJ/kg K.

Lösung:

Da ein geschlossenes Gefäß vorliegt, handelt es sich um eine Zustandsänderung nach dem Gasgesetz der Isochore, Gl. (3).

$V = 0{,}02\ \text{m}^3 \qquad p_1 = 3\ \text{bar} = 3 \cdot 10^5\ \text{N/m}^2 \qquad c_{pm} = 1{,}076\ \text{kJ/kg K}$

$Q_{12} = 21\ \text{kJ} \qquad t_1 = 18\,°\text{C};\ T_1 = 291\ \text{K} \qquad R = 0{,}297\ \text{kJ/kg K}$

Die spez. Wärmekapazität bei konstantem Volumen ist mit Gl. (28)

$$c_{vm} = c_{pm} - R = (1{,}076 - 0{,}297)\ \text{kJ/kg K} = 0{,}779\ \text{kJ/kg K}$$

Die Gasmasse ist nach Gl. (7)

$$m = \frac{p_1 V}{R T_1} = \frac{3 \cdot 10^5\ \text{N/m}^2 \cdot 0{,}02\ \text{m}^3}{297\ \text{Nm/kg K} \cdot 291\ \text{K}} = 0{,}0695\ \text{kg}$$

Die Temperatur im Zustand *2* ist aus Gl. (36)

$$t_2 = t_1 + \frac{Q_{12}}{m c_{vm}} = 18\,°\text{C} + \frac{21\ \text{kJ}}{0{,}0695\ \text{kg} \cdot 0{,}779\ \text{kJ/kg K}}$$

$$= 406\,°\text{C};\ T_2 = 679\ \text{K}$$

Der Enddruck ist mit dem Gasgesetz der Isochore, Gl. (3)

$$p_2 = p_1 \frac{T_2}{T_1} = 3\ \text{bar}\ \frac{679\ \text{K}}{291\ \text{K}} = 7\ \text{bar}$$

78. Unter einem belasteten Kolben befinden sich 150 g Luft von 20 °C, die ein Volumen von 60 l einnehmen.
Wie hoch steigt die Temperatur, wenn in Form von Wärme 21 kJ zugeführt werden, und welche Arbeit wird verrichtet?
In der erreichten Stellung wird der Kolben festgehalten. Es erfolgt eine weitere Wärmezuführung von 21 kJ. Wie hoch steigt dann der Druck?

$$(c_{pm} = 1{,}021\ \text{kJ/kg K};\ \ c_{vm} = 0{,}741\ \text{kJ/kg K})$$

Bemerkungen zum Lösungsgang:

Vom Zustand *1···2* erfolgt die Wärmezuführung bei konstantem Druck (belasteter Kolben). Die Berechnung erfolgt nach dem Gasgesetz der Isobare, Gl. (2). Nach der Festsetzung des Kolbens bleibt das Volumen konstant. Es liegt dann eine Zustandsänderung nach dem Gasgesetz der Isochore, Gl. (3), vor.

$V_1 = 0{,}06\ \text{m}^3 \qquad \Delta H = +21\ \text{kJ} \qquad Q_v = +21\ \text{kJ}$

$t_1 = 20\,°\text{C};\ T_1 = 293\ \text{K} \qquad c_{pm} = 1{,}021\ \text{kJ/kg K} \qquad c_{vm} = 0{,}741\ \text{kJ/kg K}$

$R = 287\ \text{Nm/kg K} \qquad m = 0{,}15\ \text{kg}$

Die Endtemperatur nach der ersten Wärmezuführung (Enthalpiesteigerung) ist aus Gl. (38)

$$T_2 = T_1 + \frac{\Delta H}{mc_{pm}} = 293\ \text{K} + \frac{21\ \text{kJ}}{0{,}15\ \text{kg} \cdot 1{,}021\ \text{kJ/kg K}} = 430\ \text{K};$$

$$t_2 = 157\,°\text{C}$$

Die abgegebene Raumänderungsarbeit ist mit Gl. (37b) als absoluter Wert

$$|W_{12}| = mR(T_2 - T_1) = 0{,}15\ \text{kg} \cdot 287\ \text{Nm/kg K} \cdot (430 - 293)\ \text{K} = 5900\ \text{Nm}$$

Durch Wärmezufuhr bei konstantem Volumen steigt die Temperatur nach Gl. (36) auf

$$t_3 = t_2 + \frac{Q_v}{mc_{vm}} = 157\,°\text{C} + \frac{21\ \text{kJ}}{0{,}15\ \text{kg} \cdot 0{,}741\ \text{kJ/kg K}} = 346\,°\text{C};$$

$$T_3 = 619\ \text{K}$$

Der Anfangsdruck errechnet sich aus Gl. (7)

$$p_1 = \frac{mRT_1}{V_1} = \frac{0{,}15\ \text{kg} \cdot 287\ \text{Nm/kg K} \cdot 293\ \text{K}}{0{,}06\ \text{m}^3} = 2{,}1 \cdot 10^5\ \text{N/m}^2 = 2{,}1\ \text{bar}$$

Der Enddruck ist im Zustand *3* mit dem Gasgesetz der Isochore, Gl. (3)

$$\frac{p_3}{p_1} = \frac{T_3}{T_2}; \quad p_3 = p_1 \frac{T_3}{T_2} = 2{,}1\ \text{bar}\ \frac{619\ \text{K}}{430\ \text{K}} = 3{,}03\ \text{bar}$$

79. 0,5 m³ Luft mit einem Druck von 3 bar und einer Temperatur von 20 °C wird bei konstantem Druck durch Wärmezufuhr eine Arbeit von 20000 Nm zugeführt. Wie hoch steigt die Temperatur, und welche Wärme mußte zugeführt werden, wenn $c_p = 1{,}006$ kJ/kg K ist?

Lösung:

$W_{12} = 20000$ Nm $p = 3\ \text{bar} = 3 \cdot 10^5\ \text{N/m}^2$ $c_p = 1{,}006$ kJ/kg K

$V_1 = 0{,}5\ \text{m}^3$ $t_1 = 20\,°\text{C}$; $T_1 = 293$ K $R = 287$ Nm/kg K

Die vorhandene Gasmasse ist nach Gl. (7)

$$m = \frac{pV_1}{RT_1} = \frac{3 \cdot 10^5\ \text{N/m}^2 \cdot 0{,}5\ \text{m}^3}{287\ \text{Nm/kg K} \cdot 293\ \text{K}} = 1{,}78\ \text{kg}$$

Die Temperatur nach der Arbeitszufuhr ist aus Gl. (37b)

$$t_2 = t_1 + \frac{W_{12}}{mR} = 20\,°\text{C} + \frac{20000\ \text{Nm}}{1{,}78\ \text{kg} \cdot 287\ \text{Nm/kg K}} = 59{,}2\,°\text{C}$$

Die zugeführte Wärme (Enthalpiesteigerung) ist nach Gl. (38)

$$Q_{12} = \Delta H = mc_p(t_2 - t_1) = 1{,}78\ \text{kg} \cdot 1{,}006\ \text{kJ/kg K} \cdot (59{,}2 - 20)\ \text{K}$$
$$= 70\ \text{kJ} = 70000\ \text{Nm}$$

80. Die kalte Luft für einen Hochofen tritt durch eine 500 mm weite Rohrleitung mit einer Temperatur von 30 °C in den Winderhitzer ein. Bei unveränderlichem Druck wird die Temperatur der Luft auf 800 °C erhöht und in die Heißluftleitung geführt. Welchen Durchmesser muß die Heißwindleitung haben, wenn die Luftgeschwindigkeit in der Leitung dieselbe Höhe haben soll wie in der Kaltluftleitung?

Lösung:

Da unveränderlicher Druck vorausgesetzt wurde, erfolgt die Umrechnung nach dem Gasgesetz der Isobare, Gl. (2).

$d_1 = 0{,}5\ \text{m}; \quad A_1 = 0{,}196\ \text{m}^2 \qquad t_1 = 30\,°\text{C}; \quad T_1 = 303\ \text{K}$

$t_2 = 800\,°\text{C}; \quad T_2 = 1073\ \text{K}$

Volumen je Zeiteinheit = Fläche · Geschwindigkeit

$$\dot V = A \cdot w$$

$$\frac{\dot V_2}{\dot V_1} = \frac{A_2 w_2}{A_1 w_1} = \frac{T_2}{T_1}; \quad \text{da } w_2 = w_1, \text{ ist dann}$$

$$\frac{A_2}{A_1} = \frac{T_2}{T_1}; \quad A_2 = A_1 \frac{T_2}{T_1} = 0{,}196\ \text{m}^2\ \frac{1073\ \text{K}}{303\ \text{K}} = 0{,}694\ \text{m}^2$$

gewählt $d_2 = 940$ mm.

81. In einem Zylinder von 50 cm Dmr. befindet sich 0,2 m³ Gas bei einer Temperatur von 18 °C und unter einem Druck von 2 bar. Um wieviel hebt sich der gewichtsbelastete, reibungsfrei bewegliche Kolben, wenn die Temperatur auf 200 °C steigt? Wie groß ist die Kolbenbelastung, wenn der Barometerstand 1000 mbar beträgt? Wie groß ist die abgegebene Arbeit?

Lösung:

Durch den gewichtsbelasteten Kolben bleibt der Druck konstant. Die Berechnung erfolgt nach dem Gesetz der Isobare, Gl. (2).

$d = 0{,}5\ \text{m}; \quad A = 0{,}196\ \text{m}^2 \qquad t_1 = 18\,°\text{C}; \quad T_1 = 291\ \text{K}$

$V_1 = 0{,}2\ \text{m}^3 \qquad t_2 = 200\,°\text{C}; \quad T_2 = 473\ \text{K}$

$p_b = 1\ \text{bar} \qquad p = 2\ \text{bar} = 2 \cdot 10^5\ \text{N/m}^2$

Das Volumen im Zustand 2 ist

$$V_2 = V_1 \frac{T_2}{T_1} = 0{,}2\ \text{m}^3\ \frac{473\ \text{K}}{291\ \text{K}} = 0{,}3251\ \text{m}^3$$

Der Kolbenweg beträgt

$$A(l_2 - l_1) = V_2 - V_1; \quad \Delta l = \frac{V_2 - V_1}{A} = \frac{(0{,}3251 - 0{,}2)\ \text{m}^3}{0{,}196\ \text{m}^2} = 0{,}64\ \text{m}$$

Der Überdruck ist aus Gl. (9a)

$$\Delta p_ü = p - p_b = (2 - 1)\ \text{bar} = 1\ \text{bar} = 1 \cdot 10^5\ \text{N/m}^2$$

Die auf den Kolben wirkende Kraft beträgt

$$F = \Delta p_ü A = 1 \cdot 10^5\ \text{N/m}^2 \cdot 0{,}196\ \text{m}^2 = 19600\ \text{N} = 19600\ \text{kg m/s}^2$$

Die Kolbenbelastung ist dann

$$m_{La} = \frac{F}{g} = \frac{19600\ \text{kg m/s}^2}{9{,}81\ \text{m/s}^2} = 2000\ \text{kg} = 2\ \text{t}$$

Die abgegebene Raumänderungsarbeit ist mit Gl. (37a) als absoluter Wert

$$|W_{12}| = p(V_2 - V_1) = 2 \cdot 10^5\ \text{N/m}^2 \cdot (0{,}3251 - 0{,}2)\ \text{m}^3 = 25020\ \text{Nm}$$

82. In einem geschlossenen Gefäß befindet sich 0,1 m³ Luft mit einem Druck von 3 bar und einer Temperatur von 20 °C. Wieviel Wärme muß zugeführt werden, damit der Druck auf 8 bar steigt?

Lösung:

Da ein geschlossenes Gefäß vorliegt, ist eine Zustandsänderung nach dem Gasgesetz der Isochore, Gl. (3), vorhanden.

$V = 0{,}1\ \text{m}^3$ $\qquad p_1 = 3\ \text{bar} = 3 \cdot 10^5\ \text{N/m}^2$

$t_1 = 20\,°\text{C};\ T_1 = 293\ \text{K}$ $\qquad p_2 = 8\ \text{bar}$

Die Temperatur nach der Wärmezufuhr ist mit Gl. (3)

$$T_2 = T_1 \frac{p_2}{p_1} = 293\ \text{K}\ \frac{8\ \text{bar}}{3\ \text{bar}} = 781\ \text{K};\quad t_2 = 508\,°\text{C}$$

Die mittlere spezifische Wärmekapazität bei konstantem Volumen ist mit $(t_1 + t_2)/2 = (20 + 508)\,°\text{C}/2 = 264\,°\text{C}$, dem Wert aus Tab. 7, mit Gl. (28) und $R = 0{,}287\ \text{kJ/kg K}$

$$c_{vm} = c_{pm} - R = (1{,}035 - 0{,}287)\ \text{kJ/kg K} = 0{,}748\ \text{kJ/kg K}$$

Die Gasmasse ist aus Gl. (7)

$$m = \frac{p_1 V_1}{R T_1} = \frac{3 \cdot 10^5\ \text{N/m}^2 \cdot 0{,}1\ \text{m}^3}{287\ \text{Nm/kg K} \cdot 293\ \text{K}} = 0{,}356\ \text{kg}$$

Die zuzuführende Wärme ist mit Gl. (36)

$$Q_{12} = m c_{vm}(t_2 - t_1) = 0{,}356\ \text{kg} \cdot 0{,}748\ \text{kJ/kg K} \cdot (508 - 20)\ \text{K}$$
$$= 129{,}6\ \text{kJ}$$

83. In dem Druckkessel einer Hauswasserversorgung befindet sich Luft mit einem Druck von 3 bar (Einschaltdruck für die Pumpe). Die Luftsäule hat eine Höhe von 1000 mm. Wie hoch ist die Luftsäule, wenn durch die Pumpe ein Druck von 7 bar hergestellt wird? Welche Arbeit wurde zur Verdichtung der Luft aufgewendet, und wieviel Wärme wurde durch das Wasser bzw. durch die Behälterwand abgeführt, wenn die Temperatur konstant bleibt (Bild 16)?

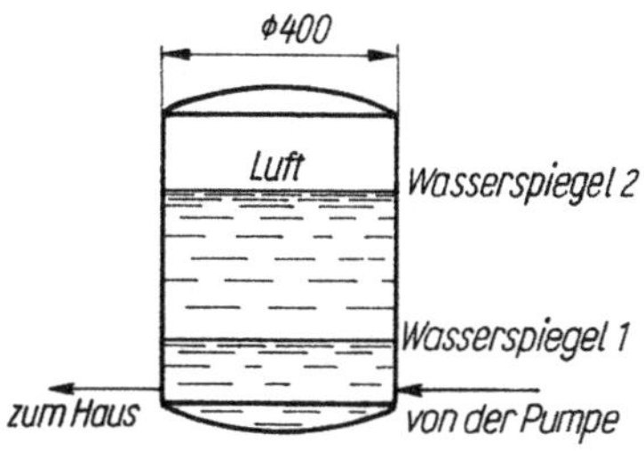

Bild 16

Lösung:

Die Temperatur bleibt konstant. Es ist eine Zustandsänderung nach dem Gesetz der Isotherme, Gl. (4), vorhanden.

$p_1 = 3$ bar $\quad p_2 = 7$ bar $\quad h_1 = 1$ m $\quad d = 0{,}4$ m; $\quad A = 0{,}1257$ m²

$$\frac{V_2}{V_1} = \frac{Ah_2}{Ah_1} = \frac{p_1}{p_2}; \quad h_2 = h_1 \frac{p_1}{p_2} = 1\ \text{m}\ \frac{3\ \text{bar}}{7\ \text{bar}} = 0{,}428\ \text{m}$$

Das Anfangsvolumen ist

$$V_1 = Ah_1 = 0{,}1257\ \text{m}^2 \cdot 1\ \text{m} = 0{,}1257\ \text{m}^3$$

Die zuzuführende Arbeit zur Verdichtung der Luft ist nach Gl. (39a) zu bestimmen (ist für +-Wert, entsprechend der Festlegung der Vorzeichen umgestellt).

$$W_{12} = p_1 V_1 \ln \frac{V_1}{V_2} = p_1 V_1 \ln \frac{h_1}{h_2}$$

$$= 3 \cdot 10^5\ \text{N/m}^2 \cdot 0{,}1257\ \text{m}^3 \cdot 2{,}303 \lg \frac{1}{0{,}428} = 31\,980\ \text{Nm}$$

Die abgeführte Wärme ist nach Gl. (40)

$$Q = -W_{12} = -31{,}98\ \text{kJ}$$

(mit der Festlegung der Vorzeichen übereinstimmend)

84. In einer Stahlflasche befinden sich 4,1 kg Sauerstoff mit einem Druck von 80 bar bei einer Temperatur von 20 °C. Durch Sonneneinstrahlung steigt die Temperatur auf 60 °C. Wie hoch steigt dann der Druck, und wie groß ist die eingestrahlte Wärme?

Lösung:

Das Volumen bleibt konstant. Zustandsänderung nach dem Gesetz der Isochore, Gl. (3).

$m = 4{,}1$ kg $\quad t_1 = 20\,°\text{C}; \quad T_1 = 293$ K

$p_1 = 80$ bar $\quad t_2 = 60\,°\text{C}; \quad T_2 = 333$ K

$$p_2 = p_1 \frac{T_2}{T_1} = 80 \text{ bar} \cdot \frac{333 \text{ K}}{293 \text{ K}} = 91 \text{ bar}$$

Bei der mittleren Temperatur $t_m = (60 + 20)\,°\text{C}/2 = 40\,°\text{C}$ und nach Gl. (28) ist mit dem Wert aus Tab. 7 und $R = 259{,}9$ J/kg K

$$c_{vm} = c_{pm} - R = (0{,}925 - 0{,}2599) \text{ kJ/kg K} = 0{,}665 \text{ kJ/kg K}$$

Die eingestrahlte Wärme ist mit Gl. (36)

$$Q_{12} = mc_{vm}(t_2 - t_1) = 4{,}1 \text{ kg} \cdot 0{,}665 \text{ kJ/kg K} \cdot (60 - 20) \text{ K} = 109 \text{ kJ}$$

(+, da zugeführt)

85. In einem Zylinder befinden sich bei konstantem Druck 1,4 kg Luft bei einer Temperatur von 15 °C. In welchem Verhältnis stehen die zugeführte Wärme, die Raumänderungsarbeit und die Änderung der inneren Energie zueinander, wenn die Luft auf 150 °C erwärmt wird?

($c_p = 1{,}008$ kJ/kg K; $c_v = 0{,}721$ kJ/kg K; $\varkappa = 1{,}4$)

Lösung:

Druck bleibt konstant. Isobare Zustandsänderung.

$m = 1{,}4$ kg $\quad t_1 = 15\,°\text{C} \quad c_p = 1{,}008$ kJ/kg K $\quad \varkappa = 1{,}4$

$R = 287$ Nm/kg K $\quad t_2 = 150\,°\text{C} \quad c_v = 0{,}721$ kJ/kg K

Die zugeführte Wärme (Enthalpiesteigerung) ist nach Gl. (38)

$$\Delta H = mc_p(t_2 - t_1) = 1{,}4 \text{ kg} \cdot 1{,}008 \text{ kJ/kg K} \cdot (150 - 15) \text{ K} = 190 \text{ kJ}$$

Die abgegebene Arbeit ist nach Gl. (37b) als absoluter Wert

$$|W_{12}| = mR(t_2 - t_1) = 1{,}4 \text{ kg} \cdot 0{,}287 \text{ kJ/kg K} \cdot (150 - 15) \text{ K} \approx 54 \text{ kJ}$$

Die Änderung der inneren Energie ΔU ist hier gleichbedeutend mit der Wärmezufuhr bei konstantem Volumen. Nach Gl. (36) ist

$$Q_v = mc_v(t_2 - t_1) = 1{,}4 \text{ kg} \cdot 0{,}721 \text{ kJ/kg K} \cdot (150 - 15) \text{ K} = 136 \text{ kJ}$$

Es muß sein

$$\Delta H = |W_{12}| + Q_v = 54 \text{ kJ} + 136 \text{ kJ} = 190 \text{ kJ}$$

Das Verhältnis ist

$$\Delta H:|W_{12}|:Q_v = 190\,\text{kJ}:54\,\text{kJ}:136\,\text{kJ} = 1{,}4:0{,}4:1$$

Mit Verwendung der Gln. (28) und (29) ist einfacher

$$\Delta H:|W_{12}|:Q_v = c_p:(c_p - c_v):c_v = \frac{c_p}{c_v}:\frac{c_p - c_v}{c_v}:\frac{c_v}{c_v}$$

$$\Delta H:|W_{12}|:Q_v = \varkappa:(\varkappa - 1):1 = 1{,}4:0{,}4:1$$

86. In einem Zylinder mit einem Volumen von 10 l befindet sich Luft mit einem Druck von 10 bar bei einer Temperatur von 25 °C. Welche Arbeit wird abgeführt, wenn die Luft bei gleichbleibender Temperatur auf 1 bar entspannt wird? Wie groß ist die zuzuführende Wärme, und wie groß ist dann das Endvolumen?

Lösung:

Die Temperatur bleibt konstant. Isotherme Zustandsänderung.

$V_1 = 0{,}01\,\text{m}^3 \qquad p_1 = 10\,\text{bar} = 10 \cdot 10^5\,\text{N/m}^2 \qquad p_2 = 1\,\text{bar}$

Die abgeführte Arbeit ist nach Gl. (39a) (entsprechend der Festlegung der Vorzeichen auf —-Wert umgestellt)

$$W_{12} = p_1 V_1 \ln \frac{p_2}{p_1} = 10 \cdot 10^5\,\text{N/m}^2 \cdot 0{,}01\,\text{m}^3 \cdot 2{,}303 \lg \frac{1}{10} = -23\,030\,\text{Nm}$$

Die zuzuführende Wärme ist nach Gl. (40)

$$Q_{12} = -W_{12} = 23\,\text{kJ}$$

Das Endvolumen ist nach Gl. (4)

$$V_2 = V_1 \frac{p_1}{p_2} = 0{,}01\,\text{m}^3 \cdot \frac{10\,\text{bar}}{1\,\text{bar}} = 0{,}1\,\text{m}^3$$

87. Es werden stündlich 2000 m³ Luft bei einem Druck von 1 bar und mit einer Temperatur von 20 °C bei gleichbleibendem Druck auf 750 °C erwärmt.
Welche Wärme (Enthalpiesteigerung) ist zuzuführen, und welche Leistung in kW könnte mit der Wärme erreicht werden, wenn sie in einer Wärmekraftmaschine vollständig ausgewertet werden könnte?

Lösung:

$\dot{V} = 2000\,\text{m}^3/\text{h} \qquad t_1 = 20\,°\text{C}; \quad T_1 = 293\,\text{K} \qquad p_1 = 1\,\text{bar} = 1 \cdot 10^5\,\text{N/m}^2$

$t_2 = 750\,°\text{C} \qquad R = 287\,\text{Nm/kg K}$

Der Luftmassenstrom ist mit Gl. (7)

$$\dot{m} = \frac{p_1 \dot{V}}{R T_1} = \frac{1 \cdot 10^5\,\text{N/m}^2 \cdot 2000\,\text{m}^3/\text{h}}{287\,\text{Nm/kg K} \cdot 293\,\text{K}} = 2380\,\text{kg/h}$$

Mit Gl. (38), den Angaben nach 1.10.4., da ein großer Temperaturunterschied vorhanden ist, ist dann die zuzuführende Wärme (Enthalpiesteigerung) mit den Werten der Tab. 6

$$\Delta \dot{H} = \dot{m} \left(c_{pm2}\Big|_{t_0}^{t_2} t_2 - c_{pm1}\Big|_{t_0}^{t_1} t_1\right)$$

$$= 2380 \text{ kg/h} \cdot (1{,}067 \cdot 750 - 1{,}006 \cdot 20) \text{ kJ/kg}$$

$$\Delta \dot{H} = 1856000 \text{ kJ/h} = \frac{1856000 \text{ kWs/h}}{3600 \text{ s/h}} = 516 \text{ kW}$$

Bei vollständiger Auswertung ergibt sich, hier gleichbedeutend mit der zugeführten Wärme, eine mögliche Leistung (da abgeführt, Vorzeichen —) von

$$P = -516 \text{ kW}$$

88. 20 m³ Luft mit einem Druck von 2 bar und einer Temperatur von 20 °C werden isotherm verdichtet. Während der Verdichtung wurden in Form von Wärme 6440 kJ abgeführt. Wie hoch war der Verdichtungsdruck?

Lösung:

Die Temperatur bleibt konstant. Da bei der isothermen Zustandsänderung $Q_{12} = -W_{12}$, wird für die Berechnung die zugeführte Arbeit eingesetzt.

$W_{12} = 6440 \text{ kJ} = 6440000 \text{ Nm}$; $V = 20 \text{ m}^3$; $p_1 = 2 \text{ bar} = 2 \cdot 10^5 \text{ N/m}^2$

Aus Gl. (39a) (für +-Wert umgestellt, da zugeführt) ist der Druck nach der Verdichtung

$$\ln \frac{p_2}{p_1} = \frac{W_{12}}{p_1 V_1} = \frac{6440000 \text{ Nm}}{2 \cdot 10^5 \text{ N/m}^2 \cdot 20 \text{ m}^3} = 1{,}61; \quad \frac{p_2}{p_1} = 5$$

$$p_2 = p_1 \cdot 5 = 2 \text{ bar} \cdot 5 = 10 \text{ bar}$$

89. 1 m³ Luft mit einer Temperatur von 27 °C und einem Druck von 3 bar wird bei gleichbleibendem Druck auf eine Temperatur von 800 °C gebracht.
Welche Wärme ist zuzuführen, und welche Raumänderungsarbeit ist abzuführen?

Ergebnis: $\Delta H = 2890 \text{ kJ}$ $W_{12} = -774000 \text{ Nm}$

90. In einem Zylinder mit einem Volumen von 0,2 m³ befindet sich Luft mit einem Druck von 8 bar, bei einer Temperatur von 20 °C. Es wurden in Form von Wärme 222 kJ zugeführt. Welche Arbeit wurde abgeführt, welcher Druck und welches Volumen ist dann vorhanden, wenn die Temperatur sich nicht ändert?

Ergebnis: $W_{12} = -222000 \text{ Nm}$ $p_2 = 2 \text{ bar}$ $V_2 = 0{,}8 \text{ m}^3$

91. 1 dm³ Luft (Volumen einer normalen Konservendose) soll durch Wärmezufuhr auf einen Druck von 4 bar gebracht werden.
Welche Wärme ist dazu erforderlich, wenn das Volumen konstant bleibt, die Anfangstemperatur 15 °C und der Anfangsdruck 1 bar beträgt?

Ergebnis: $Q_{12} = 0{,}829 \text{ kJ}$

92. Ein Kompressor saugt 800 m³/h Luft im Normzustand an und verdichtet sie auf 11 bar. Der Anfangsdruck am Ende des Saughubes betrug 1 bar bei einer Temperatur von 15 °C.
Welche Leistung ist zuzuführen, und welche Wärme ist abzuführen, wenn die Verdichtung isotherm erfolgt?

Ergebnis: $P = 57\,\text{kW}$ $\dot{Q} = -57\,\text{kW}$

93. Bei einer Verdichtung ohne Temperaturänderung wurde ein Druck von 22 bar erreicht mit einem Endvolumen von 40 l. Wie hoch waren der Anfangsdruck und das Anfangsvolumen, wenn die Temperatur 20 °C betrug und in Form von Wärme 255,4 kJ abgegeben wurden?

Ergebnis: $p_1 = 1{,}205\,\text{bar}$ $V_1 = 0{,}731\,\text{m}^3$

Beispiele (Polytrope, Isentrope):

94. Die Arbeitsgleichung (42a) ist aus Gl. (35) herzuleiten.

Lösung:

Es ist Gl. (35)

$$Q_{12} = mc_v(T_2 - T_1) + W_{12}$$

Da bei der isentropen Zustandsänderung die zu- oder abgeführte Wärme $Q_{12} = 0$ ist, wird

$$W_{12} = mc_v(T_1 - T_2)$$

Es ist nach Gl. (28) $c_p - c_v = R$ und aus Gl. (29) $c_p = c_v\varkappa$
Gl. (29) in Gl. (28) eingesetzt

$$c_v\varkappa - c_v = c_v(\varkappa - 1) = R; \quad \text{daraus } c_v = \frac{R}{\varkappa - 1}$$

Zusammengefaßt ist dann (s. Gl. (42a))

$$W_{12} = m\,\frac{R}{\varkappa - 1}\,(T_1 - T_2)$$

95. In einem Zylinder mit einem Volumen von 10 l befindet sich Luft mit einem Druck von 10 bar bei einer Temperatur von 25 °C. Wie groß sind das Endvolumen, die Endtemperatur, die Raumänderungsarbeit und die zuzuführende Wärme, wenn die Entspannung auf 1 bar

a) isotherm; b) isentrop; c) polytrop mit $n = 1{,}3$ erfolgt?

Lösung:

a) isotherme Entspannung

$V_1 = 0{,}01\,\text{m}^3$ $p_1 = 10\,\text{bar} = 10 \cdot 10^5\,\text{N/m}^2$

$t_1 = 25\,°\text{C};\ T_1 = 298\,\text{K}$ $p_2 = 1\,\text{bar}$

Mit dem Gasgesetz der Isotherme, Gl. (4), ist das Endvolumen

$$V_2 = V_1 \frac{p_1}{p_2} = 0{,}01 \text{ m}^3 \frac{10 \text{ bar}}{1 \text{ bar}} = 0{,}1 \text{ m}^3$$

Die Endtemperatur ist gleich der Anfangstemperatur, da die Entspannung isotherm (t = konstant) erfolgt

$$r_2 = t_1 = 25\,°\text{C}$$

Die abgeführte Raumänderungsarbeit wird mit Gl. (39a) (für —-Wert umgestellt, da abgeführt)

$$W_{12} = p_1 V_1 \ln \frac{p_2}{p_1} = 10 \cdot 10^5 \text{ N/m}^2 \cdot 0{,}01 \text{ m}^3 \cdot 2{,}303 \lg \frac{1}{10} = -23\,030 \text{ Nm}$$

Die zuzuführende Wärme ist nach Gl. (40)

$$Q_{12} = -W_{12} = 23 \text{ kJ}$$

b) isentrope Entspannung

Bei Luft, als 2atomiges Gas, ist $\varkappa = 1{,}4$ (s. a. Tab. 1)
Das Endvolumen ist aus Gl. (41b)

$$\frac{p_1}{p_2} = \left(\frac{V_2}{V_1}\right)^{\varkappa}; \quad \left(\frac{p_1}{p_2}\right)^{\frac{1}{\varkappa}} = \frac{V_2}{V_1}; \quad V_2 = V_1 \left(\frac{p_1}{p_2}\right)^{\frac{1}{\varkappa}}$$

$$= 0{,}01 \text{ m}^3 \left(\frac{10}{1}\right)^{\frac{1}{1{,}4}} = 0{,}0518 \text{ m}^3$$

Die Endtemperatur errechnet sich aus Gl. (41c) zu

$$\frac{T_1}{T_2} = \left(\frac{p_1}{p_2}\right)^{\frac{\varkappa-1}{\varkappa}}; \quad \frac{T_2}{T_1} = \left(\frac{p_2}{p_1}\right)^{\frac{\varkappa-1}{\varkappa}}; \quad T_2 = T_1 \left(\frac{p_2}{p_1}\right)^{\frac{\varkappa-1}{\varkappa}}$$

$$T_2 = 298 \text{ K} \left(\frac{1}{10}\right)^{\frac{1{,}4-1}{1{,}4}} = 154{,}2 \text{ K}; \quad t_2 = -118{,}8\,°\text{C}$$

Die abgegebene Raumänderungsarbeit ist mit Gl. (42d) (für —-Wert umgestellt, da abgeführt)

$$W_{12} = \frac{p_1 V_1}{\varkappa - 1} \left[\left(\frac{p_2}{p_1}\right)^{\frac{\varkappa-1}{\varkappa}} - 1\right] = \frac{10 \cdot 10^5 \text{ N/m}^2 \cdot 0{,}01 \text{ m}^3}{1{,}4 - 1} \left[\left(\frac{1}{10}\right)^{\frac{1{,}4-1}{1{,}4}} - 1\right]$$

$$= -12\,030 \text{ Nm}$$

Da bei der isentropen Zustandsänderung keine Wärme zu- oder abgeführt wird, ist

$$Q_{12} = 0$$

c) polytrope Entspannung

Das Endvolumen ist mit Einsetzung des Polytropenexponenten $n = 1{,}3$ nach Gl. (41b)

$$V_2 = V_1 \left(\frac{p_1}{p_2}\right)^{\frac{1}{n}} = 0{,}01\ \mathrm{m}^3 \left(\frac{10}{1}\right)^{\frac{1}{1{,}3}} = 0{,}059\ \mathrm{m}^3$$

Die Endtemperatur mit Gl. (41c)

$$T_2 = T_1 \left(\frac{p_2}{p_1}\right)^{\frac{n-1}{n}} = 298\ \mathrm{K} \left(\frac{1}{10}\right)^{\frac{1{,}3-1}{1{,}3}} = 175\ \mathrm{K}; \quad t_2 = -98\,^\circ\mathrm{C}$$

Die abgegebene Raumänderungsarbeit ist mit Gl. (42d) (für —-Wert umgestellt, da abgeführt)

$$W_{12} = \frac{p_1 V_1}{n-1}\left[\left(\frac{p_2}{p_1}\right)^{\frac{n-1}{n}} - 1\right]$$

$$= \frac{10 \cdot 10^5\ \mathrm{N/m^2} \cdot 0{,}01\ \mathrm{m}^3}{1{,}3 - 1}\left[\left(\frac{1}{10}\right)^{\frac{1{,}3-1}{1{,}3}} - 1\right] = -13\,750\ \mathrm{Nm}$$

Die zuzuführende Wärme ist nach Gl. (45) (da zugeführt, um den +-Wert zu erhalten, wird W_{12} als absoluter Wert eingesetzt)

$$Q_{12} = |W_{12}|\,\frac{\varkappa - n}{\varkappa - 1} = 13{,}75\ \mathrm{kJ}\ \frac{1{,}4 - 1{,}3}{1{,}4 - 1} = 3{,}44\ \mathrm{kJ}$$

oder, wenn die Ermittlung nach den Gln. (43) und (44) erfolgen soll, ist zunächst die Luftmasse mit Gl. (7)

$$m = \frac{p_1 V_1}{R T_1} = \frac{10 \cdot 10^5\ \mathrm{N/m^2} \cdot 0{,}01\ \mathrm{m}^3}{287\ \mathrm{Nm/kg\,K} \cdot 298\ \mathrm{K}} = 0{,}117\ \mathrm{kg}$$

$$Q_{12} = m c_v\,\frac{n - \varkappa}{n - 1}\,(T_2 - T_1)$$

$$Q_{12} = 0{,}117\ \mathrm{kg} \cdot 0{,}719\ \mathrm{kJ/kg\,K} \cdot \frac{1{,}3 - 1{,}4}{1{,}3 - 1}\,(175 - 298)\ \mathrm{K} = 3{,}45\ \mathrm{kJ}$$

(mit der Festlegung der Vorzeichen übereinstimmend)

96. Es wurden 10 m³ Luft mit einem Druck von 0,9 bar und einer Temperatur von 17 °C auf 7,2 bar verdichtet. Das Endvolumen betrug 1,77 m³. Wie groß ist der mittlere Kompressionsexponent, die zugeführte Raumänderungsarbeit, die zu- oder abgeführte Wärme und die Endtemperatur?

Lösung:

$V_1 = 10\ \mathrm{m}^3$ $\quad p_1 = 0{,}9\ \mathrm{bar} = 0{,}9 \cdot 10^5\ \mathrm{N/m^2}$ $\quad t_1 = 17\,^\circ\mathrm{C}; \quad T_1 = 290\ \mathrm{K}$

$V_2 = 1{,}77\ \mathrm{m}^3$ $\quad p_2 = 7{,}2\ \mathrm{bar} = 7{,}2 \cdot 10^5\ \mathrm{N/m^2}$ $\quad \varkappa = 1{,}4$

Aus Gl. (41b) ist der mittlere Kompressionsexponent

$$\frac{p_1}{p_2} = \left(\frac{V_2}{V_1}\right)^n$$

$$n = \frac{\lg p_1 - \lg p_2}{\lg V_2 - \lg V_1} = \frac{\lg 0{,}9 - \lg 7{,}2}{\lg 1{,}77 - \lg 10} = \frac{0{,}9542 - 1 - 0{,}8573}{0{,}2479 - 1{,}0000}$$

$$= \frac{-0{,}9031}{-0{,}7521} = 1{,}2$$

Da $n = 1{,}2 < \varkappa = 1{,}4$ erfolgt die Verdichtung polytrop.
Die zugeführte Raumänderungsarbeit ist mit Gl. (42b) (für +-Wert umgestellt, da zugeführt)

$$W_{12} = \frac{1}{n-1}(p_2 V_2 - p_1 V_1)$$

$$W_{12} = \frac{1}{1{,}2 - 1}(7{,}2 \cdot 10^5 \cdot 1{,}77 - 0{,}9 \cdot 10^5 \cdot 10)\ \text{Nm} = 1\,872\,000\ \text{Nm}$$

Die abgeführte Wärme ist mit Gl. (45) (die abgeführte Wärme hat als Vorzeichen – Die Gl. (45) gibt ein Verhältnis an. Es wird Q_{12} als absoluter Wert angegeben)

$$|Q_{12}| = W_{12}\,\frac{\varkappa - n}{\varkappa - 1} = 1872\ \text{kJ}\ \frac{1{,}4 - 1{,}2}{1{,}4 - 1} = 936\ \text{kJ}$$

(Die Errechnung nach den Gln. (7), (43) und (44), wie in Beispiel 95, ergibt das zuzuordnende Vorzeichen.)
Die Endtemperatur ermittelt sich aus Gl. (41a) zu

$$\frac{T_2}{T_1} = \left(\frac{V_1}{V_2}\right)^{n-1} = \left(\frac{10}{1{,}77}\right)^{1{,}2-1} = 1{,}412$$

$$T_2 = T_1 \cdot 1{,}412 = 290\ \text{K} \cdot 1{,}412 = 410\ \text{K}; \quad t_2 = 137\,°\text{C}$$

97. Mit einem Arbeitsaufwand von 166700 Nm wurde 1 kg Luft von einem Anfangsdruck 1 bar und einer Temperatur von 20 °C polytrop mit $n = 1{,}25$ verdichtet. Welche Endtemperatur und welcher Enddruck wurden erreicht?

Lösung:

Die Arbeit wurde dem System zugeführt. Für die Bestimmung der Endtemperatur ist Gl. (42a) auf +-Wert umzustellen.

$w = 166\,700$ Nm/kg $\quad t_1 = 20\,°\text{C}$; $T_1 = 293$ K $\quad n = 1{,}25$

$p_1 = 1$ bar $\quad R = 287$ Nm/kg K

$$w = \frac{R}{n-1}(T_2 - T_1)$$

$$T_2 = T_1 + \frac{w(n-1)}{R} = 293\ \text{K} + \frac{166\,700\ \text{Nm/kg} \cdot (1{,}25 - 1)}{287\ \text{Nm/kg K}}$$

$$= 438\ \text{K}; \quad t_2 = 165\,°\text{C}$$

Der Enddruck ist aus Gl. (41c)

$$\frac{p_2}{p_1} = \left(\frac{T_2}{T_1}\right)^{\frac{n}{n-1}} = \left(\frac{438}{293}\right)^{\frac{1,25}{1,25-1}} = 1{,}495^5 = 7{,}47$$

$$p_2 = p_1 \cdot 7{,}47 = 1\ \text{bar} \cdot 7{,}47 = 7{,}47\ \text{bar}$$

98. In einem Dieselmotor wird die angesaugte Luft von einem Druck von 0,9 bar bei einer Temperatur von 80 °C auf einen Druck von 27 bar mit $n = 1{,}35$ verdichtet. Welche Temperatur stellt sich ein, und welche Arbeit ist für 1 kg Luft zuzuführen?

Lösung:

Polytrope Zustandsänderung

$p_1 = 0{,}9$ bar $\quad t_1 = 80\,°\text{C}$; $T_1 = 353$ K $\quad n = 1{,}35$

$p_2 = 27$ bar $\quad R = 287$ Nm/kg K

Aus Gl. (41c) ist die Endtemperatur

$$\frac{T_2}{T_1} = \left(\frac{p_2}{p_2}\right)^{\frac{n-1}{n}} = \left(\frac{27}{0{,}9}\right)^{\frac{1,35-1}{1,35}} = 2{,}413$$

$$T_2 = T_1 \cdot 2{,}413 = 353\ \text{K} \cdot 2{,}413 = 853\ \text{K}; \quad t_2 = 580\,°\text{C}$$

Die zuzuführende Arbeit für 1 kg Luft beträgt nach Gl. (42a) (für +-Wert umgestellt, da zugeführt)

$$w = \frac{R}{n-1}(T_2 - T_1) = \frac{287\ \text{Nm/kg K}}{1{,}35 - 1}(853 - 353)\ \text{K} = 410000\ \text{Nm/kg}$$

99. Einer Sauerstoffflasche mit einem Volumen von 40 l und einem Druck von 101 bar bei einer Temperatur von 17 °C entströmen $^3/_4$ des Inhaltes, ohne daß ein Wärmeaustausch mit der Umgebung erfolgt.
Wie groß sind dann der Druck und die noch in der Flasche befindliche Gasmasse?

Lösung:

Ein Wärmeaustausch mit der Umgebung erfolgt nicht. Isentrope Zustandsänderung.

$V = 0{,}04\ \text{m}^3$ $\quad t_1 = 17\,°\text{C}$; $T_1 = 290$ K $\quad p_1 = 101$ bar

$R = 259{,}9$ Nm/kg K $\quad \varkappa = 1{,}4$

Das spezifische Volumen nach der Ausströmung in der Flasche ist

$$v_1 = v_2 - \frac{3}{4}\,v_2 = v_2\left(1 - \frac{3}{4}\right); \quad v_2 = 4v_1$$

Mit Gl. (41a) ist die Endtemperatur

$$\frac{T_2}{T_1} = \left(\frac{v_2}{v_1}\right)^{\varkappa-1}; \quad \frac{T_1}{T_2} = \left(\frac{4\cdot v_1}{v_1}\right)^{\varkappa-1} = 4^{0,4} = 1{,}74$$

$$\frac{T_1}{T_2} = 1{,}74; \quad T_2 = \frac{T_1}{1{,}74} = \frac{290\ \mathrm{K}}{1{,}74} = 166{,}5\ \mathrm{K}; \quad t_2 = -106{,}5\ ^\circ\mathrm{C}$$

Der Druck in der Flasche ist nach der Entnahme mit Gl. (5)

$$p_2 = p_1\,\frac{v_1 T_2}{v_2 T_2} = p_1\,\frac{v_1}{4v_1}\,\frac{T_2}{T_1} = 101\ \mathrm{bar}\cdot\frac{1}{4}\cdot\frac{166{,}5\ \mathrm{K}}{290\ \mathrm{K}} = 14{,}51\ \mathrm{bar}$$

Die noch in der Flasche befindliche Gasmasse ist mit Gl. (7)

$$m = \frac{p_2 V}{R T_2} = \frac{14{,}51\cdot 10^5\ \mathrm{N/m^2}\cdot 0{,}04\ \mathrm{m^3}}{259{,}9\ \mathrm{Nm/kg\ K}\cdot 166{,}5\ \mathrm{K}} = 1{,}34\ \mathrm{kg}$$

100. 1,5 m³ Luft mit einem Druck von 1 bar und einer Temperatur von 17 °C sollen auf 7 bar verdichtet werden. Die Endtemperatur soll 100 °C nicht überschreiten.

a) Wie groß ist der mittlere Kompressionsexponent?

b) Wie groß ist die Kompressionsarbeit?

c) Wie groß ist die abzuführende Wärme?

Lösung:

a) $V_1 = 1{,}5\ \mathrm{m^3}$ $\quad t_1 = 17\ ^\circ\mathrm{C}$; $\quad T_1 = 290\ \mathrm{K}$ $\quad p_1 = 1\ \mathrm{bar}$

$\varkappa = 1{,}4$ $\quad t_2 = 100\ ^\circ\mathrm{C}$; $\quad T_2 = 373\ \mathrm{K}$ $\quad p_2 = 7\ \mathrm{bar}$

Aus Gl. (41c) ist der mittlere Kompressionsexponent

$$\frac{n}{n-1} = \frac{\lg\dfrac{p_2}{p_2}}{\lg\dfrac{T_1}{T_2}} = \frac{\lg\dfrac{7}{1}}{\lg\dfrac{373}{290}} = 7{,}84; \quad n = \frac{7{,}84}{7{,}84-1} = 1{,}148$$

Da $n = 1{,}148 < \varkappa = 1{,}4$, erfolgt die Verdichtung polytrop.

b) Die zur Kompression notwendige Arbeit ist mit Gl. (42c) (für +-Wert umgestellt, da zugeführt)

$$W_{12} = \frac{p_1 V_1}{n-1}\left(\frac{T_2}{T_1} - 1\right) = \frac{1\cdot 10^5\ \mathrm{N/m^2}\cdot 1{,}5\ \mathrm{m^3}}{1{,}148-1}\left(\frac{373\ \mathrm{K}}{290\ \mathrm{K}} - 1\right)$$
$$= 289000\ \mathrm{Nm}$$

c) Die abzuführende Wärme ist nach Gl. (45) (die abzuführende Wärme hat als Vorzeichen —. Die Gl. (45) gibt ein Verhältnis an. Es wird Q_{12} als absoluter Wert angegeben; s. a. Beispiele 95 und 96)

$$|Q_{12}| = W_{12} \frac{\varkappa - n}{\varkappa - 1} = 289\ \text{kJ}\ \frac{1{,}4 - 1{,}148}{1{,}4 - 1} = 182\ \text{kJ}$$

101. In einem p, V-Diagramm (Bild 17) wurde gemessen:

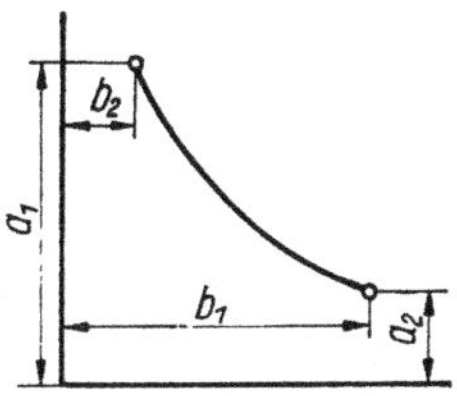

Bild 17

$a_1 = 21$ mm $\quad b_1 = 54{,}5$ mm

$a_2 = \ \ 3$ mm $\quad b_2 = 10{,}0$ mm

a) Wie groß ist der mittlere Expansions- bzw. Kompressionsexponent?

b) Welche Temperatur wurde bei der Verdichtung erreicht, wenn der Anfangsdruck 1 bar bei einer Temperatur von 17 °C betrug?

Lösung:

a) Aus Gl. (41 b) ist der mittlere Exponent

$$n = \frac{\lg a_2 - \lg a_1}{\lg b_2 - \lg b_1} = \frac{\lg 3 - \lg 21}{\lg 10 - \lg 54{,}5} = 1{,}148$$

b) Der Enddruck ist

$p_1 = 1$ bar $\quad t_1 = 17\,°\text{C}; \quad T_1 = 290$ K

$$p_2 = p_1 \cdot a_1/a_2 = 1\ \text{bar} \cdot (21\ \text{mm}/3\ \text{mm}) = 7\ \text{bar}$$

Mit Gl. (41 c) wird die Endtemperatur

$$\frac{T_2}{T_1} = \left(\frac{p_2}{p_1}\right)^{\frac{n-1}{n}} = 7^{\frac{1{,}148-1}{1{,}148}} = 1{,}286$$

$$T_2 = T_1 \cdot 1{,}286 = 290\ \text{K} \cdot 1{,}286 = 373\ \text{K}; \quad t_2 = 100\,°\text{C}$$

102. In einem Zylinder von 20 cm Dmr. und 50 cm Länge befindet sich Luft von 20 °C bei einem Barometerstand von 1000 mbar. Welche Energie kann der Zylinderinhalt aufnehmen, wenn der Kolben 20 cm weit eindringt und ein Wärmeaustausch mit der Umgebung nicht erfolgt? Wie hoch steigen Druck und Temperatur?

Bemerkungen zum Lösungsgang:

Da ein Wärmeaustausch mit der Umgebung nicht erfolgt, gilt das Gesetz der Isentrope. Die Kraftspeicherung kann sich nur gegenüber der Außenluft auswirken. Die Arbeit, die der äußere Luftdruck bei der Verdichtung verrichtet, ist von der Gesamtenergiespeicherung abzuziehen.

$V_1 = Al_1 = 0{,}0314\ \text{m}^2 \cdot 0{,}5\ \text{m} = 0{,}0157\ \text{m}^3$ $\qquad t_1 = 20\,°\text{C}; \quad T_1 = 293\ \text{K}$

$V_2 = Al_2 = 0{,}0314\ \text{m}^2 \cdot 0{,}3\ \text{m} = 0{,}00942\ \text{m}^3$ $\qquad p_1 = 1\ \text{bar} = 1 \cdot 10^5\ \text{N/m}^2$

$\varkappa = 1{,}4$

Die gesamte zuzuführende Arbeit ist nach Gl. (42e) (für +-Wert umgestellt, da zugeführt)

$$W_{12} = \frac{p_1 V_1}{\varkappa - 1}\left[\left(\frac{V_1}{V_2}\right)^{\varkappa-1} - 1\right] = \frac{p_1 V_1}{\varkappa - 1}\left[\left(\frac{l_1}{l_2}\right)^{\varkappa-1} - 1\right]$$

$$W_{12} = \frac{1 \cdot 10^5\ \text{N/m}^2 \cdot 0{,}0157\ \text{m}^3}{1{,}4 - 1}\left[\left(\frac{0{,}5}{0{,}3}\right)^{1{,}4-1} - 1\right]$$

$$W_{12} = \frac{1570\ \text{Nm}}{0{,}4}(1{,}227 - 1) = 890\ \text{Nm}$$

Die zur gleichen Zeit verrichtete (zugeführte) Arbeit des äußeren Luftdruckes erfolgt bei konstantem Druck und ist nach Gl. (37a) (für +-Wert umgestellt, da zugeführt)

$$W'_{12} = p_1(V_1 - V_2) = 1 \cdot 10^5\ \text{N/m}^2 \cdot (0{,}0157 - 0{,}00942)\ \text{m}^3 = 628\ \text{Nm}$$

Im Luftpolster werden gespeichert

$$\Delta W = W_{12} - W'_{12} = (890 - 628)\ \text{Nm} = 262\ \text{Nm}$$

Die Endtemperatur nach der Verdichtung wird mit Gl. (41a) errechnet (siehe vorhergegangene Arbeitsgleichung).

$$\frac{T_2}{T_1} = 1{,}227; \quad T_2 = T_1 \cdot 1{,}227 = 293\ \text{K} \cdot 1{,}227 = 359{,}5\ \text{K};$$

$$t_2 = 86{,}5\,°\text{C}$$

Der Enddruck ist aus Gl. (41b)

$$\frac{p_2}{p_1} = \left(\frac{V_1}{V_2}\right)^{\varkappa} = \left(\frac{l_1}{l_2}\right)^{\varkappa} = \left(\frac{0{,}5}{0{,}3}\right)^{1{,}4} = 2{,}04$$

$$p_2 = p_1 \cdot 2{,}04 = 1\ \text{bar} \cdot 2{,}04 = 2{,}04\ \text{bar}$$

103. In einem senkrecht stehenden Zylinder von 250 mm Dmr. ist unter einem freibeweglichen Kolben eine Luftsäule von 360 mm Länge mit einem Druck von 3 bar und 15 °C vorhanden. Auf den Kolben fällt ein Stahlstück aus 3 m Höhe, so daß das Luftvolumen auf die Hälfte des Anfangsvolumens zusammengedrückt wird.

Wie hoch steigt kurzzeitig der Druck (isentroper Vorgang) und die Temperatur, welche Masse muß das Stahlstück haben?

Lösung:

$d = 0{,}25$ m; $A = 0{,}0491$ m^2 $\quad p_1 = 3$ bar $= 3 \cdot 10^5$ N/m^2 $\quad V_2 = \frac{1}{2} \cdot V_1$

$l = 0{,}36$ m $\quad t_1 = 15$ °C; $T_1 = 288$ K $\quad \varkappa = 1{,}4$

$h = 3$ m

Der Druck ist aus Gl. (41b)

$$\frac{p_2}{p_1} = \left(\frac{V_1}{V_2}\right)^{\varkappa} = \left(\frac{V_1}{\frac{1}{2} \cdot V_1}\right)^{\varkappa} = 2^{\varkappa} = 2^{1,4} \doteq 2{,}64$$

$$p_2 = p_1 \cdot 2{,}64 = 3 \text{ bar} \cdot 2{,}64 = 7{,}92 \text{ bar}$$

Die Temperatur aus Gl. (41a)

$$\frac{T_2}{T_1} = 2^{\varkappa-1}; \quad T_2 = T_1 \cdot 2^{1,4-1} = 288 \text{ K} \cdot 1{,}32 = 380 \text{ K}; \quad t_2 = 107\,°\text{C}$$

Das Anfangsvolumen beträgt

$$V_1 = Al = 0{,}0491 \text{ m}^2 \cdot 0{,}36 \text{ m} = 0{,}01767 \text{ m}^3$$

Die gesamte zugeführte Arbeit ist mit Gl. (42c) (als +-Wert umgestellt, da zugeführt)

$$W_{12} = \frac{p_1 V_1}{\varkappa - 1}\left(\frac{T_2}{T_1} - 1\right) = \frac{3 \cdot 10^5 \text{ N/m}^2 \cdot 0{,}01767 \text{ m}^3}{1{,}4 - 1}(1{,}32 - 1) = 4240 \text{ Nm}$$

Die vom Kolben und dem Luftdruck zugeführte Arbeit ist nach Gl. (37a) (für +-Wert umgestellt, da zugeführt)

$$W_K = p_1(V_1 - V_2) = 3 \cdot 10^5 \text{ N/m}^2 \cdot (0{,}01767 - 0{,}5 \cdot 0{,}01767) \text{ m}^3$$
$$= 2650 \text{ Nm}$$

Die Eindringtiefe beträgt

$$\Delta l = l - 0{,}5 \cdot l = (0{,}36 - 0{,}5 \cdot 0{,}36) \text{ m} = 0{,}18 \text{ m}$$

Der gesamte von der Stahlmasse zurückgelegte Weg beträgt

$$h' = h + \Delta l = (3 + 0{,}18) \text{ m} = 3{,}18 \text{ m}$$

Die von der Masse infolge der Gewichtskraft verrichtete Arbeit ist

$$Gh' = W_{12} - W_K$$

Die Gewichtskraft

$$G = \frac{W_{12} - W_K}{h'} = \frac{(4240 - 2560)\ \mathrm{Nm}}{3{,}18\ \mathrm{m}} = 528\ \mathrm{N} = 528\ \mathrm{kg\ m/s^2}$$

Die Masse des Stahlstückes beträgt

$$m_{St} = \frac{G}{g} = \frac{528\ \mathrm{kg\ m/s^2}}{9{,}81\ \mathrm{m/s^2}} = 54\ \mathrm{kg}$$

104. Eine Sauerstoffflasche mit einem Druck von 90 bar und einer Innentemperatur von 15 °C wird plötzlich (schnelles Öffnen) auf 45 bar entspannt. Welche Temperatur stellt sich ein, wenn ein Wärmeaustausch mit der Umgebung nicht erfolgt?

Ergebnis: $t_2 = -36\ °\mathrm{C}$

105. Ein Behälter enthält ein 2atomiges Gas bei einer Temperatur von 15 °C und einem Druck von 1 bar. Es wird das Vierfache der vorhandenen Menge ohne Wärmeaustausch mit der Umgebung in den Behälter gedrückt.

a) Welcher Druck und welche Temperatur ist dann vorhanden?

b) Welcher Druck ist im Behälter vorhanden, wenn durch Wärmeabgabe die Temperatur im Behälter auf 22 °C gesunken ist?

Ergebnis: a) $p_2 = 9{,}52$ bar; $t_2 = 275\ °\mathrm{C}$ b) $p_3 = 5{,}12$ bar

106. Ein Gas-Luft-Gemisch wird mit einem Druck von 0,93 bar bei einer Temperatur von 85 °C angesaugt und polytrop mit $n = 1{,}33$ auf 7 bar verdichtet. Wie hoch ist die Endtemperatur nach der Verdichtung, und welche Arbeit ist für 1 kg Gasgemisch zuzuführen ($R = 279$ Nm/kg K)?

Ergebnis: $t_2 = 318\ °\mathrm{C}$ $w_{12} = 195000$ Nm/kg

107. 1 kg Luft mit einem Druck von 10 bar und einer Temperatur von 160 °C wird auf 1 bar bei 18 °C entspannt. Wie groß sind das Anfangs- und das Endvolumen, der mittlere Expansionsexponent, die abgegebene Arbeit und die zuzuführende Wärme?

Ergebnis: $v_1 = 0{,}1243\ \mathrm{m^3/kg}$ $n = 1{,}209$ $w_{12} = -195000$ Nm/kg

$v_2 = 0{,}835\ \mathrm{m^3/kg}$ $q_{12} = 93{,}1$ kJ/kg

3. Kreisprozesse, Entropie

3.1. Allgemeines und 2. Hauptsatz

Es ist:

a) ein *reversibler* Prozeß (umkehrbarer Prozeß) ist dann vorhanden, wenn in einem System vom Anfangszustand über einen erreichten Endzustand der Anfangszustand wieder erreicht werden kann, ohne daß Änderungen im System oder der Umgebung zurückbleiben.
(Es sind z. B. sämtliche reibungslos verlaufenden mechanischen Vorgänge oder eine reibungslose isentrope (adiabate) Verdichtung eines Gases *reversibel.*)
b) ein *irreversibler* Prozeß (nicht umkehrbarer Prozeß) ist dann vorhanden, wenn es nicht möglich ist, ohne bleibende Veränderungen im System oder der Umgebung wieder vom Endzustand den Anfangszustand zu erreichen.
(Es sind z. B. Wärmeübertragung bei endlichen Temperaturunterschieden, Reibung, Drosselung *irreversibel.*)

Nach *Bošnjaković* ist:

Für einen *reversiblen* Vorgang ist es kennzeichnend, daß die Ausgangszustände erreicht werden *können,* und nicht, daß sie auch wirklich erreicht werden.
Eine periodisch arbeitende Maschine kann auf *reversiblem* Wege Arbeit abgeben, ohne daß damit gemeint ist, daß die Maschine den Arbeitsprozeß auch in umgekehrter Richtung ausführt.
Da bei den wirklichen Zustandsänderungen immer Reibungsverluste auftreten und bei jeder Wärmeübertragung Temperaturunterschiede vorhanden sein müssen, gibt es vollkommene *reversible* Prozesse in Wirklichkeit nicht.
Natürlich sind nur die *irreversiblen* Vorgänge.
Wird ein *reversibler* Kreisprozeß im p,v-Diagramm dargestellt (Bild 18), dann stellt die schraffierte Fläche die Arbeit des Kreisprozesses dar.
Je nach Richtung, in der die Zustandskurve durchlaufen wird, ist in Rechts- oder Linksprozeß zu unterscheiden.

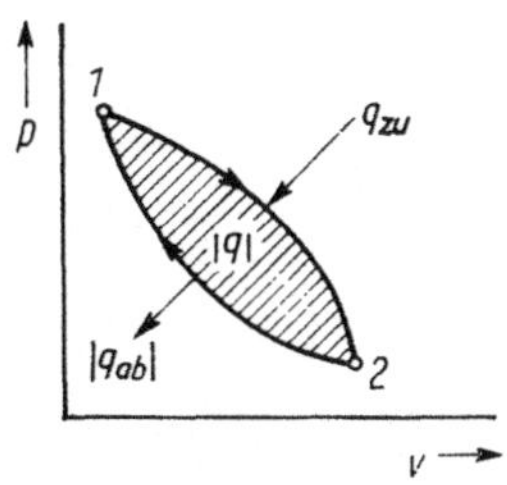

Bild 18

Für die folgende Betrachtung wird nur der Rechtsprozeß (zutreffend für alle Wärmekraftmaschinen) berücksichtigt.

An der Systemgrenze wird:

1. Wärme zugeführt: $Q > 0$ (Vorzeichen also +)
2. Arbeit (Nutzwärme) abgeführt: $W < 0$ (Vorzeichen also –)
3. Wärme abgeführt: $Q < 0$ (Vorzeichen also –)

Entsprechend Bild 18 ist dann

$q_1 = q_{zu}$ zugeführte Wärme

$|q| = |w_{Kr}|$ Nutzwärme (abgeführte Arbeit)

$|q_2| = |q_{ab}|$ abgeführte Wärme

Die Nutzwärme (abgeführte Arbeit) ist

$$|q| = |w_{Kr}| = q_{zu} - |q_{ab}|$$

Nur q wird in Arbeit verwandelt, während q_{ab} wieder abgeführt werden muß, ohne an der Arbeit beteiligt zu sein.

Der erste Hauptsatz sagt aus, daß Wärme und Arbeit äquivalent sind (Erhaltung der Energie), gibt aber über die Frage der Richtung des Ablaufes eines thermodynamischen Prozesses keine Auskunft.

Aus der Vielzahl von Erfahrungen ergibt sich der zweite Hauptsatz der Wärmelehre:

Nach *Clausius: Wärme kann nicht ohne Aufwand von Arbeit von einem kälteren Körper zu einem wärmeren übergehen.*

Nach *Thomson* (Lord *Kelvin*)*: Aus einem Geschehen kann nur Arbeit gewonnen werden, wenn Temperaturunterschiede vorhanden sind.*

Für einen Rechtsprozeß ist der thermische Wirkungsgrad

$$\eta_{th} = \frac{\text{Nutzwärme}}{\text{zugeführte Wärme}}$$

$$\eta_{th} = \frac{|w_{Kr}|}{q_{zu}} = \frac{|q|}{q_{zu}} = \frac{q_{zu} - |q_{ab}|}{q_{zu}} = 1 - \frac{|q_{ab}|}{q_{zu}} \tag{46}$$

3.2. Mittlerer Druck

Bei der Ermittlung der Arbeit eines Kreisprozesses wird mit dem mittleren Druck gerechnet, der sich aus einem flächengleichen Rechteck (Bild 19) ergibt. Bei ge-

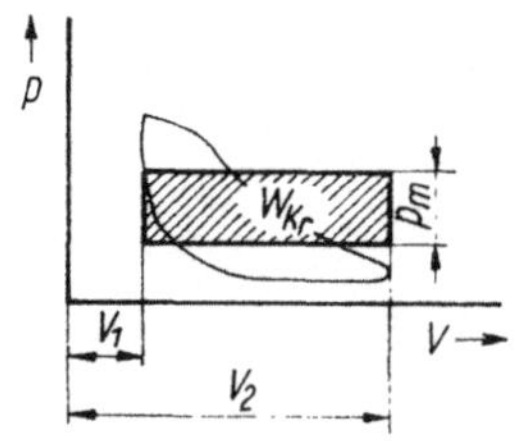

Bild 19

gebenem Indikatordiagramm errechnet sich der mittlere Druck

$$p_m = \frac{\text{Diagrammfläche}}{\text{Diagrammlänge} \cdot \text{Federmaßstab}}$$

Da der mittlere Druck als gedachter Druck gegenüber der anderen Kolbenseite während des ganzen Kolbenweges konstant ist, kann die Ermittlung der Arbeit des Kreisprozesses (bei einem Kompressor z. B. zugeführt, bei einer Wärmekraftmaschine abgeführt) nach den Gln. der Isobare erfolgen.
(Der mittlere Druck p_m ist kein absoluter Druck.)
Nach Gl. (37a) ist dann die Arbeit des Kreisprozesses

$$W_{Kr} = p_m(V_2 - V_1)$$

3.3. Carnot-Prozeß

Der *Carnot*-Prozeß (Bild 20) hat den günstigsten thermischen Wirkungsgrad.

1…2 isotherme Kompression mit Wärmeabfuhr
2…3 isentrope Kompression
3…4 isotherme Expansion mit Wärmezufuhr
4…1 isentrope Expansion

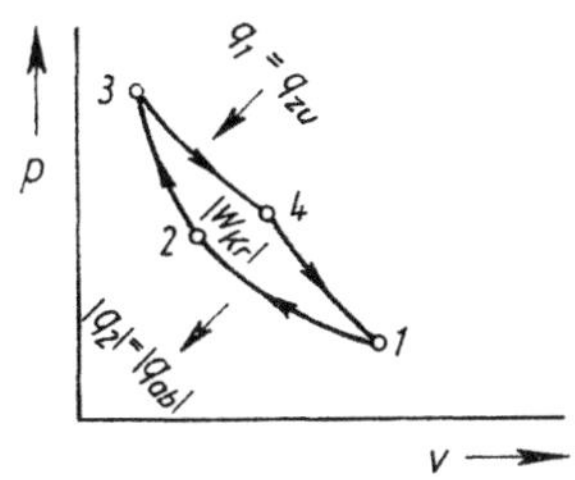

Bild 20

Es ist: $T_1 = T_2 = T_u$ untere Temperatur des Prozesses,
$T_3 = T_4 = T_o$ obere Temperatur des Prozesses.

An der Systemgrenze wird dem System:

1. Wärme zugeführt ($Q > 0$)
2. Arbeit abgegeben ($W < 0$)
3. Wärme abgeführt ($Q < 0$)

Die Wärmezufuhr $q_1 = q_{zu}$ erfolgt bei konstanter Temperatur T_o.
Die Wärmeabfuhr $|q_2| = |q_{ab}|$ erfolgt bei konstanter Temperatur T_u.
Die abgegebene Arbeit des Kreisprozesses ist

$$|w_{Kr}| = w_{12} + w_{23} - w_{34} - w_{41}$$

Die Flächen unter den beiden Isentropen sind gleich groß; also $w_{23} = w_{41}$.
Es ist dann mit Gl. (39a)

$$|w_{Kr}| = w_{12} - w_{34} = p_1 v_1 \ln \frac{v_2}{v_1} - p_3 v_3 \ln \frac{v_3}{v_4}$$

Bei den beiden Isentropen gilt nach Gl. (41a):

$$\frac{T_2}{T_3} = \left(\frac{v_3}{v_2}\right)^{\varkappa-1} \quad \text{und} \quad \frac{T_1}{T_4} = \left(\frac{v_4}{v_1}\right)^{\varkappa-1}$$

Da $T_2 = T_1$ und $T_3 = T_4$, gilt: $\dfrac{T_2}{T_3} = \dfrac{T_1}{T_4}$ oder $\dfrac{v_3}{v_2} = \dfrac{v_4}{v_1}$ oder $\dfrac{v_3}{v_4} = \dfrac{v_2}{v_1}$ dann wird

$$|w_{\text{Kr}}| = (p_1 v_1 - p_3 v_3) \ln \frac{v_2}{v_1}, \quad \text{oder}$$

$$|w_{\text{Kr}}| = |q| = R(T_1 - T_3) \ln \frac{v_2}{v_1}$$

Die zugeführte Wärme ist

$$q_1 = q_{\text{zu}} = RT_1 \ln \frac{v_2}{v_1}$$

Die abgeführte Wärme ist

$$|q_2| = |q_{\text{ab}}| = RT_3 \ln \frac{v_2}{v_1}$$

Der thermische Wirkungsgrad für den *Carnot*-Prozeß ist dann

$$\eta_{\text{th}} = \frac{|q|}{q_1} = \frac{T_1 - T_3}{T_1} = 1 - \frac{T_3}{T_1} = 1 - \frac{T_{\text{u}}}{T_{\text{o}}} \tag{47}$$

T_{o} obere Temperatur des Prozesses
T_{u} untere Temperatur des Prozesses

3.4. Entropie und Wärmediagramm

Bei einer beliebigen Zustandsänderung mit veränderlicher Temperatur stellt sich die Entropie wie folgt dar (Bild 21):

$$\mathrm{d}Q = T\,\mathrm{d}S; \quad Q = \int_{S_1}^{S_2} T\,\mathrm{d}S \quad \text{oder} \quad \mathrm{d}S = \frac{\mathrm{d}Q}{T}$$

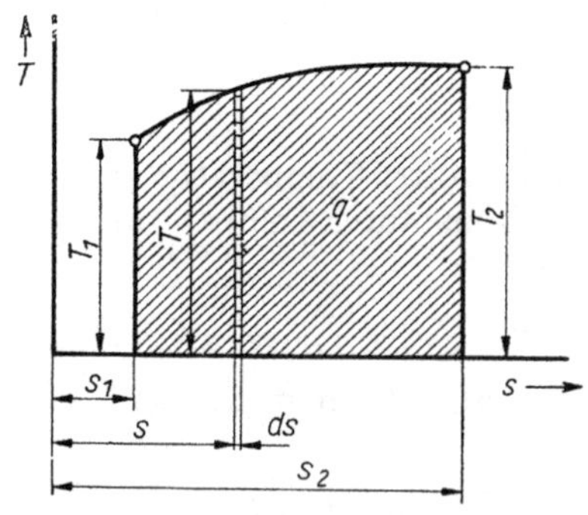

Bild 21

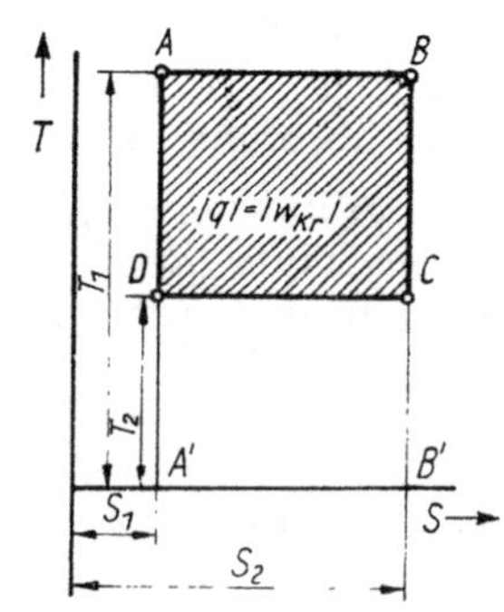

Bild 22

Die Entropiedifferenz für die Masse m beträgt

$$S_2 - S_1 = \int_{T_1}^{T_2} \frac{dQ}{T}$$

für 1 kg

$$s_2 - s_1 = \int_{T_1}^{T_2} \frac{dq}{T}$$

Allgemein betrachtet, ist die Entropie eine Zustandsgröße genau wie Druck p, Temperatur T usw.
Das Vorzeichen der Entropieänderung stimmt mit dem Vorzeichen der über die Systemgrenze zu- oder abgeführten Wärme überein.

Wärmezufuhr bedingt eine Entropiezunahme ($s > 0$)
Wärmeabfuhr bedingt eine Entropieabnahme ($s < 0$)

Carnot-Prozeß im T,s-Diagramm (Bild 22):

AB	Isotherme	$ABCD$	$\lvert q\rvert = \lvert w_{Kr}\rvert$ Nutzwärme
BC	Isentrope	$ABB'A'$	q_1 zugeführte Wärme
CD	Isotherme	$DCB'A'$	$\lvert q_2\rvert$ abgeführte Wärme
DA	Isentrope		

3.4.1. Entropie der Gase

Aus der allgemeinen Wärmegleichung (35)

$$dq = c_v \, dT + p \, dv$$

ergibt sich bei unveränderlicher spezifischer Wärmekapazität die Berechnung der Entropiedifferenz zu

$$s_2 - s_1 = c_v \ln \frac{T_2}{T_1} + R \ln \frac{v_2}{v_1} \tag{48}$$

Mit Gl. (28) $c_p - c_v = R$ wird

$$s_2 - s_1 = c_v \ln \frac{p_2}{p_1} + c_p \ln \frac{v_2}{v_1} \tag{49}$$

und mit dem allgemeinen Gasgesetz, Gl. (5)

$$\frac{v_2}{v_1} = \frac{T_2 p_1}{T_1 p_2} \text{ wird}$$

$$s_2 - s_1 = c_p \ln \frac{T_2}{T_1} - R \ln \frac{p_2}{p_1} \tag{50}$$

Darstellung der Zustandsänderungen im T,s-Diagramm

1. Isotherme

Da $T_1 = T_2$, wird mit Gl. (48)

$$s_2 - s_1 = R \ln \frac{v_2}{v_1} \tag{51a}$$

oder mit Gl. (50)

$$s_2 - s_1 = -R \ln \frac{p_2}{p_1} \tag{51b}$$

Die Berechnung der Wärme vereinfacht sich zu (Bild 23)

$$q = T(s_2 - s_1) \tag{52}$$

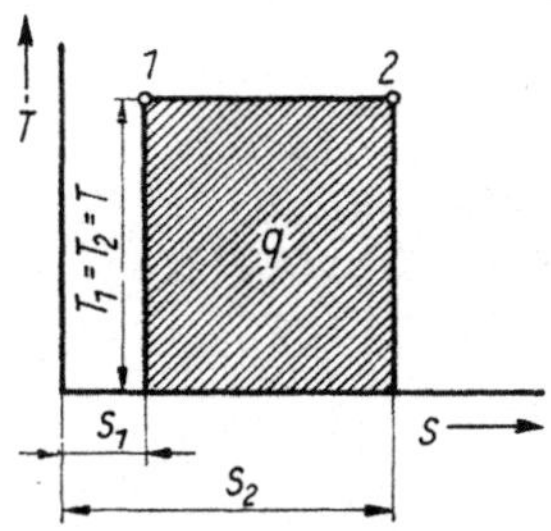

Bild 23

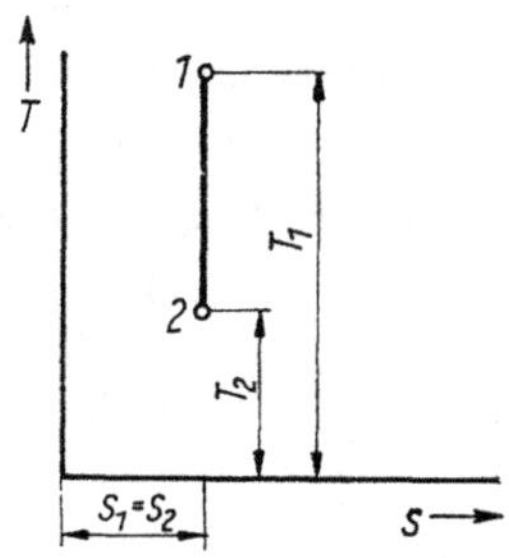

Bild 24

2. Isentrope (Bild 24)

Da keine Wärme zu- oder abgeführt wird, ist

$$\mathrm{d}q = 0;$$

$$T\,\mathrm{d}s = 0;$$

$$s_2 - s_1 = 0;$$

also $s_2 = s_1 =$ konstant. Bei jeder isentropen Zustandsänderung bleibt die Entropie konstant.

3. Isochore (Bild 25)

Da $v_1 = v_2$, wird mit Gl. (48)

$$s_2 - s_1 = c_v \ln \frac{T_2}{T_1} \tag{53a}$$

aus Gl. (49)

$$s_2 - s_1 = c_v \ln \frac{p_2}{p_1} \tag{53b}$$

4. Isobare (Bild 26)

(Kurvenverlauf flacher als bei der Isochore)
Da $p_1 = p_2$, wird mit Gl. (49)

$$s_2 - s_1 = c_p \ln \frac{v_2}{v_1} \tag{54a}$$

oder mit Gl. (50)

$$s_2 - s_1 = c_p \ln \frac{T_2}{T_1} \tag{54b}$$

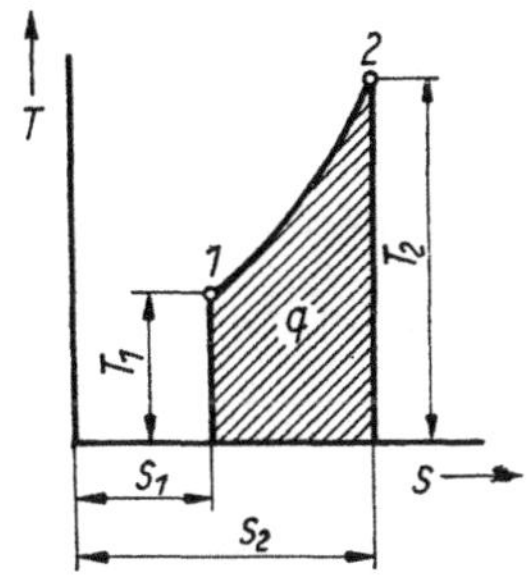

Bild 25

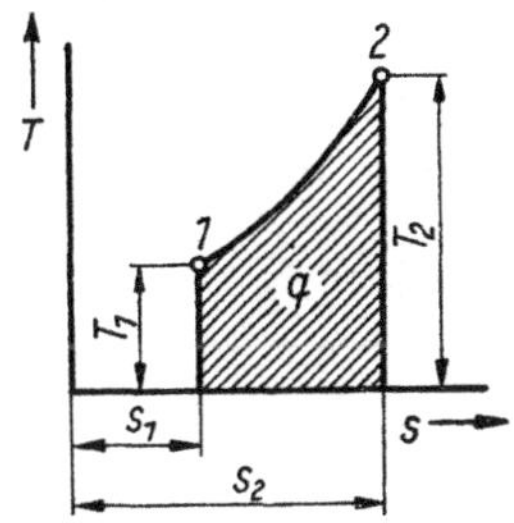

B d 26

5. Polytrope (Bild 27)

Es ist [c_n s. Gl. (44)]

$$ds = c_n \frac{dT}{T}$$

$$s_2 - s_1 = c_n \ln \frac{T_2}{T_1} \tag{55}$$

ABDE zugeführte Wärme, wenn der Vorgang von *A* nach *B* verläuft
abgeführte Wärme, wenn der Vorgang von *B* nach *A* verläuft
AEFC Änderung der Energie
ABDFCA gesamte Wärme

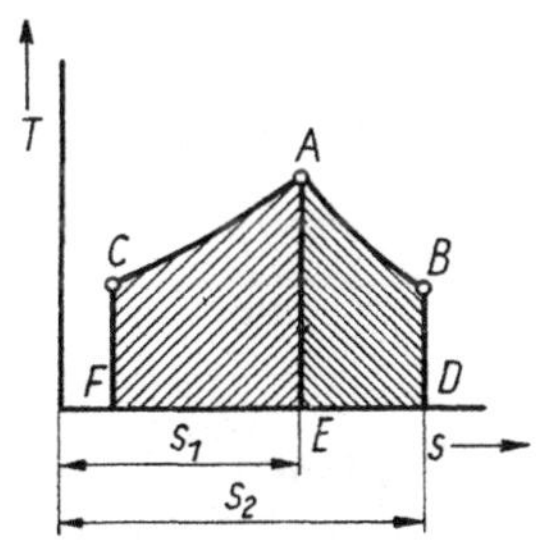

Bild 27

Beispiele:

108. Bei einem Verbrennungsmotor erfolgt die Wärmezufuhr bei 1800 °C. Die Abwärme ging mit 927 °C aus dem Kreisprozeß heraus.
Wie groß ist der thermische Wirkungsgrad im Falle des *Carnot*-Prozesses?

Lösung:

Nach Gl. (47) ist der thermische Wirkungsgrad

$t_1 = 1800\,°C$; $T_1 = 2073\,K$ $t_2 = 927\,°C$; $T_2 = 1200\,K$

$$\eta_{th} = 1 - \frac{T_2}{T_1} = 1 - \frac{1200\,K}{2073\,K} = 0{,}42 = 42\%$$

d. h., 42% der aufgewendeten Wärme werden nutzbar gemacht.

109. Mit 1 kg Luft soll ein *Carnot*-Prozeß durchgeführt werden. Der Anfangsdruck beträgt 16 bar bei einer Temperatur von 527 °C. Nach der isothermen Expansion soll ein Druck von 8 bar (Punkt *2*) herrschen. Der tiefste Druck des Prozesses beträgt 1,6 bar. Gesucht sind: Drücke und Volumina in den Punkten *1*···*4*, die zu- und abgeführte Wärme, die abgeführte Arbeit, der thermische Wirkungsgrad und der mittlere Druck.

Lösung:

$p_1 = 16\,\text{bar} = 16 \cdot 10^5\,\text{N/m}^2$ $t_1 = 527\,°C$; $T_1 = 800\,K$

$p_2 = 8\,\text{bar}$ $R = 287\,\text{Nm/kg K} = 0{,}287\,\text{kJ/kg K}$

$p_3 = 1{,}6\,\text{bar} = 1{,}6 \cdot 10^5\,\text{N/m}^2$ $\varkappa = 1{,}4$

Das Anfangsvolumen ist mit Gl. (6)

$$v_1 = \frac{RT_1}{p_1} = \frac{287\,\text{Nm/kg K} \cdot 800\,K}{16 \cdot 10^5\,\text{N/m}^2} = 0{,}1435\,\text{m}^3/\text{kg}$$

Von Punkt *1* nach *2* erfolgt die Entspannung isotherm. Das Volumen bei Punkt *2* ist mit Gl. (4)

$$v_2 = v_1 \frac{p_1}{p_2} = 0{,}1435\,\text{m}^3/\text{kg} \cdot \frac{16\,\text{bar}}{8\,\text{bar}} = 0{,}287\,\text{m}^3/\text{kg}$$

Von Punkt *2* nach *3* erfolgt die Entspannung isentrop. Da $T_1 = T_2$, ist die Temperatur im Punkt *3* mit Gl. (41c)

$$\frac{T_1}{T_3} = \left(\frac{p_2}{p_3}\right)^{\frac{\varkappa-1}{\varkappa}} = \left(\frac{8}{1{,}6}\right)^{\frac{1{,}4-1}{1{,}4}} = 1{,}583$$

$$T_3 = \frac{T_1}{1{,}583} = \frac{800\,K}{1{,}583} = 505\,K$$

Das Volumen in Punkt *3* ist mit Gl. (6)

$$v_3 = \frac{RT_3}{p_3} = \frac{287\,\text{Nm/kg} \cdot 505\,K}{1{,}6 \cdot 10^5\,\text{N/m}^2} = 0{,}906\,\text{m}^3\,\text{kg}$$

Der Druck bei Punkt *4* wird mit dem isentropen Gesetz (*1* nach *4*) errechnet. Es ist mit Gl. (41c)

$$\frac{p_1}{p_4} = \left(\frac{T_1}{T_4}\right)^{\frac{\varkappa}{\varkappa-1}} = \left(\frac{800}{505}\right)^{\frac{1{,}4}{0{,}4}} = 5; \quad p_4 = \frac{p_1}{5} = \frac{16\,\text{bar}}{5} = 3{,}2\,\text{bar}$$

Das Volumen in Punkt *4* wird, da von *3* nach *4* die Verdichtung isotherm erfolgt, mit Gl. (4)

$$v_4 = v_3 \frac{p_3}{p_4} = 0{,}906\ \mathrm{m^3/kg} \cdot \frac{1{,}6\ \mathrm{bar}}{3{,}2\ \mathrm{bar}} = 0{,}453\ \mathrm{m^3/kg}$$

Die Zuführung der Wärme q_1 erfolgt bei konstanter Temperatur $T_1(T_o)$. Isotherme Zustandsänderung. Die Wärme errechnet sich mit Gl. (39b) und Gl. (40) zu

$$q_1 = w_{12} = RT_1 \ln \frac{p_1}{p_2} = 0{,}287\ \mathrm{kJ/kg\,K} \cdot 800\ \mathrm{K} \cdot \ln \frac{16}{8} = 159{,}1\ \mathrm{kJ/kg}$$

Die Wärmeabfuhr $|q_2|$ erfolgt bei konstanter Temperatur $T_3(T_u)$ und ist mit Gl. (39b) und Gl. (40)

$$|q_2| = |w_{34}| = RT_3 \ln \frac{p_4}{p_3} = 0{,}287\ \mathrm{kJ/kg\,K} \cdot 505\ \mathrm{K} \cdot \ln \frac{3{,}2}{1{,}6} = 100{,}4\ \mathrm{kJ/kg}$$

Bei der Berechnung der abgegebenen Arbeit des Kreisprozesses werden nur die Raumänderungsarbeiten bei den isothermen Zustandsänderungen berücksichtigt. (Die Raumänderungsarbeiten bei den isentropen Zustandsänderungen heben sich auf.) Mit Gl. (40) ist

$$|w_{\mathrm{Kr}}| = |q| = q_1 - |q_2| = w_{12} - |w_{34}| = (159{,}1 - 100{,}4)\ \mathrm{kJ/kg}$$
$$= 58{,}7\ \mathrm{kJ/kg} = 58\,700\ \mathrm{Nm/kg}$$

Es ist auch mit Gl. (39a)

$$|w_{\mathrm{Kr}}| = p_1 v_1 \ln \frac{v_2}{v_1} - p_3 v_3 \ln \frac{v_3}{v_4}; \quad \text{da} \quad \frac{v_3}{v_4} = \frac{v_2}{v_1} \quad \text{(s. } \textit{Carnot}\text{-Prozeß)}$$

$$|w_{\mathrm{Kr}}| = (p_1 v_1 - p_3 v_3) \ln \frac{v_2}{v_1} = R(T_1 - T_3) \ln \frac{p_1}{p_2}$$

$$|w_{\mathrm{Kr}}| = 287\ \mathrm{Nm/kg\,K} \cdot (800 - 505)\ \mathrm{K} \cdot \ln \frac{16}{8} = 58\,700\ \mathrm{Nm/kg}$$

Der thermische Wirkungsgrad ist mit den Gln. (46) und (47)

$$\eta_{\mathrm{th}} = 1 - \frac{|q_2|}{q_1} = 1 - \frac{100{,}4\ \mathrm{kJ/kg}}{159{,}1\ \mathrm{kJ/kg}} = 0{,}369$$

$$\eta_{\mathrm{th}} = 1 - \frac{T_u}{T_o} = 1 - \frac{505\ \mathrm{K}}{800\ \mathrm{K}} = 0{,}369$$

Der mittlere Druck des Kreisprozesses ist aus Gl. (37a) (s. a. 3.2.)

$$p_m = \frac{|w_{\mathrm{Kr}}|}{v_3 - v_1} = \frac{58\,700\ \mathrm{Nm/kg}}{(0{,}906 - 0{,}1435)\ \mathrm{m^3/kg}} = 77\,000\ \mathrm{N/m^2} = 0{,}77\ \mathrm{bar}$$

110. 0,5 m³ Luft mit einem Druck von 3 bar und einer Temperatur von 150 °C expandieren auf 0,8 bar bei einer Temperatur von 20 °C. Wie groß ist die Entropieänderung und das Endvolumen?

Lösung:

$V_1 = 0{,}5\ \mathrm{m}^3$ $\qquad t_1 = 150\,°\mathrm{C};\quad T_1 = 423\ \mathrm{K}$

$p_1 = 3\ \mathrm{bar} = 3 \cdot 10^5\ \mathrm{N/m^2}$ $\qquad t_2 = 20\,°\mathrm{C};\quad T_2 = 293\ \mathrm{K}$

$p_2 = 0{,}8\ \mathrm{bar} = 0{,}8 \cdot 10^5\ \mathrm{N/m^2}$ $\qquad c_p = 1{,}006\ \mathrm{kJ/kg\,K}$

$R = 287\ \mathrm{Nm/kg\,K} = 0{,}287\ \mathrm{kJ/kg\,K}$

Die Entropieänderung für 1 kg Luft beträgt nach Gl. (50)

$$s_2 - s_1 = c_p \ln \frac{T_2}{T_1} - R \ln \frac{p_2}{p_1}$$

$$s_2 - s_1 = 1{,}006\ \mathrm{kJ/kg\,K} \cdot \ln \frac{293}{423} - 0{,}287\ \mathrm{kJ/kg\,K} \cdot \ln \frac{0{,}8}{3}$$

$$= 0{,}00979\ \mathrm{kJ/kg\,K}$$

Die vorhandene Gasmasse ist mit Gl. (7)

$$m = \frac{p_1 V_1}{R T_1} = \frac{3 \cdot 10^5\ \mathrm{N/m^2} \cdot 0{,}5\ \mathrm{m^3}}{287\ \mathrm{Nm/kg\,K} \cdot 423\ \mathrm{K}} = 1{,}24\ \mathrm{kg}$$

Die Entropieänderung für $m = 1{,}24$ kg beträgt dann

$$S_2 - S_1 = m(s_2 - s_1) = 1{,}24\ \mathrm{kg} \cdot 0{,}00979\ \mathrm{kJ/kg\,K} = 1{,}01214\ \mathrm{kJ/K}$$

Das Endvolumen ist aus Gl. (7)

$$V_2 = \frac{m R T_2}{p_2} = \frac{1{,}24\ \mathrm{kg} \cdot 287\ \mathrm{Nm/kg\,K} \cdot 293\ \mathrm{K}}{0{,}8 \cdot 10^5\ \mathrm{N/m^2}} = 1{,}3\ \mathrm{m^3}$$

111. 1 kg Luft mit einem Druck von 5 bar und einer Temperatur von 20 °C wird isotherm entspannt. Um die Temperatur konstant zu halten, wurden 83,7 kJ zugeführt. Wie hoch ist der Enddruck?

Lösung:

$m = 1\ \mathrm{kg} \qquad p_1 = 5\ \mathrm{bar} \qquad t = 20\,°\mathrm{C};\quad T = 293\ \mathrm{K} \qquad q = 83{,}7\ \mathrm{kJ/kg}$

Aus Gl. (52) ist die Entropiedifferenz (Isotherme)

$$s_2 - s_1 = \frac{q}{T} = \frac{83{,}7\ \mathrm{kJ/kg}}{293\ \mathrm{K}} = 0{,}286\ \mathrm{kJ/kg\,K}$$

Aus Gl. (51b) ist der Enddruck

$$s_2 - s_1 = -R \ln \frac{p_2}{p_1} = R \ln \frac{p_1}{p_2}$$

$$\ln \frac{p_1}{p_2} = \frac{s_2 - s_1}{R} = \frac{0{,}286 \text{ kJ/kg K}}{0{,}287 \text{ kJ/kg K}} = 0{,}995$$

$$\frac{p_1}{p_2} = 2{,}71; \quad p_2 = \frac{p_1}{2{,}71} = \frac{5 \text{ bar}}{2{,}71} = 1{,}845 \text{ bar}$$

112. 0,3 kg Kohlendioxid (CO_2) mit einem Druck von 2 bar bei einer Temperatur von 15 °C werden mit $n = 1{,}2$ auf 10 bar verdichtet. Wie hoch steigt die Temperatur, wie groß ist die Entropieänderung, die abgeführte Wärme C $\varkappa = 1{,}3$; $c_p =$ 0,846 kJ/kg K) und die zuzuführende Arbeit?

Lösung:

$m = 0{,}3$ kg	$t_1 = 15$ °C; $T_1 = 288$ K	$n = 1{,}2$
$p_1 = 2$ bar	$c_p = 0{,}846$ kJ/kg K	$\varkappa = 1{,}3$
$p_2 = 10$ bar	$R = 189$ Nm/kg K $= 0{,}189$ kJ/kg K	

Die Endtemperatur ist nach Gl. (41c)

$$\frac{T_2}{T_1} = \left(\frac{p_2}{p_1}\right)^{\frac{n-1}{n}} = \left(\frac{10}{2}\right)^{\frac{1,2-1}{1,2}} = 5^{\frac{0,2}{1,2}} = 1{,}307$$

$$T_2 = T_1 \cdot 1{,}307 = 288 \text{ K} \cdot 1{,}307 = 376{,}4 \text{ K}; \quad t_2 = 103{,}4 \text{ °C}$$

Da die Verdichtung der polytropen Zustandsänderung entspricht, gilt für die Entropieänderung Gl. (55). Mit Einsetzung von Gl. (44) ist

$$s_2 - s_1 = c_n \ln \frac{T_2}{T_1} = c_v \frac{n - \varkappa}{n - 1} \ln \frac{T_2}{T_1}$$

Die spezifische Wärmekapazität bei konstantem Volumen ist mit Gl. (28)

$$c_v = c_p - R = (0{,}846 - 0{,}189) \text{ kJ/kg K} = 0{,}657 \text{ kJ/kg K}$$

Die Entropiedifferenz ist dann für 1 kg CO_2

$$s_2 - s_1 = 0{,}657 \text{ kJ/kg K} \cdot \frac{1{,}2 - 1{,}3}{1{,}2 - 1} \ln \frac{376{,}4}{288} = -0{,}087 \text{ kJ/kg K}$$

Für $m = 0{,}3$ kg dann

$$S_2 - S_1 = m(s_2 - s_1) = 0{,}3 \text{ kg } (-0{,}087 \text{ kJ/kg K}) = -0{,}0261 \text{ kJ/K}$$

Mit Gl. (43) ist die abzuführende Wärme

$$Q = mc_n(T_2 - T_1) = 0{,}3 \text{ kg } (-0{,}328 \text{ kJ/kg K}) (376{,}4 - 288) \text{ K}$$

$$Q = -8{,}7 \text{ kJ}$$

(Mit der Festlegung der Vorzeichen übereinstimmend.)

Die zuzuführende Arbeit ist nach Gl. (42d) (entsprechend der Festlegung der Vorzeichen auf +-Wert umgestellt)

$$w_{12} = \frac{p_1 V_1}{n-1}\left[\left(\frac{p_2}{p_1}\right)^{\frac{n-1}{n}} - 1\right] = \frac{mRT_1}{n-1}\left[\left(\frac{p_2}{p_1}\right)^{\frac{n-1}{n}} - 1\right]$$

$$= \frac{0{,}3\ \text{kg} \cdot 189\ \text{Nm/kg K} \cdot 288\ \text{K}}{1{,}2 - 1}\left[\left(\frac{10}{2}\right)^{\frac{1{,}2-1}{1{,}2}} - 1\right] = 25100\ \text{Nm}$$

113. 1 kg Luft wird bei konstantem Druck von 2 bar von 20 °C auf 110 °C erwärmt. Wie groß sind die Entropiedifferenz, die zugeführte Wärme und die Raumänderungsarbeit? Wie stellen sich Arbeit und Wärme in einem T,s-Diagramm dar?

Lösung:

$c_p = 1{,}006$ kJ/kg K — $t_1 = 20\,°\text{C}$; $T_1 = 293$ K

$c_v = 0{,}719$ kJ/kg K — $t_2 = 110\,°\text{C}$; $T_2 = 383$ K

$R = 287$ Nm/kg K $= 0{,}287$ kJ/kg K

Mit Gl. (54b) ist die Entropiedifferenz bei konstantem Druck

$$s_2 - s_1 = c_p \ln\frac{T_2}{T_1} = 1{,}006\ \text{kJ/kg K} \cdot \ln\frac{383}{293} = 0{,}27\ \text{kJ/kg K}$$

Weiterhin wird gewählt: $T'' = 353$ K und $T' = 323$ K. Es ist dann

$$s'' - s_1 = 1{,}006\ \text{kJ/kg K} \cdot \ln\frac{353}{293} = 0{,}188\ \text{kJ/kg K}$$

$$s' - s_1 = 1{,}006\ \text{kJ/kg K} \cdot \ln\frac{323}{293} = 0{,}0977\ \text{kJ/kg K}$$

Die Differenzen werden von der Senkrechten im Punkt *1* im jeweiligen Diagrammaßstab nach rechts eingetragen. Es ergibt sich dann Bild 28.
Die Entropiedifferenz bei konstantem Volumen errechnet sich mit Gl. (53a)

$$s_2 - s_1 = c_v \ln\frac{T_2}{T_1} = 0{,}719\ \text{kJ/kg K} \cdot \ln\frac{383}{293} = 0{,}1925\ \text{kJ/kg K}$$

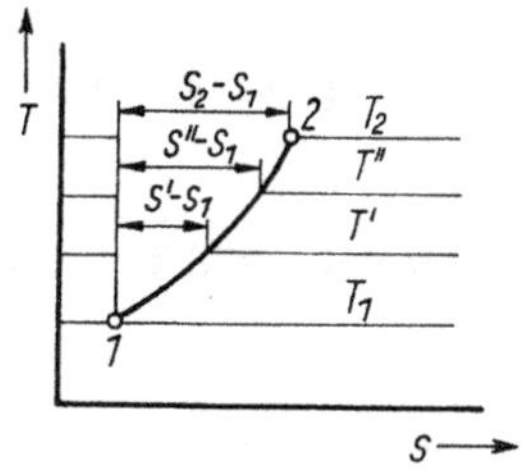

Bild 28

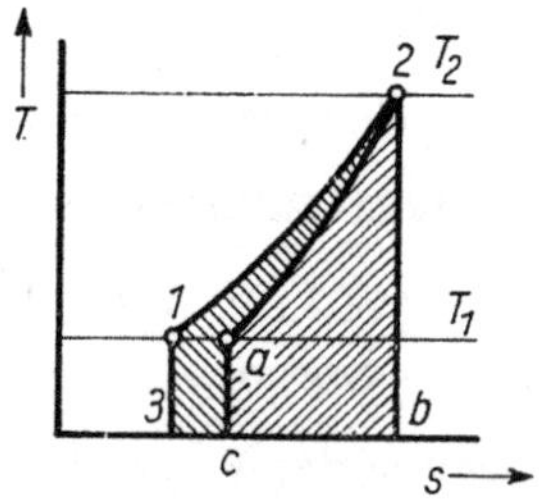

Bild 29

Diese Differenz wird im Maßstab von der Senkrechten in Punkt *2* in Höhe von Punkt *1* nach links angetragen. So ist die Lage von Punkt a bestimmt (Bild 29).

a 2 b c stellt die Wärme dar, die zur Erhöhung der Energie (u) erforderlich ist.

a 2 1 3 c stellt die in Arbeit umgewandelte Wärme dar.

Anmerkung: Kurve $2a$ (v = konstant) wird intervallmäßig wie Kurve p = konstant konstruiert.

Die zugeführte Wärme (Enthalpiesteigerung) ist mit Gl. (38)

$$h_{12} = c_p(t_2 - t_1) = 1{,}006 \text{ kJ/kg K} \cdot (110 - 20) \text{ K} = 90{,}54 \text{ kJ/kg}$$

(Fläche *1 2 b 3*)

Die Raumänderungsarbeit ist nach Gl. (37b)

$$w_{12} = R(t_2 - t_1) = 0{,}287 \text{ kJ/kg K} \cdot (110 - 20) \text{ K} = 25{,}8 \text{ kJ/kg}$$

(Fläche *1 2 a c 3*)

114. In das T,s-Diagramm von Beispiel 113 sind für die konstante Temperatur $T_1 = 293$ K die Schnittpunkte mit den Drücken $p_1 = 2$ bar (schon eingezeichnet), $p_2 = 4$ bar, $p_3 = 6$ bar und $p_4 = 8$ bar einzutragen.

Lösung:

Von Punkt *1* aus wird T_1 bis zur Ordinate verlängert und dann von *1* aus die einzelnen Differenzen angetragen (s. Bild 30). Mit Gl. (51b) ist

$$s_2 - s_1 = R \ln \frac{p_1}{p_2} = 0{,}287 \text{ kJ/kg K} \cdot \ln \frac{2}{4} = -0{,}199 \text{ kJ/kg K}$$

$$s_3 - s_1 = 0{,}287 \text{ kJ/kg K} \cdot \ln \frac{2}{6} = -0{,}315 \text{ kJ/kg K}$$

$$s_4 - s_1 = 0{,}287 \text{ kJ/kg K} \cdot \ln \frac{2}{8} = -0{,}398 \text{ kJ/kg K}$$

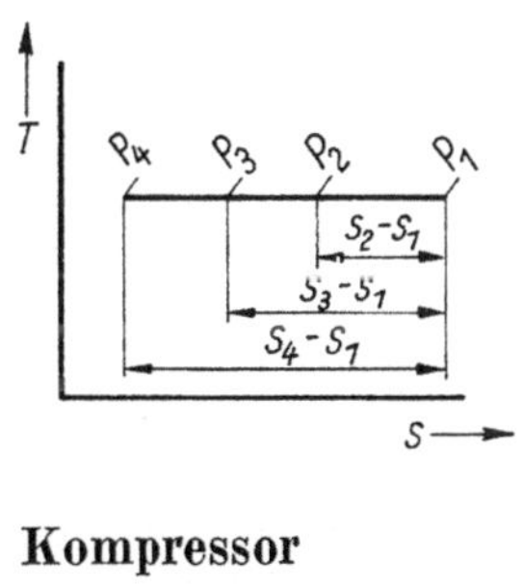

Bild 30

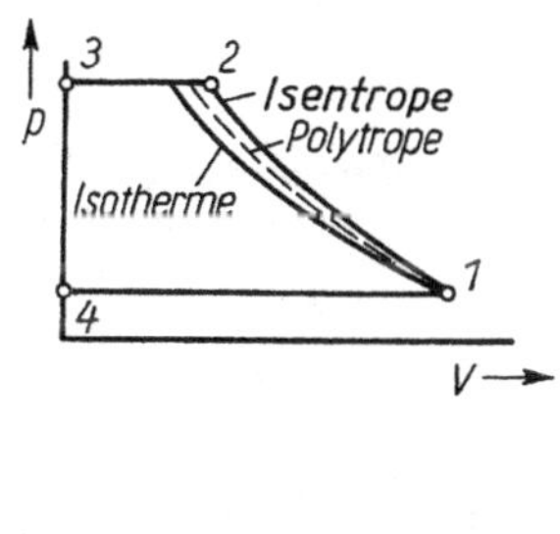

Bild 31

3.5. Kompressor

Kompressor ohne schädlichen Raum (Bild 31) (Offener Kreisprozeß, weil der Arbeitsstoff beim Kolbenspiel jedesmal ausgewechselt wird).

4 1 Ansaugen (Isobare)
1 2 Kompression (Isotherme, Polytrope, Isentrope)
2 3 Ausstoßen (Isobare)

Wie aus dem Diagramm, Bild 31, hervorgeht, ist bei der isothermen Verdichtung die geringste Arbeit aufzuwenden.
Bei kleineren Maschineneinheiten ist beim schnellen Kolbenspiel ein Wärmeaustausch mit der Zylinderwandung kaum möglich, so daß die Verdichtung fast isentrop erfolgt.
Der Verdichtungsexponent bei Luftkompressoren liegt zwischen 1,2···1,3···1,35 bis nahe an 1,4 heran.
Beim Kompressor wird an der Systemgrenze

1. Arbeit zugeführt ($W > 0$)
2. bei gekühlten Kompressoren Wärme abgeführt ($Q < 0$)

Technische Arbeit des Kreisprozesses

a) bei isothermer Verdichtung

$w_{41} = p_1 V_1$ wird vom äußeren Luftdruck aufgebracht.

$w_{12} = p_1 V_1 \ln \dfrac{p_2}{p_1}$ muß vom Kompressor verrichtet werden.

$w_{23} = p_2 V_2$ muß vom Kompressor verrichtet werden.

Die vom Kompressor verrichtete Arbeit ist dann

$$w_{\mathrm{Kr}} = w_{12} + w_{23} - w_{41}$$

$$w_{\mathrm{Kr}} = p_1 V_1 \ln \frac{p_2}{p_1} + p_2 V_2 - p_1 V_1$$

Da bei der Isotherme $p_1 V_1 = p_2 V_2$, wird

$$w_{\mathrm{Kr}} = p_1 V_1 \ln \frac{p_2}{p_1}. \tag{56}$$

b) bei isentroper Verdichtung (Herleitung in Beispiel 115)

$$w_{\mathrm{Kr}} = \frac{\varkappa}{\varkappa - 1} p_1 V_1 \left[\left(\frac{p_2}{p_1}\right)^{\frac{\varkappa-1}{\varkappa}} - 1\right] \tag{57}$$

c) bei polytroper Verdichtung gilt analog

$$w_{\mathrm{Kr}} = \frac{n}{n - 1} p_1 V_1 \left[\left(\frac{p_2}{p_1}\right)^{\frac{n-1}{n}} - 1\right] \tag{58}$$

Die technische Arbeit des Kreisprozesses wird im Schrifttum auch mit w_{t} bezeichnet. Innerhalb der Beispiele ist $w_{\mathrm{t}} = w_{\mathrm{Kr}}$.

Kompressor mit schädlichem Raum (Bild 32)

Das nicht ausgestoßene, im schädlichen Raum V_{K} befindliche komprimierte Gas muß, ehe neu angesaugt werden kann, erst auf den Anfangsdruck expandieren, so daß nur $V_{\mathrm{S}} = V_1 - V_4$ tatsächlich mit Frischgas gefüllt wird. Wenn diese Expansion nach demselben Gesetz wie die vorhergegangene Kompression verläuft, dann gilt:

a) bei der isothermen Verdichtung und Expansion

$$w_{\mathrm{Kr}} = w_{\mathrm{Komp}} - w_{\mathrm{Exp}} = p_1 V_1 \ln \frac{p_2}{p_1} - p_1 V_4 \ln \frac{p_2}{p_1}$$

$$w_{\mathrm{Kr}} = p_1(V_1 - V_4) \ln \frac{p_2}{p_1}$$

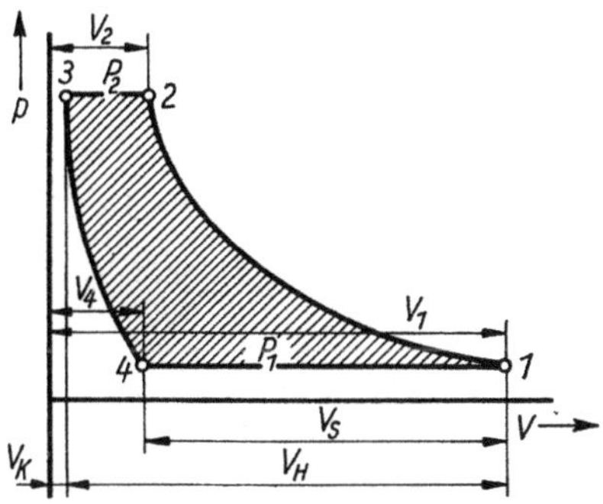

Bild 32

b) bei isentroper Verdichtung und Expansion

$$w_{\mathrm{Kr}} = \frac{\varkappa}{\varkappa - 1} p_1(V_1 - V_4) \left[\left(\frac{p_2}{p_1} \right)^{\frac{\varkappa - 1}{\varkappa}} - 1 \right]$$

c) bei polytroper Verdichtung und Expansion

$$w_{\mathrm{Kr}} = \frac{n}{n - 1} p_1(V_1 - V_4) \left[\left(\frac{p_2}{p_1} \right)^{\frac{n - 1}{n}} - 1 \right]$$

Bei einer Gegenüberstellung der Arbeitsgleichungen für den Kompressor mit und ohne schädlichen Raum zeigt sich, daß die Verdichtungsarbeit, bezogen auf das angesaugte Gasvolumen, gleich groß ist. Es gelten in beiden Fällen die Gln. (56), (57) und (58). Der schädliche Raum erhöht den Arbeitsbedarf nicht unmittelbar, er vermindert aber die Leistung und macht für gegebene Förderung einen größeren Kompressor erforderlich, der mehr Reibung und daher auch höhere Verluste hat.

Indizierte Leistung

Das zu verdichtende Gasvolumen wird meist in m³/h bzw. die zu verdichtende Gasmasse in kg/h angegeben.

Es ist daher zweckmäßig, die vom Kompressor zu verrichtende Arbeit auf 1 m³ angesaugtes Gasvolumen bzw. auf 1 kg angesaugte Gasmasse zu beziehen.

Mit $\dot{V}$ in m³/s und $W_{\mathrm{i/m^3}}$ in Ws/m³ oder kWs/m³ ist die aufzuwendende Leistung in W oder kW

$$P_{\mathrm{i}} = \dot{V} W_{\mathrm{i/m^3}} \qquad (59\mathrm{a})$$

und mit $\dot{m}$ in kg/s und w_i in Ws/kg oder kWs/kg

$$P_i = \dot{m} w_i \tag{59b}$$

Füllungsgrad

Infolge der Rückausdehnung des Gases aus dem schädlichen Raum wird nur $V_S = V_1 - V_4$ (s. Bild 32) mit angesaugtem Gas gefüllt. Wenn mit V_H das Hubvolumen bezeichnet wird, ist

$$\lambda_F = \frac{V_S}{V_H} \tag{60}$$

oder

$$\lambda_F = \frac{V_S}{V_H} = \frac{V_1 - V_4}{V_H} = \frac{V_H}{V_H} + \frac{V_K}{V_H} - \frac{V_4}{V_H}; \quad V_4 = V_K \left(\frac{p_2}{p_1}\right)^{\frac{1}{n}},$$

wenn

$$\varepsilon_K = \frac{V_K}{V_H}, \text{ wird}$$

$$\lambda_F = 1 - \varepsilon_K \left[\left(\frac{p_2}{p_1}\right)^{\frac{1}{n}} - 1\right] \tag{60a}$$

Für n ist der Exponent der Rückexpansion einzusetzen.

Liefergrad

Wenn V das wirklich angesaugte Gasvolumen in m³ und V_λ das hinter dem Druckstutzen in m³ gemessene Gasvolumen ist (die Gasvolumina sind auf den gleichen Druck und die gleiche Temperatur zu beziehen), so wird

$$\lambda_L = \frac{V_\lambda}{V} \tag{61}$$

Wirkungsgrade

Gütegrad oder indizierter Wirkungsgrad bei gekühltem Verdichter

$$\eta_{iS} = \frac{P_{iS}}{P_i} = \frac{W_{iS}}{W_i} \tag{62a}$$

bei ungekühltem Verdichter (isentroper Verdichtung)

$$\eta_{istr} = \frac{P_{istr}}{P_i} \tag{62b}$$

P_{is}, P_{istr} Leistung für isotherme bzw. isentrope Verdichtung, P_i indizierte Leistung

Mechanischer Wirkungsgrad

$$\eta_m = \frac{P_i}{P_e} \tag{63}$$

P_e die von der Antriebsmaschine an die Welle des Kompressors abgegebene Leistung

Gesamtwirkungsgrad

$$\eta_{\text{Komp}} = \eta_{\text{is}}\eta_{\text{m}} \tag{64a}$$

$$\eta_{\text{Komp}} = \eta_{\text{istr}}\eta_{\text{m}} \tag{64b}$$

Beispiele:

115. Gleichung (57) ist herzuleiten.

Lösung:

Nach Bild 31 in 3.5. ist

$$w_{\text{Kr}} = w_{12} + w_{23} - w_{41}$$

Ausstoßen *2 3* und Ansaugung *4 1* sind Isobaren. Es ist nach Gl. (37a)

$$w_{23} = p_2(V_2 - 0) = p_2 V_2$$

$$w_{41} = p_1(V_1 - 0) = p_1 V_1$$

und

$$w_{12} = \frac{1}{\varkappa - 1}(p_2 V_2 - p_1 V_1) \quad \text{[Gl. (42b) für +-Wert umgestellt],}$$

dann ist

$$w_{\text{Kr}} = \frac{1}{\varkappa - 1}(p_2 V_2 - p_1 V_1) + (p_2 V_2 - p_1 V_1)$$

$$w_{\text{Kr}} = \left(\frac{1}{\varkappa - 1} + 1\right)(p_2 V_2 - p_1 V_1)$$

$$w_{\text{Kr}} = \frac{\varkappa}{\varkappa - 1}(p_2 V_2 - p_1 V_1) = \frac{\varkappa p_1 V_1}{\varkappa - 1}\left(\frac{p_2 V_2}{p_1 V_1} - 1\right)$$

$$w_{\text{Kr}} = \frac{\varkappa}{\varkappa - 1} p_1 V_1 \left(\frac{T_2}{T_1} - 1\right) \quad \text{und mit Gl. (41c)}$$

$$w_{\text{Kr}} = \frac{\varkappa}{\varkappa - 1} p_1 V_1 \left[\left(\frac{p_2}{p_1}\right)^{\frac{\varkappa - 1}{\varkappa}} - 1\right] \quad \text{[s. Gl. (57)]}$$

116. Mit einem gekühlten Luftkompressor ohne schädlichen Raum sollen stündlich 100 m³ Luft mit einer Temperatur von 15 °C von 1 bar auf 5 bar verdichtet werden. Das zur Verwendung gelangende Kühlwasser erwärmt sich von 15 °C auf 40 °C. Welche theoretische Leistung und welche Kühlwassermasse ist erforderlich

a) bei isothermer Verdichtung,

b) bei isentroper Verdichtung,

c) bei polytroper Verdichtung mit $n = 1{,}2$?

Zur Überwindung von Widerständen in der Druckleitung werden 10% des Verdichtungsdruckes angenommen. Der Kompressionsdruck ist dann 5 bar · 1,1 = 5,5 bar.

Lösung:

a) isotherme Verdichtung

$\dot{V} = 100\ \mathrm{m^3/h}$ $\quad t_1 = 15\,°\mathrm{C};\quad T_1 = 288\ \mathrm{K}$ $\quad t_{W1} = 15\,°\mathrm{C}$

$p_1 = 1\ \mathrm{bar} = 1 \cdot 10^5\ \mathrm{N/m^2}$ $\quad R = 287\ \mathrm{Nm/kg\,K}$ $\quad t_{W2} = 40\,°\mathrm{C}$

$p_2 = 5{,}5\ \mathrm{bar}$ $\quad c = 4{,}19\ \mathrm{kJ/kg\,K}$

Mit Gl. (56) ist die Raumänderungsarbeit für 1 m³ Luft

$$W_{i,is} = p_1 V_1 \ln \frac{p_2}{p_1} = 1 \cdot 10^5\ \mathrm{N/m^2} \cdot 1\ \mathrm{m^3} \cdot 2{,}303 \cdot \lg \frac{5{,}5}{1}$$

$$= 170470\ \mathrm{Nm} = 170470\ \mathrm{J} = 170470\ \mathrm{Ws}$$

Es ist also

$$W_{i,is/m^3} = 170{,}47\ \mathrm{kWs/m^3}$$

Die aufzuwendende Leistung ist mit Gl. (59a)

$$P_{i,is} = \dot{V} W_{i,is/m^3} = \frac{100\ \mathrm{m^3/h} \cdot 170{,}47\ \mathrm{kWs/m^3}}{3600\ \mathrm{s/h}} = 4{,}73\ \mathrm{kW}$$

Die abzuführende Wärme ist für 100 m³/h mit Gl. (40)

$$\dot{Q}_1 = \dot{V} W_{i,is/m^3} = 100\ \mathrm{m^3/h} \cdot 170{,}47\ \mathrm{kJ/m^3} = -17047\ \mathrm{kJ/h}$$

Es ist auch, da isotherm verdichtet,

$$\dot{Q}_1 = P_{i,is} = -4{,}73\ \mathrm{kW}$$

Die erforderliche Kühlwassermasse ist aus Gl. (27) (als +-Wert)

$$\dot{m}_{W1} = \frac{|\dot{Q}_1|}{c(t_{W2} - t_{W1})} = \frac{17047\ \mathrm{kJ/h}}{4{,}19\ \mathrm{kJ/kgK} \cdot (40 - 15)\ \mathrm{K}} = 163\ \mathrm{kg/h}$$

b) isentrope Verdichtung

Mit Gl. (57) ist die Raumänderungsarbeit für 1 m³ Luft ($\varkappa = 1{,}4$)

$$W_{i,istr} = \frac{\varkappa}{\varkappa - 1}\, p_1 V_1 \left[\left(\frac{p_2}{p_1}\right)^{\frac{\varkappa-1}{\varkappa}} - 1\right]$$

$$= \frac{1{,}4}{1{,}4 - 1}\, 1 \cdot 10^5\ \mathrm{N/m^2} \cdot 1\ \mathrm{m^3} \left[\left(\frac{5{,}5}{1}\right)^{\frac{1{,}4-1}{1{,}4}} - 1\right]$$

$$= 220000\ \mathrm{Nm} = 220000\ \mathrm{J} = 220000\ \mathrm{Ws}$$

Es ist also

$$W_{i,istr/m^3} = 220 \text{ kWs/m}^3$$

Die aufzuwendende Leistung ist mit Gl. (59a)

$$P_{i,istr} = \dot{V} W_{i,istr/m^3} = \frac{100 \text{ m}^3/\text{h} \cdot 220 \text{ kWs/m}^3}{3600 \text{ s/h}} = 6{,}12 \text{ kW}$$

Bei der isentropen Verdichtung wird keine Wärme zu- oder abgeführt.

c) Polytrope Verdichtung ($n = 1{,}2$)

Mit Gl. (58) ist die Raumänderungsarbeit für 1 m³ Luft

$$W_{i,pol} = \frac{n}{n-1} p_1 V_1 \left[\left(\frac{p_2}{p_1}\right)^{\frac{n-1}{n}} - 1\right]$$

$$= \frac{1{,}2}{1{,}2-1} 1 \cdot 10^5 \text{ N/m}^2 \cdot 1 \text{ m}^3 \left[\left(\frac{5{,}5}{1}\right)^{\frac{1{,}2-1}{1{,}2}} - 1\right]$$

$$= 196\,800 \text{ Nm} = 196\,800 \text{ J} = 196\,800 \text{ Ws}$$

Es ist also

$$W_{i,pol/m^3} = 196{,}8 \text{ kWs/m}^3$$

Die aufzuwendende Leistung ist mit Gl. (59a)

$$P_{i,pol} = \dot{V} W_{i,pol/m^3} = \frac{100 \text{ m}^3/\text{h} \cdot 196{,}8 \text{ kWs/m}^3}{3600 \text{ s/h}} = 5{,}45 \text{ kW}$$

Die Temperatur nach der Verdichtung ist nach Gl. (41c)

$$\frac{T_2}{T_1} = \left(\frac{p_2}{p_1}\right)^{\frac{n-1}{n}} = \left(\frac{5{,}5}{1}\right)^{\frac{1{,}2-1}{1{,}2}} = 1{,}328$$

$$T_2 = T_1 \cdot 1{,}328 = 288 \text{ K} \cdot 1{,}328 = 382 \text{ K}; \quad t_2 = 109\,°\text{C}$$

Die zu verdichtende Gasmasse ist mit Gl. (7)

$$\dot{m} = \frac{p_1 \dot{V}}{R T_1} = \frac{1 \cdot 10^5 \text{ N/m}^2 \cdot 100 \text{ m}^3/\text{h}}{287 \text{ Nm/kg K} \cdot 288 \text{ K}} = 121 \text{ kg/h}$$

Die abzuführende Wärme ist nach den Gln. (43) und (44) mit $c_{vm} = 0{,}73$ kJ/kg K

$$\dot{Q}_2 = \dot{m} c_{vm} \frac{n - \varkappa}{n-1} (T_2 - T_1)$$

$$\dot{Q}_2 = 121 \text{ kg/h} \cdot 0{,}73 \text{ kJ/kg K} \cdot \frac{1{,}2 - 1{,}4}{1{,}2 - 1} (382 - 288) \text{ K}$$

$$= -8300 \text{ kJ/h} = \frac{-8300 \text{ kWs/h}}{3600 \text{ s/h}} = -2{,}3 \text{ kW}$$

Die notwendige Kühlwassermasse ist nach Gl. (27) (als +-Wert)

$$\dot{m}_{W2} = \frac{|\dot{Q}_2|}{c(t_{W2} - t_{W1})} = \frac{8300 \text{ kJ/h}}{4{,}19 \text{ kJ/kg K} \cdot (40 - 15) \text{ K}} = 79{,}2 \text{ kg/h}$$

Zusammenstellung der Ergebnisse

	Leistung P_i in kW	Kühlwassermasse $\dot{m}_W$ in kg/h
Isotherme	4,73	163
Isentrope	6,12	—
Polytrope	5,45	79,2

117. Ein gekühlter Luftkompressor (einstufig) soll 250 m³/h trockene Luft von 1 bar (Druck am Ende des Saughubes) und 18 °C auf 5 bar verdichten. Der schädliche Raum beträgt 5% des Hubvolumens (d. h. $\varepsilon_K = 0{,}05$). Die Kompression und Rückexpansion ist polytrop mit $n = 1{,}3$. Umdrehungszahl $n = 120 \text{ min}^{-1}$.
Wie groß sind die aufzuwendende Leistung, der Gütegrad, der Füllungsgrad, das Hubvolumen, der mittlere Druck, und wieviel Kubikmeter Druckluft werden stündlich gefördert, wenn durch Kühlung die Lufttemperatur auf 25 °C gesunken ist?
Welche Wärme ist beim Kompressor abzuführen, und welche Wärme ist der Druckluft zu entziehen?

Lösung:

$\dot{V}_1 = 250 \text{ m}^3/\text{h}$ $\qquad \varepsilon_K = 0{,}05$ $\qquad R = 287 \text{ Nm/kg K}$

$p_1 = 1 \text{ bar} = 1 \cdot 10^5 \text{ N/m}^2$ $\qquad n = 1{,}3$ $\qquad \varkappa = 1{,}4$

$p_2 = 5 \text{ bar}$ $\qquad n = 120 \text{ min}^{-1}$

Nach Gl. (58) ist die Raumänderungsarbeit für 1 m³ Luft

$$W_i = \frac{n}{n-1} p_1 V_1 \left[\left(\frac{p_2}{p_1}\right)^{\frac{n-1}{n}} - 1\right]$$

$$= \frac{1{,}3}{1{,}3 - 1} 1 \cdot 10^5 \text{ N/m}^2 \cdot 1 \text{ m}^3 \left[\left(\frac{5}{1}\right)^{\frac{1{,}3-1}{1{,}3}} - 1\right]$$

$$= 194\,500 \text{ Nm} = 194\,500 \text{ J} = 194\,500 \text{ Ws}$$

Es ist also

$$W_{i/m^3} = 194{,}5 \text{ kWs/m}^3$$

Die aufzuwendende Leistung ist nach Gl. (59a)

$$P_i = \dot{V} W_{i/m^3} = \frac{250 \text{ m}^3/\text{h} \cdot 194{,}5 \text{ kWs/m}^3}{3600 \text{ s/h}} = 13{,}5 \text{ kW}$$

Zur Bestimmung des Gütegrades (indizierten Wirkungsgrades) nach Gl. (62a) ist zunächst die Raumänderungsarbeit bei isothermer Verdichtung und Expansion für 1 m³ Luft mit Gl. (56)

$$W_{i,is} = p_1 V_1 \ln \frac{p_2}{p_1} = 1 \cdot 10^5 \text{ N/m}^2 \cdot 1 \text{ m}^3 \cdot \ln \frac{5}{1} = 160\,900 \text{ Nm}$$

Der Gütegrad ist dann

$$\eta_{is} = \frac{W_{i,is}}{W_i} = \frac{160\,900 \text{ Nm}}{194\,500 \text{ Nm}} = 0{,}827$$

Der Füllungsgrad gibt an, wieviel % des Hubvolumens tatsächlich mit Frischluft gefüllt werden (V_s), und errechnet sich mit Gl. (60a) zu

$$\lambda_F = 1 - \varepsilon_K \left[\left(\frac{p_2}{p_1}\right)^{\frac{1}{n}} - 1\right] = 1 - 0{,}05 \left[\left(\frac{5}{1}\right)^{\frac{1}{1,3}} - 1\right] = 0{,}877 = 87{,}7\%$$

Hubvolumen

Das Ansaugvolumen ist $\dot{V} = V_S n$. Aus Gl. (60) ist $V_S = V_H \lambda_F$
Nach Einsetzung ist dann das Hubvolumen

$$V_H = \frac{\dot{V}_1}{\lambda_F n} = \frac{250 \text{ m}^3/\text{h}}{0{,}877 \cdot 120 \text{ min}^{-1} \cdot 60 \text{ min/h}} = 0{,}0396 \text{ m}^3$$

Mittlerer Druck

Ein gedachtes Ansaugvolumen V_S' soll 1 m³ betragen.
Aus Gl. (37a) (s. a. 3.2.) ist mit dem gedachten Hubvolumen

$$p_m = \frac{W_i}{V_H'}$$

Das angenommene Hubvolumen ist aus Gl. (60)

$$V_H' = \frac{V_S'}{\lambda_F}$$

Mit der aufzuwendenden Arbeit W_i für 1 m³ (V_S') anzusaugende Luft ist dann

$$p_m = \frac{W_i \lambda_F}{V_S'} = \frac{194\,500 \text{ Nm} \cdot 0{,}877}{1 \text{ m}^3} = 170\,600 \text{ N/m}^2 = 1{,}7 \text{ bar}$$

Das geförderte Volumen bei 25 °C und einem Druck von 5 bar ist mit dem allgemeinen Gasgesetz, Gl. (5)

$t_1 = 18\,°\text{C}$; $T_1 = 291$ K $\quad$ $t_3 = 25\,°\text{C}$; $T_3 = 298$ K

$$\dot{V}_2 = \dot{V}_1 \frac{p_1 T_3}{p_2 T_1} = 250 \text{ m}^3/\text{h} \cdot \frac{1 \text{ bar} \cdot 298 \text{ K}}{5 \text{ bar} \cdot 291 \text{ K}} = 51{,}2 \text{ m}^3/\text{h}$$

Wärmeentzug beim Kompressor

Die Verdichtungstemperatur ist nach Gl. (41c)

$$\frac{T_2}{T_1} = \left(\frac{p_2}{p_1}\right)^{\frac{n-1}{n}} = \left(\frac{5}{1}\right)^{\frac{1,3-1}{1,3}} = 1{,}449$$

$$T_2 = T_1 \cdot 1{,}449 = 291\ \mathrm{K} \cdot 1{,}449 = 422\ \mathrm{K}; \quad t_2 = 149\,°\mathrm{C}$$

Die Luftmasse ist nach Gl. (7)

$$\dot{m} = \frac{p_1 \dot{V}_1}{R T_1} = \frac{1 \cdot 10^5\ \mathrm{N/m^2} \cdot 250\ \mathrm{m^3/h}}{287\ \mathrm{Nm/kg\,K} \cdot 291\ \mathrm{K}} = 300\ \mathrm{kg/h}$$

Die abzuführende Wärme ist nach Gl. (43) und Einsetzung von Gl. (44) mit $c_{vm} = 0{,}733\ \mathrm{kJ/kg\,K}$

$$\dot{Q} = \dot{m} c_{vm} \frac{n - \varkappa}{n - 1} (T_2 - T_1)$$

$$\dot{Q} = 300\ \mathrm{kg/h} \cdot 0{,}733\ \mathrm{kJ/kg\,K} \cdot \frac{1{,}3 - 1{,}4}{1{,}3 - 1} (422 - 291)\ \mathrm{K}$$

$$= -9602\ \mathrm{kJ/h} = \frac{-9602\ \mathrm{kWs/h}}{3600\ \mathrm{s/h}} = -2{,}66\ \mathrm{kW}$$

Während des Wärmeentzuges aus der verdichteten Luft bleibt der Druck konstant (Enthalpieentzug). Die mittlere spezifische Wärmekapazität ist bei $(t_2 + t_3)/2 = (149 + 25)\,°\mathrm{C}/2 = 87\,°\mathrm{C}$ aus Tab. 7 zu entnehmen. Nach Gl. (38) ist

$$\Delta \dot{H} = \dot{m} c_{pm} (T_3 - T_2) = 300\ \mathrm{kg/h} \cdot 1{,}011\ \mathrm{kJ/kg\,K} \cdot (298 - 422)\ \mathrm{K}$$

$$= -37\,610\ \mathrm{kJ/h} = \frac{-37\,610\ \mathrm{kWs/h}}{3600\ \mathrm{s/h}} = -10{,}5\ \mathrm{kW}$$

118. Ein gekühlter Luftkompressor soll 50 kg/h Luft mit einem Druck von 4 bar liefern. Die Kompression und Expansion erfolgt polytrop mit $n = 1{,}3$. Anfangsdruck 1 bar bei einer Temperatur von 15 °C.

Wie groß ist die aufzuwendende Leistung und die abzuführende Wärme? Wie groß muß die Leistung des antreibenden Motors sein, wenn $\eta_\mathrm{m} = 0{,}8$ und $\eta_\mathrm{Riem} = 0{,}89$ ist?

Lösung:

$\dot{m} = 50\ \mathrm{kg/h}$	$t_1 = 15\,°\mathrm{C}$; $T_1 = 288\ \mathrm{K}$	$n = 1{,}3$
$p_1 = 1\ \mathrm{bar}$	$R = 287\ \mathrm{Nm/kg\,K}$	$\eta_\mathrm{m} = 0{,}8$
$p_2 = 4\ \mathrm{bar}$		$\eta_\mathrm{Riem} = 0{,}89$

Die aufzuwendende Arbeit für 1 kg Luft ist mit Gl. (58)

$$w_\mathrm{i} = \frac{n}{n-1} R T_1 \left[\left(\frac{p_2}{p_1}\right)^{\frac{n-1}{n}} - 1\right]$$

$$w_\mathrm{i} = \frac{1{,}3}{1{,}3 - 1}\, 287\ \mathrm{Nm/kg\,K} \cdot 288\ \mathrm{K} \left[\left(\frac{4}{1}\right)^{\frac{1,3-1}{1,3}} - 1\right] = 135\,200\ \mathrm{Nm/kg}$$

Die aufzuwendende indizierte Leistung ist nach Gl. (59b)

$$P_i = \dot{m} w_i = \frac{50\ \text{kg/h} \cdot 135{,}2\ \text{kWs/kg}}{3600\ \text{s/h}} = 1{,}88\ \text{kW}$$

Die Lufttemperatur nach der Verdichtung ist mit Gl. (41c)

$$\frac{T_2}{T_1} = \left(\frac{p_2}{p_1}\right)^{\frac{n-1}{n}} = \left(\frac{4}{1}\right)^{\frac{1,3-1}{1,3}} = 1{,}378$$

$$T_2 = T_1 \cdot 1{,}378 = 288\ \text{K} \cdot 1{,}378 = 397\ \text{K}; \quad t_2 = 124\,°\text{C}$$

Die abzuführende Wärme ist nach Gl. (43) und Einsetzung von Gl. (44) mit $c_{vm} = 0{,}731$ kJ/kg K

$$\dot{Q} = \dot{m} c_{vm} \frac{n - \varkappa}{n - 1} (T_2 - T_1)$$

$$\dot{Q} = 50\ \text{kg/h} \cdot 0{,}731\ \text{kJ/kg K} \cdot \frac{1{,}3 - 1{,}4}{1{,}3 - 1} (397 - 288)\ \text{K}$$

$$= -1327\ \text{kJ/h} = \frac{-1327\ \text{kWs/h}}{3600\ \text{s/h}} = -0{,}37\ \text{kW}$$

Die zu verrichtende Raumänderungsarbeit bei isothermer Verdichtung und Expansion ist mit Gl. (56)

$$w_{i,is} = RT_1 \ln \frac{p_2}{p_1} = 287\ \text{kJ/kg K} \cdot 288\ \text{K} \cdot \ln \frac{4}{1} = 114700\ \text{Nm/kg}$$

Der indizierte Wirkungsgrad ist nach Gl. (62a)

$$\eta_{is} = \frac{w_{i,is}}{w_i} = \frac{114700\ \text{Nm/kg}}{135200\ \text{Nm/kg}} = 0{,}85$$

Die Leistung bei isothermer Verdichtung und Expansion ist aus Gl. (62a)

$$P_{i,is} = P_i \eta_{is} = 1{,}88\ \text{kW} \cdot 0{,}85 = 1{,}6\ \text{kW}$$

Der Gesamtwirkungsgrad, einschließlich Riemenübertragung, s. Gl. (64a)

$$\eta_{ges} = \eta_{Komp}\, \eta_{Riem} = \eta_{is} \eta_m \eta_{Riem} = 0{,}85 \cdot 0{,}8 \cdot 0{,}89 = 0{,}605$$

Die notwendige Motorleistung ist dann

$$P_M = \frac{P_{i,is}}{\eta_{ges}} = \frac{1{,}6\ \text{kW}}{0{,}605} = 2{,}64\ \text{kW}$$

119. Der Kolbendurchmesser eines gekühlten, einfach wirkenden Luftkompressors beträgt 382 mm, der Kolbenhub 200 mm. Der schädliche Raum (Totraum) beträgt 3,38% ($\varepsilon_K = 0{,}0338$) des Hubvolumens. Die polytrope Verdichtung erfolgt mit

$n_1 = 1{,}29$, die Expansion der eingeschlossenen Luft aus dem Totraum mit $n_2 = 0{,}63$. Der Anfangsdruck ist 0,983 bar bei einer Temperatur von 21,3 °C, der Verdichtungsdruck 2,983 bar.
Wie groß ist die aufzuwendende Leistung, wenn die Umdrehungszahl 173 min^{-1} ist? Wieviel Kilogramm Luft werden stündlich angesaugt? Wie groß ist der Füllungsgrad?

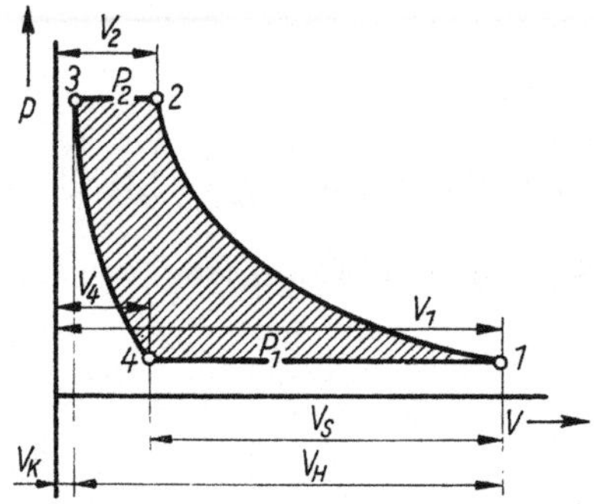

Bild 33

Lösung:

$d = 0{,}382$ m; $A = 0{,}115$ m²	$p_1 = 0{,}983$ bar $= 0{,}983 \cdot 10^5$ N/m²
$s = 0{,}2$ m (Hub)	$p_2 = 2{,}983$ bar $= 2{,}983 \cdot 10^5$ N/m²
$\varepsilon_K = 0{,}0338$	$t_1 = 21{,}3$ °C; $T_1 = 294{,}3$ K
$n_1 = 1{,}29$ (Kompr.)	$R = 287$ Nm/kg K
$n_2 = 0{,}63$ (Exp.)	$n = 173\ \text{min}^{-1}$

Hubvolumen $V_H = As = 0{,}115\ \text{m}^2 \cdot 0{,}2\ \text{m} = 0{,}023\ \text{m}^3$

Totraum $V_K = \varepsilon_K V_H = 0{,}0338 \cdot 0{,}023\ \text{m}^3 = 0{,}00078\ \text{m}^3$

Zylindervolumen $V_1 = V_K + V_H = (0{,}00078 + 0{,}023)\ \text{m}^3 = 0{,}02378\ \text{m}^3$

Für die Berechnung der Raumänderungsarbeit, bezogen auf einen Hub, ist zu berücksichtigen, daß die Polytropenexponenten für Kompression und Expansion unterschiedlich sind. Entsprechend der Ableitung in Beispiel 115 ist

$$w_i = w_{\text{Kompr}} - w_{\text{Exp}} = \frac{n_1}{n_1 - 1}(p_2 V_2 - p_1 V_1) - \frac{n_2}{n_2 - 1}(p_2 V_K - p_1 V_4)$$

Die einzelnen Volumina sind nach Gl. (41 b)

$$\frac{V_1}{V_2} = \left(\frac{p_2}{p_1}\right)^{\frac{1}{n_1}} = \left(\frac{2{,}983}{0{,}983}\right)^{\frac{1}{1{,}29}} = 2{,}364;$$

$$V_2 = \frac{V_1}{2{,}364} = \frac{0{,}02378\ \text{m}^3}{2{,}364} = 0{,}0101\ \text{m}^3$$

$$\frac{V_4}{V_K} = \left(\frac{p_2}{p_1}\right)^{\frac{1}{n_2}} = \left(\frac{2{,}983}{0{,}983}\right)^{\frac{1}{0{,}63}} = 5{,}82;$$

$$V_4 = V_K \cdot 5{,}82 = 0{,}00078\ \mathrm{m^3} \cdot 5{,}82 = 0{,}00454\ \mathrm{m^3}$$

$$w_i = \frac{1{,}29}{1{,}29 - 1}\,(2{,}983 \cdot 10^5 \cdot 0{,}0101 - 0{,}983 \cdot 10^5 \cdot 0{,}02378)\ \mathrm{Nm}$$

$$- \frac{0{,}63}{0{,}63 - 1}\,(2{,}983 \cdot 10^5 \cdot 0{,}00078 - 0{,}983 \cdot 10^5 \cdot 0{,}00454)\ \mathrm{Nm}$$

$$= 2620\ \mathrm{Nm}$$

Die indizierte Leistung errechnet sich (einfach wirkend)

$$P_i = w_i n = \frac{2{,}62\ \mathrm{kWs} \cdot 173^1/\mathrm{min}}{60\ \mathrm{s/min}} = 7{,}55\ \mathrm{kW}$$

Das Ansaugvolumen beträgt

$$V_S = V_1 - V_4 = (0{,}02378 - 0{,}00454)\ \mathrm{m^3} = 0{,}01924\ \mathrm{m^3}$$

Die angesaugte Luftmasse je Hub ist nach Gl. (7)

$$m' = \frac{p_1 V_S}{R T_1} = \frac{0{,}983 \cdot 10^5\ \mathrm{N/m^2} \cdot 0{,}01924\ \mathrm{m^3}}{287\ \mathrm{Nm/kg\,K} \cdot 294{,}3\ \mathrm{K}} = 0{,}0224\ \mathrm{kg}$$

in der Stunde dann

$$\dot m = m' n = 0{,}0224\ \mathrm{kg} \cdot 173\ \mathrm{min^{-1}} \cdot 60\ \mathrm{min/h} = 232\ \mathrm{kg/h}$$

Der Füllungsgrad ist nach Gl. (60)

$$\lambda_F = \frac{V_S}{V_H} = \frac{0{,}01924\ \mathrm{m^3}}{0{,}023\ \mathrm{m^3}} = 0{,}837$$

oder mit Gl. (60a)

$$\lambda_F = 1 - \varepsilon_K \left[\left(\frac{p_2}{p_1}\right)^{\frac{1}{n_2}} - 1\right] = 1 - 0{,}0338 \left[\left(\frac{2{,}983}{0{,}983}\right)^{\frac{1}{0{,}63}} - 1\right] = 0{,}837$$

d. h., 83,7% des Hubvolumens werden mit Frischluft gefullt.

3.5.1. Kompressor mit Stufenbetrieb

Bei einem großen Druckverhältnis in einer Stufe entstehen hohe Endtemperaturen, durch die Schmierölexplosionen ausgelöst werden können. Die wirtschaftliche einstufige Verdichtung bei mittleren und großen Verdichtereinheiten liegt annähernd bei einem Druckverhältnis von $(p_2/p_1) < 5$.

Für die Erreichung hoher Drücke ist daher die Drucksteigerung in mehreren hintereinandergeschalteten Zylindern vorzunehmen (Stufenbetrieb).

Vorteile: Erniedrigung der Verdichtungstemperatur. Annäherung an die isotherme Verdichtung. Vergrößerung des Füllungsgrades. (Im Bergbau sind Endtemperaturen $\leq 140\,°C$ vorgeschrieben. Allgemein 155···160 °C.)

Nachteile: Verringerung des Gewinnes durch Druckverluste in Ventilen und Kühlerleitungen.

Hinter jeder Stufe sind sog. Zwischenkühler (Bild 34) geschaltet. Hier wird das Gas fast bis auf die Anfangstemperatur heruntergekühlt. Es sind meist Oberflächenkühler aus Messingrohr von 20···40 mm Dmr. Der Druckverlust in den Kühlern kann mit $^1/_{10}$ des vorhandenen Druckes angenommen werden. Das p, V-Diagramm eines 2stufigen Verdichters ohne schädlichen Raum zeigt Bild 35.

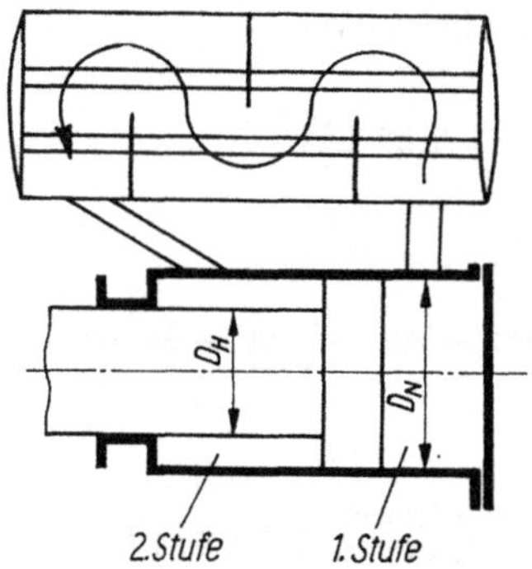

Bild 34

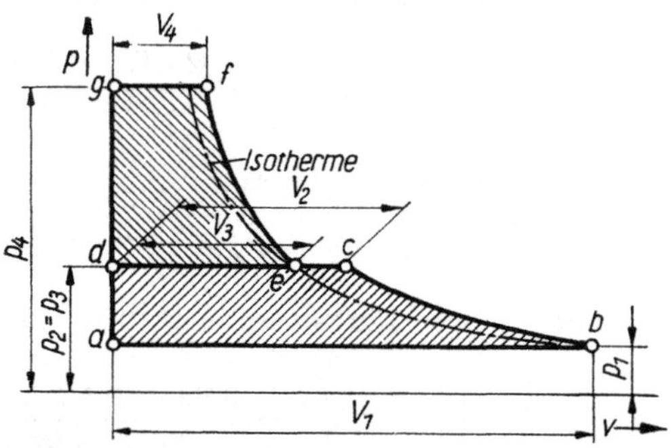

Bild 35

abcd	Niederdruckzylinder
ce	Schrumpfung (Kühler)
efgd	Hochdruckzylinder
—·—·—·—	durchgehende Isotherme

Die zu verrichtende Arbeit wird gleichmäßig auf die einzelnen Stufen verteilt.
Die Wahl des Druckverhältnisses in den einzelnen Zylindern erfolgt zweckmäßig nach

$$a = \sqrt[z]{\frac{p_{\max}}{p_1}}$$

Z Stufenzahl

Das Stufendruckverhältnis liegt bei $a = 3 \cdots 4$.

Beispiele:

120. Ein gekühlter 3stufiger Luftkompressor verdichtet 1500 m³/h von 0,92 bar und 20 °C auf 33 bar.

Gesucht:

a) Anfangs- und Enddrücke in den 3 Zylindern bei Berücksichtigung von 10% Druckverlust in den Zwischenkühlern und der nachfolgenden Druckleitung.

b) Nur für den 1. Zylinder und den 1. Zwischenkühler sind zu ermitteln:

1. die aufzuwendende Leistung, wenn die Kompression und Expansion polytrop mit $n = 1{,}2$ erfolgt,
2. der indizierte Wirkungsgrad,
3. die einzelnen Kühlwassermassen, wenn $t_{W1} = 15\,°C$ und $t_{W2} = 40\,°C$ beträgt (Lufttemperatur am Ende der ersten Zwischenkühlung 25 °C),
4. der mittlere Druck, wenn $\varepsilon_K = 0{,}06$,
5. das stündliche Ansaugvolumen für den 2. Zylinder.

Lösung:

a) Das Druckverhältnis in den einzelnen Stufen ist

$Z = 3 \qquad p_1 = 0{,}92 \text{ bar} \qquad p_{max} = 33 \text{ bar}$

$$a = \sqrt[Z]{\frac{p_{max}}{p_1}} = \sqrt[3]{\frac{33}{0{,}92}} = 3{,}3$$

Die Drücke in den einzelnen Zylindern

1. Zylinder: $p_1 = 0{,}92 \text{ bar}$

$p_2 = a p_1 \cdot 1{,}1 = 3{,}3 \cdot 0{,}92 \text{ bar} \cdot 1{,}1 = 3{,}34 \text{ bar}$

2. Zylinder: $p_3 = 3{,}04 \text{ bar}$

$p_4 = a^2 p_1 \cdot 1{,}1 = 3{,}3^2 \cdot 0{,}92 \text{ bar} \cdot 1{,}1 = 11{,}03 \text{ bar}$

3. Zylinder: $p_5 = 10 \text{ bar}$

$p_6 = a^3 p_1 \cdot 1{,}1 = 3{,}3^3 \cdot 0{,}92 \text{ bar} \cdot 1{,}1 = 36{,}4 \text{ bar}$

b) 1. Die aufzuwendende Raumänderungsarbeit für 1 m³ Luft ist nach Gl. (58)

$p_1 = 0{,}92 \text{ bar} = 0{,}92 \cdot 10^5 \text{ N/m}^2 \qquad t_1 = 20\,°C; \quad T_1 = 293 \text{ K}$

$p_2 = 3{,}34 \text{ bar} \qquad R = 287 \text{ Nm/kg K}$

$\dot{V}_1 = 1500 \text{ m}^3\text{/h} \qquad n = 1{,}2$

$$W_{i1} = \frac{n}{n-1} p_1 V_1 \left[\left(\frac{p_2}{p_1}\right)^{\frac{n-1}{n}} - 1\right]$$

$$= \frac{1{,}2}{1{,}2-1}\, 0{,}92 \cdot 10^5 \text{ N/m}^2 \cdot 1 \text{ m}^3 \left[\left(\frac{3{,}34}{0{,}92}\right)^{\frac{1{,}2-1}{1{,}2}} - 1\right]$$

$$= 131\,900 \text{ Nm} = 131\,900 \text{ J} = 131\,900 \text{ Ws}$$

Es ist also

$$W_{i1/m^3} = 131{,}9 \text{ kWs/m}^3$$

Die aufzuwendende indizierte Leistung ist mit Gl. (59a)

$$P_{i1} = \dot{V}_1 W_{i1/m^3} = \frac{1500 \text{ m}^3\text{/h} \cdot 131{,}9 \text{ kWs/m}^3}{3600 \text{ s/h}} = 54{,}8 \text{ kW}$$

2. Der indizierte Wirkungsgrad wird mit Gl. (62a) errechnet. Hierzu ist zunächst die Raumänderungsarbeit bei isothermer Verdichtung und Expansion für 1 m³ Luft mit Gl. (56)

$$W_{\mathrm{i,is1}} = p_1 V_1 \ln \frac{p_2}{p_1} = 0{,}92 \cdot 10^5 \mathrm{~N/m^2} \cdot 1 \mathrm{~m^3} \cdot \ln \frac{3{,}34}{0{,}92} = 118\,700 \mathrm{~Nm}$$

$$\eta_{\mathrm{is1}} = \frac{W_{\mathrm{i,is1}}}{W_{\mathrm{i1}}} = \frac{118\,700 \mathrm{~Nm}}{131\,900 \mathrm{~Nm}} = 0{,}899$$

3. Abzuführende Wärme beim Kompressor.
Die Verdichtungstemperatur errechnet sich nach Gl. (41c) zu

$$\frac{T_2}{T_1} = \left(\frac{p_2}{p_1}\right)^{\frac{n-1}{n}} = \left(\frac{3{,}34}{0{,}92}\right)^{\frac{1{,}2-1}{1{,}2}} = 1{,}239$$

$$T_2 = T_1 \cdot 1{,}239 = 293 \mathrm{~K} \cdot 1{,}239 = 363 \mathrm{~K}; \quad t_2 = 90\,^\circ\mathrm{C}$$

Die zu verdichtende Luftmasse ist mit Gl. (7)

$$\dot{m} = \frac{p_1 \dot{V}_1}{R T_1} = \frac{0{,}92 \cdot 10^5 \mathrm{~N/m^2} \cdot 1500 \mathrm{~m^3/h}}{287 \mathrm{~Nm/kg~K} \cdot 293 \mathrm{~K}} = 1640 \mathrm{~kg/h}$$

Die abzuführende Wärme ist nach den Gln. (43) und (44) ($\varkappa = 1{,}4$) mit $c_{vm} = 0{,}73$ kJ/kg K

$$\dot{Q} = m c_{vm} \frac{n - \varkappa}{n - 1} (T_2 - T_1)$$

$$\dot{Q} = 1640 \mathrm{~kg/h} \cdot 0{,}73 \mathrm{~kJ/kg~K} \cdot \frac{1{,}2 - 1{,}4}{1{,}2 - 1} (363 - 293) \mathrm{~K}$$

$$= -83\,800 \mathrm{~kJ/h} = \frac{-83\,800 \mathrm{~kWs/h}}{3600 \mathrm{~s/h}} = -23{,}3 \mathrm{~kW}$$

Die erforderliche Kühlwassermasse ist mit Gl. (27) (als +-Wert)

$$\dot{m}_{\mathrm{W1}} = \frac{|\dot{Q}|}{c(t_{\mathrm{W2}} - t_{\mathrm{W1}})} = \frac{83\,800 \mathrm{~kJ/h}}{4{,}19 \mathrm{~kJ/kg~K} \cdot (40 - 15) \mathrm{~K}} = 800 \mathrm{~kg/h}$$

Der Wärmeentzug im Zwischenkühler findet bei fast konstantem Druck statt. Die Endtemperatur im Zwischenkühler ist $t_3 = 25\,^\circ$C.
Die abzuführende Wärme (Enthalpieentzug) ist nach Gl. (38) mit $c_{pm} = 1{,}01$ kJ/kg K

$$\Delta \dot{H} = \dot{m} c_{pm} (t_3 - t_2) = 1640 \mathrm{~kg/h} \cdot 1{,}01 \mathrm{~kJ/kg~K} \cdot (25 - 90) \mathrm{~K}$$

$$= -107\,700 \mathrm{~kJ/h} = \frac{-107\,700 \mathrm{~kWs/h}}{3600 \mathrm{~s/h}} = -29{,}9 \mathrm{~kW}$$

Die erforderliche Kühlwassermasse ist mit Gl. (27) (als +-Wert)

$$\dot{m}_{W2} = \frac{|\Delta \dot{H}|}{c(t_{W2} - t_{W1})} = \frac{107\,700\ \text{kJ/h}}{4{,}19\ \text{kJ/kg K} \cdot (40 - 15)\ \text{K}} = 1030\ \text{kg/h}$$

Die gesamte erforderliche Kühlwassermasse für den 1. Zylinder und den 1. Zwischenkühler ist dann

$$\dot{m}_W = \dot{m}_{W1} + \dot{m}_{W2} = (800 + 1030)\ \text{kg/h} = 1830\ \text{kg/h} \triangleq 1{,}83\ \text{m}^3/\text{h}$$

4. Mittlerer Druck ($\varepsilon_K = 0{,}06$)
Der Füllungsgrad ist mit Gl. (60a)

$$\lambda_F = 1 - \varepsilon_K \left[\left(\frac{p_2}{p_1}\right)^{\frac{1}{n}} - 1\right] = 1 - 0{,}06 \left[\left(\frac{3{,}34}{0{,}92}\right)^{\frac{1}{1{,}2}} - 1\right] = 0{,}884$$

Wie in Beispiel 117 ist mit dem gedachten Ansaugvolumen $V_S' = 1\ \text{m}^3$, dem sich daraus ergebenden Hubvolumen V'_H und der aufzuwendenden Arbeit für 1 m³ Luft nach Gl. (37a) (s. a. 3.2.)

$$p_m = \frac{W_{i1}\lambda_F}{V_S'} = \frac{131\,900\ \text{Nm} \cdot 0{,}884}{1\ \text{m}^3} = 116\,600\ \text{N/m}^2 = 1{,}166\ \text{bar}$$

5. Die Endtemperatur im Zwischenkühler ist $t_3 = 25\,°\text{C}$; $T_3 = 298$ K. Der Druck am Ende des Zwischenkühlers $p_3 = 3{,}04$ bar. Mit dem allgemeinen Gasgesetz, Gl. (5), ist das Ansaugvolumen für den 2. Zylinder

$$\dot{V}_3 = \dot{V}_1 \frac{p_1 T_3}{p_3 T_1} = 1500\ \text{m}^3/\text{h} \cdot \frac{0{,}92\ \text{bar} \cdot 298\ \text{K}}{3{,}04\ \text{bar} \cdot 293\ \text{K}} = 462\ \text{m}^3/\text{h}$$

121. Ein Kolbenverdichter soll stündlich 1550 m³ Luft von 1 bar und 20 °C mit $n = 1{,}3$ auf 130 bar verdichten.

a) Welche Stufenzahl ist notwendig, wenn eine Temperatur von 125 °C nicht überschritten werden soll und die Luft in den Zwischenkühlern auf die Anfangstemperatur heruntergekühlt wird?

b) Wie groß ist der Ansaugdruck für die letzte Stufe, wenn für die Zwischenkühler 10% Druckverlust zu berücksichtigen sind, und wie hoch ist dann die Verdichtungstemperatur?

c) Welches Hubvolumen haben die erste und letzte Stufe, wenn $n = 200\ \text{min}^{-1}$ und $\lambda_F = 0{,}85$ ist?

Lösung:

a) $p_1 = 1$ bar $\quad t_1 = 20\,°\text{C}$; $\quad T_1 = 293$ K $\quad n = 1{,}3$
$p_{max} = 130$ bar $\quad t_2' = 125\,°\text{C}$; $\quad T_2' = 398$ K

Entsprechend der verlangten Temperatur ist das vorläufige Druckverhältnis aus Gl. (41c)

$$a' = \frac{p_2}{p_1} = \left(\frac{T_2'}{T_1}\right)^{\frac{n}{n-1}} = \left(\frac{398}{293}\right)^{\frac{1{,}3}{1{,}3-1}} = 3{,}759$$

Die Stufenzahl ist dann

$$Z' = \frac{\lg (p_{max}/p_1)}{\lg a'} = \frac{\lg (130/1)}{\lg 3{,}759} = 3{,}67$$

Gewählt $Z = 4$ Stufen.

Das Stufendruckverhältnis ist mit $Z = 4$

$$a = \sqrt[Z]{\frac{p_{max}}{p_1}} = \sqrt[4]{\frac{130}{1}} = 3{,}37$$

b) Die Drücke in den einzelnen Stufen sind:

1. Zylinder: $p_1 = 1$ bar

$p_2 = ap_1 \cdot 1{,}1 = 3{,}37 \cdot 1 \text{ bar} \cdot 1{,}1 = 3{,}7$ bar

2. Zylinder: $p_3 = 3{,}37$ bar

$p_4 = a^2 p_1 \cdot 1{,}1 = 3{,}37^2 \cdot 1 \text{ bar} \cdot 1{,}1 = 12{,}5$ bar

3. Zylinder: $p_5 = 11{,}35$ bar

$p_6 = a^3 p_1 \cdot 1{,}1 = 3{,}37^3 \cdot 1 \text{ bar} \cdot 1{,}1 = 42{,}1$ bar

4. Zylinder: $p_7 = 38{,}3$ bar (Ansaugdruck)

Die Verdichtungstemperatur ist nach Gl. (41c)

$$\frac{T_2}{T_1} = \left(\frac{p_2}{p_1}\right)^{\frac{n-1}{n}} = \left(\frac{3{,}7}{1}\right)^{\frac{1{,}3-1}{1{,}3}} = 1{,}352$$

$$T_2 = T_1 \cdot 1{,}352 = 293 \text{ K} \cdot 1{,}352 = 396 \text{ K}; \qquad t_2 = 123\,°\text{C}$$

Gute Übereinstimmung mit $t' = 125\,°$C.

c) Hubvolumen der 1. Stufe

$\dot{V}_1 = 1550 \text{ m}^3/\text{h} \qquad n = 200 \text{ min}^{-1} \qquad \lambda_F = 0{,}85$

Nur in den ersten beiden Stufen ist der Feuchtigkeitsgehalt der Luft mit etwa 2,5% Volumenvergrößerung zu berücksichtigen.
Es ist dann

$$\dot{V}_{1f} = 1{,}025 \cdot \dot{V}_1 = 1{,}025 \cdot 1550 \text{ m}^3/\text{h} = 1588 \text{ m}^3/\text{h}$$

Hubvolumen

$$V_{H1} = \frac{\dot{V}_{1f}}{\lambda_F n} = \frac{1588 \text{ m}^3/\text{h}}{0{,}85 \cdot 200 \text{ min}^{-1} \cdot 60 \text{ min/h}} = 0{,}1556 \text{ m}^3$$

Hubvolumen der 4. Stufe

$p_1 = 1 \text{ bar} \qquad p_7 = 38{,}3 \text{ bar} \qquad \dot{V}_1 = 1550 \text{ m}^3/\text{h}$

Da in den Zwischenkühlern auf die Anfangstemperatur heruntergekühlt wird, ist das Ansaugvolumen für die 4. Stufe mit dem Gasgesetz der Isotherme, Gl. (4)

$$\dot{V}_4 = \frac{\dot{V}_1 p_1}{p_7} = \frac{1550 \text{ m}^3/\text{h} \cdot 1 \text{ bar}}{38{,}3 \text{ bar}} = 40{,}5 \text{ m}^3/\text{h}$$

Hubvolumen

$$V_{H4} = \frac{\dot{V}_4}{\lambda_F n} = \frac{40{,}5 \text{ m}^3/\text{h}}{0{,}85 \cdot 200 \text{ min}^{-1} \cdot 60 \text{ min/h}} = 0{,}003\,98 \text{ m}^3$$

122. Ein 2stufiger gekühlter Kompressor soll 750 m^3/h Luft mit einem Druck von 1 bar und einer Temperatur von 18 °C auf 12,25 bar verdichten. Im Zwischenkühler wird die Luft auf die Anfangstemperatur heruntergekühlt.

a) Wie groß sind die Drücke in den beiden Zylindern bei Berücksichtigung der auftretenden Druckverluste einschließlich der Verluste in der nachfolgenden Druckleitung?

b) Nur für den 1. Zylinder und den Zwischenkühler sind zu bestimmen:

1. die aufzuwendende Leistung, wenn der Polytropenexponent für die Kompression und Expansion $n = 1{,}25$ ist.

2. Gesamtkühlwassermasse (1. Zylinder und Zwischenkühler), wenn $\Delta t = 14$ K ist?

Ergebnis: a) $p_1 = 1$ bar; $p_2 = 3{,}85$ bar; $p_3 = 3{,}5$ bar; $p_4 = 13{,}48$ bar

b) $P_i = 32{,}3$ kW; $\dot{m}_W = 2010$ kg/h

3.6. Kreisprozeß der Ottomotoren

Idealprozeß (Gleichraumprozeß) (Bild 36):

1…2 begrenzte isentrope Kompression
2…3 isochore Wärmezufuhr
3…4 isentrope Expansion
4…1 isochore Wärmeabfuhr

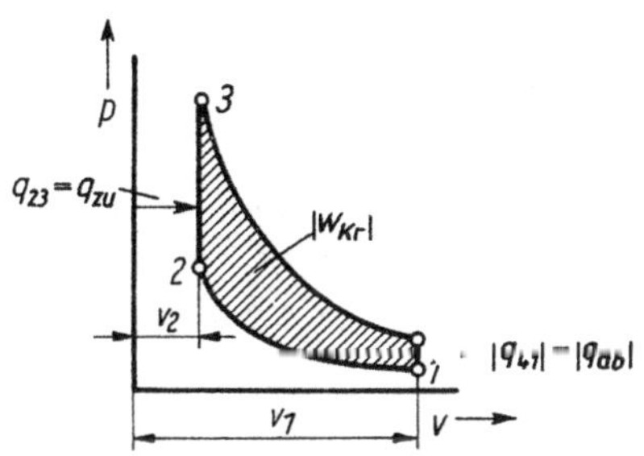

Bild 36

(Offener Kreisprozeß, weil der Arbeitsstoff beim Kolbenspiel jedesmal ausgewechselt wird.)

Das wesentliche Kennzeichen für den Ottomotor ist, daß während des Kompressionshubes ein brennbares Gasgemisch verdichtet wird.

Das brennbare Gasgemisch darf, um eine Selbstzündung zu vermeiden, nur begrenzt verdichtet werden.

Bei Punkt *2* erfolgt die Fremdzündung. Das Gasgemisch verbrennt explosionsartig mit starkem Druckanstieg zu Punkt *3*.

An der Systemgrenze für den Ottomotor ist:

1. Wärmezufuhr ($Q > 0$)
2. abgeführte Arbeit des Kreisprozesses ($W < 0$)
3. Wärmeabfuhr ($Q < 0$)

In den Beispielen wird die Arbeit des Kreisprozesses mit w_{Kr} bezeichnet.
Der Kreisprozeß des Ottomotors ist eine Sonderform des *Seiliger*-Prozesses (s. 3.8.)
Das Verdichtungsverhältnis ist

$$\varepsilon = \frac{v_K + v_H}{v_K} = 1 + \frac{v_H}{v_K} \tag{65}$$

v_H Hubvolumen ($v_1 - v_2$)
v_K Kompressionsvolumen (v_2)

Im Idealprozeß ist das Verdichtungsverhältnis

$$\varepsilon = \frac{v_1}{v_2}$$

Übliche Verdichtungsverhältnisse bei Ottomotoren sind:
Bei Benzinmotoren 4···6···8, bei Gasmotoren 6···7

Thermischer Wirkungsgrad des Idealprozesses

Nach Gl. (46) ist

$$\eta_{th} = 1 - \frac{|q_{ab}|}{q_{zu}}$$

Die spezifischen Wärmekapazitäten vor und nach der Verbrennung werden als gleich und unabhängig von der Temperatur betrachtet. Die zu- und abgeführte Wärme ist dann mit Gl. (36)

$$q_{zu} = c_v(T_3 - T_2); \quad |q_{ab}| = c_v(T_4 - T_1)$$

also

$$\eta_{th} = 1 - \frac{T_4 - T_1}{T_3 - T_2} = 1 - \frac{T_1}{T_2} = 1 - \left(\frac{v_2}{v_1}\right)^{\varkappa - 1} = 1 - \frac{1}{\left(\frac{v_1}{v_2}\right)^{\varkappa - 1}}$$

Es war

$$\varepsilon = \frac{v_1}{v_2}$$

Dann ist

$$\eta_{th} = 1 - \frac{1}{\varepsilon^{\varkappa - 1}} \tag{66}$$

Gütegrad (indizierter Wirkungsgrad)

$$\eta_i = \frac{\eta_{thi}}{\eta_{th}} \tag{67}$$

η_{thi} indizierter thermischer Wirkungsgrad
η_{th} thermischer Wirkungsgrad im Idealprozeß

Liefergrad

bei schnellaufenden Motoren $\lambda_L \approx 0{,}75 \cdots 0{,}8$

bei langsamlaufenden Motoren $\lambda_L \approx 0{,}82 \cdots 0{,}9$

Der mechanische Wirkungsgrad η_m hängt von der Zahl und Art der angehängten Hilfsmaschinen ab und liegt zwischen $\eta_m = 0{,}7 \cdots 0{,}9$.
Der wirtschaftliche oder Nutzwirkungsgrad gibt das Verhältnis der wirklichen Nutzarbeit zu der im Brennstoff zugeführten Energie an:

$$\eta_w = \eta_{thi}\eta_m = \eta_{th}\eta_i\eta_m \tag{68}$$

Brennstoffverbrauch

Für 1 kWh ist der Wärmewert = Arbeitswert

$$Q_{kWh} = 3{,}6 \cdot 10^6 \text{ J/kWh} = 3600 \text{ kJ/kWh}$$

Es gilt

$$\dot{b}_e = \frac{Q_{kWh}}{\Delta_H h \eta_W} \tag{69}$$

Mit dem Heizwert $\Delta_H h$ in kJ/kg ist $\dot{b}_e$ in kg/kWh,
mit dem Heizwert $\Delta_H h$ in kJ/m³ ist $\dot{b}_e$ in m³/kWh.

Leistung

Bei 2-Taktmotoren kommt auf jede Umdrehung ein Arbeitstakt.
Wenn Z die Zylinderzahl ist, dann ist die effektive Leistung in W

$$P_e = Z p_i A s n \eta_m \tag{70a}$$

p_i in N/m²
A in m²
s in m
n in min⁻¹

Bei 4-Taktmotoren kommt nur auf je 2 Umdrehungen ein Arbeitstakt.
Es ist dann die effektive Leistung

$$P_e = \frac{Z p_i A s n \eta_m}{2} \tag{70b}$$

Bei normalen 4-Taktmotoren ist der indizierte Druck p_i etwa 6 ⋯ 7 bar; bei 2-Taktmotoren ist p_i etwa 3,5 ⋯ 6 bar.
(p_i ist der Überdruck gegenüber der anderen Kolbenseite, kein absoluter Druck)
Ist p_i als Erfahrungswert nicht bekannt, so läßt er sich in N/m² berechnen nach

$$p_i = \frac{\Delta_H h \eta_{thi} \lambda_L}{V_G} \tag{71}$$

$\Delta_H h$ in J/kg = Nm/kg, dann V_G in m³/kg
$\Delta_H h$ in J/m³ = Nm/m³, dann V_G in m³/m³

Bei gasförmigen Brennstoffen ist

$$V_G = 1 + \lambda L_{min}$$

Bei festen, flüssigen und auch annähernd bei dampfförmigen Brennstoffen

$$V_G = \lambda L_{min}$$

λ Luftverhältnis
L_{min} theoretischer Luftbedarf in m³/kg bzw. m³/m³ (s. 7.1. Verbrennung)

bei Vergasermotoren $\lambda = 0{,}9 \cdots 1{,}3$,
bei Gasmotoren $\lambda = 1{,}2 \cdots 1{,}5$,
bei Dieselmotoren $\lambda = 1{,}6 \cdots 2{,}0$.

Erreichbare Werte bei	Brennstoffverbrauch b_e in kg/kWh	indizierter thermischer Wirkungsgrad η_{thi}
Großdieselmotoren	0,245···0,21	0,42···0,46
Kleindieselmotoren	0,285···0,258	0,39···0,44
Glühkopfmotoren	0,34···0,285	0,32···0,40
Vergasermotoren		
Kraftwagen	0,41···0,34	0,26···0,32
Flugzeug	0,35···0,3	0,30···0,36
Gasmotoren		0,25···0,35

Beispiele:

123. Eine Gichtgasmaschine arbeitet mit 7facher Verdichtung. Zur Verbrennung von 1 m³ Gichtgas im Normzustand werden 1,1 m³ Luft im Normzustand benötigt. Der

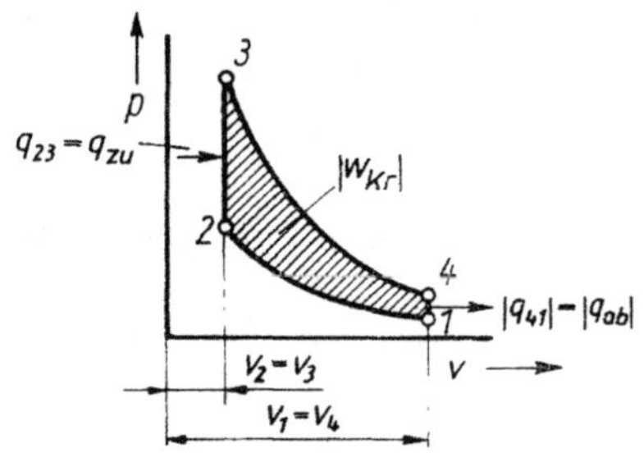

Bild 37

Heizwert des Gases im Normzustand beträgt 3730 kJ/m³. Der Ansaugdruck ist 0,98 bar. Infolge Erwärmung durch Zylinderwand und Restgase ist die Ansaugtemperatur 55 °C.
Wie groß sind im Falle des Idealprozesses die zugeführte Wärme, die Drücke und Volumina in den Punkten *1*···*4* für 1 kg Gasgemisch, die abgegebene Arbeit, die abgeführte Wärme, der thermische Wirkungsgrad und der mittlere Druck ($c_v = 0{,}721$ kJ/kg K konstant, $\varrho_{Gas} = 1{,}2$ kg/m³, $\varkappa = 1{,}4$)?

Lösung:

Das brennbare Gasgemisch im Normzustand ist

$$V_{G,0} = V_{1,0} + V_{2,0} = 1\ \text{m}^3 + 1{,}1\ \text{m}^3/\text{m}^3 = 2{,}1\ \text{m}^3/\text{m}^3$$

Die Raumanteile sind nach Gl. (17)

$$r_1 = \frac{V_{1,0}}{V_{G,0}} = \frac{1}{2,1} = 0,477; \quad r_2 = \frac{V_{2,0}}{V_{G,0}} = \frac{1,1}{2,1} = 0,523$$

Die Dichte des Gasgemisches im Normzustand ist mit Gl. (18)

$\varrho_{1,0} = 1,2 \text{ kg/m}^3$ (Gas) $\qquad \varrho_{2,0} = 1,293 \text{ kg/m}^3$ (Luft)

$$\varrho_0 = \sum_{i=1}^{k} (r_i \varrho_i)$$

$$\varrho_0 = r_1 \varrho_{1,0} + r_2 \varrho_{2,0} = (0,477 \cdot 1,2 + 0,523 \cdot 1,293) \text{ kg/m}^3 = 1,25 \text{ kg/m}^3$$

Bezogen auf das brennbare Gasgemisch ist der Heizwert (Normzustand)

$$\Delta_H h_{\text{Gem},0} = \frac{\Delta_H h_0}{V_{G,0}} = \frac{3730 \text{ kJ/m}^3}{2,1 \text{ m}^3/\text{m}^3} = 1780 \text{ kJ/m}^3$$

Mit 1 kg Gasgemisch werden zugeführt

$$q_{\text{zu}} = \frac{\Delta_H h_{\text{Gem},0}}{\varrho_0} = \frac{1780 \text{ kJ/m}^3}{1,25 \text{ kg/m}^3} = 1420 \text{ kJ/kg}$$

Punkt *1*: Die Gaskonstante des Gasgemisches ist aus Gl. (12) (Normzustand)

$$R = \frac{p_0}{\varrho_0 T_0} = \frac{1,013 \cdot 10^5 \text{ N/m}^2}{1,25 \text{ kg/m}^3 \cdot 273 \text{ K}} = 298 \text{ Nm/kg K}$$

Das Anfangsvolumen ist dann mit Gl. (6)

$p_1 = 0,98 \text{ bar} = 0,98 \cdot 10^5 \text{ N/m}^2 \qquad t_1 = 55\,°\text{C}; \quad T_1 = 328 \text{ K}$

$$v_1 = \frac{R T_1}{p_1} = \frac{298 \text{ Nm/kg K} \cdot 328 \text{ K}}{0,98 \cdot 10^5 \text{ N/m}^2} = 0,994 \text{ m}^3/\text{kg}$$

Punkt *2*:

$$\text{Da } \varepsilon = \frac{v_1}{v_2} = 7 \text{ ist, wird } v_2 = \frac{v_1}{\varepsilon} = \frac{0,994 \text{ m}^3/\text{kg}}{7} = 0,142 \text{ m}^3/\text{kg}$$

Der Druck in Punkt *2* ist nach der isentropen Verdichtung mit Gl. (41b)

$$\frac{p_2}{p_1} = \left(\frac{v_1}{v_2}\right)^{\varkappa} = 7^{1,4} = 15,24; \quad p_2 = p_1 \cdot 15,24 = 0,98 \text{ bar} \cdot 15,24$$

$$= 14,95 \text{ bar}$$

Die Temperatur mit Gl. (6)

$$T_2 = \frac{p_2 v_2}{R} = \frac{14,95 \cdot 10^5 \text{ N/m}^2 \cdot 0,142 \text{ m}^3/\text{kg}}{298 \text{ Nm/kg K}} = 712 \text{ K};$$

$t_2 = 439\,°\text{C}$

Punkt *3*: Von Punkt *2* nach *3* wird die Wärme $q_{23} = q_{zu}$ bei konstantem Volumen zugeführt. Die Temperatur ist aus Gl. (36)

$$T_3 = T_2 + \frac{q_{zu}}{c_v} = 712\ \text{K} + \frac{1420\ \text{kJ/kg}}{0{,}721\ \text{kJ/kg K}} = 2682\ \text{K}$$

Der Druck ist nach dem Gasgesetz der Isochore, Gl. (3)

$$p_3 = p_2 \frac{T_3}{T_2} = \frac{14{,}95\ \text{bar} \cdot 2682\ \text{K}}{712\ \text{K}} = 56{,}3\ \text{bar}$$

$$v_3 = v_2 = 0{,}142\ \text{m}^3/\text{kg}$$

Punkt *4*: Da von *3* nach *4* die Entspannung isentrop verläuft und $V_2 = V_3$ und $V_4 = V_1$, gilt mit Anwendung von Gl. (41a)

$$\frac{T_4}{T_3} = \frac{T_1}{T_2}; \quad T_4 = T_3 \frac{T_1}{T_2} = \frac{2682\ \text{K} \cdot 328\ \text{K}}{712\ \text{K}} = 1235\ \text{K}$$

weiter gilt mit Gl. (41b)

$$\frac{p_4}{p_3} = \frac{p_1}{p_2}; \quad p_4 = p_3 \frac{p_1}{p_2} = \frac{56{,}3\ \text{bar} \cdot 0{,}98\ \text{bar}}{14{,}95\ \text{bar}} = 3{,}69\ \text{bar}$$

$$v_4 = v_1 = 0{,}994\ \text{m}^3/\text{kg}$$

Die mit den Abgasen abgeführte Wärme ist nach Gl. (36)

$$|q_{ab}| = c_v(T_4 - T_1) = 0{,}721\ \text{kJ/kg K} \cdot (1235 - 328)\ \text{K} = 654\ \text{kJ/kg}$$

Die abgegebene Arbeit ist

$$|w_{Kr}| = q_{zu} - |q_{ab}| = (1420 - 654)\ \text{kJ/kg} = 766\ \text{kJ/kg}$$
$$= 766000\ \text{Nm/kg}$$

Nach Gl. (42a) ist

$$|w_{Kr}| = w_{34} - w_{12} = \frac{1}{\varkappa - 1} R(T_3 - T_4) - \frac{1}{\varkappa - 1} R(T_2 - T_1)$$

$$|w_{Kr}| = \frac{1}{\varkappa - 1} R(T_3 - T_4 - T_2 + T_1)$$

$$|w_{Kr}| = \frac{298\ \text{Nm/kg K}}{1{,}4 - 1} (2682 - 1235 - 712 + 328)\ \text{K} = 790000\ \text{Nm/kg}$$

Der thermische Wirkungsgrad errechnet sich mit Gl. (46) zu

$$\eta_{th} = \frac{q_{zu} - |q_{ab}|}{q_{zu}} = \frac{(1420 - 654)\ \text{kJ/kg}}{1420\ \text{kJ/kg}} = 0{,}54$$

oder mit Gl. (66)

$$\eta_{th} = 1 - \frac{1}{\varepsilon^{\varkappa - 1}} = 1 - \frac{1}{7^{1{,}4-1}} = 0{,}543$$

Der mittlere Druck ist aus Gl. (37a) (s. a. 3.2.)

$$p_m = \frac{|w_{Kr}|}{v_1 - v_2} = \frac{766000\ \mathrm{Nm/kg}}{(0{,}994 - 0{,}142)\ \mathrm{m^3/kg}} = 900000\ \mathrm{N/m^2} = 9\ \mathrm{bar}$$

124. Das Hubvolumen sämtlicher Zylinder bei einem Ottomotor beträgt 6 l, das Kompressionsvolumen 1 l. Das brennbare Gasgemisch wird mit einer Temperatur von 20 °C bei einem Druck von 1 bar angesaugt. Der höchste Druck des Prozesses soll 25 bar betragen.
Wie groß sind die Volumina und die Drücke in den Punkten *1*···*4* im Falle des Idealprozesses?
Wie groß ist die abgegebene Arbeit und die zu- und abgeführte Wärme für einen Arbeitshub? Wie groß ist der thermische Wirkungsgrad mit und ohne Berücksichtigung der Veränderlichkeit der spez. Wärmekapazitäten?
Für das arbeitende Gas werden die Eigenschaften von Luft angenommen.

Lösung:

Punkt *1*: $V_K = 0{,}001\ \mathrm{m^3}$ $V_H = 0{,}006\ \mathrm{m^3}$

Das Verdichtungsverhältnis ist mit Gl. (65)

$$\varepsilon = \frac{V_1}{V_2} = \frac{V_K + V_H}{V_K} = \frac{(0{,}001 + 0{,}006)\ \mathrm{m^3}}{0{,}001\ \mathrm{m^3}} = 7$$

Punkt *2*: Der Druck ist nach der isentropen Verdichtung mit Gl. (41b)

$$\frac{p_2}{p_1} = \left(\frac{V_1}{V_2}\right)^{\varkappa} = \varepsilon^{\varkappa} = 7^{1,4} = 15{,}24; \quad p_2 = p_1 \cdot 15{,}24 = 1\ \mathrm{bar} \cdot 15{,}24 = 15{,}24\ \mathrm{bar}$$

Die Gasmasse in den Zylindern ist mit Gl. (7)

$V_1 = 0{,}007\ \mathrm{m^3}$ $V_2 = 0{,}001\ \mathrm{m^3}$ $t_1 = 20\ °\mathrm{C}$; $T_1 = 293\ \mathrm{K}$

$$m = \frac{p_1 V_1}{R T_1} = \frac{1 \cdot 10^5\ \mathrm{N/m^2} \cdot 0{,}007\ \mathrm{m^3}}{287\ \mathrm{Nm/kg\,K} \cdot 293\ \mathrm{K}} = 0{,}00834\ \mathrm{kg}$$

Die Temperatur nach der Verdichtung ist dann

$$T_2 = \frac{p_2 V_2}{mR} = \frac{15{,}24 \cdot 10^5\ \mathrm{N/m^2} \cdot 0{,}001\ \mathrm{m^3}}{0{,}00834\ \mathrm{kg} \cdot 287\ \mathrm{Nm/kg\,K}} = 637\ \mathrm{K}; \quad t_2 = 364\ °\mathrm{C}$$

Punkt *3*: Da von *2*···*3* das Volumen konstant bleibt, gilt das Gasgesetz der Isochore, Gl. (3)

$$T_3 = T_2 \frac{p_3}{p_2} = 637\ \mathrm{K}\ \frac{25\ \mathrm{bar}}{15{,}24\ \mathrm{bar}} = 1045\ \mathrm{K}; \quad t_3 = 772\ °\mathrm{C}$$

$$p_3 = 25\ \mathrm{bar}; \quad V_3 = V_2 = 0{,}001\ \mathrm{m^3}$$

Punkt *4*: Die Expansion von *3*…*4* verläuft isentrop. Da $V_2 = V_3$ und $V_4 = V_1$, gilt mit Verwendung der Gln. (41a) und (41b)

$$\frac{T_4}{T_3} = \frac{T_1}{T_2}; \quad T_4 = T_3\frac{T_1}{T_2} = 1045\,\text{K}\,\frac{293\,\text{K}}{637\,\text{K}} = 481\,\text{K}; \quad t_4 = 208\,°\text{C}$$

$$p_4 = p_3\frac{p_1}{p_2} = \frac{25\,\text{bar}\cdot 1\,\text{bar}}{15{,}24\,\text{bar}} = 1{,}64\,\text{bar}$$

$$V_4 = V_1 = 0{,}007\,\text{m}^3$$

Die zugeführte Wärme je Arbeitshub ist mit Gl. (36) zu berechnen. Die mittleren spez. Wärmekapazitäten sind bei $(t_2 + t_3)/2 = (364 + 772)°\text{C}/2 = 569\,°\text{C}$ aus Tab. 7 zu entnehmen.

$$Q_{\text{zu}} = mc_{v\text{m}}(T_3 - T_2) = 0{,}00834\,\text{kg}\cdot 0{,}822\,\text{kJ/kg K}\cdot(1045 - 637)\,\text{K}$$
$$= 2{,}8\,\text{kJ}$$

Die abgeführte Wärme je Arbeitshub

$$(t_4 + t_1)/2 = (208 + 20)°\text{C}/2 = 114\,°\text{C}$$

$$|Q_{\text{ab}}| = mc_{v\text{m}}(T_4 - T_1) = 0{,}00834\,\text{kg}\cdot 0{,}724\,\text{kJ/kg K}\cdot(481 - 293)\,\text{K}$$
$$= 1{,}135\,\text{kJ}$$

Die verrichtete Arbeit je Hub ist dann

$$|w_{\text{Kr}}| = Q_{\text{zu}} - |Q_{\text{ab}}| = (2{,}8 - 1{,}135)\,\text{kJ} = 1{,}665\,\text{kJ} = 1665\,\text{Nm}$$

Der thermische Wirkungsgrad mit Gl. (46)

$$\eta_{\text{th}1} = \frac{Q_{\text{zu}} - |Q_{\text{ab}}|}{Q_{\text{zu}}} = \frac{(2{,}8 - 1{,}135)\,\text{kJ}}{2{,}8\,\text{kJ}} = 0{,}595$$

Ohne die Veränderlichkeit der spezifischen Wärmekapazitäten zu berücksichtigen ist nach Gl. (66)

$$\eta_{\text{th}} = 1 - \frac{1}{\varepsilon^{\varkappa-1}} = 1 - \frac{1}{7^{1{,}4-1}} = 0{,}543$$

125. Eine Hochofengasmaschine (1 Zylinder) arbeitet im 4-Takt-Verfahren mit einem Gas, das im Normzustand einen Heizwert von 3730 kJ/m³ hat. Zur Verbrennung des Gases werden theoretisch im Normzustand 0,77 m³ Luft benötigt. Die Verbrennung erfolgt mit einem Luftüberschuß von 30%, der Liefergrad 88% (langsamlaufend), die Umdrehungszahl 80 min⁻¹. Der indizierte thermische Wirkungsgrad ist 30%, der mechanische Wirkungsgrad 85%.
Wie groß ist die abgegebene effektive Leistung, wenn der Kolben-Dmr. 750 mm und der Kolbenweg 1150 mm beträgt? Welche Wärme ist für 1 kWh aufzuwenden, und wie groß ist die mittlere Kolbengeschwindigkeit?

Lösung:

$\Delta_H h_0 = 3730\ \mathrm{kJ/m^3} = 3{,}73 \cdot 10^6\ \mathrm{Nm/m^3}$ $\quad Z = 1$

$L_{\min,0} = 0{,}77\ \mathrm{m^3/m^3}$ $\quad n = 80\ \mathrm{min^{-1}}$

$\lambda = 1{,}3$ $\quad \eta_{\mathrm{thi}} = 0{,}3$

$D = 0{,}75\ \mathrm{m};\quad A = 0{,}442\ \mathrm{m^2}$ $\quad \lambda_{\mathrm{L}} = 0{,}88$

$s = 1{,}15\ \mathrm{m}$ $\quad \eta_{\mathrm{m}} = 0{,}85$

Das brennbare Gasgemisch beträgt (s. 3.6.)

$$V_{\mathrm{G},0} = 1 + \lambda L_{\min,0} = (1 + 1{,}3 \cdot 0{,}77)\ \mathrm{m^3/m^3} = 2\ \mathrm{m^3/m^3}$$

Der mittlere indizierte Druck ist mit Gl. (71)

$$p_{\mathrm{i}} = \frac{\Delta_H h_0 \eta_{\mathrm{thi}} \lambda_{\mathrm{L}}}{V_{\mathrm{G},0}} = \frac{3{,}73 \cdot 10^6\ \mathrm{Nm/m^3} \cdot 0{,}3 \cdot 0{,}88}{2\ \mathrm{m^3/m^3}} = 4{,}92 \cdot 10^5\ \mathrm{N/m^2}$$

Die abgegebene effektive Leistung ist mit Gl. (70b)

$$|P_{\mathrm{e}}| = \frac{Z p_{\mathrm{i}} A s n \eta_{\mathrm{m}}}{2}$$

$$= \frac{1 \cdot 4{,}92 \cdot 10^5\ \mathrm{N/m^2} \cdot 0{,}442\ \mathrm{m^2} \cdot 1{,}15\ \mathrm{m} \cdot 80^1/\mathrm{min} \cdot 0{,}85}{2 \cdot 60\ \mathrm{s/min}}$$

$$= 142000\ \mathrm{Nm/s} = 142000\ \mathrm{W} = 142\ \mathrm{kW}$$

Nach Gl. (69) ist der Brenngasverbrauch mit Einsetzung von Gl. (68)

$$\dot{b}_{\mathrm{e}} = \frac{Q_{\mathrm{kWh}}}{\Delta_H h_0 \eta_{\mathrm{thi}} \eta_{\mathrm{m}}} = \frac{3600\ \mathrm{kJ/kWh}}{3730\ \mathrm{kJ/m^3} \cdot 0{,}3 \cdot 0{,}85} = 3{,}78\ \mathrm{m^3/kWh}$$

Der Wärmeaufwand für 1 kWh ist dann

$$\dot{Q}_{\mathrm{kW}} = \dot{b}_{\mathrm{e}} \Delta_H h_0 = 3{,}78\ \mathrm{m^3/kWh} \cdot 3730\ \mathrm{kJ/m^3} = 14100\ \mathrm{kJ/kWh}$$

Die mittlere Kolbengeschwindigkeit beträgt

$$c_{\mathrm{m}} = \frac{sn}{30};\quad \left|\frac{c_{\mathrm{m}}}{\mathrm{m/s}}\middle|\frac{s}{\mathrm{m}}\middle|\frac{n}{\mathrm{min^{-1}}}\right|;\quad c_{\mathrm{m}} = \frac{1{,}15 \cdot 80}{30} = 3{,}06;\quad c_{\mathrm{m}} = 3{,}06\ \mathrm{m/s}$$

126. Ein 2-Takt-Vergasermotor für einen Personenkraftwagen hat 3 Zylinder und läuft mit einer Umdrehungszahl von 4200 $\mathrm{min^{-1}}$, bei einem Liefergrad von 75%. Für das verwendete Benzin werden im Normzustand 10,8 $\mathrm{m^3/kg}$ Luft zur Verbrennung benötigt. Das Luftverhältnis ist 0,94. Der Brennstoffverbrauch beträgt 407 g/kWh. Die mittlere Luftansaugtemperatur 70 °C.
Ein Zylinder hat die Abmessungen $D = 74$ mm und $s = 78$ mm. Wie groß ist die effektive Leistung und die mittlere Kolbengeschwindigkeit?

Lösung:

$Z = 3$ $\lambda = 0{,}94$ $T = 343\ \mathrm{K}$

$n = 4200\ \mathrm{min}^{-1}$ $\dot{b}_e = 0{,}407\ \mathrm{kg/kWh}$ $T_0 = 273\ \mathrm{K}$

$\lambda_L = 0{,}75$ $D = 0{,}074\ \mathrm{m}$; $A = 0{,}0043\ \mathrm{m}^2$

$L_{min,0} = 10{,}8\ \mathrm{m^3/kg}$ $s = 0{,}078\ \mathrm{m}$

Der indizierte thermische Wirkungsgrad ist aus Gl. (69) mit Einsetzung von Gl. (68)

$$\eta_{thi} = \frac{Q_{kWh}}{\dot{b}_e \Delta_H h \eta_m}$$

Der effektive mittlere Druck ist $p_e = p_i \eta_m$
Nach Einsetzung in Gl. (71) ist dann

$$p_e = \frac{Q_{kWh} \lambda_L}{V_G \dot{b}_e}$$

Das theoretische Luftansaugvolumen ist nach Gl. (2)

$$L_{min} = L_{min,0} \frac{T}{T_0} = 10{,}8\ \mathrm{m^3/kg} \cdot \frac{343\ \mathrm{K}}{273\ \mathrm{K}} = 13{,}55\ \mathrm{m^3/kg}$$

Das brennbare Gasgemisch [s. 3.6. und Gl. (93)]

$$V_G = \lambda L_{min} = 0{,}94 \cdot 13{,}55\ \mathrm{m^3/kg} = 12{,}73\ \mathrm{m^3/kg}$$

Der effektive Druck ist dann

$$p_e = \frac{3{,}6 \cdot 10^6\ \mathrm{Nm/kWh} \cdot 0{,}75}{12{,}73\ \mathrm{m^3/kg} \cdot 0{,}407\ \mathrm{kg/kWh}} = 5{,}2 \cdot 10^5\ \mathrm{N/m^2}$$

Die abgegebene effektive Leistung nach Gl. (70a) (η_m, siehe oben)

$$|P_e| = Z p_e A s n = \frac{3 \cdot 5{,}2 \cdot 10^5\ \mathrm{N/m^2} \cdot 0{,}0043\ \mathrm{m^2} \cdot 0{,}078\ \mathrm{m} \cdot 4200 \cdot {}^1/\mathrm{min}}{60\ \mathrm{s/min}}$$

$$= 36\,700\ \mathrm{Nm/s} = 367\,000\ \mathrm{W} = 36{,}7\ \mathrm{kW}$$

Die mittlere Kolbengeschwindigkeit

$$c_m = \frac{sn}{30}; \quad \left|\frac{c_m}{\mathrm{m/s}}\right|\frac{s}{\mathrm{m}}\left|\frac{n}{\mathrm{min}^{-1}}\right|; \quad c_m = \frac{0{,}078 \cdot 4200}{30} = 10{,}92; \quad c_m = 10{,}92\ \mathrm{m/s}.$$

3.7. Kreisprozeß der Dieselmotoren

Idealprozeß (Gleichdruckprozeß) (Bild 38):

1···2 isentrope Kompression
2···3 isobare Wärmezufuhr
3···4 isentrope Expansion
4···1 isochore Wärmeabfuhr

(Offener Kreisprozeß, weil der Arbeitsstoff beim Kolbenspiel jedesmal ausgewechselt wird)

Das wesentliche Kennzeichen für den Dieselmotor ist, daß während des Kompressionshubes reine Luft verdichtet (30···40 bar und mehr) wird. Durch die hohe Kompression wird eine hohe Lufttemperatur erreicht und der eingespritzte Brennstoff bei einer Zündtemperatur von 550···620 °C selbsttätig gezündet (Selbstzündung).

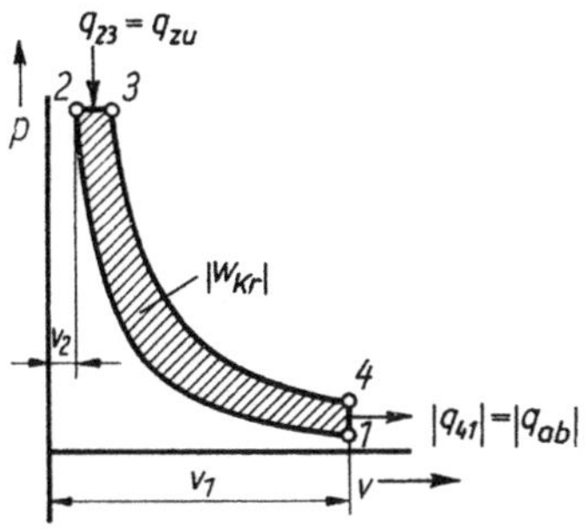

Bild 38

An der Systemgrenze für den Dieselmotor ist:

1. Wärmezufuhr ($Q > 0$)
2. abgeführte Arbeit des Kreisprozesses ($W < 0$)
3. Wärmeabfuhr ($Q < 0$)

In den Beispielen wird die Arbeit des Kreisprozesses mit w_{Kr} bezeichnet.
Der Kreisprozeß des Dieselmotors ist ein Grenzfall des *Seiliger*-Prozesses (s. 3.8.).
Abgegebene Arbeit (Nutzarbeit)

$$|w_{\mathrm{Kr}}| = w_{23} + w_{34} - w_{12}$$

Isobare $\quad w_{23} = R(T_3 - T_2)$

Isentrope $\quad w_{34} = c_v(T_3 - T_4)$

Isentrope $\quad w_{12} = c_v(T_2 - T_1)$

$$|w_{\mathrm{Kr}}| = R(T_3 - T_2) + c_v(T_3 - T_4) - c_v(T_2 - T_1)$$

da nach Gl. (28) $c_p - c_v = R$, ist die abgegebene Arbeit (Nutzwärme)

$$|q| = |w_{\mathrm{Kr}}| = c_p(T_3 - T_2) - c_v(T_4 - T_1)$$

Thermischer Wirkungsgrad des Idealprozesses

Das Verhältnis $\varphi = \dfrac{v_3}{v_2}$ wird Einspritzverhältnis (Volldruckverhältnis) genannt (vergrößert sich bei steigender Belastung).
Es war das Verdichtungsverhältnis

$$\varepsilon = \frac{v_1}{v_2}$$

Es ist dann:

$$\eta_{\mathrm{th}} = 1 - \frac{1}{\varkappa} \cdot \frac{T_1}{T_2} \cdot \frac{T_4/T_1 - 1}{T_3/T_2 - 1}$$

$$\eta_{\mathrm{th}} = 1 - \frac{1}{\varkappa} \cdot \frac{1}{\varepsilon^{\varkappa - 1}} \cdot \frac{\varphi^{\varkappa} - 1}{\varphi - 1} \tag{72}$$

Beispiele:

127. Ein Dieselmotor arbeitet mit 12facher Verdichtung ($\varepsilon = 12$). Das Volldruckverhältnis (Einspritzverhältnis) ist $\varphi = 2{,}5$. Die Ansaugtemperatur beträgt infolge Erwärmung durch Zylinderwand und Restgase 70 °C bei einem Ansaugdruck von 1 bar. (Für das arbeitende Gas sind die Eigenschaften von Luft mit konstanten spezifischen Wärmekapazitäten anzunehmen. $c_p = 1{,}008$ kJ/kg K; $c_v = 0{,}721$ kJ/kg K)
Wie groß sind für 1 kg Luft die Drücke, Volumina und Temperaturen in den Punkten *1* bis *4* im Falle des Idealprozesses, die zugeführte und abgeführte Wärme, der thermische Wirkungsgrad, die abgegebene Arbeit und der mittlere Druck?

Lösung:
Punkt *1*:

$$m = 1\ \text{kg} \qquad p_1 = 1\ \text{bar} = 1 \cdot 10^5\ \text{N/m}^2 \qquad \varepsilon = \frac{v_1}{v_2} = 12$$

$$t_1 = 70\,°\text{C}; \quad T_1 = 343\ \text{K} \qquad \varphi = \frac{v_3}{v_2} = 2{,}5$$

$$R = 287\ \text{Nm/kg K}$$

Das Anfangsvolumen ist mit Gl. (6)

$$v_1 = \frac{RT_1}{p_1} = \frac{287\ \text{Nm/kg K} \cdot 343\ \text{K}}{1 \cdot 10^5\ \text{N/m}^2} = 0{,}984\ \text{m}^3/\text{kg}$$

Punkt *2*:

Mit $\varepsilon = \dfrac{v_1}{v_2} = 12$ wird $v_2 = \dfrac{v_1}{\varepsilon} = \dfrac{0{,}984\ \text{m}^3/\text{kg}}{12} = 0{,}082\ \text{m}^3/\text{kg}$

Nach der isentropen Verdichtung beträgt der Druck nach Gl. (41b) ($\varkappa = 1{,}4$)

$$\frac{p_2}{p_1} = \left(\frac{v_1}{v_2}\right)^{\varkappa} = 12^{1{,}4} = 32{,}4; \quad p_2 = p_1 \cdot 32{,}4 = 1\ \text{bar} \cdot 32{,}4 = 32{,}4\ \text{bar}$$

Die Temperatur errechnet sich mit Gl. (6) zu

$$T_2 = \frac{p_2 v_2}{R} = \frac{32{,}4 \cdot 10^5\ \text{N/m}^2 \cdot 0{,}082\ \text{m}^3/\text{kg}}{287\ \text{Nm/kg K}} = 927\ \text{K}; \quad t_2 = 654\,°\text{C}$$

Da $\varphi = \dfrac{v_3}{v_2} = 2{,}5$, wird $v_3 = 2{,}5 \cdot v_2 = 2{,}5 \cdot 0{,}082\ \text{m}^3/\text{kg} = 0{,}205\ \text{m}^3/\text{kg}$

Während der Verbrennung von *2*···*3* bleibt der Druck konstant. Es gilt das Gesetz der Isobare, Gl. (2)

$$\frac{T_3}{T_2} = \frac{v_3}{v_2} = \varphi = 2{,}5; \quad T_3 = T_2 \cdot 2{,}5 = 927\ \text{K} \cdot 2{,}5 = 2317{,}5\ \text{K}$$

$$p_3 = p_2 = 32{,}4\ \text{bar}$$

Punkt *4*:

Die Expansion von *3*···*4* erfolgt isentrop. Es ist mit Gl. (41b)

$$\frac{p_3}{p_4} = \left(\frac{v_4}{v_3}\right)^{\varkappa}; \quad \text{da } v_4 = v_1 = 0{,}984\ \text{m}^3/\text{kg}$$

wird

$$\frac{p_3}{p_4} = \left(\frac{v_1}{v_3}\right)^{\varkappa} = \left(\frac{0{,}984}{0{,}205}\right)^{1{,}4} = 9; \quad p_4 = \frac{p_3}{9} = \frac{32{,}4\,\text{bar}}{9} = 3{,}6\,\text{bar}$$

Dle Temperatur ist dann mit Gl. (6)

$$T_4 = \frac{p_4 v_4}{R} = \frac{3{,}6 \cdot 10^5\,\text{N/m}^2 \cdot 0{,}984\,\text{m}^3/\text{kg}}{287\,\text{Nm/kg K}} = 1234\,\text{K}$$

Es ist zur Probe

$$\frac{T_4}{T_1} = \frac{p_4}{p_1} = \frac{1234\,\text{K}}{343\,\text{K}} = \frac{3{,}6\,\text{bar}}{1{,}0\,\text{bar}}; \quad 3{,}6 = 3{,}6$$

Zugeführte Wärme

Während der Wärmezuführung bleibt der Druck konstant (*2···3*). Es ist mit Gl. (38)

$$q_{zu} = q_{23} = c_p(T_3 - T_2) = 1{,}008\,\text{kJ/kg K} \cdot (2317 - 927)\,\text{K}$$
$$= 1401\,\text{kJ/kg}$$

Die Abführung der Wärme erfolgt bei konstantem Volumen (*4···1*). Mit Gl. (36) ist

$$|q_{ab}| = |q_{41}| = c_v(T_4 - T_1) = 0{,}721\,\text{kJ/kg K} \cdot (1234 - 343)\,\text{K}$$
$$= 642\,\text{kJ/kg}$$

Die Arbeitswärme und damit die verrichtete Arbeit des Kreisprozesses ist

$$|q| = q_{zu} - |q_{ab}| = (1401 - 642)\,\text{kJ/kg} = 759\,\text{kJ/kg} = 759000\,\text{Nm/kg}$$

Der thermische Wirkungsgrad ist mit Gl. (46)

$$\eta_{th} = \frac{|q|}{q_{zu}} = \frac{759\,\text{kJ/kg}}{1401\,\text{kJ/kg}} = 0{,}542$$

Der mittlere Druck ist aus Gl. (37a) (s. a. 3.2.)

$$p_m = \frac{|w_{Kr}|}{v_1 - v_2} = \frac{759000\,\text{Nm/kg}}{(0{,}984 - 0{,}082)\,\text{m}^3/\text{kg}} = 842000\,\text{N/m}^2 = 8{,}42\,\text{bar}$$

128. Für eine Schwerölmaschine errechnete sich der ideelle mittlere Druck zu $p_m = 8{,}42$ bar (Beispiel 127).
Aus dem Indikatordiagramm ermittelte sich $p_i = 6$ bar. Wie groß ist der Gütegrad der Maschine?

Lösung:

$p_m = 8{,}42$ bar $\qquad p_i = 6$ bar

$$\eta_i = \frac{p_i}{p_m} = \frac{6\,\text{bar}}{8{,}42\,\text{bar}} = 0{,}713$$

129. Ein Dieselmotor arbeitet im 4-Takt-Verfahren und hat die Abmessungen $D = 260$ mm, $s = 410$ mm. Die effektive Leistung beträgt 18 kW, die indizierte Leistung 22,5 kW bei $n = 204\ \text{min}^{-1}$.
Der Brennstoffverbrauch betrug 273 g/kWh, die Verdichtung $\varepsilon = 12$ und das Einspritzverhältnis $\varphi = 2{,}5$. Das verwendete Dieselöl hat einen Heizwert von 42300 kJ/kg.

Wie groß ist

a) der Brennstoffverbrauch/h;

b) der wirtschaftliche Wirkungsgrad;

c) der mechanische Wirkungsgrad;

d) der indizierte thermische Wirkungsgrad;

e) der Gütegrad;

f) die zugeführte Wärme/Arbeitshub?

g) Nachprüfung der effektiven Leistung, wenn der Liefergrad $\lambda_L = 0{,}83$, das Luftverhältnis $\lambda = 1{,}6$ und $L_{min} = 14\ \text{m}^3/\text{kg}$ ist.

Lösung:

a) $|P_e| = 18$ kW $\quad \dot{b}_e = 0{,}273$ kg/kWh $\quad \Delta_H h = 42300$ kJ/kg

Der Gesamtbrennstoffverbrauch beträgt

$$\dot{m}_{Be} = \dot{b}_e\,|P_e| = 0{,}273\ \text{kg/kWh} \cdot 18\ \text{kW} = 4{,}91\ \text{kg/h}$$

b) Der wirtschaftliche Wirkungsgrad (Nutzungsgrad) ist aus Gl. (69)

$$\eta_w = \frac{Q_{kWh}}{\Delta_H h \dot{b}_e} = \frac{3600\ \text{kJ/kWh}}{42300\ \text{kJ/kg} \cdot 0{,}273\ \text{kg/kWh}} = 0{,}311$$

c) Der mechanische Wirkungsgrad ist nach Gl. (63) (hier wird das Verhältnis umgekehrt, da eine Kraftmaschine vorliegt)

$$\eta_m = \frac{|P_e|}{|P_i|} = \frac{18\ \text{kW}}{22{,}5\ \text{kW}} = 0{,}801$$

d) Der indizierte thermische Wirkungsgrad ist mit Gl. (68)

$$\eta_{thi} = \frac{\eta_w}{\eta_m} = \frac{0{,}311}{0{,}801} = 0{,}388$$

e) Für die Bestimmung des Gütegrades ist zunächst der theoretische thermische Wirkungsgrad mit Gl. (72)

$$\eta_{th} = 1 - \frac{1}{\varkappa} \cdot \frac{1}{\varepsilon^{\varkappa-1}} \cdot \frac{\varphi^{\varkappa} - 1}{\varphi - 1} = 1 - \frac{1}{1{,}4} \cdot \frac{1}{12^{1{,}4-1}} \cdot \frac{2{,}5^{1{,}4} - 1}{2{,}5 - 1} = 0{,}542$$

Der Gütegrad ist dann nach Gl. (67)

$$\eta_i = \frac{\eta_{thi}}{\eta_{th}} = \frac{0{,}388}{0{,}542} = 0{,}716$$

f) Die zugeführte Wärme je Arbeitshub ist beim 4-Takt-Verfahren

$$Q_{zu} = \frac{\dot{m}_{Be}\Delta_H h}{\frac{n}{2}} = \frac{4{,}91 \text{ kg/h} \cdot 42300 \text{ kJ/kg} \cdot 2}{60 \text{ min/h} \cdot 204 \text{ min}^{-1}} = 33{,}8 \text{ kJ}$$

g) Nachprüfung der abgegebenen effektiven Leistung $|P_e| = 18$ W

$D = 0{,}26$ m; $A = 0{,}0531$ m² $\quad \lambda_L = 0{,}83 \quad \Delta_H h = 42{,}3 \cdot 10^6$ Nm/kg

$s = 0{,}41$ m $\quad L_{min} = 14$ m³/kg

$n = 204$ min⁻¹ $\quad \lambda = 1{,}6$

Das brennbare Gasgemisch beträgt [s. 3.6. und Gl. (93)]

$$V_G = \lambda L_{min} = 1{,}6 \cdot 14 \text{ m}^3/\text{kg} = 22{,}4 \text{ m}^3/\text{kg}$$

Der mittlere indizierte Druck ist mit Gl. (71)

$$p_i = \frac{\Delta_H h \eta_{thi} \lambda_L}{V_G} = \frac{42{,}3 \cdot 10^6 \text{ Nm/kg} \cdot 0{,}388 \cdot 0{,}83}{22{,}4 \text{ m}^3/\text{kg}} = 6{,}1 \cdot 10^5 \text{ N/m}^2$$

Die abgegebene effektive Leistung ist mit Gl. (70b)

$$|P_e| = \frac{Z p_i A s n \eta_m}{2}$$

$$= \frac{1 \cdot 6{,}1 \cdot 10^5 \text{ N/m}^2 \cdot 0{,}0531 \text{ m}^2 \cdot 0{,}41 \text{ m} \cdot 204^1/\text{min} \cdot 0{,}801}{2 \cdot 60 \text{ s/min}}$$

$$= 18000 \text{ Nm/s} = 18000 \text{ W} = 18 \text{ kW}$$

130. Eine 2-Takt-Schwerölmaschine arbeitet mit einem Gütegrad von 73,1% bei 12facher Verdichtung und einem Liefergrad von 82%. Die Anfangstemperatur im Zylinder beträgt 70 °C mit einem Ansaugdruck von 1 bar. Der Heizwert des verwendeten Gasöles ist 41000 kJ/kg. Der zur Verbrennung benötigte theoretische Luftbedarf ist 14,8 m³/kg und das Luftverhältnis 1,6. Die Dichte der angesaugten Luft ist 1,03 kg/m³.
Wie groß ist der indizierte thermische Wirkungsgrad, wenn die Verdichtung und Expansion isentrop verläuft (Die Rechnungen sind auf 1 kg Luft zu beziehen.)?
Wie groß ist die abgegebene effektive Leistung, wenn der Kolben-Dmr. 180 mm und der Kolbenhub 320 mm und der mech. Wirkungsgrad 85% bei $n = 420$ min⁻¹ beträgt?

Lösung:

$\varepsilon = \frac{v_1}{v_2} = 12 \quad \Delta_H h = 41000$ kJ/kg

$L_{min} = 14{,}8$ m³/kg $\quad p_1 = 1$ bar $= 1 \cdot 10^5$ N/m²

$\lambda = 1{,}6 \quad t_1 = 70$ °C; $T_1 = 343$ K

$\varrho_L = 1{,}03$ kg/m³ $\quad R = 287$ Nm/kg K

Das Anfangsvolumen ist nach Gl. (6)

$$v_1 = \frac{RT_1}{p_1} = \frac{287\ \text{Nm/kg K} \cdot 343\ \text{K}}{1 \cdot 10^5\ \text{N/m}^2} = 0{,}984\ \text{m}^3/\text{kg}$$

Da

$$\varepsilon = \frac{v_1}{v_2} = 12, \text{ wird } v_2 = \frac{v_1}{\varepsilon} = \frac{0{,}984\ \text{m}^3/\text{kg}}{12} = 0{,}082\ \text{m}^3/\text{kg}$$

Nach der isentropen Verdichtung beträgt der Druck nach Gl. (41b) ($\varkappa = 1{,}4$)

$$\frac{p_2}{p_1} = \left(\frac{v_1}{v_2}\right)^{\varkappa} = 12^{1{,}4} = 32{,}4; \quad p_2 = p_1 \cdot 32{,}4 = 1\ \text{bar} \cdot 32{,}4 = 32{,}4\ \text{bar}$$

Die Temperatur ist dann mit Gl. (6)

$$T_2 = \frac{p_2 v_2}{R} = \frac{32{,}4 \cdot 10^5\ \text{N/m}^2 \cdot 0{,}082\ \text{m}^3/\text{kg}}{287\ \text{Nm/kg K}} = 927\ \text{K}; \quad t_2 = 654\,°\text{C}$$

Das brennbare Gasgemisch beträgt (s. 3.6.)

$$V_\text{G} = \lambda L_\text{min} = 1{,}6 \cdot 14{,}8\ \text{m}^3/\text{kg} = 23{,}7\ \text{m}^3/\text{kg}$$

Die zugeführte Wärme je kg Gemisch (auf Luft bezogen) ist

$$q_\text{zu} = \frac{\Delta_H h}{V_\text{G}\varrho_\text{L}} = \frac{41\,000\ \text{kJ/kg}}{23{,}7\ \text{m}^3/\text{kg} \cdot 1{,}03\ \text{kg/m}^3} = 1\,680\ \text{kJ/kg}$$

Die Temperatur nach der Verbrennung bei konstantem Druck (Enthalpiesteigerung) würde mit $c_p = 1{,}006$ kJ/kg K nach Gl. (38) sein

$$T_3 = T_2 + \frac{q_\text{zu}}{c_p} = 927\ \text{K} + \frac{1\,680\ \text{kJ/kg}}{1{,}006\ \text{kJ/kg K}} = 2\,517\ \text{K}; \qquad t_3 = 2\,244\ °\text{C}$$

Da $c_{p\text{m}} > c_p = 1{,}006$ kJ/kg K sein muß, wird $t_3 = 2030\,°$C geschätzt. Mit der geschätzten Temperatur ist

$$c_{p\text{m}} = \frac{q_\text{zu}}{t_3 - t_2} = \frac{1\,680\ \text{kJ/kg}}{(2030 - 654)\ \text{K}} = 1{,}225\ \text{kJ/kg K}$$

Nach Tabelle 7 ist bei der mittleren Temperatur von $\approx 1350\,°$C $c_{p\text{m}} = 1{,}22$ kJ/kg K. Die Übereinstimmung ist genügend genau. Also $t_3 = 2030\,°$C; $T_3 = 2303$ K. Das Volldruckverhältnis beträgt, da von *2*···*3* der Druck konstant ist, mit Gl. (2)

$$\varphi = \frac{v_3}{v_2} = \frac{T_3}{T_2} = \frac{2303\ \text{K}}{927\ \text{K}} = 2{,}49$$

Der theoretische Wirkungsgrad ist mit Gl. (72)

$$\eta_\text{th} = 1 - \frac{1}{\varkappa} \cdot \frac{1}{\varepsilon^{\varkappa-1}} \cdot \frac{\varphi^{\varkappa} - 1}{\varphi - 1} = 1 - \frac{1}{1{,}4} \cdot \frac{1}{12^{1{,}4-1}} \cdot \frac{2{,}49^{1{,}4} - 1}{2{,}49 - 1} = 0{,}542$$

Der indizierte thermische Wirkungsgrad ist nach Gl. (67) ($\eta_i = 0{,}731$)

$$\eta_{thi} = \eta_i \eta_{th} = 0{,}731 \cdot 0{,}542 = 0{,}396$$

Der mittlere indizierte Druck ist nach Gl. (71)

$\lambda_L = 0{,}82 \qquad \Delta_H h = 41 \cdot 10^6 \text{ Nm/kg}$

$$p_i = \frac{\Delta_H h \eta_{thi} \lambda_L}{V_G} = \frac{41 \cdot 10^6 \text{ Nm/kg} \cdot 0{,}396 \cdot 0{,}82}{23{,}7 \text{ m}^3/\text{kg}} = 5{,}6 \cdot 10^5 \text{ N/m}^2$$

Die effektive abgegebene Leistung ist nach Gl. (70a)

$$|P_e| = Z p_i A s n \eta_m$$

$$= \frac{1 \cdot 5{,}6 \cdot 10^5 \text{ N/m}^2 \cdot 0{,}0255 \text{ m}^2 \cdot 0{,}32 \text{ m} \cdot 420^1/\text{min} \cdot 0{,}85}{60 \text{ s/min}}$$

$$= 27200 \text{ Nm/s} = 27200 \text{ W} = 27{,}2 \text{ kW}$$

3.8. Seiliger-Prozeß

Idealprozeß (Bild 39):

1···*2* isentrope Kompression

2···*3* isochore Wärmezufuhr

3···*4* isobare Wärmezufuhr

4···*5* isentrope Expansion

5···*1* isochore Wärmeabfuhr

(Offener Kreisprozeß, weil der Arbeitsstoff beim Kolbenspiel jedesmal ausgewechselt wird)

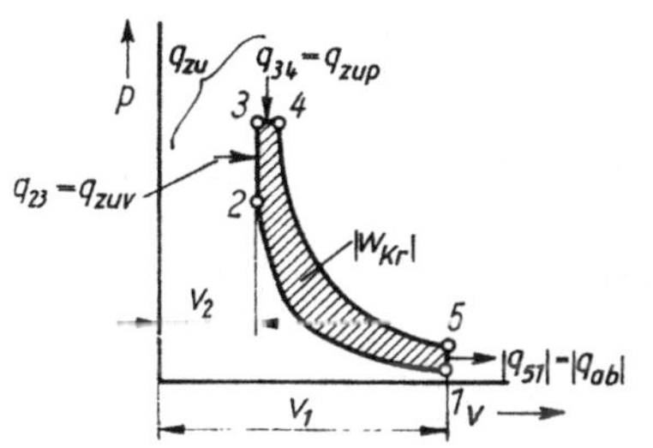

Bild 39

Der *Seiliger*-Prozeß kann als Vergleichsprozeß für den Kreisprozeß des Ottomotors (Verdichtung des brennbaren Gasgemisches und Fremdzündung) und den Dieselmotor (Verdichtung reiner Luft und Selbstzündung) verwendet werden.

An der Systemgrenze bei nach dem *Seiliger*-Prozeß arbeitenden Motoren ist:

1. Wärmezufuhr ($Q > 0$)
2. abgeführte Arbeit des Kreisprozesses ($W < 0$)
3. Wärmeabfuhr ($Q < 0$)

Im Beispiel wird die Arbeit des Kreisprozesses mit w_{Kr} bezeichnet.
Abgegebene Arbeit (Nutzarbeit)

$$|w_{\text{Kr}}| = w_{34} + w_{45} - w_{12}$$

Isobare $\quad w_{34} = R(T_4 - T_3)$

Isentrope $\quad w_{45} = c_v(T_4 - T_5)$

Isentrope $\quad w_{12} = c_v(T_2 - T_1)$

$$|w_{\text{Kr}}| = R(T_4 - T_3) + c_v(T_4 - T_5) - c_v(T_2 - T_1)$$

Die abgegebene Arbeit (Nutzarbeit, Nutzwärme) ist dann

$$|q| = |w_{\text{Kr}}| = R(T_4 - T_3) + c_v(T_4 + T_1 - T_2 - T_5)$$

Beispiel:

131. Ein Dieselmotor arbeitet nach dem *Seiliger*-Verfahren. Das Verdichtungsverhältnis ist $\varepsilon = 12$. Bei Punkt *1* ist ein Druck von 1 bar mit einer Gastemperatur von 70 °C vorhanden.
Für 1 kg Luft werden 40 g Brennstoff mit einem Heizwert von 42300 kJ/kg während der Verbrennung von Punkt *2*···*4* eingespritzt. Für die Durchrechnung des Idealprozesses nach dem *Seiliger*-Verfahren mit 1 kg Luft sind konstante spezifische Wärmekapazitäten $c_p = 1{,}008$ kJ/kg K und $c_v = 0{,}721$ kJ/kg K anzunehmen. Während des Prozesses soll ein Höchstdruck von 50 bar nicht überschritten werden.

a) Wieviel Kilogramm Brennstoff sind anteilig während der isochoren und isobaren Verbrennung zuzuführen, und wie hoch ist die Temperatur des Gases am Ende der isobaren Zustandsänderung?

b) Wie groß ist die Nutzwärme, der thermische Wirkungsgrad, die abgegebene Arbeit und der mittlere Druck des Kreisprozesses?

c) Wieviel Prozent des Hubvolumens werden für die isobare Verbrennung benötigt?

Lösung:

a) Nach der isentropen Verdichtung ist die Temperatur in Punkt *2* mit Gl. (41a)

$$\varepsilon = \frac{v_1}{v_2} = 12 \qquad t_1 = 70\,°\text{C}; \quad T_1 = 343\ \text{K} \qquad \varkappa = 1{,}4$$

$$\frac{T_2}{T_1} = \left(\frac{v_1}{v_2}\right)^{\varkappa - 1} = \varepsilon^{\varkappa - 1} = 12^{1{,}4-1} = 2{,}7$$

$$T_2 = T_1 \cdot 2{,}7 = 343\ \text{K} \cdot 2{,}7 = 927\ \text{K}$$

Der Druck in Punkt *2* ist nach Gl. (41b) mit $p_1 = 1$ bar

$$\frac{p_2}{p_1} = \left(\frac{v_1}{v_2}\right)^{\varkappa} = \varepsilon^{\varkappa} = 12^{1{,}4} = 32{,}4:$$

$$p_2 = p_1 \cdot 32{,}4 = 1\ \text{bar} \cdot 32{,}4 = 32{,}4\ \text{bar}$$

Nach der Verbrennung bei konstantem Volumen, Punkt *2···3*, ist nach dem Gasgesetz der Isochore, Gl. (3), die Temperatur

$p_2 = 32{,}4$ bar $\qquad T_2 = 927$ K $\qquad p_3 = 50$ bar

$$T_3 = \frac{T_2 p_3}{p_2} = \frac{927\,\text{K} \cdot 50\,\text{bar}}{32{,}4\,\text{bar}} = 1431\,\text{K}$$

Mit $c_v = 0{,}721$ kJ/kg K ist bei der isochoren Verbrennung nach Gl. (36) eine Wärme zuzuführen von

$$q_{zuv} = q_{23} = c_v(T_3 - T_2) = 0{,}721\,\text{kJ/kg K} \cdot (1431 - 927)\,\text{K} = 363\,\text{kJ/kg}$$

Bei $m_B = 0{,}04$ kg Brennstoff mit einem Heizwert von $\Delta_H h = 42300$ kJ/kg werden insgesamt zugeführt

$$q_{zu} = m_B \Delta_H h = 0{,}04\,\text{kg/kg} \cdot 42300\,\text{kJ/kg} = 1692\,\text{kJ/kg}$$

Die einzuspritzende Brennstoffmasse während der isochoren Verbrennung beträgt

$$m_{Bv} = m_B \frac{q_{zuv}}{q_{zu}} = 0{,}04\,\text{kg/kg} \cdot \frac{362\,\text{kJ/kg}}{1692\,\text{kJ/kg}} = 0{,}0086\,\text{kg/kg}$$

während der isobaren Verbrennung

$$m_{Bp} = m_B - m_{Bv} = (0{,}04 - 0{,}0086)\,\text{kg/kg} = 0{,}0314\,\text{kg/kg}$$

Die Wärmezufuhr bei der isobaren Verbrennung ist dann

$$q_{zup} = q_{zu} - q_{zuv} = (1692 - 363)\,\text{kJ/kg} = 1329\,\text{kJ/kg}$$

Aus Gl. (38) ist dann die Temperatur in Punkt *4*

$$T_4 = T_3 + \frac{q_{zup}}{c_p} = 1431\,\text{K} + \frac{1329\,\text{kJ/kg}}{1{,}008\,\text{kJ/kg K}} = 2750\,\text{K}$$

b) Zur Ermittlung der Nutzwärme muß die Temperatur in Punkt *5* bekannt sein. Das Volumen in Punkt *5* ist, da $v_1 = v_5$, mit Gl. (6)

$R = 287$ Nm/kg K $\qquad p_1 = 1$ bar $= 1 \cdot 10^5$ N/m²

$$v_5 = \frac{RT_1}{p_1} = \frac{287\,\text{Nm/kg K} \cdot 343\,\text{K}}{1 \cdot 10^5\,\text{N/m}^2} = 0{,}984\,\text{m}^3/\text{kg}$$

In Punkt *4* ist das Volumen

$p_3 = p_4 = 50$ bar $= 50 \cdot 10^5$ N/m² $\qquad T_4 = 2750$ K

$$v_4 = \frac{RT_4}{p_4} = \frac{287\,\text{Nm/kg K} \cdot 2750\,\text{K}}{50 \cdot 10^5\,\text{N/m}^2} = 0{,}1568\,\text{m}^3/\text{kg}$$

Nach der isentropen Entspannung vor *4…5* ist die Temperatur in Punkt *5* aus Gl. (41a)

$$\frac{T_4}{T_5} = \left(\frac{v_5}{v_4}\right)^{\varkappa-1} = \left(\frac{0{,}984}{0{,}1568}\right)^{1{,}4-1} = 2{,}08$$

$$T_5 = \frac{T_4}{2{,}08} = \frac{2750\ \mathrm{K}}{2{,}08} = 1322\ \mathrm{K}$$

Die Nutzwärme (abgeführte Arbeit) ist dann

$T_1 = 343$ K; $T_2 = 927$ K; $T_3 = 1431$ K; $T_4 = 2750$ K; $T_5 = 1322$ K

$$|q| = R(T_4 - T_3) + c_v(T_4 + T_1 - T_2 - T_5)$$

$$|q| = 0{,}287\ \mathrm{kJ/kg\,K} \cdot (2750 - 1431)\ \mathrm{K}$$

$$+\ 0{,}721\ \mathrm{kJ/kg\,K} \cdot (2750 + 343 - 927 - 1322)\ \mathrm{K}$$

$$|q| = 987\ \mathrm{kJ/kg}$$

Es wurde eine Wärme zugeführt von $q_{zu} = 1692$ kJ/kg
Nach Gl. (46) ist der thermische Wirkungsgrad

$$\eta_{th} = \frac{|q|}{q_{zu}} = \frac{987\ \mathrm{kJ/kg}}{1692\ \mathrm{kJ/kg}} = 0{,}582$$

Die abgeführte Arbeit des Kreisprozesses (Nutzarbeit), s. Gl. (40)

$$|w_{Kr}| = |q| = 987\ \mathrm{kJ/kg} = 987000\ \mathrm{Nm/kg}$$

Zur Bestimmung des mittleren Druckes ist zunächst das Volumen in Punkt *2* mit

$\varepsilon = 12$ $\quad v_1 = 0{,}984\ \mathrm{m^3/kg}$

$$v_2 = \frac{v_1}{\varepsilon} = \frac{0{,}984\ \mathrm{m^3/kg}}{12} = 0{,}082\ \mathrm{m^3/kg}$$

Aus Gl. (37a) (s. a. 3.2.) ist dann der mittlere Druck

$$p_m = \frac{|w_{Kr}|}{v_1 - v_2} = \frac{987000\ \mathrm{Nm/kg}}{(0{,}984 - 0{,}082)\ \mathrm{m^3/kg}} = 1090000\ \mathrm{N/m^2} = 10{,}9\ \mathrm{bar}$$

c) Es ist das Hubvolumen

$$v_H = v_1 - v_2$$

Während der isobaren Verbrennung ist das Volumen $v_4 - v_2$

$v_1 = 0{,}984\ \mathrm{m^3/kg}$; $v_2 = 0{,}082\ \mathrm{m^3/kg}$; $v_4 = 0{,}1568\ \mathrm{m^3/kg}$

Der prozentuale Anteil ist dann

$$\frac{v_4 - v_2}{v_1 - v_2} \cdot 100\% = \frac{(0{,}1568 - 0{,}082)\ \mathrm{m^3/kg}}{(0{,}984 - 0{,}082)\ \mathrm{m^3/kg}} \cdot 100\% = 8{,}3\%$$

Hier auch gleichbedeutend mit Kolbenweg.

4. Wasserdampf

4.1. Schmelzen und Erstarren

Wird einem festen Körper Wärme zugeführt, dann schmilzt er bei einer ganz bestimmten Temperatur, der Schmelztemperatur (auch Schmelzpunkt genannt). Während des Schmelzens steigt die Temperatur nicht. Die zugeführte Wärme wird zur Auflockerung des molekularen Zusammenhangs benötigt, d. h. zur Änderung des Aggregatzustandes fest → flüssig.
Beim Schmelzen nimmt der Körper Wärme auf (Schmelzwärme).
Umgekehrt wird beim Erstarren Wärme abgegeben (Erstarrungswärme).

Schmelzwärme = Erstarrungswärme

	Schmelztemperatur	Schmelzwärme q_S
Quecksilber	−38,9 °C	11,3 kJ/kg
Kupfer	1083 °C	209,3 kJ/kg
Grauguß	1100 °C	96,3 kJ/kg
Wasser	0 °C	333 kJ/kg

4.2. Allgemeines

Auszug aus der Dampftabelle für gesättigten Wasserdampf (Tab. 10 im Anhang)

Druck	Temperatur	spez. Volumen des Dampfes	Dampfdichte	Enthalpie der Flüssigkeit	Enthalpie des Dampfes	Verdampfungswärme insges.	Verdampfungswärme innere	Verdampfungswärme äußere $\psi_V = p \cdot (v'' - v')$
p in bar	t_S in °C	v'' in m³/kg	ϱ'' in kg/m³	h' in kJ/kg	h'' in kJ/kg	r in kJ/kg	φ_V in kJ/kg	in kJ/kg
0,1	45,84	14,68	0,06812	191,71	2583,9	2392,2	2245,4	146,8
1	99,63	1,694	0,5905	417,33	2673,8	2256,5	2087,2	169,3
2	120,23	0,8852	1,130	504,52	2704,6	2200,1	2023,3	176,8
10	179,88	0,1944	5,144	762,2	2777,5	2015,3	1822,0	193,3
100	310,96	0,0180	55,45	1407,0	2725,6	1318,2	1152,8	165,8

Hierin ist:

p absoluter Druck in bar
t_s Temperatur des siedenden Wassers in °C
v' spezifisches Volumen des siedenden Wassers in m³/kg (s. Tab. 11)

v'' spezifisches Volumen des Sattdampfes in m^3/kg
ϱ'' Dichte des Sattdampfes in kg/m^3
h' Enthalpie des siedenden Wassers in kJ/kg
h'' Enthalpie des Sattdampfes in kJ/kg
r gesamte Verdampfungswärme in kJ/kg
φ_V innere Verdampfungswärme in kJ/kg
ψ_V äußere Verdampfungswärme in kJ/kg

Betrachtung der Werte für den Druck $p = 1$ bar:

Um 1 kg Wasser von 0 °C auf die Siedetemperatur $t_s = 99{,}63$ °C bei einem Druck von 1 bar zu bringen, sind notwendig $h' = 417{,}33$ kJ/kg.
Bei der Verdampfung sind zur Auflockerung des inneren molekularen Zusammenhanges erforderlich $\varphi_V = 2087{,}2$ kJ/kg (innere Verdampfungswärme). Zur Volumenvergrößerung von $v' \approx 0{,}001\ m^3/kg$ bis auf $v'' = 1{,}694\ m^3/kg$ werden benötigt $\psi_V = 169{,}3$ kJ/kg (äußere Verdampfungswärme).
Zur Verdampfung sind also aufzuwenden
$r = \varphi_V + \psi_V = (2087{,}2 + 169{,}3)$ kJ/kg $= 2256{,}5$ kJ/kg (Verdampfungswärme).
Die Enthalpie von 1 kg trocken gesättigtem Dampf (Sattdampf) ist dann bei einem Druck von 1 bar $h'' = h' + r = (417{,}33 + 2256{,}5)$ kJ/kg $= 2673{,}8$ kJ/kg. Während des Siedens und Verdampfens bleibt die Temperatur konstant: $t_s = 99{,}63$ °C.

Gesetz:

Der Druck des gesättigten Dampfes hängt lediglich von der Temperatur ab.

Energie:

Die Enthalpie des trocken gesättigten Dampfes ist

$$h'' = \underbrace{h' + \overbrace{\varphi_V}^{}}_{u''}\!\!\overbrace{\;+ \psi_V}^{r}$$

Die Energie des trocken gesättigten Dampfes ist

$$u'' = h' + \varphi_V \tag{73a}$$

oder

$$u'' = h'' - pv'' \tag{73b}$$

Die äußere Verdampfungswärme wird errechnet mit

$$\psi_V = p(v'' - v') \tag{74}$$

4.2.1. Naßdampf

Solange Dampf mit seiner Stammflüssigkeit in Berührung ist oder sich Flüssigkeitströpfchen in ihm befinden, wird er als Naßdampf bezeichnet. Die Temperatur des Naßdampfes ist gleich der Siedetemperatur t_S.

Wenn x Massenanteil des Dampfes in $\frac{\text{kg Dampf}}{\text{kg Gesamtmasse}}$

und y Massenanteil der Flüssigkeit in $\frac{\text{kg Flüssigkeit}}{\text{kg Gesamtmasse}}$,

dann gilt:

$$x + y = 1 \tag{75}$$

Enthalpie des Naßdampfes

$$h = yh' + xh''$$

Mit Gl. (75) ist

$$h = h' + x(h'' - h')$$

Da die Verdampfungswärme $r = h'' - h'$ ist, wird

$$h = h' + xr \tag{76}$$

Es ist $h < h''$.
Für das spezifische Volumen des Naßdampfes gilt analog

$$v = v' + x(v'' - v') \tag{77}$$

Es ist $v < v''$.
Die Energie des Naßdampfes wird errechnet mit

$$u = u' + x(u'' - u') \tag{78a}$$

oder

$$u = h' + x\varphi_V \tag{78b}$$

Es ist $u < u''$.

4.2.2. Heißdampf

Wird trocken gesättigtem Dampf (Sattdampf) bei konstantem Druck weiter Wärme zugeführt (Enthalpiesteigerung), so steigt die Temperatur über die zu dem Druck gehörige Sättigungstemperatur. Der so behandelte Dampf wird Heißdampf oder überhitzter Dampf genannt. Seine Zustandsänderungen verlaufen ähnlich wie bei Gasen. Die Enthalpie des überhitzten Dampfes ist

$$h_ü = h'' + c_{pm}(t_ü - t_S) \tag{79}$$

Es ist $h_ü > h''$.
Die Energie des überhitzten Dampfes ist

$$u_ü = u'' + c_{pm}(t_ü - t_S) - p(v_ü - v'')$$

Es ist $u_ü > u''$.

c_{pm} mittlere spezifische Wärmekapazität bei konstantem Druck (s. Tab. 12)
$t_ü$ Überhitzungstemperatur

Für das spezifische Volumen des überhitzten Wasserdampfes gilt für angenäherte Rechnungen nach Prof. *Linde* (s. a. Tab. 13)

$$v_{ü} = \frac{480{,}2 \cdot T_{ü}}{p} - i \qquad (80)$$

$v_{ü}$	$T_{ü}$	p	i
m^3/kg	K	N/m^2	—

Es ist $v_{ü} > v''$.
Für den Beiwert ist bis zu Drücken von 20 bar ein Mittelwert von $i = 0{,}016$ einzusetzen.
Weitere angeglichene Mittelwerte sind der folgenden Aufstellung zu entnehmen.

$p = 10$ bar	15 bar	20 bar
$t_{ü} = 300 \cdots 550\,°C$	$300 \cdots 550\,°C$	$300 \cdots 550\,°C$
$i \approx 0{,}017$	0,011	0,011

Beispiele:

132. 1 kg Wasser mit einer Temperatur von 100 °C wird mit 1 kg Eis von 0 °C ($c = 4{,}19$ kJ/kg K angenommen) gemischt. Welche Mischungstemperatur stellt sich ein, wenn Verluste unberücksichtigt bleiben?

Lösung:

$m_1 = 1$ kg $\qquad t_1 = 100\,°C \qquad c_1$ und $c_2 = 4{,}19$ kJ/kg K

$m_2 = 1$ kg (Eis) $\qquad t_2 = 0\,°C \qquad q_S = 333$ kJ/kg

Aufgenommene Wärme = abgegebene Wärme

$$m_2[c_2(t_m - t_2) + q_S] = m_1 c_1 (t_1 - t_m)$$

$$t_m = \frac{m_1 c_1 t_1 + m_2 c_2 t_2 - m_2 q_S}{m_1 c_1 + m_2 c_2}$$

$$t_m = \frac{(1 \cdot 4{,}19 \cdot 100 + 1 \cdot 4{,}19 \cdot 0 - 1 \cdot 333)\ \text{kJ}}{(1 \cdot 4{,}19 + 1 \cdot 4{,}19)\ \text{kJ/K}} = 10{,}2\,°C$$

133. 1 kg Eis ($c = 2{,}05$ kJ/kg K) von $-20\,°C$ soll in Wasser mit einer Temperatur von 10 °C verwandelt werden. Welche Wärme ist dazu notwendig, wenn Verluste unberücksichtigt bleiben?

Lösung:

Zunächst ist das Eis bis zur Schmelztemperatur zu erwärmen, dann erfolgt die Schmelzung und weitere Wärmezufuhr, bis die geforderte Temperatur erreicht ist [Anwendung von Gl. (27)].

$m = 1$ kg $\qquad t_S = 0\,°C \qquad c_1 = 2{,}05$ kJ/kg K

$t_1 = -20\,°C \qquad t_2 = 10\,°C \qquad c_2 = 4{,}19$ kJ/kg K

$q_S = 333$ kJ/kg

$$Q = m[c_1(t_S - t_1) + q_S + c_2(t_2 - t_S)]$$

$$Q = 1\ \text{kg}\ \{2{,}05[0 - (-20)] + 333 + 4{,}19\,(10 - 0)\}\ \text{kJ/kg} = 415{,}9\ \text{kJ}$$

134. Welche Dampfart ist vorhanden, wenn bei einem Druck von 10 bar eine Enthalpie von 2710 kJ/kg gegeben ist?

Lösung:

Nach der Dampftabelle ist 2710 kJ/kg $< h'' = 2777{,}5$ kJ/kg. Also ist Naßdampf vorhanden.

135. Bei einem Druck von 15 bar wurde in einem Dampfkessel eine Temperatur von 198,28 °C gemessen. Welcher Zustand ist vorhanden?

Lösung:

Nach der Dampftafel liegt bei 198,28 °C die Siedetemperatur. Es kann vorhanden sein: siedendes Wasser, Naßdampf oder Sattdampf.

136. Bei einem Druck von 13 bar wurde eine Temperatur von 210 °C gemessen. Welche Dampfart ist vorhanden?

Lösung:

Nach der Dampftabelle beträgt die Siedetemperatur bei einem Druck von 13 bar 191,6 °C. Die angegebene Temperatur 210 °C liegt über der Siedetemperatur. Es ist also Heißdampf vorhanden.

137. Das spezifische Volumen eines Dampfes ist mit 0,8 m³/kg bei einem Druck von 1 bar gegeben. Welche Dampfart ist vorhanden?

Lösung:

Nach der Dampftabelle ist bei einem Druck von 1 bar $v'' = 1{,}694$ m³/kg. Da 0,8 m³/kg $< 1{,}694$ m³/kg, ist Naßdampf vorhanden.

138. Die Enthalpie eines Dampfes ist mit 2920 kJ/kg bei einem Druck von 30 bar angegeben. Welche Dampfart ist vorhanden?

Lösung:

Nach der Dampftafel ist 2920 kJ/kg $> h'' = 2805{,}5$ kJ/kg. Der Dampf ist überhitzt.

139. Welche Masse haben 5 m⁰ Sattdampf bei einem Druck von 12 bar?

Lösung:

$p = 12\ \text{bar} \qquad V = 5\ \text{m}^3 \qquad \varrho'' = 6{,}123\ \text{kg/m}^3$

Die Masse ist nach Gl. (12)

$$m = V\varrho'' = 5\ \text{m}^3 \cdot 6{,}123\ \text{kg/m}^3 = 30{,}615\ \text{kg}$$

140. Bei einem Luftdruck von 1013 mbar wurde an einem Manometer ein Überdruck von 10 bar abgelesen. Bei welcher Temperatur siedet das Wasser?

Lösung:

$p_b = 1013\ \text{mbar} = 1{,}013\ \text{bar} \qquad \Delta p_ü = 10\ \text{bar}$

Der absolute Druck ist mit Gl. (9a)

$$p = p_b + \Delta p_ü = (1{,}013 + 10)\ \text{bar} = 11{,}013\ \text{bar}$$

Durch Interpolation in der Dampftabelle ist die Siedetemperatur

$$t_{S11} = 184{,}06\,°\text{C} \qquad t_{S12} = 187{,}96\,°\text{C}$$

$$t_S = t_{S11} + (t_{S12} - t_{S11})\,\frac{p - p_{11}}{p_{12} - p_{11}}$$

$$t_S = 184{,}06\,°\text{C} + (187{,}96 - 184{,}06)\,°\text{C}\,\frac{(11{,}013 \cdot 11)\ \text{bar}}{(12 - 11)\ \text{bar}} = 184{,}11\,°\text{C}$$

141. Die Energie des trocken gesättigten Dampfes, der siedenden Flüssigkeit und die äußere Verdampfungswärme bei einem Druck von 10 bar sind rechnerisch zu ermitteln und mit den Werten der Tab. 10 zu vergleichen.

Lösung:

$p = 10\ \text{bar} = 10 \cdot 10^5\ \text{N/m}^2 \qquad h'' = 2777{,}5\ \text{kJ/kg} = 2777500\ \text{J/kg}$

$v'' = 0{,}1944\ \text{m}^3/\text{kg} \qquad h' = 762{,}2\ \text{kJ/kg} = 762200\ \text{J/kg}$

$v' = 0{,}0011273\ \text{m}^3/\text{kg}$

Die Energie des Sattdampfes ist nach Gl. (73b)

$$u'' = h'' - pv''$$

$$u'' = 2777500\ \text{J/kg} - 10 \cdot 10^5\ \text{N/m}^2 \cdot 0{,}1944\ \text{m}^3/\text{kg}$$

$$u'' = 2583100\ \text{J/kg} = 2583{,}1\ \text{kJ/kg}$$

analog ist die Energie der siedenden Flüssigkeit

$$u' = h' - pv'$$

$$u' = 762200\ \text{J/kg} - 10 \cdot 10^5\ \text{N/m}^2 \cdot 0{,}0011273\ \text{m}^3/\text{kg}$$

$$u' = 761072\ \text{J/kg} = 761{,}1\ \text{kJ/kg}$$

Die äußere Verdampfungswärme ist mit Gl. (74)

$$\psi_V = p(v'' - v') = 10 \cdot 10^5\ \text{N/m}^2 \cdot (0{,}1944 - 0{,}0011273)\ \text{m}^3/\text{kg}$$

$$\psi_V = 193273\ \text{J/kg} = 193{,}3\ \text{kJ/kg}$$

142. a) Welche Enthalpie hat die siedende Flüssigkeit? Wie groß ist die Verdampfungswärme, die Energie, die Enthalpie und das spezifische Volumen von 1 kg trocken gesättigtem Dampf bei einem Druck von 100 bar?

b) Welchen Wert haben Energie, Enthalpie und spezifisches Volumen, wenn der Dampf 10% Feuchtigkeit enthält?

c) Welche Erzeugungswärme ist für den unter b) beschriebenen Wasserdampf notwendig, wenn die Speisewassertemperatur 40 °C beträgt?

Lösung:

a) Aus der Dampftabelle 10 ist bei einem Druck von 100 bar

die Enthalpie der siedenden Flüssigkeit	$h' = 1407{,}0$ kJ/kg
die Verdampfungswärme	$r = 1318{,}2$ kJ/kg
die Energie des Sattdampfes	$u'' = 2545{,}3$ kJ/kg
die Enthalpie des Sattdampfes	$h'' = 2725{,}6$ kJ/kg
das spezifische Volumen des Sattdampfes	$v'' = 0{,}01803$ m³/kg

b) $y = 0{,}1$ kg/kg $\quad \varphi_V = 1152{,}8$ kJ/kg (innere Verd.-Wärme) $\quad v' = 0{,}001452$ m³/kg

Der Dampfgehalt ist aus Gl. (75)

$$x = 1 - y = 1 - 0{,}1 \text{ kg/kg} = 0{,}9 \text{ kg/kg}$$

Die Energie des Naßdampfes ist mit Gl. (78b)

$$u = h' + x\varphi_V = (1407 + 0{,}9 \cdot 1152{,}8) \text{ kJ/kg} = 2444{,}5 \text{ kJ/kg}$$

Die Enthalpie des Naßdampfes mit Gl. (76)

$$h = h' + xr = (1407 + 0{,}9 \cdot 1318{,}2) \text{ kJ/kg} = 2593{,}4 \text{ kJ/kg}$$

Das spezifische Volumen des Naßdampfes ist mit Gl. (77)

$$v = v' + x(v'' - v')$$

$$v = 0{,}001452 \text{ m}^3\text{/kg} + 0{,}9\,(0{,}01803 - 0{,}001452) \text{ m}^3\text{/kg} = 0{,}01637 \text{ m}^3\text{/kg}$$

c) $h = 2593{,}4$ kJ/kg $\qquad t_W = 40$ °C $\qquad c_W = 4{,}19$ kJ/kg K

Die Enthalpie des Wassers ist mit Gl. (27)

$$h_W = c_W t_W = 4{,}19 \text{ kJ/kg K} \cdot 40 \text{ K} = 167{,}6 \text{ kJ/kg}$$

Die notwendige Erzeugungswärme beträgt (Erzeugungswärme und Enthalpie sind begrifflich verschieden)

$$\Delta q_E = h - h_W = (2593{,}4 - 167{,}6) \text{ kJ/kg} = 2425{,}8 \text{ kJ/kg}$$

143. 8 m³ Naßdampf haben bei einem Druck von 9 bar einen Feuchtigkeitsgehalt von 65%. Welchen Wert haben die Masse und die Enthalpie?

Lösung:

$V = 8\ \text{m}^3 \qquad v'' = 0{,}2149\ \text{m}^3/\text{kg} \qquad h' = 742{,}2\ \text{kJ/kg}$

$p = 9\ \text{bar} \qquad v' = 0{,}00112\ \text{m}^3/\text{kg} \qquad r = 2030{,}8\ \text{kJ/kg}$

$x = 0{,}35\ \text{kg/kg}$

Das spezifische Volumen des Naßdampfes ist nach Gl. (77)

$$v = v' + x(v'' - v')$$

$$v = 0{,}00112\ \text{m}^3/\text{kg} + 0{,}35\ (0{,}2149 - 0{,}00112)\ \text{m}^3/\text{kg} = 0{,}0759\ \text{m}^3/\text{kg}$$

Die Masse von 8 m³ Dampf ist dann mit Anwendung von Gl. (12)

$$m = \frac{V}{v} = \frac{8\ \text{m}^3}{0{,}0759\ \text{m}^3/\text{kg}} = 105{,}4\ \text{kg}$$

Die Enthalpie von 1 kg Naßdampf ist mit Gl. (76)

$$h = h' + xr = (742{,}2 + 0{,}35 \cdot 2030{,}8)\ \text{kJ/kg} = 1453\ \text{kJ/kg}$$

$$h = 1453\ \text{kJ/kg} < h'' = 2773{,}1\ \text{kJ/kg}$$

Die Gesamtenthalpie ist dann

$$H = mh = 105{,}4\ \text{kg} \cdot 1453\ \text{kJ/kg} = 153146\ \text{kJ}$$

144. Einem Kilogramm Wasserdampf mit einem Druck von 10 bar und einem Feuchtigkeitsgehalt von 80% ($y = 0{,}8$ kg/kg) werden bei gleichbleibendem Druck 1000 kJ zugeführt (Enthalpiesteigerung). Wie groß ist dann die Enthalpie, der Dampfgehalt und das spezifische Volumen?

Lösung:

$p = 10\ \text{bar} \qquad h' = 762{,}2\ \text{kJ/kg} \qquad v' = 0{,}001127\ \text{m}^3/\text{kg}$

$x_1 = 0{,}2\ \text{kg/kg} \qquad r = 2015{,}3\ \text{kJ/kg} \qquad v'' = 0{,}1944\ \text{m}^3/\text{kg}$

$h_z = 1000\ \text{kJ/kg}$

Die Enthalpie von 1 kg Naßdampf vor der Wärmezuführung ist mit Gl. (76)

$$h_1 = h' + x_1 r = (762{,}3 + 0{,}2 \cdot 2015{,}3)\ \text{kJ/kg} = 1165{,}3\ \text{kJ/kg}$$

Nach der Enthalpiesteigerung

$$h_2 = h_1 + h_z = (1165{,}3 + 1000)\ \text{kJ/kg} = 2165{,}3\ \text{kJ/kg}$$

Da $h_2 = 2165{,}3\ \text{kJ/kg} < h'' = 2777{,}5\ \text{kJ/kg}$, ist noch Naßdampf vorhanden.

Der Dampfgehalt errechnet sich aus Gl. (76)

$$x_2 = \frac{h_2 - h'}{r} = \frac{(2165{,}3 - 762{,}2)\ \text{kJ/kg}}{2015{,}3\ \text{kJ/kg}} = 0{,}7\ \text{kg/kg}$$

Das spezifische Volumen ist dann mit Gl. (77)

$$v = v' + x_2(v'' - v')$$

$$v = 0{,}001\,127\ \text{m}^3/\text{kg} + 0{,}7\ (0{,}1944 - 0{,}001\,127)\ \text{m}^3/\text{kg} = 0{,}1364\ \text{m}^3/\text{kg}$$

145. 1 m³ Naßdampf mit einem Druck von 9 bar und einem Feuchtigkeitsgehalt in flüssiger Form von 5% ($y = 0{,}05$ kg/kg) werden ohne Druckänderung 6000 kJ entzogen (Enthalpieminderung). Wie groß ist dann der Feuchtigkeitsgehalt?

Lösung:

$V = 1\ \text{m}^3$	$v' = 0{,}00112\ \text{m}^3/\text{kg}$	$\lvert\Delta H_{\text{etz}}\rvert = 6000\ \text{kJ}$
$p = 9\ \text{bar}$	$v'' = 0{,}2149\ \text{m}^3/\text{kg}$	$h' = 742{,}2\ \text{kJ/kg}$
$x_1 = 0{,}95\ \text{kg/kg}$		$r = 2030{,}8\ \text{kJ/kg}$

Das spezifische Volumen im Zustand *1* ist mit Gl. (77)

$$v = v' + x_1(v'' - v')$$

$$v = 0{,}00112\ \text{m}^3/\text{kg} + 0{,}95\ (0{,}2149 - 0{,}00112)\ \text{m}^3/\text{kg} = 0{,}2042\ \text{m}^3/\text{kg}$$

Die Masse von 1 m³ Dampf ist mit Anwendung von Gl. (12)

$$m = \frac{V}{v} = \frac{1\ \text{m}^3}{0{,}2042\ \text{m}^3/\text{kg}} = 4{,}9\ \text{kg}$$

Der Enthalpieentzug, bezogen auf 1 kg, ist dann

$$\lvert\Delta h_{\text{etz}}\rvert = \frac{\lvert\Delta H_{\text{etz}}\rvert}{m} = \frac{6000\ \text{kJ}}{4{,}9\ \text{kg}} = 1224\ \text{kJ/kg}$$

Die Enthalpie von 1 kg Naßdampf im Zustand *2* ist nach Gl. (76)

$$h_2 = h' + x_1 r - \lvert\Delta h_{\text{etz}}\rvert = (742{,}2 + 0{,}95 \cdot 2030{,}8 - 1224)\ \text{kJ/kg}$$
$$= 1447\ \text{kJ/kg}$$

$$h_2 = 1447\ \text{kJ/kg} < h'' = 2773{,}1\ \text{kJ/kg}$$

Der Dampfgehalt im Zustand *2* ist dann aus Gl. (76)

$$x_2 = \frac{h_2 - h'}{r} = \frac{(1447 - 742{,}2)\ \text{kJ/kg}}{2030{,}8\ \text{kJ/kg}} = 0{,}347\ \text{kg/kg}$$

Der Feuchtigkeitsgehalt ist aus Gl. (75)

$$y_2 = 1 - x_2 = 1 - 0{,}347\ \text{kg/kg} = 0{,}653\ \text{kg/kg}$$

146. Ein Dampfkessel enthält 10 t Wasser und 15 kg trocken gesättigten Dampf bei einem Druck von 10 bar.

a) Wie groß ist die Gesamtenthalpie des Kessels?

b) Wie groß ist das Volumen des Kessels?

c) Wie groß ist die Wasser- und Dampfmasse, wenn der Druck auf 2 bar sinkt?

d) Welche Temperatur herrscht nach der Druckabsenkung im Kessel?

Lösung:

a) $p_1 = 10$ bar $\quad h'_1 = 762{,}2$ kJ/kg $\quad m_{W1} = 10000$ kg

$h''_1 = 2777{,}5$ kJ/kg $\quad m_{D1} = 15$ kg

Die Gesamtenthalpie setzt sich aus der Wasser- und Dampfenthalpie zusammen. Es ist

$$H = m_{W1}h'_1 + m_{D1}h''_1$$

$$H = 10000\text{ kg} \cdot 762{,}2\text{ kJ/kg} + 15\text{ kg} \cdot 2777{,}5\text{ kJ/kg}$$
$$= 7663662\text{ kJ} = 7663{,}7\text{ MJ}$$

b) $v'_1 = 0{,}00112$ m³/kg $\quad v''_1 = 0{,}1944$ m³/kg

Das anteilige Volumen des Wassers beträgt

$$V_{W1} = m_{W1}v'_1 = 10000\text{ kg} \cdot 0{,}00112\text{ m}^3/\text{kg} = 11{,}2\text{ m}^3,$$

des Dampfes

$$V_{D1} = m_{D1}v''_1 = 15\text{ kg} \cdot 0{,}1944\text{ m}^3/\text{kg} = 2{,}91\text{ m}^3$$

Das Gesamtkesselvolumen

$$V = V_{W1} + V_{D1} = (11{,}2 + 2{,}91)\text{ m}^3 = 14{,}11\text{ m}^3$$

c) Während der Druckabsenkung bleiben Gesamtmasse und Gesamtvolumen konstant.

$p_2 = 2$ bar $\quad v'_2 = 0{,}00106$ m³/kg $\quad v''_2 = 0{,}8852$ m³/kg

Es gilt (I) $m = m_{W2} + m_{D2}; \quad m_{W2} = m - m_{D2}$

und (II) $V = m_{W2}v'_2 + m_{D2}v''_2$

Gl. (I) in Gl. (II) eingesetzt

$$V = (m - m_{D2}) \quad v'_2 + m_{D2}v''_2$$

$$m_{D2} = \frac{V - mv'_2}{v''_2 - v'_2} = \frac{14{,}11\text{ m}^3 - 10015\text{ kg} \cdot 0{,}00106\text{ m}^3/\text{kg}}{(0{,}8852 - 0{,}00106)\text{ m}^3/\text{kg}} = 3{,}96\text{ kg}$$

Verflüssigt haben sich

$$\Delta m_D = m_{D1} - m_{D2} = (15 - 3{,}96)\ \text{kg} = 11{,}04\ \text{kg}$$

d) Da noch Naßdampf vorhanden ist, herrscht im Kessel die Siedetemperatur bei einem Druck von 2 bar.

$$t_{S2} = 120{,}23\ °\text{C}$$

147. Durch Wärmezufuhr steigt bei konstantem Druck (Enthalpiesteigerung) von 10 bar das Volumen von 1 kg Naßdampf mit einem Feuchtigkeitsgehalt von 51% auf das Doppelte.
Wie groß ist dann der Dampfgehalt, und welche Enthalpie mußte zugeführt werden?

Lösung:

$p = 10$ bar $\quad v' = 0{,}00112\ \text{m}^3/\text{kg} \quad r = 2015{,}3\ \text{kJ/kg}$

$x_1 = 0{,}49$ kg/kg $\quad v'' = 0{,}1944\ \text{m}^3/\text{kg}$

Das spezifische Volumen im Anfangszustand ist mit Gl. (77)

$$v_1 = v' + x_1(v'' - v')$$

$$v_1 = 0{,}00112\ \text{m}^3/\text{kg} + 0{,}49\ (0{,}1944 - 0{,}00112)\ \text{m}^3/\text{kg} = 0{,}0958\ \text{m}^3/\text{kg}$$

dann ist $v_2 = 2 \cdot v_1 = 2 \cdot 0{,}0958\ \text{m}^3/\text{kg} = 0{,}1916\ \text{m}^3/\text{kg}$

Da $v_2 < v''$, ist noch Naßdampf vorhanden.

Der Dampfgehalt nach der Volumenvergrößerung ist aus Gl. (77)

$$x_2 = \frac{v_2 - v'}{v'' - v'} = \frac{(0{,}1916 - 0{,}00112)\ \text{m}^3/\text{kg}}{(0{,}1944 - 0{,}00112)\ \text{m}^3/\text{kg}} = 0{,}986\ \text{kg/kg}$$

Die zugeführte Enthalpie ist mit Gl. (76)

$$h_2 - h_1 = h' + x_2 r - (h' + x_1 r) = h' + x_2 r - h' - x_1 r$$

$$\Delta h = r(x_2 - x_1) = 2015{,}3\ \text{kJ/kg} \cdot (0{,}986 - 0{,}49)\ \text{kg/kg} = 999{,}6\ \text{kJ/kg}$$

148. In einem abgesperrten Kessel befinden sich 2 m³ trocken gesättigter Dampf mit einem Druck von 11 bar. Durch Abkühlung sinkt die Temperatur auf 104,81 °C. Welcher Druck herrscht nach der Abkühlung im Kessel, wie groß ist dann der Dampfgehalt, und welche Wärme wurde entzogen?

Bemerkungen zum Lösungsgang:

Der Druck im Zustand 2 wird bei der gegebenen Temperatur aus der Dampftabelle entnommen. Während der Abkühlung ändert sich das Gesamtvolumen nicht. Bei der Berechnung des Wärmeentzuges muß mit der Energie gerechnet werden.

$p_1 = 11$ bar $\quad V = 2\ \text{m}^3$

$p_2 = 1{,}2$ bar $\quad u''_1 = 2586{,}1\ \text{kJ/kg}$

$v''_1 = 0{,}1775\ \text{m}^3/\text{kg} \quad \varrho''_1 = 5{,}634\ \text{kg/m}^3$ (Dichte)

$v''_2 = 1{,}428\ \text{m}^3/\text{kg} \quad \varphi_{V2} = 2071{,}4\ \text{kJ/kg}$ (innere Verdampfungswärme)

$x_1 = 1$ kg/kg $\quad h'_2 = 439{,}18\ \text{kJ/kg}$

Da $v_1 = v_2$, ist mit Gl. (77)

$$v'_1 + x_1(v''_1 - v'_1) = v'_2 + x_2(v''_2 - v'_2)$$

Hier kann $v' = 0{,}001\ \mathrm{m^3/kg}$ konstant gesetzt werden. Es ist dann

$$x_2 = x_1 \frac{v''_1 - v'}{v''_2 - v'} = 1\ \mathrm{kg/kg}\ \frac{(0{,}1775 - 0{,}001)\ \mathrm{m^3/kg}}{(1{,}428 - 0{,}001)\ \mathrm{m^3/kg}} = 0{,}1237\ \mathrm{kg/kg}$$

Die Masse des trocken gesättigten Dampfes ist mit Gl. (12)

$$m = V\varrho''_1 = 2\ \mathrm{m^3} \cdot 5{,}634\ \mathrm{kg/m^3} = 11{,}268\ \mathrm{kg}$$

Die Energie des Naßdampfes nach der Abkühlung ist mit Gl. (78b)

$$u_2 = h'_2 + x_2\varphi_{V2} = (439{,}18 + 0{,}1237 \cdot 2071{,}4\ )\ \mathrm{kJ/kg} = 695{,}4\ \mathrm{kJ/kg}$$

Der Wärmeentzug (Energiesenkung) beträgt dann

$$|\Delta U| = m(u''_1 - u_2) = 11{,}27\ \mathrm{kg}\ (2586{,}1 - 695{,}4)\ \mathrm{kJ/kg} = 21300\ \mathrm{kJ}$$

149. In einem Wasserdampfkessel herrscht ein Druck von 30 bar (Druck im Kesselhaus 1 bar).
Auf das Wievielfache steigt das Volumen, wenn ein Siederohr plötzlich aufreißt
a) bei einem Dampfgehalt im Rohr von 30%,
b) bei einem Dampfgehalt im Rohr von 0% bei $t_S = 233{,}84\,°\mathrm{C}$?

Lösung:

a) Die gespeicherte Energie wird beim Zerreißen frei.

$p_1 = 30\ \mathrm{bar}$	$h'_1 = 1007{,}7\ \mathrm{kJ/kg}$	$p_2 = 1\ \mathrm{bar}$
$x_1 = 0{,}3\ \mathrm{kg/kg}$	$\varphi_{V1} = 1601{,}4\ \mathrm{kJ/kg}$	$h'_2 = 417{,}33\ \mathrm{kJ/kg}$
		$r_2 = 2256{,}5\ \mathrm{kJ/kg}$

Es ist die Energie im Zustand *1* nach Gl. (78b)

$$u_1 = h'_1 + x_1\varphi_{V1} = (1007{,}7 + 0{,}3 \cdot 1601{,}4)\ \mathrm{kJ/kg} = 1488{,}1\ \mathrm{kJ/kg}$$

Nach der Zerstörung (Zustand *2*) ist $u_1 = h_2$ zu setzen. Aus Gl. (76) ist der Dampfgehalt

$$x_2 = \frac{u_1 - h'_2}{r_2} = \frac{(1488{,}1 - 417{,}33)\ \mathrm{kJ/kg}}{2256{,}5\ \mathrm{kJ/kg}} = 0{,}474\ \mathrm{kg/kg}$$

Das Raumzunahmeverhältnis ist mit Gl. (77)

$v'_1 = 0{,}00121\ \mathrm{m^3/kg}$ $\quad v'_2 = 0{,}001\ \mathrm{m^3/kg}$

$v''_1 = 0{,}06667\ \mathrm{m^3/kg}$ $\quad v''_2 = 1{,}694\ \mathrm{m^3/kg}$

$$\frac{v_2}{v_1} = \frac{v'_2 + x_2(v''_2 - v'_2)}{v'_1 + x_1(v''_1 - v'_1)} = \frac{[0{,}001 + 0{,}474\ (1{,}694 - 0{,}001)]\ \mathrm{m^3/kg}}{[0{,}00121 + 0{,}3\ (0{,}06667 - 0{,}00121)]\ \mathrm{m^3/kg}}$$

$$= \frac{0{,}803\ \mathrm{m^3/kg}}{0{,}0208\ \mathrm{m^3/kg}} = 38{,}6$$

b) Analog der Lösung in a) ist mit $u'_1 = 1004{,}1$ kJ/kg

$$x_2 = \frac{u'_1 - h'_2}{r_2} = \frac{(1004{,}1 - 417{,}33)\,\text{kJ/kg}}{2256{,}5\,\text{kJ/kg}} = 0{,}26\,\text{kg/kg}$$

dann

$$\frac{v_2}{v_1} = \frac{v'_2 + x_2(v''_2 - v'_2)}{v'_1} = \frac{[0{,}001 + 0{,}26\,(1{,}694 + 0{,}001)]\,\text{m}^3/\text{kg}}{0{,}00121\,\text{m}^3/\text{kg}}$$

$$= \frac{0{,}441\,\text{m}^3/\text{kg}}{0{,}00121\,\text{m}^3/\text{kg}} = 365$$

Aus dem vorstehenden Beispiel ist zu entnehmen, daß bei Havarien in Kesselhäusern und Umformstationen immer mit einer lebhaften Nachverdampfung zu rechnen ist, die zu Sichtbehinderungen führt.

150. 4 kg Dampf mit einem Druck von 9 bar haben ein Volumen von 400 l. Welche Wärme ist zuzuführen, damit das Volumen bei konstantem Druck auf 800 l steigt (Enthalpiesteigerung)?

Lösung:

$p = 9$ bar	$V_1 = 0{,}4\,\text{m}^3$	$v'' = 0{,}2149\,\text{m}^3/\text{kg}$	$h' = 742{,}2$ kJ/kg
$m = 4$ kg	$V_2 = 0{,}8\,\text{m}^3$	$v' = 0{,}0011\,\text{m}^3/\text{kg}$	$r = 2030{,}8$ kJ/kg

Das spezifische Volumen im Zustand *1* ist mit Anwendung der Gl. (12)

$$v_1 = \frac{V_1}{m} = \frac{0{,}4\,\text{m}^3}{4\,\text{kg}} = 0{,}1\,\text{m}^3/\text{kg}$$

im Zustand *2*

$$v_2 = \frac{V_2}{m} = \frac{0{,}8\,\text{m}^3}{4\,\text{kg}} = 0{,}2\,\text{m}^3/\text{kg}$$

Es ist $v_1 < v''$ und $v_2 < v''$, also Naßdampf vorhanden.
Der jeweilige Dampfgehalt wird nach Gl. (77) bestimmt

$$x_1 = \frac{v_1 - v'}{v'' - v'} = \frac{(0{,}1 - 0{,}0011)\,\text{m}^3/\text{kg}}{(0{,}2149 - 0{,}0011)\,\text{m}^3/\text{kg}} = 0{,}463\,\text{kg/kg}$$

$$x_2 = \frac{v_2 - v'}{v'' - v'} = \frac{(0{,}2 - 0{,}0011)\,\text{m}^3/\text{kg}}{(0{,}2149 - 0{,}0011)\,\text{m}^3/\text{kg}} = 0{,}93\,\text{kg/kg}$$

Die zuzuführende Enthalpie ist mit Anwendung von Gl. (76)

$$\Delta H = m[h' + x_2 r - (h' - x_1 r)]$$

$$\Delta H = mr(x_2 - x_1) = 4\,\text{kg} \cdot 2030{,}8\,\text{kJ/kg} \cdot (0{,}93 - 0{,}463)\,\text{kg/kg}$$

$$= 3793{,}5\,\text{kJ}$$

151. In einem abgesperrten Behälter befinden sich 3 kg Naßdampf mit einem Druck von 3 bar und einem Dampfgehalt von 20,5%. Welche Wärme ist notwendig, um trocken gesättigten Dampf zu erhalten, und welcher Druck herrscht dann im Behälter (s. Beispiel 148)?

Lösung:

$m = 3\,\text{kg}$ $\qquad v'_1 = 0{,}00107\,\text{m}^3/\text{kg}$ $\qquad h'_1 = 561{,}2\,\text{kJ/kg}$

$p_1 = 3\,\text{bar}$ $\qquad v''_1 = 0{,}6054\,\text{m}^3/\text{kg}$ $\qquad \varphi_{V1} = 1976{,}1\,\text{kJ/kg}$

$x_1 = 0{,}205\,\text{kg/kg}$

Das spezifische Volumen im Anfangs- und auch Endzustand (Volumen bleibt konstant) ist mit Gl. (77)

$$v = v'_1 + x_1(v''_1 - v'_1)$$

$$v = 0{,}00107\,\text{m}^3/\text{kg} + 0{,}205\,(0{,}6054 - 0{,}00107)\,\text{m}^3/\text{kg} = 0{,}1238\,\text{m}^3/\text{kg}$$

Dieses Volumen ist im Endzustand das spezifische Volumen des trocken gesättigten Dampfes. Nach der Dampftabelle herrscht dann ein Druck von $p_2 = 16$ bar.
Da das Volumen konstant bleibt, muß bei der Wärmezuführung mit der Energie gerechnet werden. Die Energie von 1 kg Naßdampf ist nach Gl. (78b)

$$u_1 = h'_1 + x_1\varphi_{V1} = (561{,}2 + 0{,}205 \cdot 1976{,}1)\,\text{kJ/kg} = 966{,}3\,\text{kJ/kg}$$

Die zuzuführende Wärme (Energiesteigerung) ist mit $u''_2 = 2596{,}5\,\text{kJ/kg}$

$$\Delta U = m(u''_2 - u_1) = 3\,\text{kg}\,(2596{,}5 - 966{,}3)\,\text{kJ/kg} = 4890{,}6\,\text{kJ}$$

152. Von einem Flammrohrkessel werden stündlich 1,5 t Naßdampf mit einem Feuchtigkeitsgehalt von 5% bei einem Druck von 10 bar geliefert. Welchen Durchmesser muß die abführende Rohrleitung haben, wenn Druckverluste unberücksichtigt bleiben und die Dampfgeschwindigkeit 25 m/s nicht übersteigen soll?

Lösung:

$\dot m_D = 1500\,\text{kg/h}$ $\qquad v' = 0{,}001127\,\text{m}^3/\text{kg}$ $\qquad x = 0{,}95\,\text{kg/kg}$

$p = 10\,\text{bar}$ $\qquad v'' = 0{,}1944\,\text{m}^3/\text{kg}$ $\qquad w = 25\,\text{m/s}$

Das spezifische Volumen für den Naßdampf ist mit Gl. (77)

$$v = v' + x(v'' - v')$$

$$v = 0{,}001127\,\text{m}^3/\text{kg} + 0{,}95\,(0{,}1944 - 0{,}001127)\,\text{m}^3/\text{kg} = 0{,}1846\,\text{m}^3/\text{kg}$$

Der Volumenstrom ist dann

$$\dot V_D = \dot m_D v = 1500\,\text{kg/h} \cdot 0{,}1846\,\text{m}^3/\text{kg} = 277\,\text{m}^3/\text{h}$$

Der Rohrdurchmesser ist

$$A = \frac{\dot{V}_D}{w} = \frac{277 \text{ m}^3/\text{h}}{3600 \text{ s/h} \cdot 25 \text{ m/s}} = 0{,}00309 \text{ m}^2; \quad d = 62{,}7 \text{ mm}$$

(wird auf Handelsmaß gerundet)

153. 500 kg Wasser mit einer Temperatur von 10 °C sollen mittelbar (der Dampf wird im Gegenstrom durch ein Rohrbündel geleitet) durch trocken gesättigten Dampf mit einem Druck von 2 bar auf eine Temperatur von 60 °C gebracht werden. Kondensatablauftemperatur 60 °C. Wieviel Kilogramm Dampf sind erforderlich?

Lösung:

$m_W = 500$ kg $\quad t_{W1} = 10\,°\text{C} \quad h'' = 2704{,}6$ kJ/kg

$p = 2$ bar $\quad t_{W2} = 60\,°\text{C} \quad c_W = 4{,}19$ kJ/kg K

Die Enthalpie des Wassers ist mit Gl. (27)

$$h_{W1} = c_W t_{W1} = 4{,}19 \text{ kJ/kg K} \cdot 10 \text{ K} = 41{,}9 \text{ kJ/kg}$$

$$h_{W2} = c_W t_{W2} = 4{,}19 \text{ kJ/kg K} \cdot 60 \text{ K} = 251{,}4 \text{ kJ/kg}$$

abgegebene Wärme = aufgenommene Wärme

$$m_D(h'' - h_{W2}) = m_W(h_{W2} - h_{W1})$$

Die Dampfmasse ist dann

$$m_D = \frac{m_W(h_{W2} - h_{W1})}{h'' - h_{W2}} = \frac{500 \text{ kg } (251{,}4 - 41{,}9) \text{ kJ/kg}}{(2704{,}6 - 251{,}4) \text{ kJ/kg}} = 42{,}7 \text{ kg}$$

154. Angaben wie in Beispiel 153. Unmittelbare Einspeisung. Die Gesamtwassermasse soll 500 kg mit einer Temperatur von 60 °C betragen.

Lösung:

Es gilt (I) $m = m_D + m_W$; daraus $m_D = m - m_W$

und (II) $m h_{W2} = m_D h'' + m_W h_{W1}$

Gl. (I) in Gl. (II) eingesetzt

$$m h_{W2} = (m - m_W)\, h'' + m_W h_{W1}$$

Die Wassermasse ist

$$m_W = \frac{m(h_{W2} - h'')}{h_{W1} - h''} = \frac{500 \text{ kg } (251{,}4 - 2704{,}6) \text{ kJ/kg}}{(41{,}9 - 2704{,}6) \text{ kJ/kg}} = 461 \text{ kg}$$

Die Dampfmasse beträgt

$$m_D = m - m_W = (500 - 461) \text{ kg} = 39 \text{ kg}$$

155. In 1 m³ Dampf mit einem Druck von 12 bar und einem Feuchtigkeitsgehalt von 15% werden 1,5 kg Wasser mit einer Temperatur von 12 °C bei konstantem Druck eingeblasen. Wie groß ist dann die Gesamtenthalpie, und wie groß ist der Dampfgehalt?

Lösung:

$p = 12$ bar	$x_1 = 0{,}85$ kg/kg	$h' = 797{,}9$ kJ/kg
$V = 1\ \mathrm{m}^3$	$v' = 0{,}00113\ \mathrm{m}^3/\mathrm{kg}$	$r = 1986{,}7$ kJ/kg
$m_\mathrm{W} = 1{,}5$ kg	$v'' = 0{,}1633\ \mathrm{m}^3/\mathrm{kg}$	$t_\mathrm{W} = 12\,°\mathrm{C}$

Das spezifische Volumen des Naßdampfes vor der Einspritzung ist nach Gl. (77)

$$v = v' + x_1(v'' - v')$$

$$v = 0{,}00113\ \mathrm{m}^3/\mathrm{kg} + 0{,}85\ (0{,}1633 - 0{,}00113)\ \mathrm{m}^3/\mathrm{kg} = 0{,}1391\ \mathrm{m}^3/\mathrm{kg}$$

Die Masse von 1 m³ Dampf ist dann mit Anwendung von Gl. (12)

$$m_\mathrm{D} = \frac{V}{v} = \frac{1\ \mathrm{m}^3}{0{,}1391\ \mathrm{m}^3/\mathrm{kg}} = 7{,}19\ \mathrm{kg}$$

Die Enthalpie von 1 kg Naßdampf ist vor der Mischung nach Gl. (76)

$$h_1 = h' + x_1 r = (797{,}9 + 0{,}85 \cdot 1986{,}7)\ \mathrm{kJ/kg} = 2486\ \mathrm{kJ/kg}$$

Die Enthalpie des Wassers mit $c_\mathrm{W} = 4{,}19$ kJ/kg K nach Gl. (27)

$$h_\mathrm{W} = c_\mathrm{W} t_\mathrm{W} = 4{,}19\ \mathrm{kJ/kg\,K} \cdot 12\ \mathrm{K} = 50{,}28\ \mathrm{kJ/kg}$$

Die Gesamtenthalpie der Mischung ist

$$H_2 = m_\mathrm{D} h_1 + m_\mathrm{W} h_\mathrm{W} = 7{,}19\ \mathrm{kg} \cdot 2486\ \mathrm{kJ/kg} + 1{,}5\ \mathrm{kg} \cdot 50{,}28\ \mathrm{kJ/kg}$$
$$= 17950\ \mathrm{kJ}$$

1 kg der Mischung hat die Enthalpie

$$H_2 = h_2(m_\mathrm{D} + m_\mathrm{W})$$

$$h_2 = \frac{H_2}{m_\mathrm{D} + m_\mathrm{W}} = \frac{17950\ \mathrm{kJ}}{(7{,}19 + 1{,}5)\ \mathrm{kg}} = 2070\ \mathrm{kJ/kg}$$

Es ist $h_2 = 2070\ \mathrm{kJ/kg} < h'' = 2784{,}7\ \mathrm{kJ/kg}$, also Naßdampf vorhanden. Der Dampfgehalt der Mischung ist aus Gl. (76)

$$x_2 = \frac{h_2 - h'}{r} = \frac{(2070 - 797{,}9)\ \mathrm{kJ/kg}}{1986{,}7\ \mathrm{kJ/kg}} = 0{,}637\ \mathrm{kg/kg}$$

156. In einem Oberflächenkondensator sollen 1000 kg Dampf mit einem Druck von 0,1 bar und einem Feuchtigkeitsgehalt von 5% in einer Stunde niedergeschlagen werden. Das Kühlwasser fließt im Gegenstrom durch die Rohre und erwärmt sich von 15 °C auf 35 °C. Das anfallende Kondensat fließt mit einer Temperatur von 45 °C ab. Wieviel Kühlwasser ist je Stunde erforderlich?

Lösung:

$\dot{m}_D = 1000$ kg/h	$x = 0{,}95$ kg/kg	$t_{W1} = 15$°C
$p = 0{,}1$ bar	$h' = 191{,}71$ kJ/kg	$t_{W2} = 35$°C
	$r = 2392{,}2$ kJ/kg	$t_K = 45$°C

Die Enthalpie des Kühlwassers ist mit $c_W = 4{,}19$ kJ/kg K nach Gl. (27)

$$h_{W1} = c_W t_{W1} = 4{,}19\ \text{kJ/kg K} \cdot 15\ \text{K} = 62{,}85\ \text{kJ/kg}$$

$$h_{W2} = c_W t_{W2} = 4{,}19\ \text{kJ/kg K} \cdot 35\ \text{K} = 146{,}65\ \text{kJ/kg}$$

die des Kondensates

$$h_K = c_W t_K = 4{,}19\ \text{kJ/kg K} \cdot 45\ \text{K} = 188{,}55\ \text{kJ/kg}$$

Die Enthalpie für 1 kg Naßdampf ist mit Gl. (76)

$$h = h' + xr = (191{,}71 + 0{,}95 \cdot 2392{,}2)\ \text{kJ/kg} = 2464{,}3\ \text{kJ/kg}$$

Aus der Mischungsgleichung ergibt sich die notwendige Wassermasse

$$\dot{m}_D(h - h_K) = \dot{m}_W(h_{W2} - h_{W1})$$

$$\dot{m}_W = \frac{\dot{m}_D(h - h_K)}{h_{W2} - h_{W1}} = \frac{1000\ \text{kg/h} \cdot (2464{,}3 - 188{,}55)\ \text{kJ/kg}}{(146{,}65 - 62{,}85)\ \text{kJ/kg}} = 27200\ \text{kg/h}$$

157. In einem Mischungskondensator werden stündlich 1000 kg Dampf mit einem Druck von 0,1 bar und 5% Feuchtigkeitsgehalt mit Wasser von 15° C in Berührung gebracht. Das abfließende Wasser, bestehend aus Kondensat und Kühlwasser, soll eine Temperatur von 40 °C haben. Wieviel Kühlwasser ist je Kilogramm Dampf erforderlich?

Lösung:

$\dot{m}_D = 1000$ kg/h	$x = 0{,}95$ kg/kg	$t_{W1} = 15$ °C
$p = 0{,}1$ bar	$h' = 191{,}71$ kJ/kg	$t_{W2} = 40$°C
	$r = 2392{,}2$ kJ/kg	

Die Enthalpie des zufließenden Wassers ist mit $c_W = 4{,}19$ kJ/kg K nach Gl. (27)

$$h_{W1} = c_W t_{W1} = 4{,}19\ \text{kJ/kg K} \cdot 15\ \text{K} = 62{,}85\ \text{kJ/kg}$$

des abfließenden Wassers

$$h_{W2} = c_W t_{W2} = 4{,}19\ \text{kJ/kg K} \cdot 40\ \text{K} = 167{,}6\ \text{kJ/kg}$$

Die Enthalpie für 1 kg Naßdampf ist mit Gl. (76)

$$h = h' + xr = (191{,}71 + 0{,}95 \cdot 2392{,}2)\ \text{kJ/kg} = 2464{,}3\ \text{kJ/kg}$$

Mit der Mischungsgleichung ist der Kühlwasserbedarf in kg je kg Dampf

$$\dot{m}_D(h - h_{W2}) = \dot{m}_W(h_{W2} - h_{W1})$$

$$\frac{\dot{m}_W}{\dot{m}_D} = \frac{h - h_{W2}}{h_{W2} - h_{W1}} = \frac{(2464{,}3 - 167{,}6)\ \text{kJ/kg}}{(167{,}6 - 62{,}85)\ \text{kJ/kg}} = 21{,}3\ \text{kg/kg}$$

158. Durch unmittelbare Mischung von Naßdampf mit einem Druck von 3 bar und $x = 0{,}95$ kg/kg mit Wasser von 15 °C sollen 3000 kg Wasser von 70 °C hergestellt werden. Wieviel Kilogramm Wasser und Dampf sind jeweils erforderlich?

Ergebnis: $m_W = 2730$ kg $\quad m_D = 270$ kg

159. In einem isolierten Messingbehälter ($c = 0{,}384$ kJ/kg K) mit einer Masse von 2 kg befinden sich 50 kg Wasser von 15 °C. Nach der Einspeicherung von 5 kg Dampf mit einem Druck von 7 bar steigt die Wassertemperatur auf 60 °C. Welchen Feuchtigkeitsgehalt hatte der Dampf?

Ergebnis: $y = 0{,}28$ kg/kg

160. Eine gußeiserne Wanne hat eine Masse von 150 kg ($c = 0{,}523$ kJ/kg K), sie ist mit 200 kg Wasser von 36 °C zu füllen. Mit welcher Temperatur muß das Wasser in die Wanne einlaufen, wenn während der Einlaufzeit 5% der gesamten im Wasser gespeicherten Wärme verlorengeht? Anfangstemperatur des Gußeisens 10 °C.

Ergebnis: $t = 40{,}5$ °C

Dampfspeicher

161. Ein *Ruths*-Speicher hat eine Wassermasse von 250 t und wird durch Sattdampf mit einem Druck von 10 bar gespeichert. Wieviel Kilogramm Dampf können gespeichert werden, wenn der Entladedruck 4 bar beträgt?

Bemerkungen zum Lösungsgang:

Der *Ruths*-Speicher ist zu 95% mit Wasser gefüllt. Die Dampfwärme wird innerhalb des Wassers gespeichert. Es wird die Enthalpie der siedenden Flüssigkeit (Wasser) bei den verschiedenen Drücken gegenübergestellt (Wärmegleichung).

$m_W = 250000$ kg $\quad p_1 = 10$ bar $\quad h'_1 = 762{,}2$ kJ/kg

$p_2 = 4$ bar $\quad h''_1 = 2777{,}5$ kJ/kg

$h'_2 = 604{,}4$ kJ/kg

Mit der Wärmegleichung ist

$$m_D(h''_1 - h'_2) = m_W(h'_1 - h'_2)$$

Die gespeicherte Dampfmasse ist dann

$$m_D = \frac{m_W(h'_1 - h'_2)}{h''_1 - h'_2} = \frac{250\,000 \text{ kg } (762{,}2 - 604{,}4) \text{ kJ/kg}}{(2\,777{,}5 - 604{,}4) \text{ kJ/kg}} = 18150 \text{ kg}$$

162. Dieselben Angaben wie in Beispiel 161, jedoch beträgt der Inhalt nicht 250 t, sondern 250 m³ Wasser.

Lösung:

$V = 250 \text{ m}^3 \qquad \varrho'_1 = 1/v'_1 = 1/0{,}001\,127 \text{ m}^3/\text{kg} = 888 \text{ kg/m}^3$

Die gespeicherte Dampfmasse ist dann

$$m_D = \frac{V\varrho'_1(h'_1 - h'_2)}{h''_1 - h'_2} = \frac{250 \text{ m}^3 \cdot 888 \text{ kg/m}^3 \cdot 157{,}8 \text{ kJ/kg}}{2\,173 \text{ kJ/kg}} = 16\,110 \text{ kg}$$

Heißdampf

163. Welche Enthalpie und welches Volumen hat 1 kg Heißdampf mit einem Druck von 10 bar und einer Temperatur von 300 °C?

Lösung:

$p = 10 \text{ bar} = 10 \cdot 10^5 \text{ N/m}^2 \qquad t_ü = 300\,°\text{C}; \quad T_ü = 573 \text{ K}$

$h'' = 2\,777{,}5 \text{ kJ/kg} \qquad t_s = 179{,}9\,°\text{C}$

$c_{pm} = 2{,}26 \text{ kJ/kg K}$ (Tab. 12)

Die Enthalpie von 1 kg überhitztem Dampf ist nach Gl. (79)

$$h_ü = h'' + c_{pm}(t_ü - t_s)$$

$$h_ü = 2\,777{,}5 \text{ kJ/kg} + 2{,}26 \text{ kJ/kg K} \cdot (300 - 179{,}9) \text{ K} = 3\,050 \text{ kJ/kg}$$

und mit Gl. (80) ist das spezifische Volumen (angenähert, s. 4.2.2.)

$$v_ü = \frac{480 \cdot 573}{10 \cdot 10^5} - 0{,}017 = 0{,}258; \quad v_ü = 0{,}258 \text{ m}^3/\text{kg}$$

164. Wie groß ist die Enthalpie für die Überhitzung und die Enthalpie von 1 kg Heißdampf bei einem Druck von 12 bar und einer Temperatur von 320 °C?

Lösung:

$p = 12 \text{ bar} \qquad h'' = 2\,784{,}7 \text{ kJ/kg} \qquad t_ü = 320\,°\text{C}$

$c_{pm} = 2{,}29 \text{ kJ/kg K} \qquad t_s = 187{,}96\,°\text{C}$

Die Enthalpie für die Überhitzung ($t_s \cdots t_ü$) ist aus Gl. (79)

$$h_ü - h'' = c_{pm}(t_ü - t_s) = 2{,}29 \text{ kJ/kg K} \cdot (320 - 187{,}96) \text{ K} = 302 \text{ kJ/kg}$$

Die Enthalpie für 1 kg überhitzten Dampf ist mit Gl. (79)

$$h_{ü} = h'' + c_{pm}(t_{ü} - t_s) = (2784{,}7 + 302)\ \mathrm{kJ/kg} = 3086{,}7\ \mathrm{kJ/kg}$$

165. Auf wieviel Grad Celsius ist 1 m³ Heißdampf mit einer Dichte von 4,78 kg/m³ überhitzt, wenn der Druck 12 bar beträgt? Wie groß ist die Enthalpie?

Lösung:

$p = 12\ \mathrm{bar} = 12 \cdot 10^5\ \mathrm{N/m^2}$ $\quad \varrho_{ü} = 4{,}78\ \mathrm{kg/m^3}$

Mit Gl. (1) ist das spezifische Volumen des überhitzten Dampfes

$$v_{ü} = \frac{1}{\varrho_{ü}} = \frac{1}{4{,}78\ \mathrm{kg/m^3}} = 0{,}209\ \mathrm{m^3/kg}$$

Aus Gl. (80) ist die Überhitzungstemperatur (angenähert, s. 4.2.2.)

$$T_{ü} = \frac{12 \cdot 10^5\,(0{,}209 + 0{,}016)}{480} = 563; \quad T_{ü} = 563\ \mathrm{K}; \quad t_{ü} = 290\,°\mathrm{C}$$

Die Enthalpie für 1 kg Heißdampf ist mit Gl. (79)

$h'' = 2784{,}7\ \mathrm{kJ/kg}$ $\quad c_{pm} = 2{,}32\ \mathrm{kJ/kg\,K}$ $\quad t_s = 187{,}96\,°\mathrm{C}$

$$h_{ü} = h'' + c_{pm}(t_{ü} - t_s)$$

$$h_{ü} = 2784{,}7\ \mathrm{kJ/kg} + 2{,}32\ \mathrm{kJ/kg\,K} \cdot (290 - 187{,}96)\ \mathrm{K} = 3020\ \mathrm{kJ/kg}$$

Die Enthalpie für 1 m³ ist dann

$$H_{ü} = \varrho_{ü} h_{ü} = 4{,}78\ \mathrm{kg/m^3} \cdot 3020\ \mathrm{kJ/kg} = 14445\ \mathrm{kJ/m^3}$$

166. 1 m³ Heißdampf mit einem Druck von 12 bar und einer Temperatur von 290 °C wird mit 1 m³ Naßdampf mit einem Druck von 12 bar und $x = 0{,}8$ kg/kg bei konstantem Druck gemischt. Welche Dampfart ist nach der Mischung vorhanden?

Wenn Heißdampf nach der Mischung vorhanden ist, soll die Überhitzungstemperatur bestimmt werden. Ist Naßdampf vorhanden, dann ist der Dampfgehalt zu bestimmen.

Lösung:

1. Werte für den überhitzten Dampf

$V_{ü} = 1\ \mathrm{m^3}$ $\quad c_{pm} = 2{,}32\ \mathrm{kJ/kg\,K}$

$p = 12\ \mathrm{bar} = 12 \cdot 10^5\ \mathrm{N/m^2}$ $\quad h'' = 2784{,}7\ \mathrm{kJ/kg}$

$t_{ü} = 290\,°\mathrm{C}$; $T_{ü} = 563\ \mathrm{K}$ $\quad t_s = 187{,}96\,°\mathrm{C}$

Das spezifische Volumen ist mit Gl. (80) (angenähert, s. 4.2.2.)

$$v_{ü} = \frac{480 \cdot 563}{12 \cdot 10^5} - 0{,}016 = 0{,}209; \quad v_{ü} = 0{,}209\ \mathrm{m^3/kg}$$

Die Dampfmasse beträgt mit Anwendung von Gl. (12)

$$m_{ü} = \frac{V_{ü}}{v_{ü}} = \frac{1\ \mathrm{m^3}}{0{,}209\ \mathrm{m^3/kg}} = 4{,}78\ \mathrm{kg}$$

Die Enthalpie für 1kg ist mit Gl. (79)

$$h_{ü} = h'' + c_{pm}(t_{ü} - t_s)$$

$$h_{ü} = 2784{,}7\ \mathrm{kJ/kg} + 2{,}32\ \mathrm{kJ/kg\,K} \cdot (290 - 187{,}96)\ \mathrm{K} = 3020\ \mathrm{kJ/kg}$$

2. Werte für den Naßdampf

$v' = 0{,}00113\ \mathrm{m^3/kg}$ $\quad V_N = 1\ \mathrm{m^3}$ $\quad h' = 797{,}9\ \mathrm{kJ/kg}$

$v'' = 0{,}1633\ \mathrm{m^3/kg}$ $\quad x_1 = 0{,}8\ \mathrm{kg/kg}$ $\quad r = 1986{,}7\ \mathrm{kJ/kg}$

Das spezifische Volumen ist mit Gl. (77)

$$v_N = v' + x_1(v'' - v')$$

$$v_N = 0{,}00113\ \mathrm{m^3/kg} + 0{,}8\ (0{,}1633 - 0{,}00113)\ \mathrm{m^3/kg} = 0{,}1297\ \mathrm{m^3/kg}$$

Die Dampfmasse ist mit Anwendung von Gl. (12)

$$m_N = \frac{V_N}{v_N} = \frac{1\ \mathrm{m^3}}{0{,}1297\ \mathrm{m^3/kg}} = 7{,}72\ \mathrm{kg}$$

Die Enthalpie für 1 kg Naßdampf ist mit Gl. (76)

$$h_N = h' + x_1 r = (797{,}9 + 0{,}8 \cdot 1986{,}7)\ \mathrm{kJ/kg} = 2387\ \mathrm{kJ/kg}$$

3. Heißdampf und Naßdampf in Mischung und Bestimmung der spezifischen Endenthalpie

Gesamtenthalpie = Heißdampfenthalpie + Naßdampfenthalpie

$$(m_{ü} + m_N)\, h_2 = m_{ü} h_{ü} + m_N h_N$$

$$h_2 = \frac{m_{ü} h_{ü} + m_N h_N}{m_{ü} + m_N} = \frac{4{,}78\ \mathrm{kg} \cdot 3020\ \mathrm{kJ/kg} + 7{,}72\ \mathrm{kg} \cdot 2387\ \mathrm{kJ/kg}}{(4{,}78 + 7{,}72)\ \mathrm{kg}}$$

$$h_2 = 2630\ \mathrm{kJ/kg}$$

Da $h_2 = 2630\ \mathrm{kJ/kg} < h'' = 2784{,}7\ \mathrm{kJ/kg}$, ist nach der Mischung Naßdampf vorhanden, dessen Dampfgehalt aus Gl. (76) zu ermitteln ist.

$$x_2 = \frac{h_2 - h'}{r} = \frac{(2630 - 797{,}9)\ \mathrm{kJ/kg}}{1986{,}7\ \mathrm{kJ/kg}} = 0{,}923\ \mathrm{kg/kg}$$

167. In einer Rohrleitung strömt Wasserdampf mit einem Druck von 10 bar und einer Temperatur von 380 °C.

Wieviel Prozent der strömenden Dampfmasse müssen in Form von Wasser mit einer Temperatur von 30 °C bei gleichbleibendem Druck eingespritzt werden, wenn die Dampftemperatur auf 300 °C herabgesenkt werden soll?

Ergebnis: $\dot{m}_W = 0{,}055 \cdot \dot{m}_D$, also 5,5%

4.3. Verdampfungsziffer

Die Verdampfungsziffer gibt an, wieviel kg Dampf mit 1 kg Brennstoff bzw. 1 m³ Brenngas im Normzustand hergestellt werden kann.
Es ist die Bruttoverdampfungsziffer

$$d_{BZ} = \frac{\dot{m}_D}{\dot{m}_B} \text{ in kg Dampf je kg Brennstoff} \qquad (81\,a)$$

oder

$$d_{BZ} = \frac{\dot{m}_D}{\dot{V}_{B,n}} \text{ in kg Dampf je m}^3 \text{ Brenngas im Normzustand} \qquad (81b)$$

Nettoverdampfungsziffer

Um Kesselanlagen, die Dampf mit unterschiedlichem Druck und unterschiedlicher Enthalpie bei gleicher Brennstoffart herstellen, miteinander vergleichen zu können, werden die Bruttoverdampfungsziffern auf Normaldampf bezogen.
Normaldampf ist trocken gesättigter Dampf (Sattdampf) mit einem Druck von 1 bar, der aus Wasser mit einer Temperatur von 0 °C hergestellt wurde und eine Enthalpie von $h_0 = 2670$ kJ/kg hat.
Die Nettoverdampfungsziffer ist

$$d_{NZ} = \frac{d_{BZ}(h_D - h_W)}{h_0} \text{ in kg Normaldampf je kg Brennstoff bzw. m}^3 \text{ Brenngas im Normzustand} \qquad (82)$$

h_D, h_W spezifische Enthalpie des jeweiligen Dampfes bzw. Speisewassers

Beispiele:

168. Wieviel Kubikmeter Gichtgas mit einem Heizwert von 3810 kJ/m³ im Normzustand sind notwendig, um 4 t/h Dampf von 30 bar mit einer Enthalpie von 3090 kJ/kg herzustellen, wenn der Kesselwirkungsgrad 80% beträgt und die Speisewassertemperatur 30 °C ist? Wie groß ist die Nettoverdampfungsziffer?

Lösung:

$\dot{m}_D = 4000$ kg/h $\quad \Delta_H h_n = 3810$ kJ/m³ $\quad t_W = 30$ °C

$h_D = 3090$ kJ/kg $\quad \eta_K = 0{,}8 \quad c_W = 4{,}19$ kJ/kg K

Die Enthalpie des Speisewassers ist mit Gl. (27)

$$h_W = c_W t_W = 4{,}19 \text{ kJ/kg K} \cdot 30 \text{ K} = 125{,}7 \text{ kJ/kg}$$

Der Brenngasbedarf im Normzustand ist nach Gl. (46)

$$\dot{V}_{\mathrm{B,n}} = \frac{\dot{m}_{\mathrm{D}}(h_{\mathrm{D}} - h_{\mathrm{W}})}{\eta_{\mathrm{K}} \Delta_H h_{\mathrm{n}}} = \frac{4000\ \mathrm{kg/h} \cdot (3090 - 125{,}7)\ \mathrm{kJ/kg}}{0{,}8 \cdot 3810\ \mathrm{kJ/m^3}} = 3890\ \mathrm{m^3/h}$$

Die Bruttoverdampfungsziffer ist mit Gl. (81b) in kg Dampf je m³ Brenngas im Normzustand

$$d_{\mathrm{BZ}} = \frac{\dot{m}_{\mathrm{D}}}{\dot{V}_{\mathrm{B,n}}} = \frac{4000\ \mathrm{kg/h}}{3890\ \mathrm{m^3/h}} = 1{,}028\ \mathrm{kg/m^3}$$

Die Nettoverdampfungsziffer ist nach Gl. (82) in kg Normaldampf je m³ Brenngas im Normzustand

$$d_{\mathrm{NZ}} = \frac{d_{\mathrm{BZ}}(h_{\mathrm{D}} - h_{\mathrm{W}})}{h_0} = \frac{1{,}028\ \mathrm{kg/m^3} \cdot (3090 - 125{,}7)\ \mathrm{kJ/kg}}{2670\ \mathrm{kJ/kg}} = 1{,}138\ \mathrm{kg/m^3}$$

169. Es soll untersucht werden, welche der aufgeführten Kesselanlagen wirtschaftlicher arbeitet, wenn beide mit der gleichen Brennstoffart beschickt werden.

a) Kesselanlage *1* liefert 20 t/h Dampf mit einem Druck von 30 bar und einer Enthalpie von 3040 kJ/kg. Der Brennstoffverbrauch beträgt 3090 kg/h Kohle bei einer Speisewassertemperatur von 70 °C.

b) Kesselanlage *2* liefert 10 t/h Dampf mit einem Druck von 20 bar und einer Enthalpie von 3070 kJ/kg. Der Brennstoffverbrauch beträgt 1543 kg/h Kohle bei einer Speisewassertemperatur von 70 °C.

Lösung:

Die Nettoverdampfungsziffern von beiden Anlagen werden ermittelt.

a) $\dot{m}_{\mathrm{D1}} = 20000\ \mathrm{kg/h}$ $\quad h_{\mathrm{D1}} = 3040\ \mathrm{kJ/kg}$ $\quad t_{\mathrm{W}} = 70\ °\mathrm{C}$

$\dot{m}_{\mathrm{B1}} = 3090\ \mathrm{kg/h}$ $\quad c_{\mathrm{W}} = 4{,}19\ \mathrm{kJ/kg\ K}$

Die Bruttoverdampfungsziffer ist mit Gl. (81a) in kg Dampf je kg Kohle

$$d_{\mathrm{BZ1}} = \frac{\dot{m}_{\mathrm{D1}}}{\dot{m}_{\mathrm{B1}}} = \frac{20000\ \mathrm{kg/h}}{3090\ \mathrm{kg/h}} = 6{,}48\ \mathrm{kg/kg}$$

Die Enthalpie des Speisewassers ist nach Gl. (27)

$$h_{\mathrm{W}} = c_{\mathrm{W}} t_{\mathrm{W}} = 4{,}19\ \mathrm{kJ/kg\ K} \cdot 70\ \mathrm{K} = 293\ \mathrm{kJ/kg}$$

Die Nettoverdampfungsziffer mit Gl. (82) in kg Normaldampf je kg Kohle

$$d_{\mathrm{NZ1}} = \frac{d_{\mathrm{BZ1}}(h_{\mathrm{D1}} - h_{\mathrm{W}})}{h_0} = \frac{6{,}48\ \mathrm{kg/kg} \cdot (3040 - 293)\ \mathrm{kJ/kg}}{2670\ \mathrm{kJ/kg}} = 6{,}66\ \mathrm{kg/kg}$$

b) $\dot{m}_{\mathrm{D2}} = 10000\ \mathrm{kg/h}$ $\quad h_{\mathrm{D2}} = 3070\ \mathrm{kJ/kg}$

$\dot{m}_{\mathrm{B2}} = 1543\ \mathrm{kg/h}$ $\quad h_{\mathrm{W}} = 293\ \mathrm{kJ/kg}$

Die Bruttoverdampfungsziffer ist mit Gl. (81a) in kg Dampf je kg Kohle

$$d_{BZ2} = \frac{\dot{m}_{D2}}{\dot{m}_{B2}} = \frac{10000 \text{ kg/h}}{1543 \text{ kg/h}} = 6{,}48 \text{ kg/kg}$$

Die Nettoverdampfungsziffer mit Gl. (82) in kg Normaldampf je kg Kohle

$$d_{NZ2} = \frac{d_{BZ2}(h_{D2} - h_W)}{h_0} = \frac{6{,}48 \text{ kg/kg} \cdot (3070 - 293) \text{ kJ/kg}}{2670 \text{ kJ/kg}} = 6{,}74 \text{ kg/kg}$$

Kesselanlage *2* arbeitet wirtschaftlicher.
Beide Bruttoverdampfungsziffern hatten im vorliegenden Fall den gleichen Wert. Erst die Ermittlung der Nettoverdampfungsziffern ergab einen Vergleich über die Wirtschaftlichkeit.

4.4. Entropie des Wasserdampfes

Entropie der siedenden Flüssigkeit

Wenn T_s die Siedetemperatur ist, dann gilt:

$$dq = T\,ds \text{ und } dq = c\,dT; \quad ds = \frac{dq}{T} = c\,\frac{dT}{T}$$

$$s = c\int_{T_n}^{T_s} \frac{dT}{T}, \quad \text{also} \quad s' = c \ln \frac{T_s}{T_n}$$

Entropie des trocken gesättigten Dampfes

Während der Verdampfung bleibt die Temperatur konstant. In einem T,s-Diagramm wird die Verdampfungswärme durch ein Rechteck (Bild 40) von der Höhe T_s dargestellt.

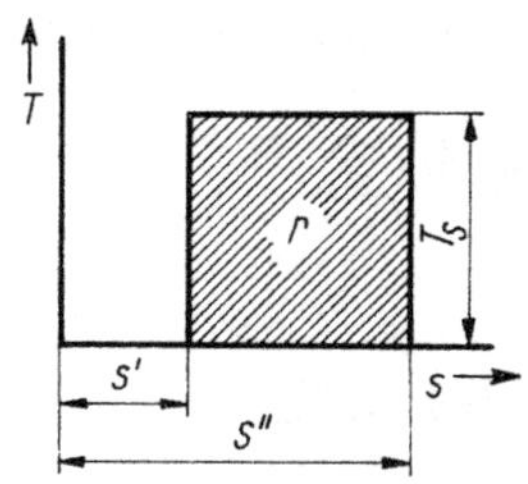

Bild 40

Es ist $r = T_s(s'' - s')$.

Die Entropie des trocken gesättigten Dampfes ist dann

$$s'' = s' + \frac{r}{T_s}$$

Die Entropie des Naßdampfes ist

$$s = s' + x(s'' - s') \tag{83}$$

Die Entropie des überhitzten Dampfes (Heißdampf)

$$s_{ü} = s'' + c_{pm} \ln \frac{T_{ü}}{T_s} \tag{84}$$

4.4.1. *T,s*-Diagramm

Darstellung im *T,s*-Diagramm (Wärme als Fläche dargestellt, Bild 41).
Beim kritischen Punkt (*KP*), der bei 221,29 bar und 374,15 °C liegt, kann Wasser- und Dampfzustand nicht mehr voneinander unterschieden werden, da die Dichten einander gleich sind.
Oberhalb des *KP* kann kein Wasser in flüssiger Form bestehen. Der Dampf ist dann als Gas anzusprechen.

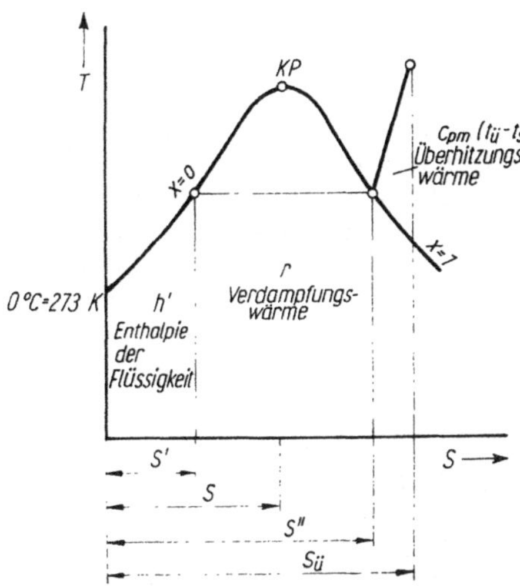

Bild 41

Darstellung einer ideal arbeitenden Dampfkraftanlage im *T,s*-Diagramm (Bild 42).
Fläche *ABCD' A'A* von der Kesselanlage aufzubringende Wärme.
Fläche *ABCDA* in der Wärmekraftmaschine (Dampfmaschine, Turbine) in Arbeit umgesetzte Wärme (Wärmegefälle).
ADD'A'A im Kondensator abzuführende Wärme.
AA'E'E Wärme, die von 1 kg Kondensat wieder mit in den Kreisprozeß gebracht wird.
In den 3 Schaubildern sind 3 Kreisprozesse von Dampfanlagen verschiedenen Frischdampfzustandes, aber gleichen Kondensatordruckes miteinander verglichen.

a) Dampfdruck 17 bar; Naßdampf $x = 0{,}97$ kg/kg; Kondensatordruck 0,08 bar
b) Dampfdruck 17 bar; Heißdampf mit $t_{ü} = 450\,°C$; Kondensatordruck 0,08 bar
c) Dampfdruck 100 bar; Heißdampf mit $t_{ü} = 450\,°C$; Kondensatordruck 0,08 bar

Es läßt sich aus Bild 42 erkennen, daß eine Steigerung der in Arbeit umgesetzten Wärme (Fläche *ABCD*) durch Druckerhöhung und Überhitzung, soweit es der Werkstoff zuläßt, möglich ist.

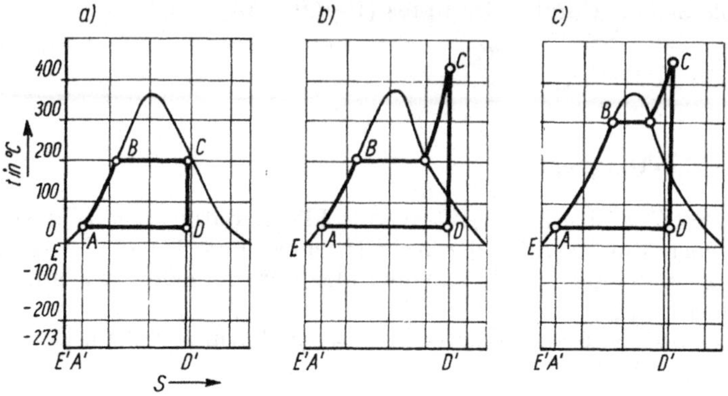

Bild 42

4.4.2. *h*, s-Diagramm

Das *T*,*s*-Diagramm erleichtert bereits das Rechnen mit Wärmegrößen, jedoch bereitet das Ausplanimetrieren der Flächen Schwierigkeiten.
Im *h*,*s*-Diagramm (Bild 43 und Beilage) ist das Ablesen leichter. Die Enthalpie kann an der Ordinate abgelesen werden, die Entropie an der Abszisse.
Im Naßdampfgebiet ist die Isotherme gleich der p-Kurve (Gerade), da während der Verdampfung p und t konstant sind. Im Heißdampfgebiet verläuft eine isotherme Zustandsänderung nach der Kurve $t =$ konstant.
Die Isobare folgt der Kurve $p =$ konstant. Die Isochore folgt der Kurve $v =$ konstant (rote Linien).

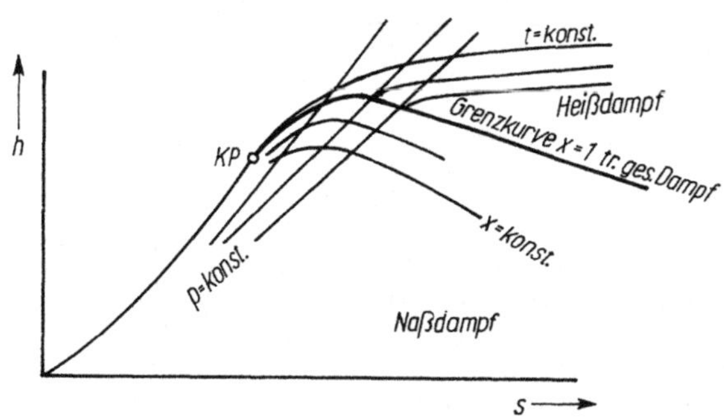

Bild 43

Beispiele:

170. Aus dem *h*,*s*-Diagramm (s. Beilage) ist die spezifische Enthalpie und das spezifische Volumen (rote Linien) abzulesen von:

a) trocken gesättigtem Dampf mit einem Druck von 10 bar,
b) Naßdampf mit einem Druck von 10 bar und $x = 0{,}9$ kg/kg,
c) Heißdampf mit einem Druck von 10 bar bei 300 °C.

Lösung:

a) Die Drucklinie 10 bar schneidet die Grenzkurve bei $h'' = 2780$ kJ/kg. Das spezifische Volumen ist $v'' = 0{,}2$ m³/kg. Nach der Dampftabelle ist $h'' = 2777{,}5$ kJ/kg und $v'' = 0{,}1944$ m³/kg.

b) Die Drucklinie 10 bar und die Kurve $x = 0{,}9$ kg/kg schneiden sich bei $h = 2577$ kJ/kg mit $v = 0{,}176$ m³/kg. Nach Gl. (76) ist $h = 2576$ kJ/kg, und nach Gl. (77) ist $v = 0{,}175$ m³/kg.

c) Die Drucklinie 10 bar und die Kurve $t_{ü} = 300\,°C$ schneiden sich bei $h_{ü} = 3050$ kJ/kg mit $v_{ü} = 0{,}26$ m³/kg. Nach Gl. (79) ist $h_{ü} = 3050$ kJ/kg, und nach Tab. 13 ist $v_{ü} = 0{,}258$ m³/kg.

171. Wie groß ist die zur Überhitzung ($t_s \cdots t_{ü}$) notwendige Enthalpie von Heißdampf mit einem Druck von 10 bar bei einer Temperatur von 400 °C?

Lösung:

Aus Gl. (79) ist $h_{ü} - h'' = c_{pm}(t_{ü} - t_s)$. Schnittpunkt p-Kurve 10 bar mit $t_{ü} = 400\,°C$ ergibt $h_{ü} = 3260$ kJ/kg. Schnittpunkt p-Kurve 10 bar ergibt $h'' = 2780$ kJ/kg. Die Enthalpie für die Überhitzung ist gleich dem senkrechten Abstand zwischen den beiden Punkten (Bild 44).

$$h_{ü} - h'' = (3260 - 2780)\ \text{kJ/kg} = 480\ \text{kJ/kg}$$

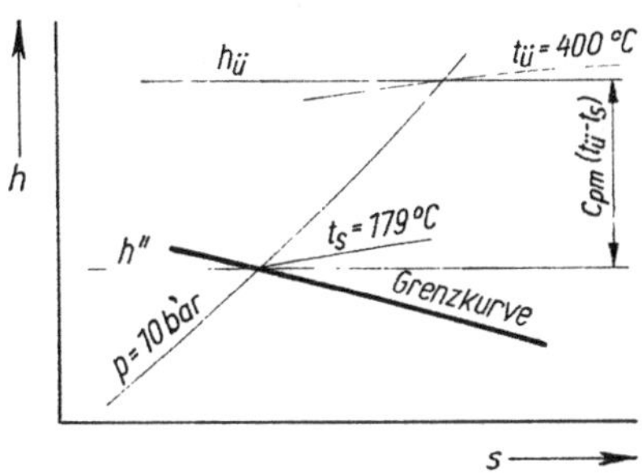

Bild 44

172. Heißdampf mit einem Druck von 10 bar und einer Temperatur von 300 °C wird isentrop auf 0,1 bar entspannt. Wie ist der Enddampfzustand? Wie groß ist das isentrope Enthalpiegefälle? Bei welchem Druck während der Entspannung ist der Dampf trocken gesättigt? Die aus dem h,s-Diagramm abgelesenen Werte sind durch Nachrechnung zu überprüfen.

Lösung:

Bei der isentropen Entspannung bleibt die Entropie konstant. Die isentrope Zustandsänderung ist im h,s-Diagramm eine Senkrechte (Bild 45).

$$h_1 = h_{ü} = 3050\ \text{kJ/kg}$$

Bei 0,1 bar ist Naßdampf vorhanden mit

$$h_2 = h = 2260\ \text{kJ/kg und } x = 0{,}864\ \text{kg/kg}$$

Das isentrope Enthalpiegefälle [in den Gln. (87) und (88a) wird der Endpunkt mit $2'$ bezeichnet] beträgt

$$\Delta h_s = h_1 - h_2 = (3050 - 2260)\ \text{kJ/kg} = 790\ \text{kJ/kg}$$

Beim Schnitt der Senkrechten mit der Grenzkurve ist der Dampf trocken gesättigt. Der Druck ist

$$p_s \approx 2\ \text{bar}$$

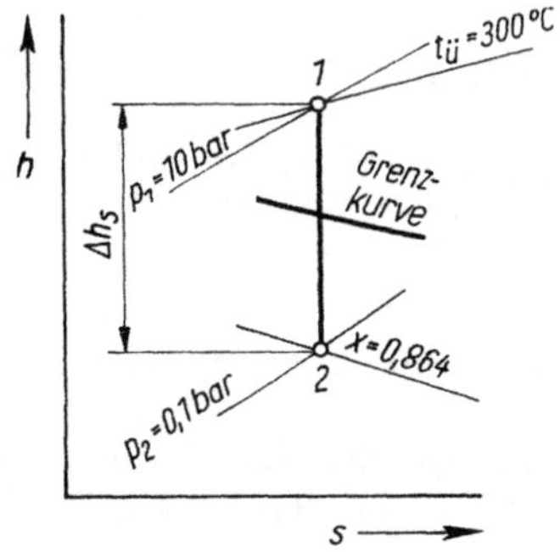

Bild 45

Nachrechnung

$p_1 = 10$ bar $\qquad t_ü = 300\,°C;\quad T_ü = 573$ K

$c_{pm} = 2{,}26$ kJ/kg K $\qquad t_s = 179{,}9\,°C;\quad T_s = 452{,}9$ K

$h'' = 2777{,}5$ kJ/kg $\qquad s''_1 = 6{,}587$ kJ/kg K

Die spezifische Enthalpie des Heißdampfes ist mit Gl. (79)

$$h_ü = h'' + c_{pm}(t_ü - t_s)$$

$$h_1 = h_ü = 2777{,}5\ \text{kJ/kg} + 2{,}26\ \text{kJ/kg K} \cdot (300 - 179{,}9)\ \text{K} = 3050\ \text{kJ/kg}$$

die Entropie ist mit Gl. (84)

$$s_ü = s''_1 + c_{pm} \ln \frac{T_ü}{T_s} = \left(6{,}587 + 2{,}26 \ln \frac{573}{452{,}9}\right) \text{kJ/kg K}$$

$$s_ü = 7{,}12\ \text{kJ/kg K}$$

Da die Entropie konstant bleibt, ist das auch die Entropie des Naßdampfes bei $p_2 = 0{,}1$ bar.

Aus Gl. (83) ist der Dampfgehalt nach der isentropen Entspannung

$s'_2 = 0{,}6492$ kJ/kg K $\qquad h'_2 = 191{,}71$ kJ/kg

$s''_2 = 8{,}149$ kJ/kg K $\qquad r_2 = 2392{,}2$ kJ/kg

$$x_2 = \frac{s_ü - s'_2}{s''_2 - s'_2} = \frac{(7{,}12 - 0{,}6492)\ \text{kJ/kg K}}{(8{,}149 - 0{,}6492)\ \text{kJ/kg K}} = 0{,}864\ \text{kg/kg}$$

Die spezifische Enthalpie des Naßdampfes ist nach Gl. (76)

$$h_2 = h'_2 + x_2 r_2 = (191{,}71 + 0{,}864 \cdot 2392{,}2)\ \mathrm{kJ/kg} = 2258\ \mathrm{kJ/kg}$$

Der Enthalpieunterschied (isentrope Enthalpiegefälle) ist

$$\Delta h_s = h_1 - h_2 = (3050 - 2258)\ \mathrm{kJ/kg} = 792\ \mathrm{kJ/kg}$$

Wenn $s_ü = s'' = 7{,}12\ \mathrm{kJ/kg\,K}$ gesetzt wird, dann ist der Druck des trocken gesättigten Dampfes aus der Dampftabelle $p_s \approx 2$ bar.

173. a) Heißdampf von 20 bar und 300 °C wird isentrop auf 1 bar entspannt. Wie groß ist das isentrope Enthalpiegefälle?

b) Wie groß ist das isentrope Enthalpiegefälle, wenn der Dampf zunächst auf 5 bar gedrosselt wird?

Bemerkungen zum Lösungsgang:

Während des Drosselvorganges bleibt die Enthalpie konstant. (Die Temperatur sinkt, die spezifische Wärmekapazität steigt.)
Im h,s-Diagramm wird der Drosselvorgang durch eine Waagerechte (h = konstant) dargestellt (Bild 46).

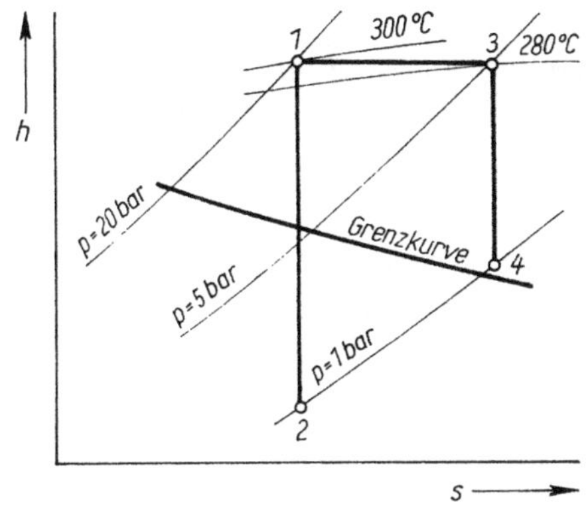

Bild 46

a) $\Delta h_{s1} = h_1 - h_2 = (3017 - 2447)\ \mathrm{kJ/kg} = 570\ \mathrm{kJ/kg}$

b) Die Temperatur sinkt nach der Drosselung auf 280 °C. Es ist $h_1 = h_3$.

$$\Delta h_{s2} = h_3 - h_4 = (3017 - 2687)\ \mathrm{kJ/kg} = 330\ \mathrm{kJ/kg}$$

Da $h_4 = 2687\ \mathrm{kJ/kg} > h'' = 2673{,}8\ \mathrm{kJ/kg}$, ist noch Heißdampf vorhanden.

5. Dampfmaschine

ABCD Idealprozeß (Bild 47)
AB Einströmen des Frischdampfes
BC isentrope Entspannung
CD Ausstoßen

Wirklicher Prozeß *abcde*

eb Einströmen des Frischdampfes
bc Expansion
cd Öffnen des Auslaßventils und Ausstoßen des Abdampfes
de Schließen des Auslaßventils und Kompression des Restdampfes
(Offener Kreisprozeß, weil der Arbeitsstoff beim Kolbenspiel jedesmal ausgewechselt wird.)

Die Füllung *ab* beträgt 30···40···60% des Hubvolumens

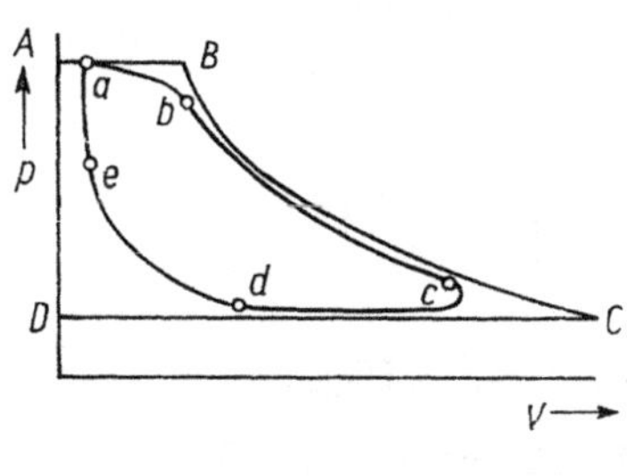

Bild 47

Bei der Berechnung des Kreisprozesses kann man setzen:

$\varkappa = 1{,}035 + 0{,}1x$ für feuchten Dampf mit dem anfänglichen Dampfgehalt x
$\varkappa = 1{,}135$ für Sattdampf
$\varkappa = 1{,}3$ für überhitzten Dampf

An der Systemgrenze ist:

1. Wärmezufuhr ($Q > 0$)
2. abgeführte Arbeit des Kreisprozesses ($W < 0$)
3. Wärmeabfuhr im Abdampf ($Q < 0$)

Die indizierte Leistung ist

$$P_i = p_i A s n \tag{85}$$

P_i in W p_i in N/m² A in m² s in m n in min⁻¹

Bei doppeltwirkenden Maschinen ist Gl. (85), wenn p_i auf der Deckel- und Kurbelseite annähernd gleich sind, mit 2 zu multiplizieren.
Nach *Grassmann* ist p_i in bar mit p_1 Frischdampfdruck in bar überschläglich:

für Einzylinder-Auspuffmaschinen $p_i = 1{,}177 + 0{,}245 \cdot p_1$
für Einzylinder-Kondensationsmaschinen $p_i = 1{,}177 + 0{,}1961 \cdot p_1$

Unter effektiver Leistung versteht man die von der Welle sekundlich abgegebene Arbeit. Diese wird am genauesten mit Hilfe einer Bremse gemessen. Man benutzt hierzu auch den *Prony*schen Zaum (Bild 48).

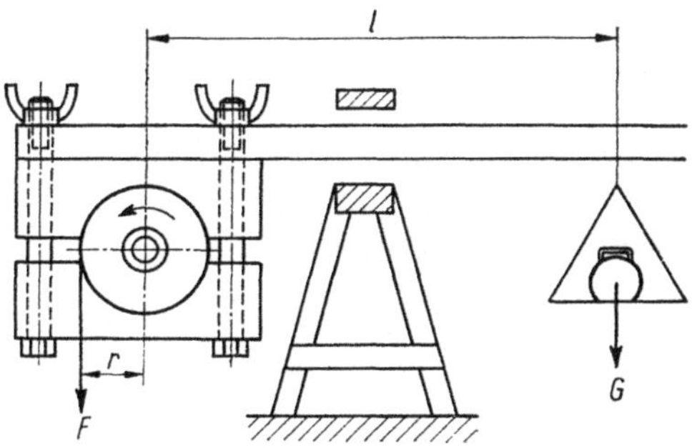

Bild 48

Es ist $Gl = Fr$
Die Arbeit an der Welle ist

$$W = \frac{Gl}{r} s, \text{ da } s = 2\pi r, \text{ ist dann mit } G = mg$$

$$W = mgl \cdot 2\pi; \text{ die effektive Leistung in W wird}$$

$$P_e = \frac{mgl \cdot 2\pi n}{60 \text{ s/min}}$$

$$P_e = \frac{mln}{0{,}974} \quad \left| \frac{P_e \mid m \mid l \mid n}{\text{W} \mid \text{kg} \mid \text{m} \mid \text{min}^{-1}} \right| \tag{86}$$

Der mechanische Wirkungsgrad liegt bei $\eta_m = 0{,}85 \cdots 0{,}93$ und wird mit der Umkehrung der Gl. (63) errechnet.

$$\eta_m = \frac{P_e}{P_i}$$

Gütegrad, *Clausius-Rankine-* oder innerer Wirkungsgrad

Bei vollständiger isentroper Entspannung bleibt die Entropie konstant, und für 1 kg Dampf könnte der Enthalpieunterschied *1*···*2'* (Bild 49) in Arbeit umgesetzt werden (Δh_s).
Durch unvollständige Entspannung und Wärmeverluste entspannt der Dampf polytrop. Es kann nur der Enthalpieunterschied *1*···*2* ausgenutzt werden (Δh_{pol}).

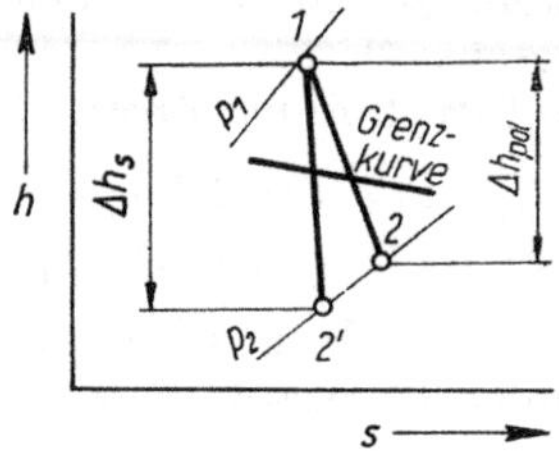

Bild 49

Es ist dann

$$\eta_g = \frac{\Delta h_{pol}}{\Delta h_s} = \frac{h_1 - h_2}{h_1 - h_{2'}} \tag{87}$$

Je nach Maschinenart und Betriebsweise ist $\eta_g = 0{,}5 \cdots 0{,}6 \cdots 0{,}84$.
Der theoretische thermische Wirkungsgrad gibt das Verhältnis des isentropen Enthalpiegefälles zur Erzeugungswärme des Dampfesan.

$$\eta_{th} = \frac{\Delta h_s}{h_1 - h_W} = \frac{h_1 - h_{2'}}{h_1 - h_W} \tag{88a}$$

Der indizierte thermische Wirkungsgrad gibt das Verhältnis des polytropen Enthalpiegefälles zur Erzeugungswärme des Dampfes an.

$$\eta_{thi} = \frac{\Delta h_{pol}}{h_1 - h_W} = \frac{h_1 - h_2}{h_1 - h_W} \tag{88b}$$

Der effektive Wirkungsgrad ist

$$\eta_e = \eta_{th}\eta_g\eta_m = \eta_{thi}\eta_m \tag{89}$$

Wird die Kesselanlage mit berücksichtigt, dann ist der Gesamt- bzw. wirtschaftliche Wirkungsgrad, je nach verwendeter Brennstoffart, nach Gl. (69) zu bestimmen.
Der effektive Dampfverbrauch der Maschine in kg je kWh ist mit $Q_{kWh} = 3\,600\,\text{kJ/kWh}$

$$\dot{d}_e = \frac{Q_{kWh}}{\Delta h_{pol}\eta_m} \tag{90}$$

Verhältnis s/D: bei liegenden Maschinen s/D etwa 1,2···2,0,

bei stehenden Maschinen s/D etwa 0,6···1,0.

Beispiele:

174. Aus einem Indikatordiagramm wurde entnommen: Fläche 6 cm², Länge 5 cm Federmaßstab f: 1 bar $\triangleq$ 3,43 mm.

Wie groß ist der mittlere indizierte Druck? Wieviel Millimeter unterhalb der vom Indikatorstift gezogenen waagerechten atmosphärischen Linie ist die Linie $p = 0\,\text{bar}$ einzutragen, wenn die Indizierung bei einem Luftdruck von 1013 mbar erfolgte?

Lösung:

Der mittlere indizierte Druck errechnet sich nach 3.2. zu

$$p_\text{i} = \frac{\text{Schaubildfläche}}{\text{Schaubildlänge} \cdot \text{Federmaßstab}} = \frac{6\ \text{cm}^2}{5\ \text{cm} \cdot 0{,}343\ \text{cm/bar}} = 3{,}5\ \text{bar}$$

Es ist der absolute Druck $p = 1{,}013$ bar. Der Abstand beträgt

$$s = pf = 1{,}013\ \text{bar} \cdot 0{,}343\ \text{cm/bar} = 0{,}347\ \text{cm} = 3{,}47\ \text{mm}$$

175. Bei der effektiven Leistungsermittlung wurde an einem *Prony*schen Zaum gemessen:

$$m = 140\ \text{kg}; \quad l = 1{,}6\ \text{m bei } n = 250\ \text{min}^{-1}$$

Die doppeltwirkende Kolbendampfmaschine hatte die Abmessungen:
Kolben-Dmr. 300 mm, Kolbenhub 350 mm, Kolbenstangendmr. 60 mm (durchlaufend).
Mittlerer indizierter Druck auf beiden Seiten 3,3 bar.
Wie groß ist der mechanische Wirkungsgrad?

Lösung:

Die abgegebene effektive Leistung ist nach Gl. (86)

$m = 140\ \text{kg} \qquad l = 1{,}6\ \text{m} \qquad n = 250\ \text{min}^{-1}$

$$|P_\text{e}| = \frac{140 \cdot 1{,}6 \cdot 250}{0{,}974} = 57300; \quad |P_\text{e}| = 57300\ \text{W} = 57{,}3\ \text{kW}$$

Die indizierte Leistung ist mit Gl. (85)

$p_\text{i} = 3{,}3\ \text{bar} = 3{,}3 \cdot 10^5\ \text{N/m}^2 \qquad D = 0{,}3\ \text{m}; \quad A_\text{D} = 0{,}0707\ \text{m}^2$

$s = 0{,}35\ \text{m} \qquad d = 0{,}06\ \text{m}; \quad A_\text{d} = 0{,}00283\ \text{m}^2$

$$|P_\text{i}| = p_\text{i}(A_\text{D} - A_\text{d})\, sn \cdot 2$$

$$= \frac{3{,}3 \cdot 10^5\ \text{N/m}^2 \cdot (0{,}0707 - 0{,}00283)\ \text{m}^2 \cdot 0{,}35\ \text{m} \cdot 250\ {}^1\!/\text{min} \cdot 2}{60\ \text{s/min}}$$

$$|P_\text{i}| = 65300\ \text{Nm/s} = 65300\ \text{W} = 65{,}3\ \text{kW}$$

Der mechanische Wirkungsgrad ist mit Umkehrung von Gl. (63)

$$\eta_\text{m} = \frac{|P_\text{e}|}{|P_\text{i}|} = \frac{57{,}3\ \text{kW}}{65{,}3\ \text{kW}} = 0{,}876$$

176. Es sind die Abmessungen einer doppeltwirkenden, liegenden, einzylindrigen Dampfmaschine für eine indizierte Leistung von 64 kW festzulegen. Die wirksame Kolbenfläche soll sein $A_W = 0{,}97 \cdot A$.

Wie groß ist die mittlere Kolbengeschwindigkeit?

Gegeben:

$s/D = 1{,}75 \qquad p_i = 3{,}8 \text{ bar} = 3{,}8 \cdot 10^5 \text{ N/m}^2$

$n = 165 \text{ min}^{-1} \qquad |P_i| = 64 \text{ kW} = 64000 \text{ W} = 64000 \text{ Nm/s}$

Lösung:

Aus Gl. (85) ist das Hubvolumen ohne Berücksichtigung der wirksamen Kolbenfläche

$$V = As = \frac{|P_i|}{2 \cdot p_i n} = \frac{64000 \text{ Nm/s} \cdot 60 \text{ s/min}}{2 \cdot 3{,}8 \cdot 10^5 \text{ N/m}^2 \cdot 165 \text{ }^1\text{/min}} = 0{,}0306 \text{ m}^3$$

Für die Ermittlung des Kolbendurchmessers ist

$$V = A_W s = 0{,}97 \frac{D^2\pi}{4} s; \quad \text{da } s = D \cdot 1{,}75 \text{ wird}$$

$$V = \frac{0{,}97 \, D^3\pi \cdot 1{,}75}{4};$$

$$D = \sqrt[3]{\frac{4V}{0{,}97 \cdot \pi \cdot 1{,}75}} = \sqrt[3]{\frac{4 \cdot 0{,}0306 \text{ m}^3}{0{,}97 \cdot \pi \cdot 1{,}75}} = 0{,}284 \text{ m}$$

und $\quad s = D \cdot 1{,}75 = 0{,}284 \text{ m} \cdot 1{,}57 \approx 0{,}5 \text{ m}$

Die mittlere Kolbengeschwindigkeit ist

$c_m = \frac{sn}{30}$;

c_m	s	n
m/s	m	min^{-1}

; $c_m = \frac{0{,}5 \cdot 165}{30} = 2{,}75; \qquad c_m = 2{,}75 \text{ m/s}$

177. Eine Verbunddampfmaschine mit Kondensation verbraucht effektiv 7 kg Dampf je kWh bei einem Anfangsdruck des Dampfes von 12 bar mit einer Temperatur von 300 °C. Druck im Kondensator 0,2 bar, mechanischer Wirkungsgrad 93%, Speisewassertemperatur 50 °C, Heizwert der verfeuerten Kohle 25100 kJ/kg. Die Bruttoverdampfungsziffer der Kesselanlage beträgt 5,8 kg Dampf je kg Kohle.
Wie groß ist der Gütegrad, der indizierte thermische Wirkungsgrad, der effektive und der wirtschaftliche Wirkungsgrad der Anlage?

Lösung:

$p_1 = 12 \text{ bar} \qquad \dot{d}_e = 7 \text{ kg/kWh} \qquad \Delta_H h = 25100 \text{ kJ/kg}$

$t_ü = 300\,°\text{C} \qquad d_{BZ} = 5{,}8 \text{ kg/kg} \qquad \eta_m = 0{,}93$

$p_2 = 0{,}2 \text{ bar} \qquad t_W = 50\,°\text{C}$

Das polytrope Enthalpiegefälle ist aus Gl. (90)

$$\Delta h_{\text{pol}} = \frac{Q_{\text{kWh}}}{\dot{d}_{\text{e}}\eta_{\text{m}}} = \frac{3600 \text{ kJ/kWh}}{7 \text{ kg/kWh} \cdot 0{,}93} = 554 \text{ kJ/kg}$$

Nach dem h,s-Diagramm ist der Gütegrad (s. Bild 49, Abschn. 5.)

$$\eta_{\text{g}} = \frac{\Delta h_{\text{pol}}}{\Delta h_{\text{s}}} = \frac{h_1 - h_2}{h_1 - h_{2'}} = \frac{554 \text{ kJ/kg}}{(3047 - 2297) \text{ kJ/kg}} = 0{,}738$$

Die Enthalpie des Speisewassers mit $c = 4{,}19$ kJ/kg K nach Gl. (27) ist

$$h_{\text{W}} = c t_{\text{W}} = 4{,}19 \text{ kJ/kg K} \cdot 50 \text{ K} = 209{,}5 \text{ kJ/kg}$$

Der indizierte thermische Wirkungsgrad ist nach Gl. (88b)

$$\eta_{\text{thi}} = \frac{h_1 - h_2}{h_1 - h_{\text{W}}} = \frac{554 \text{ kJ/kg}}{(3047 - 209{,}5) \text{ kJ/kg}} = 0{,}195$$

Der effektive Wirkungsgrad ist mit Gl. (89)

$$\eta_{\text{e}} = \eta_{\text{thi}}\eta_{\text{m}} = 0{,}195 \cdot 0{,}93 = 0{,}1813$$

Der effektive Brennstoffverbrauch in kg Kohle je kWh ist mit der Bruttoverdampfungsziffer

$$\dot{b}_{\text{e}} = \frac{\dot{d}_{\text{e}}}{d_{\text{BZ}}} = \frac{7 \text{ kg/kWh}}{5{,}8 \text{ kg/kg}} = 1{,}207 \text{ kg/kWh}$$

Der wirtschaftliche Wirkungsgrad ist aus Gl. (69)

$$\eta_{\text{W}} = \frac{Q_{\text{kWh}}}{\dot{b}_{\text{e}}\Delta_H h} = \frac{3600 \text{ kJ/kWh}}{1{,}207 \text{ kg/kWh} \cdot 25100 \text{ kJ/kg}} = 0{,}119$$

178. Eine Dampfmaschine mit einer effektiven Leistung von 174 kW arbeitet mit einem Anfangsdruck von 11 bar und einer Temperatur von 280 °C. Im Kondensator herrscht ein Druck von 0,2 bar. Mechanischer Wirkungsgrad 92%, Gütegrad 70%. Wieviel Kilogramm Brennstoff müssen in einer Stunde im Kessel verbrannt werden, wenn der Heizwert der Kohle 27400 kJ/kg, der Kesselwirkungsgrad 85% und die Speisewassertemperatur 60 °C beträgt?

Lösung:

$|P_{\text{e}}| = 174$ kW $\quad \eta_{\text{g}} = 0{,}7 \quad h_1 = 2997$ kJ/kg (h,s-Diagramm)

$t_{\text{W}} = 60$ °C $\quad \eta_{\text{m}} = 0{,}92 \quad \Delta h_{\text{s}} = 690$ kJ/kg (h,s-Diagramm)

$\eta_{\text{K}} = 0{,}85 \quad \Delta_H h = 27400$ kJ/kg

Das polytrope Enthalpiegefälle ist nach Gl. (87)

$$\Delta h_{\text{pol}} = \eta_{\text{g}}\Delta h_{\text{s}} = 0{,}7 \cdot 690 \text{ kJ/kg} = 483 \text{ kJ/kg}$$

Der effektive Dampfverbrauch in kg Dampf je kWh ist nach Gl. (90)

$$\dot{d}_e = \frac{Q_{kWh}}{\Delta h_{pol}\eta_m} = \frac{3600\ \text{kJ/kWh}}{483\ \text{kJ/kg} \cdot 0{,}92} = 8{,}13\ \text{kg/kWh}$$

Der Gesamtdampfbedarf beträgt dann

$$\dot{m}_{De} = |P_e|\ \dot{d}_e = 174\ \text{kW} \cdot 8{,}13\ \text{kg/kWh} = 1414\ \text{kg/h}$$

Die Enthalpie des Speisewassers mit $c = 4{,}19$ kJ/kg K nach Gl. (27) ist

$$h_W = ct_W = 4{,}19\ \text{kJ/kg K} \cdot 60\ \text{K} = 251{,}4\ \text{kJ/kg}$$

Der Brennstoffbedarf ist dann

$$\dot{m}_B = \frac{\dot{m}_{De}(h_1 - h_W)}{\eta_K \Delta_H h} = \frac{1414\ \text{kg/h} \cdot (2997 - 251{,}4)\ \text{kJ/kg}}{0{,}85 \cdot 27400\ \text{kJ/kg}} = 167\ \text{kg/h}$$

179. Eine Kraftanlage arbeitet mit Dampf mit einem Druck von 10 bar und einer Temperatur von 300 °C und leistet 220 kW. Der Druck im Kondensator beträgt 0,1 bar. Der Gütegrad liegt bei 80%, der mechanische Wirkungsgrad bei 91%, der Kesselwirkungsgrad bei 80%.
Die im Kessel verfeuerte Kohle hat einen Heizwert von 21000 kJ/kg. Das in den Vorwärmer gespeiste Wasser hat eine Temperatur von 40 °C. Auf dem Wege von der Maschine bis zum Kondensator verliert der Dampf 40 kJ/kg.
Wieviel Kilogramm Kohle wird stündlich benötigt? Wie groß ist der Gesamtwirkungsgrad der Anlage, wenn der Abdampf für Heizzwecke bis zur Verflüssigung ausgenutzt werden kann?
An der Systemgrenze wird:

1. Wärme (Energie) mit dem Brennstoff zugeführt ($Q > 0$)
2. Arbeit der Maschine abgeführt ($W < 0$)
3. Wärme im Abdampf abgeführt ($Q < 0$)
(für die alleinige Betrachtung der Heizung als System $Q > 0$)

Lösung:

$\lvert P_e\rvert = 220$ kW	$p_1 = 10$ bar	$\eta_g = 0{,}8$	$\Delta_H h = 21000$ kJ/kg
	$t_ü = 300$ °C	$\eta_m = 0{,}91$	$h_V = 40$ kJ/kg
	$p_2 = 0{,}1$ bar	$\eta_K = 0{,}8$	$t_W = 40$ °C

Das isentrope Enthalpiegefälle aus dem h,s-Diagramm ist

$$\Delta h_s = h_1 - h_{2'} = (3050 - 2260)\ \text{kJ/kg} = 790\ \text{kJ/kg}$$

Der polytrope Enthalpieunterschied (Enthalpiegefälle) mit Gl. (87)

$$\Delta h_{pol} = \eta_g \Delta h_s = 0{,}8 \cdot 790\ \text{kJ/kg} = 632\ \text{kJ/kg}$$

Die Endenthalpie nach der polytropen Entspannung

$$h_2 = h_1 - \Delta h_{\text{pol}} = (3050 - 632)\ \text{kJ/kg} = 2418\ \text{kJ/kg}$$

Der Dampfbedarf in kg je kWh ist mit Gl. (90)

$$\dot{d}_{\text{e}} = \frac{Q_{\text{kWh}}}{\Delta h_{\text{pol}} \eta_{\text{m}}} = \frac{3600\ \text{kJ/kWh}}{632\ \text{kJ/kg} \cdot 0{,}91} = 6{,}27\ \text{kg/kWh}$$

Für die gesamte abgegebene Leistung ist eine Dampfmasse notwendig von

$$\dot{m}_{\text{De}} = |P_{\text{e}}|\, \dot{d}_{\text{e}} = 220\ \text{kW} \cdot 6{,}27\ \text{kg/kWh} = 1379\ \text{kg/h}$$

Die Enthalpie des Speisewassers ist mit $c = 4{,}19$ kJ/kg K nach Gl. (27)

$$h_{\text{W}} = c t_{\text{W}} = 4{,}19\ \text{kJ/kg K} \cdot 40\ \text{K} = 167{,}6\ \text{kJ/kg}$$

Die erforderliche Kohlenmasse beträgt dann

$$\dot{m}_{\text{B}} = \frac{\dot{m}_{\text{De}}(h_1 - h_{\text{W}})}{\eta_{\text{K}} \Delta_H h} = \frac{1379\ \text{kg/h} \cdot (3050 - 167{,}6)\ \text{kJ/kg}}{21000\ \text{kJ/kg} \cdot 0{,}8} = 236\ \text{kg/h}$$

Beim Eintritt in den Kondensator hat der Abdampf die Enthalpie

$$h_3 = h_2 - h_{\text{V}} = (2418 - 40)\ \text{kJ/kg} = 2378\ \text{kJ/kg}$$

Bis zur Verflüssigung bei $p_2 = 0{,}1$ bar; $h'_2 = 191{,}7$ kJ/kg; werden je kg Dampf abgeführt

$$|\Delta h| = h_3 - h'_2 = (2378 - 191{,}7)\ \text{kJ/kg} = 2186\ \text{kJ/kg}$$

Im gesamten Abdampf werden abgeführt

$$|\Delta \dot{H}_{\text{Af}}| = |\Delta h|\, \dot{m}_{\text{De}} = 2186\ \text{kJ/kg} \cdot 1379\ \text{kg/h}$$

$$= 3010000\ \text{kJ/h} = \frac{3010000\ \text{kWs/h}}{3600\ \text{s/h}} = 838\ \text{kW}$$

Von der Maschine werden abgeführt

$$|\dot{Q}_{\text{e}}| = |P_{\text{e}}| = 220\ \text{kW}$$

Mit dem Brennstoff wurden zugeführt

$$\dot{Q}_{\text{B}} = \Delta_H h \dot{m}_{\text{B}} = 21000\ \text{kJ/kg} \cdot 236\ \text{kg/h}$$

$$= 4950000\ \text{kJ/h} = \frac{4950000\ \text{kWs/h}}{3600\ \text{s/h}} = 1375\ \text{kW}$$

Der Gesamtwirkungsgrad der Anlage ist dann

$$\eta_{\text{G}} = \frac{|\Delta \dot{H}_{\text{Af}}| + |\dot{Q}_{\text{e}}|}{\dot{Q}_{\text{B}}} = \frac{(838 + 220)\ \text{kW}}{1375\ \text{kW}} = 0{,}77$$

6. Kältekreisprozeß

Der Wärmeentzug innerhalb des Kältekreisprozesses erfolgt bei konstantem Druck (Enthalpie).
Für das Bild 50 wird ein Kreisprozeß mit Ammoniak (NH_3) zwischen den Drücken 2,37 bar und 10 bar angenommen.

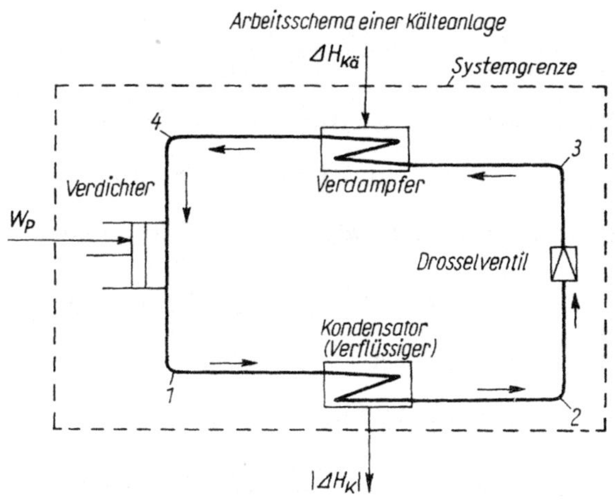

Bild 50

Es ist

$\Delta H_{\text{Kä}}$ Wärmeaufnahme des Arbeitsmittels (Enthalpie) im Verdampfer (Kühlung),

W_{P} Verdichtungsarbeit des Kompressors,

$|\Delta H_{\text{K}}|$ Wärmeabgabe des Arbeitsmittels im Verflüssiger (Kondensator).

An der Systemgrenze wird dem System:

1. Arbeit zugeführt (Kompressor) ($W > 0$)
2. Wärme zugeführt (Verdampfer, aus der Umgebung entzogen) ($Q > 0$)
3. Wärme abgeführt (Kondensator) ($Q < 0$)

Bei Punkt (*4*) befindet sich trocken gesättigter NH_3-Dampf mit einem Druck von 2,37 bar und einer Temperatur von $-15\,°C$. Im Kompressor wird der trocken gesättigte NH_3-Dampf auf 10 bar verdichtet, wobei die Temperatur auf $70\,°C$ (angenommen) steigt (*1*).

Im Kondensator wird durch Wasser- oder Luftkühlung die Überhitzungs- und Verdampfungswärme entzogen, so daß bei Punkt (*2*) flüssiges NH_3 von 10 bar mit einer Temperatur von 25 °C vorhanden ist. Im Drosselventil wird der Druck von 10 bar auf 2,37 bar entspannt.
Während der Entspannung bleibt die Enthalpie konstant. Das flüssige NH_3 mit einer Temperatur von 25 °C beginnt zu verdampfen.
Bei Punkt (*3*) befindet sich nasser NH_3-Dampf. Die Temperatur entspricht der zu 2,37 bar gehörigen Sättigungstemperatur und beträgt −15 °C.
Im Verdampfer findet die restlose Verdampfung statt. Die benötigte Verdampfungswärme wird der Umgebung entzogen (Kühlung).

Leistungsziffer

Das Verhältnis der im Verdampfer aufgenommenen Enthalpie $\Delta H_{\text{Kä}}$ (Kühlung) zur aufgewendeten Arbeit W_{p} ist die Leistungsziffer.

$$\varepsilon_{\text{Kä}} = \frac{\Delta H_{\text{Kä}}}{W_{\text{p}}}$$

Die Leistungsziffer gibt an, welche Enthalpie je aufzuwendende Arbeitseinheit abgeführt wird.

Beispiel:

180. Vorhergegangene Beschreibung ist mit zu verwenden. Es ist ein Kältekreisprozeß für NH_3 durchzurechnen. Nach der Kompression ist ein Druck von 10 bar mit einer Temperatur von 70 °C vorhanden.
Nach dem Drosselventil beträgt der Druck 2,37 bar.
Das Kühlwasser im Kondensator erwärmt sich von 10 °C auf 22 °C. Die Kochsalzsole wird von −2 °C auf −6 °C heruntergekühlt.

a) Wie groß ist die im Kondensator abzuführende Wärme und die Kompressionsarbeit für 1 kg NH_3, wenn $c_{pm} = 2{,}78$ kJ/kg K und der Verdichtungsexponent $n = 1{,}25$ ist?

b) Wieviel Kilogramm NH_3 müssen in einer Stunde umlaufen, um der Sole 23 260 W zu entziehen? Welche Kühlwasser- und Solemasse ist dazu erforderlich?

c) Wie groß ist die Leistungsziffer?

Lösung:

a) $p_1 = 10$ bar $\quad t_{\text{ü}} = 70\,°\text{C} \quad c_{pm} = 2{,}78$ kJ/kg K

$t_{\text{S}} = 25\,°\text{C} \quad r_1 = 1164{,}2$ kJ/kg

Im Kondensator wird die Verdampfungs- und Überhitzungswärme entzogen

$$|\Delta h_{\text{K}}| = r_1 + c_{pm}(t_{\text{ü}} - t_{\text{S}})$$

$$|\Delta h_{\text{K}}| = 1164{,}2\ \text{kJ/kg} + 2{,}78\ \text{kJ/kg K} \cdot (70 - 25)\ \text{K} = 1289\ \text{kJ/kg}$$

Die Kompressionsarbeit für 1 kg NH_3 ist mit Gl. (58) (hier wird das spezifische Volumen des trocken gesättigten Dampfes eingesetzt, s. Tab. 15)

$p_2 = 2{,}37$ bar $= 2{,}37 \cdot 10^5$ N/m² $\qquad v'' = 0{,}5074$ m³/kg $\qquad n = 1{,}25$

$$w_p = \frac{n}{n-1} p_2 v'' \left[\left(\frac{p_1}{p_2} \right)^{\frac{n-1}{n}} - 1 \right]$$

$$w_p = \frac{1{,}25}{1{,}25 - 1} 2{,}37 \cdot 10^5 \text{ N/m}^2 \cdot 0{,}5074 \text{ m}^3/\text{kg} \cdot \left[\left(\frac{10}{2{,}37} \right)^{\frac{1{,}25-1}{1{,}25}} - 1 \right]$$

$$= 202\,000 \text{ Nm/kg} = 202 \text{ kJ/kg}$$

b) Während der Drosselung ist $h'_1 = h_2$. Der Dampfgehalt nach der Drosselung ist aus Gl. (76) zu bestimmen. (In Tab. 15 ist bei 0 °C $h' = 500$ kJ/kg gesetzt worden).

$h_2 = h'_1 = 616{,}4$ kJ/kg $\qquad r_2 = 1311{,}8$ kJ/kg $\qquad h'_2 = 431{,}1$ kJ/kg

$$x_2 = \frac{h_2 - h'_2}{r_2} = \frac{(616{,}3 - 431{,}1) \text{ kJ/kg}}{1\,311{,}8 \text{ kJ/kg}} = 0{,}141 \text{ kg/kg}$$

Nach dem Verdampfer ist der Dampfgehalt auf $x_1 = 1$ kg/kg gestiegen. Im Verdampfer wird entzogen (Kühlung)

$$\Delta h_{\text{Kä}} = r_2(x_1 - x_2) = 1311{,}8 \text{ kJ/kg} \cdot (1 - 0{,}141) = 1125 \text{ kJ/kg}$$

Für einen Enthalpieentzug von $\Delta \dot{H}_{\text{Kä}} = 23\,260$ W $= 23{,}26$ kJ/s müssen in 1 h umlaufen

$$\dot{m}_{NH_3} = \frac{\Delta \dot{H}_{\text{Kä}}}{\Delta h_{\text{Kä}}} = \frac{23{,}26 \text{ kJ/s} \cdot 3\,600 \text{ s/h}}{1\,125 \text{ kJ/kg}} = 74{,}3 \text{ kg/h}$$

Die erforderliche Solemasse beträgt nach Gl. (27) mit $t_{S1} = -2$ °C und $t_{S2} = -6$ °C

$$\dot{m}_S = \frac{\Delta \dot{H}_{\text{Kä}}}{c(t_{S1} - t_{S2})} = \frac{23{,}26 \text{ kJ/s} \cdot 3\,600 \text{ s/h}}{4{,}19 \text{ kJ/kg K} \cdot [-2 - (-6)] \text{ K}} = 5\,000 \text{ kg/h}$$

Die Kühlwassermenge für den Kondensator ist mit $t_{K1} = 10$ °C; $t_{K2} = 22$ °C

$$\dot{m}_K = \frac{\dot{m}_{NH_3} |\Delta h_K|}{c(t_{K2} - t_{K1})} = \frac{74{,}3 \text{ kg/h} \cdot 1\,289 \text{ kJ/kg}}{4{,}19 \text{ kJ/kg K} \cdot (22 - 10) \text{ K}} = 1\,910 \text{ kg/h}$$

c) Leistungsziffer

$$\varepsilon_{\text{Kä}} = \frac{\Delta h_{\text{Kä}}}{w_p} = \frac{1\,125 \text{ kJ/kg}}{202 \text{ kJ/kg}} = 5{,}57$$

6.1. lg p,h-Diagramm (Ammoniak)

Im lg p,h-Diagramm für NH_3 ist, wie im h,s-Diagramm für Wasserdampf, die Enthalpie als Strecke dargestellt.

Die Kurven konstanten Druckes (Waagerechte) und konstanten Enthalpiegehaltes (Senkrechte) sind im folgenden Bild 51 wegen der Übersichtlichkeit weggelassen worden (im lg p,h-Diagramm der Beilage sind alle Kurven eingezeichnet).

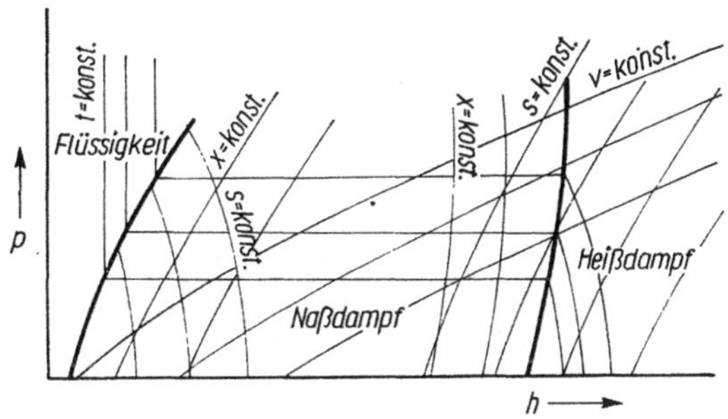

Bild 51

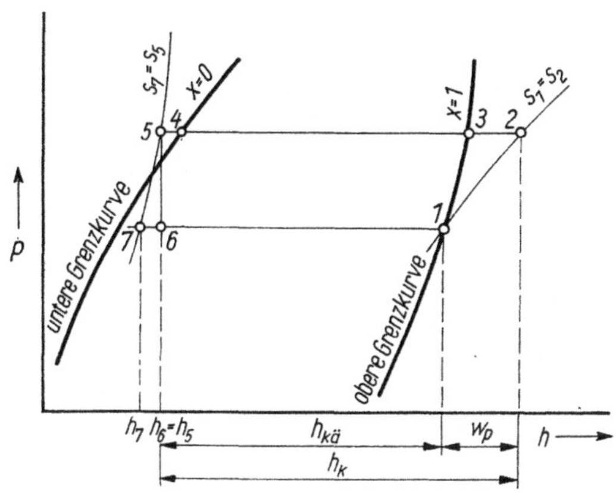

Bild 52

An der Ordinate ist der Druck im logarithmischen Maßstab angetragen. Auf der Abszisse die Enthalpie im Normalmaßstab.

Die Bedeutung der übrigen Kurven ist aus Bild 51 zu entnehmen. Der mittlere Teil im Naßdampfgebiet wird meist aus Platzgründen weggelassen.

Im beiliegenden lg p,h-Diagramm ist für die Enthalpie des flüssigen NH_3 bei 0 °C $h' = 500$ kJ/kg und $s' = 1$ kJ/kg K gesetzt worden. Die Kurven für $s =$ konst. wurden nur im Heißdampfgebiet eingezeichnet.

Darstellung eines Kältekreisprozesses im lg p,h-Schaubild für Ammoniak (Bild 52). Der Verdichter saugt trocken gesättigten NH_3-Dampf vom Zustand *1* an

1···*2* isentrope Verdichtung ($s =$ konst.) (Verdichter)

2···*3*···*4* Abkühlung des Dampfes und Verflüssigung (Kondensator)

4···*5* Unterkühlung der Flüssigkeit (Kondensator)

5⋯6 Entspannung durch Drosselventil (h = konst.)

6⋯1 Verdampfen des Kältemittels im Verdampfer (Kühlung)

oder

5⋯7 isentrope Entspannung (Entspannungszylinder)

7⋯1 Verdampfen des Kältemittels im Verdampfer (Kühlung)

Beispiel:

181. Es ist für 1 kg Ammoniak (NH_3) ein Kältekreisprozeß rechnerisch und nach dem lg p,h-Diagramm durchzurechnen.
Der Kreisprozeß hat eine tiefste Temperatur von −15 °C mit einem Druck von 2,37 bar.
Nach dem Verdampfer ist trocken gesättigter NH_3-Dampf mit einem Druck von 2,37 bar vorhanden.
Im Kompressor wird der trocken gesättigte NH_3-Dampf auf 10 bar isentrop verdichtet.
Im nachfolgenden Kondensator erfolgt eine Unterkühlung des NH_3 auf 20 °C.

a) Welche Temperatur ist nach der Verdichtung vorhanden?

b) Welche Arbeit ist vom Kompressor für 1 kg NH_3 aufzubringen?

c) Welche Enthalpie ist im Kondensator abzuführen, wenn $c_{NH_3fl} = 4{,}77$ kJ/kg K (Tab. 21); $c_{pm} = 2{,}79$ kJ/kg K ist?

d) Welcher Dampfgehalt ist nach der Drosselung, wenn die Enthalpie während der Drosselung konstant bleibt, vorhanden?

e) Wie groß ist der Enthalpieentzug (Kühlung) von 1 kg NH_3?

Lösung:

a) rechnerisch

$t_1 = -15\,°\mathrm{C}$; $T_1 = 258$ K $\quad p_1 = 2{,}37$ bar; $p_2 = 10$ bar $\quad \varkappa = 1{,}3$

Nach Gl. (41c) ist die Temperatur nach der Kompression

$$\frac{T_2}{T_1} = \left(\frac{p_2}{p_1}\right)^{\frac{\varkappa-1}{\varkappa}} = \left(\frac{10}{2{,}37}\right)^{\frac{1{,}3-1}{1{,}3}} = 1{,}395$$

$$T_2 = T_1 \cdot 1{,}395 = 258\ \mathrm{K} \cdot 1{,}395 = 360\ \mathrm{K}; \quad t_2 = 87\,°\mathrm{C}$$

Nach dem lg p,h-Diagramm (Punktangaben beziehen sich auf Bild 52): Der Punkt *1* (obere Grenzkurve, Schnittpunkt $x = 1$ kg/kg bei $p = 2{,}37$ bar) ist im lg p,h-Diagramm festzulegen.
Folgend der Isentrope s = konst. (etwas oberhalb der Kurve $s = 5{,}8$ kJ/kg K) ergibt sich beim Schnittpunkt mit der Kurve $p = 10$ bar

$$t_2 \approx 83\,°\mathrm{C}$$

b) rechnerisch

Die aufzuwendende Arbeit für 1 kg NH_3 im Kompressor beträgt mit Gl. (58)

$p_1 = 2{,}37\ \text{bar} = 2{,}37 \cdot 10^5\ \text{N/m}^2 \qquad p_2 = 10\ \text{bar} \qquad v''_1 = 0{,}5074\ \text{m}^3/\text{kg}$

$$w_P = \frac{\varkappa}{\varkappa - 1}\, p_1 v''_1 \left[\left(\frac{p_2}{p_1}\right)^{\frac{\varkappa-1}{\varkappa}} - 1\right]$$

$$w_P = \frac{1{,}3}{1{,}3 - 1}\, 2{,}37 \cdot 10^5\ \text{N/m}^2 \cdot 0{,}5074\ \text{m}^3/\text{kg} \cdot (1{,}395 - 1)$$

$$= 206\,000\ \text{Nm/kg} = 206\ \text{kJ/kg}$$

Nach dem lg p,h-Diagramm:

Die Kompressionsarbeit entspricht der Enthalpiedifferenz zwischen den Punkten *1* und *2*.

$$w_P = h_P = h_2 - h_1 = (1\,939 - 1\,742)\ \text{kJ/kg} = 197\ \text{kJ/kg}$$

c) rechnerisch

Im Kondensator ist die Überhitzungswärme, aus Gl. (79), die Verdampfungswärme und die Wärme, die zur Unterkühlung, nach Gl. (27), des NH_3 notwendig ist, zu entziehen.

$t_K = t_5 = 20\,°\text{C} \qquad c_{pm} = 2{,}79\ \text{kJ/kg K}$

$t_{s2} = 25\,°\text{C} \qquad r_2 = 1\,164{,}2\ \text{kJ/kg}$

$t_2 = 87\,°\text{C} \qquad c_{NH_3 fl} = 4{,}77\ \text{kJ/kg K}$

$$|\Delta h_K| = c_{pm}(t_2 - t_{s2}) + r_2 + c_{NH_3 fl}(t_{s2} - t_5)$$

$$|\Delta h_K| = 2{,}79\ \text{kJ/kg K} \cdot (87 - 25)\ \text{K} + 1\,164{,}2\ \text{kJ/kg} + 4{,}77\ \text{kJ/kg K} \cdot (25 - 20)\ \text{K}$$

$$|\Delta h_K| = 1\,360\ \text{kJ/kg}$$

Nach dem lg p,h-Diagramm:

Die im Kondensator abzuführende Wärme entspricht der Enthalpiedifferenz zwischen den Punkten *2* und *5*.

$$|\Delta h_K| = h_2 - h_5 = (1\,939 - 590)\ \text{kJ/kg} = 1\,349\ \text{kJ/kg}$$

d) rechnerisch

Während der Drosselung bleibt der Enthalpiegehalt konstant. Aus Gl. (76) ist der Dampfgehalt nach der Drosselung

$$h'_{20°C} = 592{,}8\ \text{kJ/kg}; \quad h'_{-15°C} = 431{,}1\ \text{kJ/kg}; \quad r_1 = 1\,311{,}8\ \text{kJ/kg}$$

$$x_6 = \frac{h'_{20°C} - h'_{-15°C}}{r_1} = \frac{(592{,}8 - 431{,}1)\ \text{kJ/kg}}{1\,311{,}8\ \text{kJ/kg}} = 0{,}123\ \text{kg/kg}$$

Nach dem lg p,h-Diagramm:

Nach der Festlegung von Punkt *6* (senkrecht unter Punkt *5*) ist abzulesen

$$x_6 = 0{,}123 \text{ kg/kg}$$

e) rechnerisch

Nach dem Verdampfen ist der Dampfgehalt des NH_3 auf $x_1 = 1$ kg/kg gestiegen. Der Enthalpieentzug für 1 kg NH_3 ist dann

$$\Delta h_{\text{Kä}} = r_1(x_1 - x_6) = 1311{,}8 \text{ kJ/kg} \cdot (1 - 0{,}123) = 1150 \text{ kJ/kg}$$

Nach dem p,h-Diagramm:

Es ist die Enthalpiedifferenz zwischen den Punkten *1* und *6* zu bestimmen.

$$\Delta h_{\text{Kä}} = h_1 - h_6 = (1742 - 590) \text{ kJ/kg} = 1152 \text{ kJ/kg}$$

7. Verbrennung

7.1. Raumverhältnisse bei der vollkommenen Verbrennung von Gasen

Aus den chemischen Gleichungen lassen sich die Raumverhältnisse bei der Verbrennung ablesen, da es sich ausschließlich um Reaktionen im gasförmigen Zustand handelt. Ferner ist das Molvolumen aller Gase bei gleichem Druck und gleicher Temperatur gleich groß (siehe *Avogadro*sches Gesetz in 1.6.).
(Die Volumenangaben beziehen sich auf m³ im Normzustand.)

Es verbrennen

$$1\,CO + \tfrac{1}{2}\,O_2 \rightarrow 1\,CO_2 \qquad (91\,a)$$

$$1\,H_2 + \tfrac{1}{2}\,O_2 \rightarrow 1\,H_2O \qquad (91\,b)$$

Für schwere Kohlenwasserstoffe gilt:

$$C_mH_n + \left(m + \frac{n}{4}\right) O_2 \rightarrow mCO_2 + \frac{n}{2}\,H_2O \qquad (91\,c)$$

Sauerstoffbedarf

1 m³ Brenngas im Normzustand hat folgende Analyse in Raumteilen:

H_2 30%; $r_{H_2} = 0{,}3$ $\qquad$ C_2H_2 7%; $r_{C_2H_2} = 0{,}07$

CH_4 40%; $r_{CH_4} = 0{,}4$ $\qquad$ O_2 3%; $r_{O_2} = 0{,}03$

CO 20%; $r_{CO} = 0{,}2$

Für die Berechnung des theoretischen Sauerstoffbedarfes in m³ O_2 je m³ Brenngas werden nur die zweiten Glieder der Gln. (91a)···(91c) verwendet.
Es ist der theoretische Sauerstoffbedarf für das gegebene Brenngas

$$O_{min,0} = \frac{r_{H_2} + r_{CO}}{2} + 2r_{CH_4} + 2{,}5r_{C_2H_2} - r_{O_2}$$

$$O_{min,0} = \left(\frac{0{,}3 + 0{,}2}{2} + 2 \cdot 0{,}4 + 2{,}5 \cdot 0{,}07 - 0{,}03\right) m^3/m^3$$

$$= 1{,}195\ m^3/m^3$$

Luftbedarf

In 100 Raumteilen trockener Luft befinden sich 21 Raumteile Sauerstoff (O_2). Es ist der theoretische Luftbedarf in m^3/m^3 oder m^3/kg

$$L_{min} = \frac{100}{21} O_{min} \tag{92a}$$

[Gl. (92b)] s. 7.2.

Die wirkliche Verbrennung erfolgt meist mit einem Luftüberschuß. Das Luftverhältnis ist

$$\lambda = \frac{L_{wirkl}}{L_{min}}$$

Der wirkliche Luftbedarf ist dann

$$L_{wirkl} = \lambda L_{min} \quad \begin{array}{l}\text{in m}^3\text{ Luft/m}^3\text{ Brenngas bzw.}\\ \text{in kg Luft/kg Brennstoff oder m}^3\text{ Luft/kg Brst}\end{array} \tag{93}$$

Anmerkung: Die Ergebnisse beziehen sich auf trockene Luft. Je nach dem Feuchtigkeitsgehalt sind die Luft- bzw. Gasvolumen $(1\cdots2)\%$ größer. Entsprechend den Gesetzen der feuchten Luft, Abschnitt 9., ist das Luftvolumen zu multiplizieren mit dem Faktor

$$f = 1 + \frac{\varphi p_{DS}}{p_L}$$

Die jeweilig benötigte Einheit für den Sauerstoff- bzw. Luftbedarf ist der Aufgabenstellung und dem Rechnungsgang zu entnehmen.

Abgasrechnung

Bei der Errechnung der Abgase wird in derselben Weise vorgegangen wie bei der Berechnung des Sauerstoffbedarfes. Es werden dann nur die rechten Seiten der Gln. (91a) bis (91c) verwendet.

Der O_2-Gehalt in den Abgasen in m^3 O_2 je m^3 Brenngas errechnet sich nach

$$V_{O_2} = O_{min}(\lambda - 1) \tag{94}$$

Der N_2-Gehalt in den Abgasen in m^3 N_2 je m^3 Brenngas

$$V_{N_2} = \frac{79}{100} L_{wirkl} + r_{N_2} \tag{95}$$

r_{N2} Stickstoffraumanteil im Brenngas

Beispiel:

182. Mit der gegebenen Analyse eines Gases in Raumteilen ist bei einer Verbrennung mit einem Luftüberschuß von 20% ($\lambda = 1{,}2$) der Luftbedarf und die Abgaszusammensetzung zu ermitteln. (Normzustand)

H_2 50%; $r_{H_2} = 0{,}5$ C_6H_6 2%; $r_{C_6H_6} = 0{,}02$

CH_4 20%; $r_{CH_4} = 0{,}2$ CO_2 14%; $r_{CO_2} = 0{,}14$

CO	6%;	$r_{CO} = 0{,}06$	N_2	2%;	$r_{N_2} = 0{,}02$
C_2H_4	2%;	$r_{C_2H_4} = 0{,}02$	O_2	2%;	$r_{O_2} = 0{,}02$
C_2H_2	2%;	$r_{C_2H_2} = 0{,}02$			

Lösung:

Der theoretische Sauerstoffbedarf in m^3 O_2 je m^3 Brenngas ist mit den Gln. (91a) bis (91c)

$$O_{min,0} = \frac{r_{H_2} + r_{CO}}{2} + 2r_{CH_4} + 3r_{C_2H_4} + 2{,}5r_{C_2H_2} + 7{,}5r_{C_6H_6} - r_{O_2}$$

$$O_{min,0} = \left(\frac{0{,}5 + 0{,}06}{2} + 2 \cdot 0{,}2 + 3 \cdot 0{,}02 + 2{,}5 \cdot 0{,}02 + 7{,}5 \cdot 0{,}02 - 0{,}02\right) m^3/m^3$$
$$= 0{,}92\ m^3/m^3$$

Der theoretische Bedarf trockener Luft in m^3 Luft je m^3 Brenngas ist mit Gl. (92a)

$$L_{min,0} = \frac{100}{21} \cdot O_{min,0} = \frac{100}{21} \cdot 0{,}92\ m^3/m^3 = 4{,}38\ m^3/m^3$$

Nach Gl. (93) ist mit $\lambda = 1{,}2$ der wirkliche trockene Luftbedarf in m^3 Luft je m^3 Brenngas

$$L_{wirkl,0} = \lambda L_{min,0} = 1{,}2 \cdot 4{,}38\ m^3/m^3 = 5{,}25\ m^3/m^3$$

Abgasrechnung mit den rechten Seiten der Gln. (91a)$\cdots$(91c)
Wasserdampf (H_2O) in den Abgasen in m^3 H_2O je m^3 Brenngas

$$V_{H_2O} = r_{H_2} + 2r_{CH_4} + 2r_{C_2H_4} + r_{C_2H_2} + 3r_{C_6H_6}$$
$$V_{H_2O} = (0{,}5 + 2 \cdot 0{,}2 + 2 \cdot 0{,}02 + 0{,}02 + 3 \cdot 0{,}02)\ m^3/m^3$$
$$= 1{,}02\ m^3/m^3$$

Kohlendioxid (CO_2) in den Abgasen in m^3 CO_2 je m^3 Brenngas

$$V_{CO_2} = r_{CH_4} + r_{CO} + 2r_{C_2H_4} + 2r_{C_2H_2} + 6r_{C_6H_6} + r_{CO_2}$$
$$V_{CO_2} = (0{,}2 + 0{,}06 + 2 \cdot 0{,}02 + 2 \cdot 0{,}02 + 6 \cdot 0{,}02 + 0{,}14)\ m^3/m^3$$
$$= 0{,}60\ m^3/m^3$$

Stickstoff (N_2) in den Abgasen beträgt nach Gl. (95) in m^3 N_2 je m^3 Brenngas

$$V_{N_2} = \frac{79}{100} \cdot L_{wirkl,0} + r_{N_2} = \frac{79}{100} \cdot 5{,}25\ m^3/m^3 + 0{,}02\ m^3/m^3$$
$$= 4{,}17\ m^3/m^3$$

Sauerstoff (O_2) in den Abgasen nach Gl. (94) in m^3 O_2 je m^3 Brenngas

$$V_{O_2} = O_{min,0}(\lambda - 1) = 0{,}92\ m^3/m^3 \cdot (1{,}2 - 1) = 0{,}184\ m^3/m^3$$

Abgaszusammenstellung in m^3 Abgas je m^3 Brenngas

Nasse Abgase	Trockene Abgase
$V_{H_2O} = 1{,}020\ m^3/m^3 \triangleq 17{,}10\%$	$V_{CO_2} = 0{,}600\ m^3/m^3 \triangleq 12{,}1\%$
$V_{CO_2} = 0{,}600\ m^3/m^3 \triangleq 10{,}02\%$	$V_{N_2} = 4{,}170\ m^3/m^3 \triangleq 84{,}2\%$
$V_{N_2} = 4{,}170\ m^3/m^3 \triangleq 69{,}80\%$	$V_{O_2} = 0{,}184\ m^3/m^3 \triangleq 3{,}7\%$
$V_{O_2} = 0{,}184\ m^3/m^3 \triangleq 3{,}08\%$	
$V_{naß,0} = 5{,}974\ m^3/m^3$	$V_{tr,0} = 4{,}954\ m^3/m^3$

Anmerkung: Bei Orsatanalysen von Abgasen wird immer die Analyse der trockenen Abgase bestimmt, da der Wasserdampf in den Abgasen von der Sperrflüssigkeit absorbiert wird. Die Luftfeuchtigkeit der zugeführten Verbrennungsluft ist bei V_{H_2O} mit zu berücksichtigen.

7.2. Massenverhältnisse bei der vollkommenen Verbrennung von Gasen, flüssigen und festen Brennstoffen

Es verbrennen [Gln. (91a)$\cdots$(91c)]:

12 kg C mit 32 kg O_2 zu 44 kg CO_2
4 kg H_2 mit 32 kg O_2 zu 36 kg H_2O
56 kg CO mit 32 kg O_2 zu 88 kg CO_2
16 kg CH_4 mit 64 kg O_2 zu 44 kg CO_2 + 36 kg H_2O
28 kg C_2H_4 mit 96 kg O_2 zu 88 kg CO_2 + 36 kg H_2O
32 kg S mit 32 kg O_2 zu 64 kg SO_2

Folglich verbrennen:

1 kg C mit $^8/_3$ kg O_2 zu $^{11}/_3$ kg CO_2
1 kg H_2 mit 8 kg O_2 zu 9 kg H_2O
1 kg CO mit $^4/_7$ kg O_2 zu $^{11}/_7$ kg CO_2
1 kg CH_4 mit 4 kg O_2 zu $^{11}/_4$ kg CO_2 + $^9/_4$ kg H_2O
1 kg C_2H_4 mit $^{24}/_7$ kg O_2 zu $^{22}/_7$ kg CO_2 + $^9/_7$ kg H_2O
1 kg S mit 1 kg O_2 zu 2 kg SO_2

Die Analysen der festen, flüssigen oder gasförmigen Brennstoffe sind hier in Massenteilen angegeben. Die Berechnung erfolgt in derselben Art wie bei den vorhergegangenen gasförmigen Brennstoffen, wo die Analyse in Raumteilen gegeben war. Bei Ermittlung der theoretisch zur Verbrennung erforderlichen trockenen Luftmasse ist mit dem Massenanteil des O_2 in der Luft $g_{O_2,L} = 0{,}232$ der trockene Luftbedarf in kg Luft je kg Brennstoff

$$L_{\min} = \frac{O_{\min}}{g_{O_2,L}} \tag{92b}$$

183. Für die gegebene Elementaranalyse einer Kohle ist bei einer Verbrennung mit $\lambda = 1{,}6$ der Luftbedarf in kg und m³, die Abgaszusammensetzung in kg zu bestimmen.

C	78,0%;	$g_C = 0{,}78$	S	1,5%;	$g_S = 0{,}015$
H_2	4,5%;	$g_{H_2} = 0{,}045$	O_2	6,0%;	$g_{O_2} = 0{,}06$

Rest Asche

Lösung:

Der theoretische Sauerstoffbedarf: in kg O je kg Kohle ist

$$O_{min} = \frac{8}{3} g_C + 8 g_{H_2} + g_S - g_{O_2}$$

$$O_{min} = \left(\frac{8 \cdot 0{,}78}{3} + 8 \cdot 0{,}045 + 0{,}015 - 0{,}06\right) \text{kg/kg} = 2{,}395 \text{ kg/kg}$$

Der theoretische trockene Luftbedarf ist nach Gl. (92b) in kg Luft je kg Kohle

$$L_{min} = \frac{O_{min}}{g_{O_2,L}} = \frac{2{,}395 \text{ kg/kg}}{0{,}232} = 10{,}31 \text{ kg/kg}$$

Der wirkliche trockene Luftbedarf mit $\lambda = 1{,}6$ ist nach Gl. (93) in kg Luft je kg Kohle

$$L_{wirkl} = \lambda L_{min} = 1{,}6 \cdot 10{,}31 \text{ kg/kg} = 16{,}5 \text{ kg/kg}$$

In m³ im Normzustand ausgedrückt ist mit $\varrho_0 = 1{,}293 \text{ kg/m}^3$ nach Gl. (12) in m³ Luft je kg Kohle

$$L_{wirkl,0} = \frac{m_L}{\varrho_0} = \frac{16{,}5 \text{ kg/kg}}{1{,}293 \text{ kg/m}^3} = 12{,}75 \text{ kg/m}^3$$

oder, mit Verwendung der Umkehrung von Gl. (12) ist der theoretische Sauerstoffbedarf in m³ O_2 je kg Kohle

$$O_{min,0} = \overline{v}_0 \left(\frac{g_C}{M_C} + \frac{g_{H_2}}{2 M_{H_2}} + \frac{g_S}{M_S} - \frac{g_{O_2}}{M_{O_2}}\right)$$

$$O_{min,0} = 22{,}4 \text{ m}^3\text{/kmol} \cdot \left(\frac{0{,}78}{12} + \frac{0{,}045}{2 \cdot 2} + \frac{0{,}015}{32} - \frac{0{,}06}{32}\right) \text{kmol/kg}$$

$$O_{min,0} = 1{,}675 \text{ m}^3\text{/kg}$$

Der theoretische trockene Luftbedarf ist nach Gl. (92a) in m³ Luft je kg Kohle

$$L_{min,0} = \frac{100}{21} \cdot O_{min,0} = \frac{100}{21} \cdot 1{,}675 \text{ m}^3\text{/kg} = 7{,}96 \text{ m}^3\text{/kg}$$

Der wirkliche trockene Luftbedarf ist mit $\lambda = 1{,}6$ nach Gl. (93) in m³ Luft je kg Kohle

$$L_{wirkl,0} = \lambda L_{min,0} = 1{,}6 \cdot 7{,}96 \text{ m}^3\text{/kg} = 12{,}73 \text{ m}^3\text{/kg}$$

(Das gleiche Ergebnis wie beim ersten Lösungsweg.)

Abgaszusammensetzung in kg je kg Kohle:

$$m_{CO_2} = \frac{11}{3} g_C = \frac{11 \cdot 0{,}78}{3} = 2{,}86 \ \text{kg/kg}$$

$$m_{H_2O} = 9 g_{H_2} = 9 \cdot 0{,}045 = 0{,}405 \ \text{kg/kg}$$

$$m_{N_2} = L_{\text{wirkl}} \cdot 0{,}768 = 16{,}5 \ \text{kg/kg} \cdot 0{,}768 = 12{,}68 \ \text{kg/kg}$$

$$m_{SO_2} = 2 \ g_S = 2 \cdot 0{,}015 = 0{,}03 \ \text{kg/kg}$$

$$m_{O_2} = O_{\min}(\lambda - 1) = 2{,}395 \ \text{kg/kg} \cdot 0{,}6 = 1{,}437 \ \text{kg/kg}$$

7.3. Ermittlung des Luftverhältnisses aus der Abgasanalyse

Ist in dem verbrannten Brennstoff ursprünglich kein oder nur sehr wenig Stickstoff oder Sauerstoff vorhanden gewesen, so kann folgende Gleichung Verwendung finden:

$$\lambda = \frac{r_{N_2}}{r_{N_2} - r_{O_2} \frac{79}{21}}$$

r_{N_2} bzw. r_{O_6} sind Raumteile der trockenen Abgasanalyse.

Beispiel:

184. Eine trockene Abgasanalyse in Raumteilen lautet:

$$r_{CO_2} = 0{,}112; \quad r_{SO_2} = 0{,}008; \quad r_{N_2} = 0{,}8; \quad r_{O_2} = 0{,}08$$

Wie groß war das Luftverhältnis?

Lösung:

Es war

$$\lambda = \frac{0{,}8}{0{,}8 - 0{,}08 \frac{79}{21}} = 1{,}6$$

Ist dagegen Stickstoff oder Sauerstoff in dem zu verbrennenden Gas in größeren Mengen vorhanden gewesen, so gilt:

$$\lambda = \frac{21}{21 - 79 \frac{O}{N}} \left(1 + \frac{O}{N} \cdot \frac{r_{N_2}}{O_{\min}}\right)$$

N Stickstoff in den Abgasen in %

O Sauerstoff in den Abgasen in %

r_{N_2} Raumteil Stickstoff im zu verbrennenden Gas

$O_{\min}$ theoretischer Sauerstoffbedarf in m^3 O_2 je m^3 Brenngas

Beispiel:

185. Die Analyse eines Gases im Normzustand in Raumteilen lautet:

H_2	12,0%;	$r_{H_2} = 0{,}12$	CO_2	7,0%;	$r_{CO_2} = 0{,}07$
CO	24,0%;	$r_{CO} = 0{,}24$	O_2	0,5%;	$r_{O_2} = 0{,}005$
CH_4	0,2%;	$r_{CH_4} = 0{,}002$	N_2	56,3%;	$r_{N_2} = 0{,}563$

Wie groß war das Luftverhältnis, wenn die trockene Abgasanalyse sich zusammensetzt aus:

$$V_{CO_2} \triangleq 17{,}3\%; \quad V_{O_2} \triangleq 3\%; \quad V_{N_2} \triangleq 79{,}7\%$$

Lösung:

Der theoretische Sauerstoffbedarf ist nach den Gln. (91a)···(91c) in m^3 O_2 je m^3 Brenngas

$$O_{min,0} = 0{,}5 r_{H_2} + 0{,}5 r_{CO} + 2 r_{CH_4} - r_{O_2}$$

$$O_{min,0} = (0{,}5 \cdot 0{,}12 + 0{,}5 \cdot 0{,}24 + 2 \cdot 0{,}002 - 0{,}005)\ m^3/m^3$$

$$= 0{,}179\ m^3/m^3$$

Das Luftverhältnis war dann

$$\lambda = \frac{21}{21 - \dfrac{79 \cdot 3}{79{,}7}} \left(1 + \frac{3}{79{,}7} \cdot \frac{0{,}563}{0{,}179}\right) = 1{,}3$$

(Siehe auch Ablesemöglichkeit in Bild 54, Beispiel 186, bei gleicher Gasanalyse)

7.3.1. Berechnung eines Verbrennungsdreiecks für gasförmige Brennstoffe nach Ostwald

7.3.1.1. Vollkommene Verbrennung

Die Rechnungen beziehen sich auf m^3 im Normzustand.
Es wird verwendet

$$\lambda = \frac{1}{\eta}$$

Die Analyse eines Gases in Raumteilen lautet:

H_2%;	r_{H_2}	C_2H_2%;	$r_{C_2H_2}$
CO%;	r_{CO}	CO_2%;	r_{CO_2}
CH_4%;	r_{CH_4}	O_2%;	r_{O_2}
C_2H_4%;	$r_{C_2H_4}$	N_2%;	r_{N_2}

Bei $\lambda = 1$ bzw. $\eta = 1$ ergibt sich der Sauerstoffbedarf nach den Gln. (91a)···(91c) in m^3 O_2 je m^3 Brenngas zu

$$O_{min} = 0{,}5 r_{H_2} + 0{,}5 r_{CO} + 2 r_{CH_4} + 3 r_{C_2H_4} + 2{,}5 r_{C_2H_2} - r_{O_2}$$

Die trockenen Abgase betragen
Kohlendioxid in m^3 CO_2 je m^3 Brenngas

$$V_{CO_2} = r_{CO} + r_{CH_4} + 2 r_{C_2H_4} + 2 r_{C_2H_2} + r_{CO_2}$$

Stickstoff in m^3 N_2 je m^3 Brenngas

$$V_{N_2} = r_{N_2} + \frac{79}{21}\frac{1}{\eta} O_{min}$$

Sauerstoff in m^3 O_2 je m^3 Brenngas

$$V_{O_2} = O_{min}(\lambda - 1) = O_{min}\left(\frac{1}{\eta} - 1\right) = \frac{1}{\eta} O_{min} - O_{min}$$

Die gesamten trockenen Abgase in m^3 je m^3 Brenngas

$$V_{tr} = V_{CO_2} + V_{N_2} + V_{O_2}$$

$$V_{tr} = V_{CO_2} + r_{N_2} + \frac{79}{21}\frac{1}{\eta} O_{min} + \frac{1}{\eta} O_{min} - O_{min}$$

$$V_{tr} = V_{CO_2} + r_{N_2} + O_{min}\left(\frac{4{,}76}{\eta} - 1\right)$$

Der CO_2-Gehalt, bezogen auf das trockene Abgas in %, ist dann

$$k = \frac{100 V_{CO_2}}{V_{tr}}$$

$$k = \frac{100 V_{CO_2}}{V_{CO_2} + r_{N_2} + O_{min}\left(\frac{4{,}76}{\eta} - 1\right)} \tag{96}$$

Wenn $\eta = 1$ ist, dann ist der höchstmögliche CO_2-Gehalt in %

$$k_{max} = \frac{100 V_{CO_2}}{V_{CO_2} + r_{N_2} + 3{,}76\, O_{min}} \tag{96a}$$

Analog wie bei Gl. (96) ergibt sich der O_2-Gehalt der trockenen Abgase in % zu

$$q = \frac{100\, O_{min}\left(\frac{1}{\eta} - 1\right)}{V_{CO_2} + r_{N_2} + O_{min}\left(\frac{4{,}76}{\eta} - 1\right)} \tag{97}$$

7.3.1.2. Unvollkommene Verbrennung

Bei Wasserstoff (H_2) tritt eine unvollkommene Verbrennung nur in Ausnahmefällen auf. Bei der Verbrennung von Kohlenstoff (C) zu Kohlenoxid (CO) anstatt zu Kohlendioxid (CO_2) wird nur das halbe Volumen an Sauerstoff (O_2) benötigt.
Für die reine unvollkommene Verbrennung mit $\eta = 1$ ergibt sich dann, basierend auf Gl. (91c), für die Gasanalyse in 7.3.1.1.

CO bleibt unverändert CO und ergibt	r_{CO}	in m³ CO/m³ Brgs
$CH_4 + 1{,}5\,O_2 \rightarrow CO + 2\,H_2O$ und ergibt	r_{CH_4}	in m³ CO/m³ Brgs
$C_2H_4 + 2{,}0\,O_2 \rightarrow 2\,CO + 2\,H_2O$ und ergibt	$2r_{C_2H_4}$	in m³ CO/m³ Brgs
$C_2H_2 + 1{,}5\,O_2 \rightarrow 2\,CO + H_2O$ und ergibt	$2r_{C_2H_2}$	in m³ CO/m³ Brgs
CO_2 bleibt unverändert CO_2 und ergibt	r_{CO_2}	in m³ CO_2/m³ Brgs

Der Sauerstoffbedarf ist, basierend auf den Gln. (91a)$\cdots$(91c), in m³ O_2 je m³ Brenngas

$$\Omega_{\min} = 0{,}5r_{H_2} + 1{,}5r_{CH_4} + 2r_{C_2H_4} + 1{,}5r_{C_2H_2} - r_{O_2}$$

Die trockenen Abgase sind
Kohlendioxid in m³ CO_2 je m³ Brenngas

$$V'_{CO_2} = r_{CO_2}$$

Kohlenoxid in m³ CO je m³ Brenngas

$$V_{CO} = r_{CO} + r_{CH_4} + 2r_{C_2H_4} + 2r_{C_2H_2}$$

Stickstoff in m³ N_2 je m³ Brenngas

$$V_{N_2} = r_{N_2} + \frac{79}{21}\frac{1}{\eta}\,O_{\min}$$

Sauerstoff in m³ O_2 je m³ Brenngas

$$V'_{O_2} = \frac{1}{\eta}\,O_{\min} - \Omega_{\min}$$

Die gesamten trockenen Abgase sind dann in m³ je m³ Brenngas

$$V'_{tr} = V'_{CO_2} + V_{CO} + V_{N_2} + V'_{O_2}$$

$$V'_{tr} = r_{CO_2} + V_{CO} + r_{N_2} + \frac{4{,}76}{\eta}\,O_{\min} - \Omega_{\min}$$

Der CO_2-Gehalt, bezogen auf das trockene Abgas in %, ist

$$k' = \frac{100r_{CO_2}}{V'_{tr}}$$

$$k' = \frac{100r_{CO_2}}{r_{CO_2} + V_{CO} + r_{N_2} + \dfrac{4{,}76}{\eta}\,O_{\min} - \Omega_{\min}} \tag{98}$$

Analog der CO-Gehalt in %

$$p = \frac{100 V_{CO}}{r_{CO_2} + V_{CO} + r_{N_2} + \frac{4{,}76}{\eta} O_{min} - \Omega_{min}} \tag{99}$$

Der O_2-Gehalt in %

$$q' = \frac{100 \left(\frac{1}{\eta} O_{min} - \Omega_{min} \right)}{r_{CO_2} + V_{CO} + r_{N_2} + \frac{4{,}76}{\eta} O_{min} - \Omega_{min}} \tag{100}$$

7.3.1.3. Konstruktion des Verbrennungsdreiecks

Punkt *I* (k_{max}) in Bild 53 wird mit Gl. (96a) bestimmt und im Maßstab auf der Ordinate angetragen.
Punkt *II* liegt mit einem O_2-Gehalt von 21% an der Abszisse fest.
Das bedeutet, das Abgas besteht nur aus Luft.
Die Verbindungsgerade *I*···*II* ist die Linie der reinen vollkommenen Verbrennung.
Punkt *III*. Die Koordinaten werden nach den Gln. (98) (k') und (100) (q') (unvollkommene Verbrennung) festgelegt.

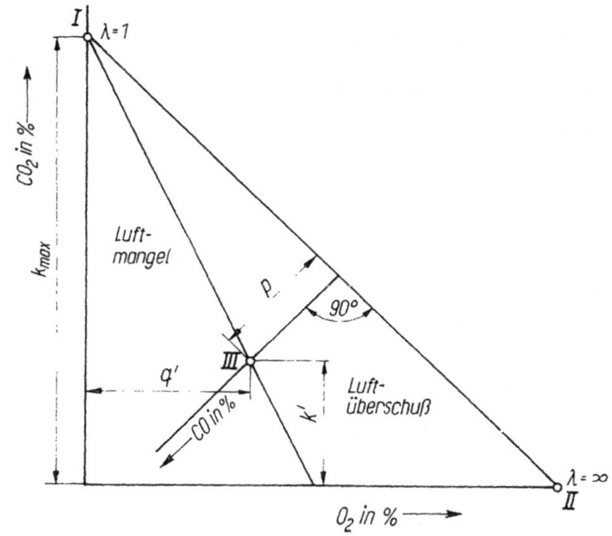

Bild 53

Die CO-Achse steht senkrecht auf der Linie *I*···*II*.
Gl. (99) (p) gibt den Maßstab für die CO-Achse an. Bei Punkt *III* gilt der Wert nach Gl. (99) (p). Beim Schnitt mit der Geraden *I*···*II* ist der CO-Gehalt = 0.
Die Verbindungsgerade *I*···*III* bis zur Abszisse teilt das Verbrennungsdreieck in die Teilflächen Luftmangel und Luftüberschuß. (Die Geraden sind, streng genommen, sehr flache Kurven).

Beispiel:

186. Für das folgend angegebene Gas ist ein Verbrennungsdreieck für $\eta = 0{,}1 \cdots 1{,}0$ zu konstruieren und Ablesemöglichkeiten anzugeben.

Die Analyse des Gases im Normzustand in Raumteilen lautet:

H_2	12,0%;	$r_{H_2} = 0{,}12$	CO_2	7,0%;	$r_{CO_2} = 0{,}07$
CO	24,0%;	$r_{CO} = 0{,}24$	O_2	0,5%;	$r_{O_2} = 0{,}005$
CH_4	0,2%;	$r_{CH_4} = 0{,}002$	N_2	56,3%;	$r_{N_2} = 0{,}563$

Lösung:

Der theoretische Sauerstoffbedarf ist nach den Gln. (91a)$\cdots$(91c) in m³ O_2 je m³ Brenngas

$$O_{min,0} = 0{,}5 r_{H_2} + 0{,}5 r_{CO} + 2 r_{CH_4} - r_{O_2}$$

$$O_{min,0} = (0{,}5 \cdot 0{,}12 + 0{,}5 \cdot 0{,}24 + 2 \cdot 0{,}002 - 0{,}005)\ \mathrm{m^3/m^3} = 0{,}179\ \mathrm{m^3/m^3}$$

Das entstehende Kohlendioxidvolumen beträgt in m³ CO_2 je m³ Brenngas

$$V_{CO_2} = r_{CO} + r_{CH_4} + r_{CO_2} = (0{,}24 + 0{,}002 + 0{,}07)\ \mathrm{m^3/m^3} = 0{,}312\ \mathrm{m^3/m^3}$$

Punkt *I* (Bilder 53 und 54)

Der maximale Kohlendioxidanteil (CO_2) bei $\eta = 1$ im Abgas ist nach Gl. (96a) in %

$$k_{max} = \frac{100 V_{CO_2}}{V_{CO_2} + r_{N_2} + 3{,}76\, O_{min,0}}$$

$$k_{max} = \frac{100 \cdot 0{,}312\ \mathrm{m^3/m^3}}{(0{,}312 + 0{,}563 + 3{,}76 \cdot 0{,}179)\ \mathrm{m^3/m^3}} = 20{,}2\%\ CO_2$$

Punkt *II*

Mit einem O_2-Gehalt von 21% bei $\eta = 0$ liegt Punkt *II* auf der Abszisse.

Punkt *III*

Mit den Gln. für reine unvollkommene Verbrennung bei $\eta = 1$ ist aus 7.3.1.2. der Sauerstoffbedarf, basierend auf den Gln. (91a)$\cdots$(91c) in m³ O_2 je m³ Brenngas

$$\Omega_{min,0} = 0{,}5 r_{H_2} + 1{,}5 r_{CH_4} - r_{O_2}$$
$$= (0{,}5 \cdot 0{,}12 + 1{,}5 \cdot 0{,}002 - 0{,}005)\ \mathrm{m^3/m^3} = 0{,}058\ \mathrm{m^3/m^3}$$

Das entstehende Kohlenoxidvolumen beträgt in m³ CO je m³ Brenngas

$$V_{CO} = r_{CO} + r_{CH_4} = (0{,}24 + 0{,}002)\ \mathrm{m^3/m^3} = 0{,}242\ \mathrm{m^3/m^3}$$

Mit $r_{CO_2} = 0{,}07$ ist der CO_2-Gehalt nach Gl. (98) in %

$$k' = \frac{100 r_{CO_2}}{r_{CO_2} + V_{CO} + r_{N_2} + \dfrac{4{,}76}{\eta} O_{min,0} - \Omega_{min,0}}$$

$$k' = \frac{100 \cdot 0{,}07\ \mathrm{m^3/m^3}}{(0{,}07 + 0{,}242 + 0{,}563 + 4{,}76 \cdot 0{,}179 - 0{,}058)\ \mathrm{m^3/m^3}} = 4{,}2\%\ CO_2$$

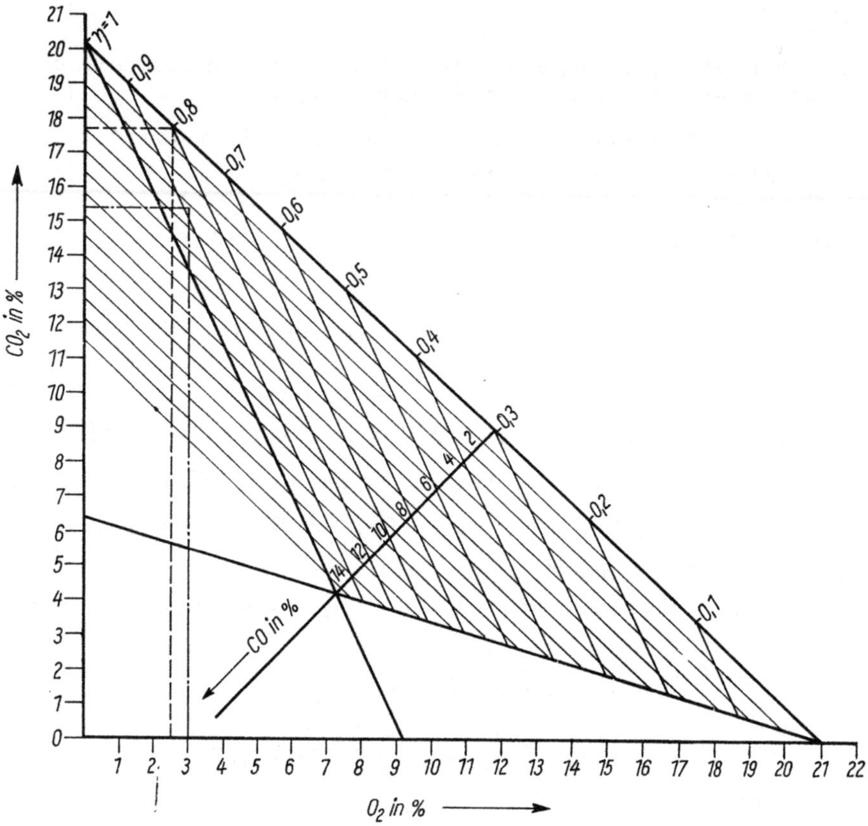

Bild 54

Der O_2-Gehalt ist nach Gl. (100) in %

$$q' = \frac{100\left(\frac{1}{\eta}\, O_{min,0} - \Omega_{min,0}\right)}{r_{CO_2} + V_{CO} + r_{N_2} + \frac{4,76}{\eta}\, O_{min,0} - \Omega_{min,0}}$$

$$q' = \frac{100(0,179 - 0,058)\ m^3/m^3}{(0,07 + 0,242 + 0,563 + 4,76 \cdot 0,179 - 0,058)\ m^3/m^3} = 7,26\%\ O_2$$

Der CO-Gehalt ist nach Gl. (99) in %

$$p = \frac{100 V_{CO}}{r_{CO_2} + V_{CO} + r_{N_2} + \frac{4,76}{\eta}\, O_{min,0} - \Omega_{min,0}}$$

$$p = \frac{100 \cdot 0,242\ m^3/m^3}{(0,07 + 0,242 + 0,563 + 4,76 \cdot 0,179 - 0,58)\ m^3/m^3} = 14,5\%\ CO$$

Mit 14,5% ist der Maßstab für das Teilstück von der Geraden $I \cdots II$ bis Punkt III festgelegt. Die Linien CO = konstant verlaufen parallel zur Geraden $I \cdots II$.
Je nach Notwendigkeit ($\eta > 1$) ist die Teilung maßstabgerecht über Punkt III hinaus auf der CO-Achse aufzutragen.
Für unterschiedliches η sind die Koordinaten für $k(CO_2)$ nach Gl. (96) und $q(O_2)$ nach Gl. (97) zu bestimmen. (Liegen auf der Geraden $I \cdots II$.) Die Linien η = konstant verlaufen fast parallel zur Geraden $I \cdots III$.
Die Verbindungsgerade $II \cdots III$ bis zur Ordinate ist die Linie der reinen unvollkommenen Verbrennung.

Ablesungen

a) aus der trockenen Abgasanalyse in Volumenprozent: CO_2 17,7%; O_2 2,5%

Nach — — — in Bild 54 ist eine vollkommene Verbrennung vorhanden, mit $\eta = 0{,}8$ bzw. $\lambda = 1{,}25$.

b) aus der trockenen Abgasanalyse in Volumenprozent: CO_2 15,4%; O_2 3%

Nach —·—·— in Bild 54 ist eine unvollkommene Verbrennung mit Luftüberschuß vorhanden mit $\eta = 0{,}88$ bzw. $\lambda = 1{,}135$.
Infolge mangelnder Durchwirbelung des Brenngases mit der Verbrennungsluft beträgt der CO-Gehalt CO 3%.

Hinweis

Ist im zu verbrennenden Gas kein Kohlendioxid (CO_2) vorhanden, dann liegt im Verbrennungsdreieck der Punkt III auf der Abszisse.
Hat ein fester Brennstoff z. B. die Zusammensetzung g_C, g_{H_2}, g_{O_2}, g_{H_2O} (Rest Asche), so gilt (s. a. 2. Lösungsweg in Beispiel 183) für die Konstruktion des Verbrennungsdreiecks (gilt auch für flüssige Brennstoffe)

bei vollkommener Verbrennung:

Der Sauerstoffbedarf in m^3 O_2 je kg festen Brennstoff

$$O_{\min,0} = \bar{v}_0 \left(\frac{g_C}{M_C} + \frac{g_{H_2}}{2 M_{H_2}} - \frac{g_{O_2}}{M_{O_2}} \right)$$

Das trockene Abgasvolumen in m^3 je kg festen Brennstoff

$$V_{tr,0} = \bar{v}_0 \frac{g_C}{M_C} + O_{\min,0} \left(\frac{4{,}76}{\eta} - 1 \right)$$

Es ist dann jeweils in %

$$k = \frac{100 \cdot \bar{v}_0 \dfrac{g_C}{M_C}}{V_{tr,0}} \quad \text{und} \quad q = \frac{100 \cdot O_{\min,0} \left(\dfrac{1}{\eta} - 1 \right)}{V_{tr,0}}$$

bei unvollkommener Verbrennung:

$$(2C + O_2 \rightarrow 2CO_2)$$

Der Sauerstoffbedarf in m^3 O_2 je kg festen Brennstoff

$$\Omega_{\min,0} = \bar{v}_0 \left(\frac{g_C}{2 M_C} + \frac{g_{H_2}}{2 M_{H_2}} - \frac{g_{O_2}}{M_{O_2}} \right)$$

Das trockene Abgasvolumen in m^3 je kg festen Brennstoff

$$V'_{tr,0} = \bar{v}_0 \frac{g_C}{M_C} + \frac{4{,}76}{\eta} \mathrm{O}_{\min,0} - \Omega_{\min,0}$$

Es ist dann jeweils in %

$$p = \frac{100 \cdot \bar{v}_0 \dfrac{g_C}{M_C}}{V'_{tr,0}} \quad \text{und} \quad q' = \frac{100 \left(\dfrac{1}{\eta} \mathrm{O}_{\min,0} - \Omega_{\min,0} \right)}{V'_{tr,0}}$$

Punkt *I*: $k_{\max}$ mit $\eta = 1$ liegt auf der Ordinate.

Punkt *II*: Liegt bei einem O_2-Gehalt von 21% auf der Abszisse.

Punkt *III*: Wert nach q' mit $\eta = 1$ auf der Abszisse.

Wert nach p mit $\eta = 1$ legt Maßstab für die CO-Achse fest (Parallelen zu *I*···*II*).
Werte nach k und q mit gewähltem η legen die Koordinaten auf der Verbindung *I*···*II* fest.
Werte nach q' liegen bei gewähltem η auf der Abszisse (fast parallel zu *I*···*III*).

8. Heizwert

8.1. Allgemeines

Man unterscheidet:

$\Delta_V h$ *Verbrennungswärme* oder spezifische Verbrennungsenthalpie in J/kg oder kJ/kg bzw. J/m³ oder kJ/m³.
(früher oberer Heizwert H_0)

Die Verbrennungswärme kann nur ausgenutzt werden, wenn die Abgase bis auf die Ausgangstemperatur (Anfangstemperatur des Brennstoffes) abgekühlt werden, so daß der in den Abgasen enthaltene Wasserdampf kondensiert und die Verdampfungswärme mit nutzbar gemacht wird.

$\Delta_H h$ *Heizwert* oder spezifischer Heizwert in J/kg oder kJ/kg bzw. J/m³ oder kJ/m³.
(früher unterer Heizwert H_u)

In technischen Feuerungen läßt sich die Verdampfungswärme des Wassers in den Abgasen nicht ausnutzen. Nutzbar ist nur der Heizwert.

Zwischen Verbrennungswärme und Heizwert besteht folgender Zusammenhang:

$$\Delta_H h = \Delta_V h - r_0 m_W$$

$r_0 = 2500$ kJ/kg Verdampfungswärme des Wassers bei 0°C
m_W in kg Wasser, das nach der Verbrennung vorhanden ist.

Ist bei festen und flüssigen Brennstoffen die Analyse in Massenteilen gegeben, dann ist das nach der Verbrennung vorhandene Wasser in kg

$$m_W = 9 g_{H_2} + g_{H_2O}$$

(Zusätzlicher Wassergehalt des Brennstoffes ist entsprechend zu berücksichtigen.)

8.2. Heizwert fester, flüssiger und gasförmiger Brennstoffe

Bei festen und flüssigen Brennstoffen werden die Verbrennungswärme und der Heizwert meist in kJ/kg angegeben und können, wenn die Analyse in Massenteilen gegeben ist, für Holz, Torf, Braun- und Steinkohle, Koks, Alkohole, Phenole, Aldehyde, Kretone und Ester mit guter Genauigkeit (Fehler meist unter ± 2%) nach den folgenden Gleichungen ermittelt werden:

Verbrennungswärme

$$\Delta_V h = 34800 \cdot g_C + 115750 \cdot g_{H_2} + 6280 \cdot g_{N_2} + 10460 \cdot g_S - 10800 \cdot g_{O_2}$$ [1]

---

[1]) Zahlenwertgleichungen für Verbrennungswärme und Heizwert aus: Taschenbuch Maschinenbau Band 1/I, VEB Verlag Technik, Berlin 1973
Die Massenanteile werden meist mit kleinen Buchstaben ohne Index angegeben *c*, *h*, *n*, *s*, *o*, *w*.

Heizwert

$$\Delta_H h = 34800 \cdot g_{\mathrm{C}} + 93800 \cdot g_{\mathrm{H_2}} + 6280 \cdot g_{\mathrm{N_2}} + 10460 \cdot g_{\mathrm{S}} - 10800 \cdot g_{\mathrm{O_2}} - 2450 \cdot g_{\mathrm{H_2O}} \qquad (101)$$

Für Erdöle und Teeröle gelten:
Verbrennungswärme

$$\Delta_V h = 35150 \cdot g_{\mathrm{C}} + 116150 \cdot g_{\mathrm{H_2}} + 10460(g_{\mathrm{S}} - g_{\mathrm{O_2}})$$

Heizwert

$$\Delta_H h = 35150 \cdot g_{\mathrm{C}} + 94100 \cdot g_{\mathrm{H_2}} + 10460(g_{\mathrm{S}} - g_{\mathrm{O_2}})$$

Bei Gasgemischen ist, wenn die Analyse in Raumteilen gegeben ist, der Heizwert in J/m³ oder kJ/m³

$$\Delta_H h = r_1 \Delta_H h_1 - r_2 \Delta_H h_2 + \cdots \qquad (102)$$

sind Massenteile gegeben, dann ist der Heizwert in J/kg oder kJ/kg

$$\Delta_H h = g_1 \Delta_H h_1 + g_2 \Delta_H h_2 + \cdots \qquad (103)$$

Beispiele:

187. Wie groß ist der Heizwert, wenn die Analyse einer Steinkohle in Massenprozenten lautet:

C	78,5%;	$g_{\mathrm{C}} = 0{,}785$	S	1,5%;	$g_{\mathrm{S}} = 0{,}015$
H_2	3,7%;	$g_{\mathrm{H_2}} = 0{,}037$	O_2	4,0%;	$g_{\mathrm{O_2}} = 0{,}04$
N_2	3,0%;	$g_{\mathrm{N_2}} = 0{,}03$	H_2O	2,0%;	$g_{\mathrm{H_2O}} = 0{,}02$
		Rest Asche			

Lösung:

Nach Gl. (101) ist der Heizwert

$$\Delta_H h = 34800 \cdot g_{\mathrm{C}} + 93800 \cdot g_{H_2} + 6280 \cdot g_{\mathrm{N_2}} + 10460 \cdot g_{\mathrm{S}} - 10800 \cdot g_{\mathrm{O_2}} - 2450 \cdot g_{\mathrm{H_2O}}$$

$$\Delta_H h = (34800 \cdot 0{,}785 + 93800 \cdot 0{,}037 + 6280 \cdot 0{,}03 + 10460 \cdot 0{,}015 - 10800 \cdot 0{,}04 - 2450 \cdot 0{,}02)\ \mathrm{kJ/kg}$$

$$\Delta_H h = 30652\ \mathrm{kJ/kg}$$

188. Die Analyse eines Generatormischgases im Normzustand ist in Volumenprozenten gegeben. Wie groß ist der Heizwert je m³?

CO_2	6,0%;	$r_{\mathrm{CO_2}} = 0{,}06$	H_2	13,0%;	$r_{\mathrm{H_2}} = 0{,}13$
O_2	0,5%;	$r_{\mathrm{O_2}} = 0{,}005$	CH_4	0,1%;	$r_{\mathrm{CH_4}} = 0{,}001$
O	25,0%;	$r_{\mathrm{CO}} = 0{,}25$	N_2	55,4%;	$r_{\mathrm{N_2}} = 0{,}554$

Lösung:

Bei der Verbrennung von CO entsteht kein Wasser, daher ist die Verbrennungswärme gleich dem Heizwert.
Mit den Werten der Tab. 5 und Gl. (102) ist der Heizwert im Normzustand

$$\Delta_H h_0 = r_{CO} \Delta_V h_{CO,0} + r_{H_2} \Delta_H h_{H_2,0} + r_{CH_4} \Delta_H h_{CH_4,0}$$

$$\Delta_H h_0 = (0{,}25 \cdot 12\,640 + 0{,}13 \cdot 10\,760 + 0{,}001 \cdot 35\,800)\ \mathrm{kJ/m^3} = 4594\ \mathrm{kJ/m^3}$$

189. Die Analyse eines Mischgases ist in Massenprozenten gegeben. Wie groß ist der Heizwert je kg Gas?

H_2	0,5%;	$g_{H_2} = 0{,}005$	N_2	61,5%;	$g_{N_2} = 0{,}615$
CH_4	1,2%;	$g_{CH_4} = 0{,}012$	CO_2	7,9%;	$g_{CO_2} = 0{,}079$
CO	28,9%;	$g_{CO} = 0{,}289$			

Lösung:

Mit den Werten der Tab. 5 und Gl. (103) ist der Heizwert

$$\Delta_H h = g_{H_2} \Delta_H h_{H_2} + g_{CH_4} \Delta_H h_{CH_4} + g_{CO} \Delta_V h_{CO}$$

$$\Delta_H h = (0{,}005 \cdot 120\,160 + 0{,}012 \cdot 50\,000 + 0{,}289 \cdot 10\,200)\ \mathrm{kJ/kg}$$

$$= 4\,148\ \mathrm{kJ/kg}$$

190. Bei der Verbrennung von 1 m³ Stadtgas (Steinkohlengas, gemischt mit Wassergas) entstanden 0,895 m³ Wasserdampf im Normzustand. Wie groß ist der Heizwert, wenn die Verbrennungswärme 16 700 kJ/m³ im Normzustand betrug?

Lösung:

$V_{H_2O,0} = 0{,}895\ \mathrm{m^3/m^3}$ $\quad M_{H_2O} = 18\ \mathrm{kg/kmol}$ $\quad \Delta_V h_0 = 16\,700\ \mathrm{kJ/m^3}$

Die entstandene Wassermasse ist mit Anwendung der Gl. (12) in kg Wasser je m³ Brenngas

$$m_W = V_{H_2O,0} \frac{M_{H_2O}}{\mathfrak{V}_0} = \frac{0{,}895\ \mathrm{m^3/m^3} \cdot 18\ \mathrm{kg/kmol}}{22{,}4\ \mathrm{m^3/kmol}} = 0{,}719\ \mathrm{kg/m^3}$$

Der Heizwert im Normzustand ist dann, s. 8.1.

$$\Delta_H h_0 = \Delta_V h_0 - r_0 m_W$$

$$\Delta_H h_0 = 16\,700\ \mathrm{kJ/m^3} - 2\,500\ \mathrm{kJ/kg} \cdot 0{,}719\ \mathrm{kg/m^3} = 14\,900\ \mathrm{kJ/m^3}$$

191. Der Heizwert eines trockenen Gases ist mit 15 000 kJ/m³ im Normzustand gegeben.
Wie groß ist der Heizwert des mit Wasserdampf gesättigten Gases bei einem Barometerstand von 973 mbar und einer Temperatur von 30 °C?

Lösung:

Zunächst ist der Teildruck des Gases zu bestimmen. Die Volumina und der Heizwert verhalten sich umgekehrt proportional.
Die Umrechnung erfolgt nach dem allgemeinen Gasgesetz, Gl. (5).

$\Delta_H h_{1,0} = 15000\ \text{kJ/m}^3$ $\quad t_1 = t_0 = 0\,°\text{C}; \quad T_1 = 273\ \text{K}$

$p_1 = p_0 = 1013\ \text{mbar}$ $\quad t_2 = 30\,°\text{C}; \quad T_2 = 303\ \text{K}$

$p_b = 973\ \text{mbar}$

Bei einer Temperatur von 30 °C ist der Partialdruck des gesättigten Wasserdampfes nach Tab. 14, s. a. Abschn. 9.

$$p_{Ds} = 42{,}41\ \text{mbar}$$

Der Teildruck des Gases ist nach Gl. (13)

$$p_2 = p_b - p_{Ds} = (973 - 42{,}41)\ \text{mbar} = 931\ \text{mbar}$$

Der Heizwert ist dann

$$\frac{p_1 V_1}{p_2 V_2} = \frac{T_1}{T_2}; \qquad \frac{p_1 \Delta_H h_2}{p_2 \Delta_H h_{1,0}} = \frac{T_1}{T_2}$$

$$\Delta_H h_2 = \Delta_H h_{1,0} \frac{p_2 T_1}{p_1 T_2} = 15000\ \text{kJ/m}^3 \cdot \frac{931\ \text{mbar} \cdot 273\ \text{K}}{1013\ \text{mbar} \cdot 303\ \text{K}}$$
$$= 12400\ \text{kJ/m}^3$$

9. Feuchte Luft

9.1. Allgemeines

Feuchte Luft ist eine Mischung aus trockener Luft und Wasserdampf. Luft kann Wasserdampf nur begrenzt aufnehmen. Die Aufnahmefähigkeit ist abhängig von der Temperatur und vom Druck.

Der Gesamtdruck (p) (meist Barometerstand) setzt sich zusammen aus dem Teildruck der trockenen Luft (p_L) und dem Teildruck des Wasserdampfes (p_D). Es ist nach Gl. (13)

$$p = p_L + p_D$$

Stimmt p_D nach Tabelle 14 mit der vorhandenen Lufttemperatur überein, so ist der Sättigungszustand erreicht, und der Teildruck des Wasserdampfes ist gleich dem Sättigungsdruck p_{Ds}.

Eine weitere Wasseraufnahme ist dann nicht mehr möglich.

Meist ist der Wasserdampf in der Luft bei Raumtemperatur überhitzt, und sein Teildruck (Partialdruck) p_D ist kleiner als der zur Temperatur gehörige Sättigungsdruck p_{Ds}.

Relative Feuchtigkeit

$$\varphi = \frac{p_D}{p_{Ds}} = \frac{\varrho_D}{\varrho''} \tag{104}$$

ϱ_D Dichte des vorhandenen Wasserdampfes in kg/m³
ϱ'' Dichte des gesättigten Wasserdampfes in kg/m³

Sättigungsgrad

$$\psi = \frac{x}{x_S}$$

x absoluter Feuchtigkeitsgehalt in kg je kg tr. Luft
x_S höchstmöglicher absoluter Wassergehalt bei Sättigung in kg je kg tr. Luft

Zwischen Sättigungsgrad und relativer Feuchtigkeit ist der Zusammenhang

$$\psi = \frac{\varphi(p - p_{Ds})}{p - \varphi p_{Ds}}$$

Bei nicht zu hohen Temperaturen ist $\varphi \approx \psi$.

φ gibt das Verhältnis von vorhandener zur möglichen Dampfmenge dem Raum nach und ψ der Masse nach an.
Der absolute Feuchtigkeitsgehalt in kg je kg trockene Luft errechnet sich mit Hilfe der *Dalton*schen Gesetze (Herleitung s. 9.4. Taupunkt) zu

$$x = 0{,}622 \frac{p_D}{p - p_D} \tag{105a}$$

mit Verwendung von Gl. (104)

$$x = 0{,}622 \frac{\varphi p_{Ds}}{p - \varphi p_{Ds}} \tag{105b}$$

Spezifisches Volumen der feuchten Luft

$$v_f = \frac{V_{1+x}}{1 + x}$$

Innerhalb der Mischung haben die trockene Luft und der Wasserdampf das gleiche Volumen und die gleiche Temperatur. Mit Gl. (7) gilt dann für

trockene Luft ($m = 1$ kg) $\qquad (p - p_D)\, V_{1+x} = R_L T,$

für den Dampf ($x < x_S$) $\qquad p_D V_{1+x} = x R_D T.$

Die Addition und Einsetzung von $R_D = 461{,}4$ Nm/kg K und $R_L = 287$ Nm/kg K ergibt für das spezifische Volumen der feuchten Luft

$$v_f = \frac{R_D(0{,}622 + x)\, T}{p(1 + x)} \tag{106}$$

Enthalpie der feuchten Luft

Die Enthalpie der feuchten Luft setzt sich zusammen aus der Enthalpie der trockenen Luft und der Enthalpie des Wasserdampfes.
Bezogen auf 1 kg trockene Luft, das x kg H_2O in sich trägt, ist die Enthalpie in kJ/kg

$$h = c_{pL} t + x(r_0 + c_{pD} t) \tag{107}$$

$c_{pL} = 1{,}006$ kJ/kg K spezifische Wärmekapazität der tr. Luft
$r_0 = 2500$ kJ/kg Verdampfungswärme des Wassers bei 0 °C
$c_{pD} = 1{,}86$ kJ/kg K spezifische Wärmekapazität des überhitzten Wasserdampfes

Enthalpie des Nebels

Beim Auftreten von Nebel (gesättigte Luft und fein verteilte Wassertröpfchen) in feuchter Luft mit $t \geqq 0$ °C ist der absolute Feuchtigkeitsgehalt $x_{Ne} > x_S$. Die Enthalpie je kg trockene Luft in kJ/kg mit $c_W = 4{,}19$ kJ/kg K beträgt

$$h_{Ne} = h_S + (x_{Ne} - x_S)\, c_W t$$

$$h_{Ne} = c_{pL} t + x_S(r_0 + c_{pD} t) + (x_{Ne} - x_S)\, c_W t$$

Bei $t \leqq 0\,°C$ sind die Wassertröpfchen gefroren (Eisnebel). Mit der Schmelzwärme $q_S = 333$ kJ/kg und $c_E = 2{,}05$ kJ/kg K ist die Enthalpie je kg trockene Luft in kJ/kg

$$h_{ENe} = h_S - (x_{ENe} - x_S)\,(q_S - c_E t)$$

$$h_{ENe} = c_{pL} t + x_S (r_0 + c_{pD} t) - (x_{ENe} - x_S)\,(q_S - c_E t)$$

9.2. Das *h,x*-Diagramm nach Mollier

Der Aufbau des Diagramms ist Bild 55 zu entnehmen.
Mögliche Zustandsänderungen im *h,x*-Diagramm (Bild 56) (s. a. Beilage):

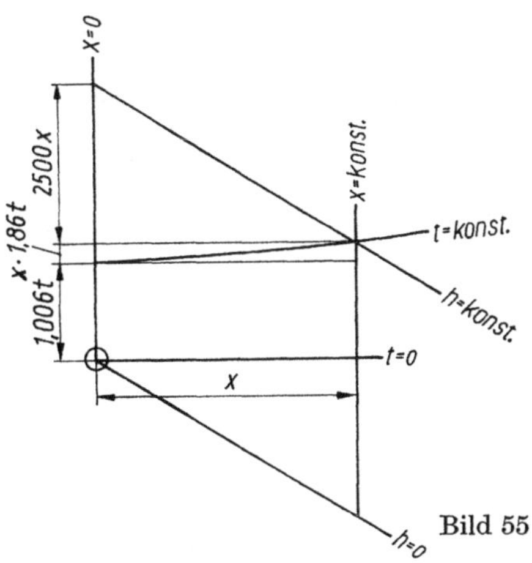

Bild 55

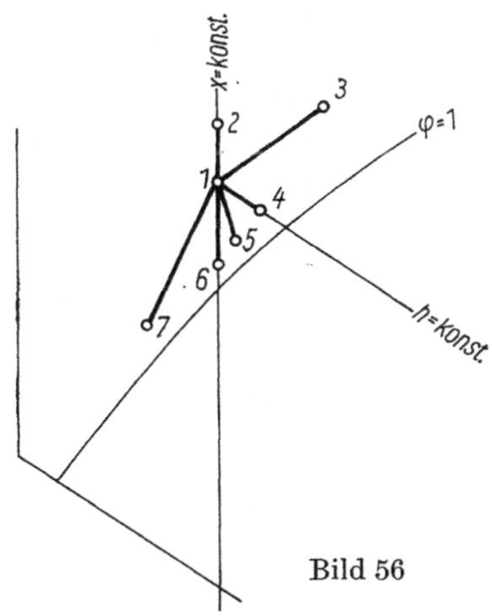

Bild 56

Zustandsänderung 1 *2*: $h_2 > h_1$; $x_2 = x_1$, Erwärmung feuchter Luft. Wärmeaufnahme ohne Wasseraufnahme

Zustandsänderung *1 3*: $h_3 > h_1$; $x_3 > x_1$, Wärmeaufnahme mit Wasseraufnahme

Zustandsänderung *1 4*: $h_4 = h_1$; $x_4 > x_1$, keine Wärmeaufnahme, aber Wasseraufnahme (Zerstäuben von Wasser mit einer Temperatur von 0 °C)

Zustandsänderung *1 5*: $h_5 < h_1$; $x_5 > x_1$, Wärmeabgabe mit Wasseraufnahme

Zustandsänderung *1 6*: $h_6 < h_1$; $x_6 = x_1$, Wärmeabgabe ohne Wasseraufnahme. Abkühlen feuchter Luft

Zustandsänderung *1 7*: $h_7 < h_1$; $x_7 < x_1$, Wärmeabgabe mit Wasserabgabe

Anmerkung: Die Wärmeaufnahme bzw. der Wärmeentzug sind Enthalpiesteigerungen oder Enthalpieminderungen.
Wenn feuchte Luft getrocknet werden soll, so ist die Luft immer soweit abzukühlen, bis p_D zu p_{Ds} wird, d. h. bis $\varphi = 1$ ist. Es kann dann das Wasser durch weitere Kühlung aus der Luft ausgeschieden werden.

Oberhalb der Kurve $\varphi = 1$ ist das ungesättigte Gebiet, unterhalb das gesättigte Gebiet (Nebelbildung).
Die Nebelisothermen knicken bei $\varphi = 1$ in das gesättigte Gebiet ab. Im beiliegenden Diagramm gestrichelt eingezeichnet. Für eine bestimmte Temperatur, ausgehend vom Schnittpunkt der entsprechenden Isotherme bei $\varphi = 1$, ist eine Parallele zur nächstgelegenen gestrichelten Linie zu ziehen.
(Im niedrigen Temperaturbereich verlaufen die Nebelisothermen auch fast parallel zu den Linien konstanter Enthalpie.)
Die eingezeichneten v-Linien sind auf Reinluft bezogen nach der Gleichung

$$v = \frac{R_D(0{,}622 + x)\,T}{p}$$

Für das Gemisch ist nach Gl. (106) der aus dem Diagramm entnommene Wert noch mit $(1 + x)$ zu dividieren.
Die Nebelisothermen gelten auch für $v =$ konst., beginnend beim zugeordneten Wert im Schnitt mit $\varphi = 1$ und Berücksichtigung der oben angegebenen Berechnung.
Berechnungen der Dichte der Feuchtluft sind nur mit dem reziproken Wert der Gl. (106) bzw. nach Gl. (1) zu ermitteln.
Ist der Gesamtdruck p (Barometerstand) gegenüber dem vorhandenen Diagramm unterschiedlich und φ durch Messung bestimmt, dann ist

$$\varphi_{\text{Diagr}} = \frac{\varphi p_{\text{Diagr}}}{p}$$

9.3. Mischen feuchter Luft

Werden 2 feuchte Luftmassen bei konstantem Druck adiabatisch miteinander gemischt, so ist, wenn m_1 und m_2 die der trockenen Luftmassen sind:

$$m_1 h_1 + m_2 h_2 = (m_1 + m_2)\,h_m \tag{108a}$$

$$m_1 x_1 + m_2 x_2 = (m_1 + m_2)\,x_m \tag{108b}$$

Aus den beiden Gln. ergibt sich die Gleichung der Mischungsgeraden (Bild 57).

$$\frac{h_2 - h_m}{x_2 - x_m} = \frac{h_m - h_1}{x_m - x_1} \tag{108c}$$

dann ist

$$\frac{m_1}{m_2} = \frac{x_2 - x_m}{x_m - x_1} = \frac{h_2 - h_m}{h_m - h_1} \tag{109}$$

$$\frac{m_1}{m_2} = \frac{l_2}{l_1} \tag{109a}$$

Die Strecke $l = l_1 + l_2 \triangleq 1$ kg trockener Mischluft. Strecke $l_1 \triangleq$ dem Anteil der trockenen Luft vom Zustand *2* und $l_2 \triangleq$ dem Anteil der trockenen Luft vom Zustand *1* (analog zum Hebelgesetz).

Sind die trockenen Luftmassen m_1 und m_2 bekannt, so läßt sich nach Bild 57b der Mischungspunkt wie folgt grafisch ermitteln:
Bei Punkt (*1*) wird m_2 im freigewählten Maßstab senkrecht nach oben angetragen (*a*). Gleichartig m_1 im Punkt (*2*) senkrecht nach unten (*b*). Der Schnittpunkt von $(\overline{ab})$ mit der Mischungsgeraden $(\overline{12})$ legt den Mischungspunkt (*m*) fest.
Die Mischungsgerade in Bild 57a und 57b gilt auch für das gesättigte Gebiet. Fällt der Mischungspunkt in das gesättigte Gebiet (Nebel) oder eine der an der Mischung beteiligten Luftmassen liegt im Nebelgebiet, dann ist der Mischungspunkt nur auf grafischem Wege zu finden.

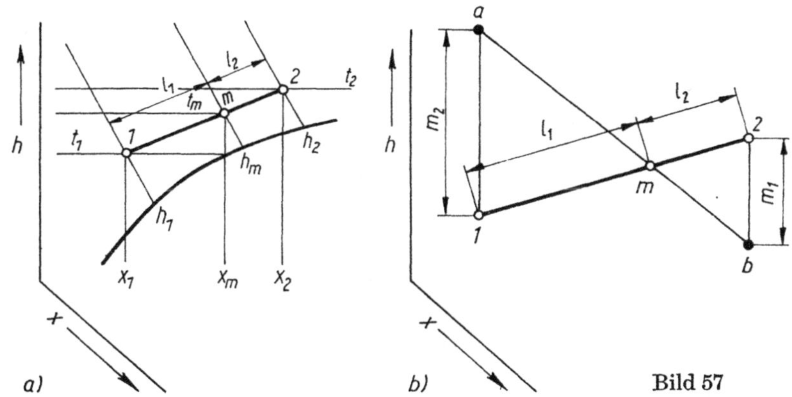

Bild 57

Die Mischungstemperatur im ungesättigten Gebiet ist aus Gl. (107)

$$t_m = \frac{h_m - r_0 x_m}{c_{pL} + c_{pD} x_m}$$

Mit Einsetzung der trockenen Luftmassen m_1 und m_2 ist dann

$$t_m = \frac{m_1(c_{pL} + c_{pD}x_1)\, t_1 + m_2(c_{pL} + c_{pD}x_2)\, t_2}{m_1(c_{pL} + c_{pD}x_1) + m_2(c_{pL} + c_{pD}x_2)} \tag{110}$$

Bei den meist vorkommenden Rechnungen bleibt die spezifische Wärmekapazität der Luft annähernd konstant, so daß in guter Übereinstimmung gesetzt werden kann:

$$t_m = \frac{m_1 t_1 + m_2 t_2}{m_1 + m_2} \tag{110a}$$

Die feuchte Luftmasse wird bei gegebener trockener Luftmasse errechnet nach

$$m_f = m(1 + x) \tag{111}$$

Beispiele:

192. Ein Kompressor mit Stufenbetrieb soll stündlich $5000\ m^3$ trockene Luft im Normzustand liefern. Es ist bei der Ansaugung für die erste Stufe Luft mit einer

Temperatur von 25 °C mit $\varphi = 0{,}8$ bei einem Luftdruck von 967 mbar vorhanden. Wie groß ist

a) das Ansaugvolumen, ohne Berücksichtigung des Feuchtigkeitsgehaltes,
b) das wirkliche Ansaugvolumen?

Lösung:

a) $\dot{V}_0 = 5000\ \text{m}^3/\text{h}$ $\quad p_0 = 1013\ \text{mbar}$ $\quad t_0 = 0\,°\text{C};$ $\quad T_0 = 273\ \text{K}$

$p = 967\ \text{mbar}$ $\quad t = 25\,°\text{C};$ $\quad T = 298\ \text{K}$

Aus Gl. (8) basierend auf dem allgemeinen Gasgesetz, Gl. (5), ist das Ansaugvolumen

$$\dot{V}_1 = \dot{V}_0 \frac{p_0}{p} \frac{T}{T_0} = 5000\ \text{m}^3/\text{h} \cdot \frac{1013\ \text{mbar} \cdot 298\ \text{K}}{967\ \text{mbar} \cdot 273\ \text{K}} = 5720\ \text{m}^3/\text{h}$$

b) Mit $\varphi = 0{,}8$ und $p_{\text{Ds}25°\text{C}} = 31{,}67$ mbar (Tab. 14) ist der Teildruck der Luft nach Gl. (13) und Gl. (104) (s. a. 9.1.)

$$p_\text{L} = p - \varphi p_{\text{Ds}25°\text{C}} = (967 - 0{,}8 \cdot 31{,}67)\ \text{mbar} = 941\ \text{mbar}$$

dann ist

$$\dot{V}_{\text{f}1} = 5000\ \text{m}^3/\text{h} \cdot \frac{1013\ \text{mbar} \cdot 298\ \text{K}}{941\ \text{mbar} \cdot 273\ \text{K}} = 5870\ \text{m}^3/\text{h}$$

(Die Multiplikation des Ergebnisses aus a) mit dem Faktor f aus der Anmerkung in 7.1. ergibt das gleiche Ergebnis.)

193. In einem Raum mit einem Volumen von 30 m³ befindet sich Luft mit einer Temperatur von 20 °C und einer relativen Feuchtigkeit von 80% bei einem Luftdruck von 1000 mbar. Wie groß ist die Enthalpie der Luft? (rechnerische Lösung und mit Hilfe des h,x-Diagramms)

Lösung:

a) rechnerisch

$p = 1000\ \text{mbar}$ $\quad t = 20\,°\text{C};$ $\quad T = 293\ \text{K}$ $\quad x_\text{S} = 0{,}01488\ \text{kg/kg}$

$V_\text{f} = 30\ \text{m}^3$ $\quad p_{\text{Ds}20°\text{C}} = 23{,}37\ \text{mbar}$ (Tab. 14)

$\varphi = 0{,}8$

Der absolute Wassergehalt ist nach Gl. (105b) in kg je kg trockene Luft

$$x = 0{,}622 \frac{\varphi p_{\text{Ds}20°\text{C}}}{p - \varphi p_{\text{Ds}20°\text{C}}} = \left(\frac{0{,}622 \cdot 0{,}8 \cdot 23{,}37}{1000 - 0{,}8 \cdot 23{,}37}\right) \text{kg/kg} = 0{,}01185\ \text{kg/kg}$$

Da $\varphi \approx \psi$, ist mit dem Wert aus Tab. 14 angenähert

$$x \approx \varphi x_\text{S} \approx 0{,}8 \cdot 0{,}01488\ \text{kg/kg} = 0{,}0119\ \text{kg/kg}$$

Das spezifische Volumen der feuchten Luft ist nach Gl. (106) mit $p = 1000$ mbar $= 1$ bar $= 1 \cdot 10^5$ N/m²

$$v_f = \frac{R_D(0{,}622 + x)\,T}{p(1 + x)} = \frac{461{,}4 + \text{Nm/kg K} \cdot (0{,}622 + 0{,}01185) \cdot 293\ \text{K}}{1 \cdot 10^5\ \text{N/m}^2 \cdot (1 + 0{,}01185)}$$

$$= 0{,}854\ \text{m}^3/\text{kg}$$

Die Dichte der feuchten Luft ist nach Gl. (1)

$$\varrho_f = \frac{1}{v_f} = \frac{1}{0{,}854\ \text{m}^3/\text{kg}} = 1{,}17\ \text{kg/m}^3$$

Die Gesamtmasse der feuchten Luft ist dann

$$m_f = V_f \varrho_f = 30\ \text{m}^3 \cdot 1{,}17\ \text{kg/m}^3 = 35{,}1\ \text{kg}$$

Die trockene Luftmasse ist aus Gl. (111)

$$m = \frac{m_f}{1 + x} = \frac{35{,}1\ \text{kg}}{1 + 0{,}01185} + 34{,}7\ \text{kg}$$

Die Enthalpie, bezogen auf 1 kg trockene Luft, ist nach Gl. (107)

$$h = c_{pL} t + x(r_0 + c_{pD} t)$$

$$h = 1{,}006\ \text{kJ/kg K} \cdot 20\ \text{K} + 0{,}01185\ (2500 + 1{,}86 \cdot 20)\ \text{kJ/kg}$$

$$= 50{,}1\ \text{kJ/kg}$$

Die Gesamtenthalpie ist dann

$$H = mh = 34{,}7\ \text{kg} \cdot 50{,}1\ \text{kJ/kg} = 1740\ \text{kJ}$$

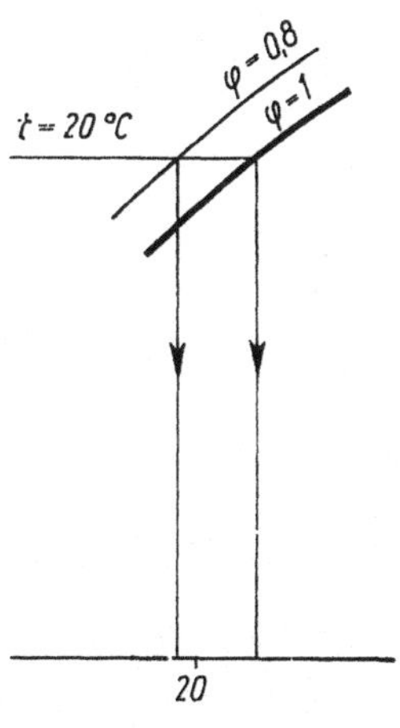

Bild 58

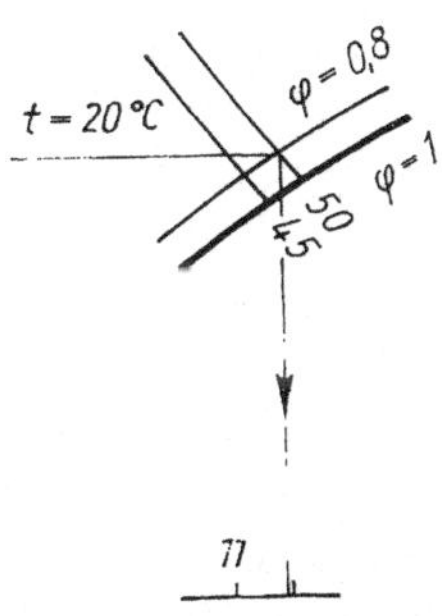

Bild 59

b) nach dem *h,x*-Diagramm

Sättigungsdruck

Schnittpunkt *t*-Linie 20 °C mit $\varphi = 1$ (Bild 58) ergibt senkrecht darunter $p_{Ds} = 23{,}4$ mbar.

Teildruck, wenn $\varphi = 0{,}8$

Schnittpunkt t-Linie 20 °C mit $\varphi = 0{,}8$ ergibt senkrecht darunter $p_D = 18{,}7$ mbar.

Enthalpie, absoluter Wassergehalt

Schnittpunkt t-Linie 20 °C mit $\varphi = 0{,}8$ (Bild 59) ergibt je kg trockener Luft eine Enthalpie von $h = 50$ kJ/kg und senkrecht darunter an der x-Skale den Wassergehalt in kg je kg trockener Luft $x = 0{,}0119$ kg/kg.

194. Bei einem Luftdruck von 1000 mbar ist bei einer Lufttemperatur von 14 °C die relative Feuchtigkeit 80%. Bei welcher Temperatur liegt der Taupunkt (Niederschlag von Wasser), wenn die Luft abgekühlt wird?

Lösung:

Nach dem h,x-Diagramm

Schnittpunkt t-Linie 14 °C mit $\varphi = 0{,}8$ im Diagramm festlegen (Bild 60). Senkrecht darunter ist beim Schnittpunkt mit $\varphi = 1$ der Taupunkt.

$$t_s = 10{,}7\,°\text{C}$$

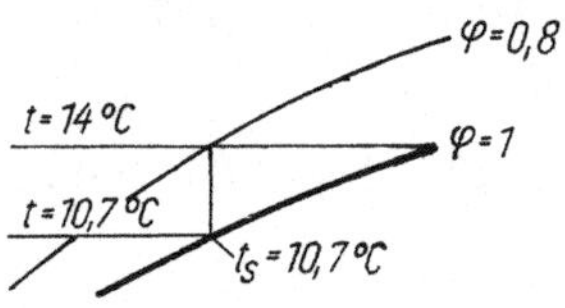

Bild 60

Rechnerische Lösung

$p = 1000$ mbar $\qquad p_{Ds} = 15{,}97$ mbar (Tab. 14) $\qquad \varphi = 0{,}8$

$t = 14\,°\text{C} \qquad x_S = 0{,}0101$ kg/kg

Der absolute Wassergehalt ist nach Gl. (105b) in kg je kg trockener Luft

$$x = 0{,}622\,\frac{\varphi p_{Ds}}{p - \varphi p_{Ds}} = \left(\frac{0{,}622 \cdot 0{,}8 \cdot 15{,}97}{1000 - 0{,}8 \cdot 15{,}97}\right) \text{kg/kg} = 0{,}00850 \text{ kg/kg}$$

Da $\varphi \approx \psi$, ist mit dem Wert aus Tab. 14 angenähert

$$x \approx \varphi x_{S14\,°C} \approx 0{,}8 \cdot 0{,}0101 \text{ kg/kg} = 0{,}00808 \text{ kg/kg}$$

Wenn der Sättigungszustand erreicht ist (Taupunkt), dann wird $\varphi = 1$ und $x = x_S$. Der Sättigungsdruck ist dann aus Gl. (105b)

$$p_{Ds} = \frac{p x_S}{0{,}5622 + x_S} = \left(\frac{1000 \cdot 0{,}00805}{0{,}622 + 0{,}00805}\right) \text{mbar} = 12{,}78 \text{ mbar}$$

Linear interpoliert ist aus Tab. 14 $t_s = 10{,}8\,°\text{C}$.

195. Für eine Trocknerei werden bei einem Luftdruck von 1000 mbar stündlich 250 m³ Luft von 15 °C mit $\varphi = 0{,}7$ angesaugt und auf 40 °C erwärmt. a) Welche Wärme ist hierzu erforderlich? b) Wieviel Kilogramm Wasser können von der Luft aufgenommen werden, wenn der Trockenraum mit $\varphi = 0{,}9$ verlassen wird?

Lösung:

$p = 1000$ mbar	$t_1 = 15\,°\mathrm{C}$; $T_1 = 288$ K	$t_2 = 40\,°\mathrm{C}$
$\dot{V}_t = 250\ \mathrm{m^3/h}$	$p_{\mathrm{Ds1}} = 17{,}04$ mbar	$p_{\mathrm{Ds2}} = 73{,}75$ mbar
$R = 287$ Nm/kg K	$\varphi_1 = 0{,}7$	$\varphi_2 = 0{,}9$
	$x_{\mathrm{S1}} = 0{,}0108$ kg/kg	$x_{\mathrm{S2}} = 0{,}0495$ kg/kg

a) Wärmeaufnahme

Der Teildruck des Wasserdampfes im Zustand *1* ist nach Gl. (104)

$$p_{\mathrm{D1}} = \varphi_1 p_{\mathrm{Ds1}} = 0{,}7 \cdot 17{,}04\ \mathrm{mbar} = 11{,}93\ \mathrm{mbar}$$

Der Teildruck der Luft ist dann aus Gl. (13) (s. a. 9.1.)

$$p_{\mathrm{L}} = p - p_{\mathrm{D1}} = (1000 - 11{,}93)\ \mathrm{mbar} = 988\ \mathrm{mbar} = 0{,}988\ \mathrm{bar} = \\ = 0{,}988 \cdot 10^5\ \mathrm{N/m^2}$$

Die trockene Luftmasse errechnet sich mit Gl. (7) zu

$$\dot{m} = \frac{p_{\mathrm{L}} \dot{V}_t}{R T_1} = \frac{0{,}988 \cdot 10^5\ \mathrm{N/m^2} \cdot 250\ \mathrm{m^3/h}}{287\ \mathrm{Nm/kg\,K} \cdot 288\ \mathrm{K}} = 299\ \mathrm{kg/h}$$

Der absolute Wassergehalt im Zustand *1* ist mit Gl. (105a) in kg je kg trockene Luft

$$x_1 = 0{,}622\,\frac{p_{\mathrm{D1}}}{p - p_{\mathrm{D1}}} = \left(\frac{0{,}622 \cdot 11{,}93}{988}\right)\mathrm{kg/kg} = 0{,}00751\ \mathrm{kg/kg}$$

Da $\varphi \approx \psi$, ist mit dem Wert aus Tab. 14 angenähert

$$x_1 \approx \varphi_1 x_{\mathrm{S1}} \approx 0{,}7 \cdot 0{,}0108\ \mathrm{kg/kg} = 0{,}00756\ \mathrm{kg/kg}$$

Die Enthalpie in kJ je kg trockene Luft (Wärmezuführung bei konstantem Druck) ist mit Anwendung von Gl. (107) (Zustandsänderung *1 2* in Bild 56)

$$h = c_{p\mathrm{L}} t + x(r_0 + c_{p\mathrm{D}} t)$$

$$h_1 = 1{,}006\ \mathrm{kJ/kg\,K} \cdot 15\ \mathrm{K} + 0{,}00751\ (2500 + 1{,}86 \cdot 15)\ \mathrm{kJ/kg} \\ = 34\ \mathrm{kJ/kg}$$

$$h_2 = 1{,}006\ \mathrm{kJ/kg\,K} \cdot 40\ \mathrm{K} + 0{,}00751\ (2500 + 1{,}86 \cdot 40)\ \mathrm{kJ/kg} \\ = 59{,}6\ \mathrm{kJ/kg}$$

Es wird eine Gesamtenthalpie aufgenommen von

$$\Delta \dot{H} = \dot{m}(h_2 - h_1) = 299\ \text{kg/h} \cdot (59{,}6 - 34)\ \text{kJ/kg}$$

$$= 7654\ \text{kJ/h} = \frac{7\,654\,000\ \text{Ws/h}}{3\,600\ \text{s/h}} = 2100\ \text{W}$$

b) Feuchtigkeitsaufnahme

Im Zustand *2* beträgt der absolute Wassergehalt nach Gl. (105b) in kg je kg trockener Luft

$$x_2 = 0{,}622\ \frac{\varphi_2 p_{\text{Ds2}}}{p - \varphi_2 p_{\text{Ds2}}} = \left(\frac{0{,}622 \cdot 0{,}9 \cdot 73{,}75}{1000 - 0{,}9 \cdot 73{,}75}\right) \text{kg/kg} = 0{,}0442\ \text{kg/kg}$$

Da $\varphi \approx \psi$, ist mit dem Wert der Tab. 14 angenähert

$$x_2 \approx \varphi_2 x_{\text{S2}} \approx 0{,}9 \cdot 0{,}0495\ \text{kg/kg} = 0{,}0445\ \text{kg/kg}$$

Es werden aufgenommen

$$\dot{m}_{\text{W}} = \dot{m}(x_2 - x_1) = 299\ \text{kg/h} \cdot (0{,}0442 - 0{,}00751)\ \text{kg/kg} = 10{,}97\ \text{kg/h}$$

196. 20 m³ Luft von 20 °C mit $\varphi = 0{,}8$ werden von 1 bar auf 6 bar verdichtet. Nach der Verdichtung wird die Luft bis zum gesättigten Zustand auf 25 °C abgekühlt. Welche Wassermasse wird ausgeschieden?

1. Lösung (auf kg bezogen):

$V_1 = 20\ \text{m}^3$	$p_1 = 1$ bar	$p_2 = 6$ bar
$R = 287$ Nm/kg K	$t_1 = 20\,°\text{C};\ T_1 = 293$ K	$t_2 = 25\,°\text{C};\ T_2 = 298$ K
	$p_{\text{Ds1}} = 0{,}0234$ bar	$p_{\text{Ds2}} = 0{,}0317$ bar
	$\varphi_1 = 0{,}8$	$\varphi_2 = 1$

Der Teildruck der Luft im Zustand *1* ist aus Gl. (13) und mit Gl. (104)

$$p_{\text{L1}} = p_1 - \varphi_1 p_{\text{Ds1}} = (1 - 0{,}8 \cdot 0{,}0234)\ \text{bar}$$
$$= 0{,}981\ \text{bar} = 0{,}981 \cdot 10^5\ \text{N/m}^2$$

Die trockene Luftmasse ist mit Gl. (7)

$$m = \frac{p_{\text{L1}} V_1}{R T_1} = \frac{0{,}981 \cdot 10^5\ \text{N/m}^2 \cdot 20\ \text{m}^3}{287\ \text{Nm/kg K} \cdot 293\ \text{K}} = 23{,}4\ \text{kg}$$

Der absolute Feuchtigkeitsgehalt im Zustand *1* ist nach Gl. (105b) in kg je kg trockene Luft

$$x_1 = 0{,}622\ \frac{\varphi_1 p_{\text{Ds1}}}{p_1 - \varphi_1 p_{\text{Ds1}}} = \left(\frac{0{,}622 \cdot 0{,}8 \cdot 0{,}0234}{1 - 0{,}8 \cdot 0{,}0234}\right) \text{kg/kg} = 0{,}01185\ \text{kg/kg}$$

im Zustand *2* (gesättigt $\varphi_2 = 1$) nach Gl. (105a) in kg je kg trockene Luft

$$x_2 = 0{,}622 \frac{p_{Ds2}}{p_2 - p_{Ds2}} = \left(\frac{0{,}622 \cdot 0{,}0317}{6 - 0{,}0317}\right) \text{kg/kg} = 0{,}0033 \text{ kg/kg}$$

Die ausgeschiedene Wassermasse ist dann

$$m_W = m(x_1 - x_2) = 23{,}4 \text{ kg } (0{,}01185 - 0{,}0033) \text{ kg/kg} = 0{,}2 \text{ kg}$$

2. Lösung (auf m³ bezogen):

$V_1 = 20 \text{ m}^3$	$p_1 = 1$ bar	$p_2 = 6$ bar
	$t_1 = 20\,°\text{C}$; $T_1 = 293$ K	$t_2 = 25\,°\text{C}$; $T_2 = 298$ K
	$\varphi_1 = 0{,}8$	$\varrho''_2 = 0{,}023 \text{ kg/m}^3$
	$\varrho''_1 = 0{,}01729 \text{ kg/m}^3$	

Der Wassergehalt im Zustand *1* ist mit Anwendung von Gl. (12) und (104)

$$m_{W1} = V_1 \varphi_1 \varrho''_1 = 20 \text{ m}^3 \cdot 0{,}8 \cdot 0{,}01729 \text{ kg/m}^3 = 0{,}276 \text{ kg}$$

Das Volumen im Zustand *2* ist mit dem allgemeinen Gasgesetz, Gl. (5)

$$V_2 = V_1 \frac{p_1}{p_2} \frac{T_2}{T_1} = 20 \text{ m}^3 \frac{1 \text{ bar} \cdot 298 \text{ K}}{6 \text{ bar} \cdot 293 \text{ K}} = 3{,}4 \text{ m}^3$$

Der Wassergehalt im gesättigten Zustand *2* ist dann nach Gl. (12)

$$m_{W2} = V_2 \varrho''_2 = 3{,}4 \text{ m}^3 \cdot 0{,}023 \text{ kg/m}^3 = 0{,}0782 \text{ kg}$$

Die ausgeschiedene Wassermasse beträgt

$$m_W = m_{W1} - m_{W2} = (0{,}276 - 0{,}0782) \text{ kg} = 0{,}199 \text{ kg}$$

Gute Übereinstimmung mit dem Ergebnis von Lösung 1.

197. Luft vom Zustand *1* ($t_1 = 26\,°\text{C}$ und $\varphi_1 = 0{,}9$) soll klimatisiert werden. Erwünschter Endzustand $t_3 = 20\,°\text{C}$ und $\varphi_3 = 0{,}78$. Luftdruck 1 bar.

Bemerkungen zum Lösungsgang:

Zustandsänderung *1 7* nach Bild 56 in 9.2., würde für den vorliegenden Fall zutreffen. Die Erreichung von Zustand *3* in Bild 61 wird in 2 Etappen vorgenommen.

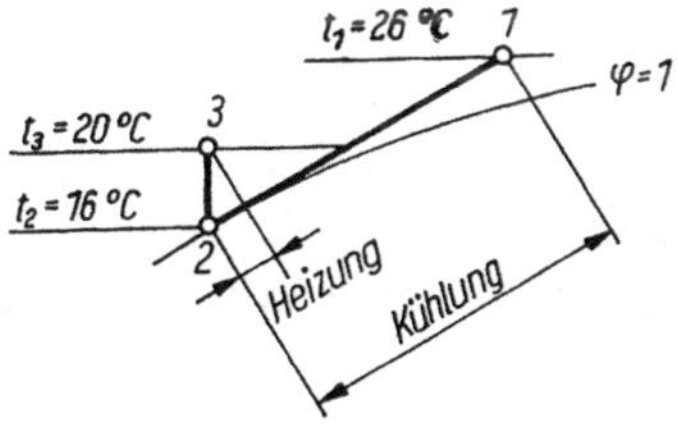

Bild 61

In einem Oberflächenkühler wird die Luft zunächst gekühlt. Je nach der Rohroberflächentemperatur kann schon ein Teil der Luft früher den Taupunkt erreichen. Durch Mischung mit der noch nicht so tief gekühlten Luft und weiterer Kühlung wird Punkt *2* (16 °C) erreicht.

Der Verlauf der Kurve *1⋯2* ist von der Bauart des Kühlers, z. B. Glatt- oder Rippenrohr, und von der Führung des Luftstromes (Gegen-, Gleich- oder Kreuzstrom) abhängig.
Anschließend erfolgt Wärmezufuhr, bis Punkt *3* erreicht ist.

$p = 1\text{ bar} = 1000\text{ mbar}$ $\quad t_1 = 26\,°\text{C}$ $\quad t_3 = 20\,°\text{C}$

$p_{\text{Ds1}} = 33{,}6\text{ mbar}$ $\quad p_{\text{Ds3}} = 23{,}37\text{ mbar}$

$\varphi_1 = 0{,}9$ $\quad \varphi_3 = 0{,}78$

Feuchtigkeitsentzug (*1⋯2*)
Der absolute Wassergehalt im Zustand *1* ist nach Gl. (105b) in kg je kg trockene Luft

$$x_1 = 0{,}622\,\frac{\varphi_1 p_{\text{Ds1}}}{p - \varphi_1 p_{\text{Ds1}}} = \left(\frac{0{,}622 \cdot 0{,}9 \cdot 33{,}6}{1000 - 0{,}9 \cdot 33{,}6}\right)\text{kg/kg} = 0{,}0194\text{ kg/kg}$$

im Zustand *3* ($\varphi_3 = 0{,}78$; $p_{\text{Ds3}} = 23{,}37$ mbar)

$$x_3 = \left(\frac{0{,}622 \cdot 0{,}78 \cdot 23{,}37}{1000 - 0{,}78 \cdot 23{,}37}\right)\text{kg/kg} = 0{,}0116\text{ kg/kg}$$

Da $\varphi \approx \psi$, ist mit den Werten aus Tab. 14 angenähert

$$x_1 \approx \varphi_1 x_{\text{S1}} \approx 0{,}9 \cdot 0{,}0216\text{ kg/kg} = 0{,}01944\text{ kg/kg}$$

$$x_3 \approx \varphi_3 x_{\text{S3}} \approx 0{,}78 \cdot 0{,}0149\text{ kg/kg} = 0{,}01162\text{ kg/kg}$$

Es werden bei der Kühlung ausgeschieden in kg je kg trockene Luft

$$\Delta x = x_1 - x_3 = (0{,}0194 - 0{,}0116)\text{ kg/kg} = 0{,}0078\text{ kg/kg}$$

Enthalpieminderung (*1⋯2*)
Mit Gl. (107) ist die Enthalpie im Zustand *1* in kJ je kg trockene Luft ($t_1 = 26\,°\text{C}$: $x_1 = 0{,}0194$)

$$h_1 = c_{p\text{L}} t_1 + x_1(r_0 + c_{p\text{D}} t_1)$$

$$h_1 = 1{,}006\text{ kJ/kg K} \cdot 26\text{ K} + 0{,}0194\,(2500 + 1{,}86 \cdot 26)\text{ kJ/kg}$$
$$= 75{,}5\text{ kJ/kg}$$

Im Punkt *2* beträgt die Temperatur $t_2 = t_s = 16\,°\text{C}$; da $x_3 = x_2 = 0{,}0116$ kg/kg, ist

$$h_2 = 1006\text{ kJ/kg K} \cdot 16\text{ K} + 0{,}0116\,(2500 + 1{,}86 \cdot 16)\text{ kJ/kg}$$
$$= 45{,}3\text{ kJ/kg}$$

Der entsprechende Wert aus Tab. 14 ist

$$h_2 = h_{\text{S}16\,°\text{C}} = 45{,}2\text{ kJ/kg}$$

Zu entziehen sind in kJ je kg trockener Luft
[Die Wärme des ausfallenden Kondensates braucht nicht durch die Luft abgeführt zu werden, s. a. Gl. (27).]

$$\Delta h_{\text{Entz}} = h_1 - h_2 - (x_1 - x_2)\,c t_2$$
$$= (75{,}5 - 45{,}4)\text{ kJ/kg} - 0{,}0078 \cdot 4{,}19\text{ kJ/kg K} \cdot 16\text{ K}$$
$$= 29{,}6\text{ kJ/kg}$$

Enthalpiesteigerung (*2*···*3*) (Wärmezufuhr) in kJ je kg trockene Luft ($t_3 = 20\,°C$; $x_3 = 0{,}0116$).

$$h_3 = 1{,}006\ \text{kJ/kg K} \cdot 20\ \text{K} + 0{,}0116\ (2500 + 1{,}86 \cdot 20)\ \text{kJ/kg}$$
$$= 49{,}5\ \text{kJ/kg}$$

zuzuführen sind in kJ je kg trockene Luft

$$\Delta h_{Zu} = h_3 - h_2 = (49{,}5 - 45{,}4)\ \text{kJ/kg} = 4{,}1\ \text{kJ/kg}$$

198. Luft vom Zustand *1* ($t_1 = 17\,°C$; $\varphi_1 = 0{,}5$) soll auf den Endzustand *2* ($t_2 = 21\,°C$; $\varphi_2 = 0{,}8$) gebracht werden. Luftdruck 1 bar.

a) Auf welche Temperatur muß die Luft vom Zustand *1* gebracht werden, wenn die Befeuchtung durch Wasser mit einer Temperatur von 10 °C erfolgt?

b) Welche Enthalpie muß einzublasender Dampf haben, wenn der Zustand *2* erreicht werden soll, ohne daß eine zusätzliche Erwärmung oder Befeuchtung der Luft stattfindet?

Lösung:

a) $p = 1\ \text{bar} = 1000\ \text{mbar}$ $\quad t_1 = 17\,°C$ $\quad t_2 = 21\,°C$

$t_W = 10\,°C$ $\quad p_{Ds1} = 19{,}36\ \text{mbar}$ $\quad p_{Ds2} = 24{,}85\ \text{mbar}$

$\varphi_1 = 0{,}5$ $\quad \varphi_2 = 0{,}8$

Der absolute Wassergehalt im Zustand *1* ist nach Gl. (105b) in kg je kg trockene Luft

$$x_1 = 0{,}622\ \frac{\varphi_1 p_{Ds1}}{p - \varphi_1 p_{Ds1}} = \left(\frac{0{,}622 \cdot 0{,}5 \cdot 19{,}36}{1000 - 0{,}5 \cdot 19{,}36}\right) \text{kg/kg} = 0{,}00608\ \text{kg/kg}$$

Da $\varphi \approx \psi$, ist mit dem Wert aus Tab. 14 angenähert

$$x_1 \approx \varphi_1 x_{S1} \approx 0{,}5 \cdot 0{,}01228\ \text{kg/kg} = 0{,}00614\ \text{kg/kg}$$

Anmerkung: Bezogen auf 1 kg feuchte Luft, ist der Wassergehalt

$$x_f = \frac{x_1}{1 + x_1} = \frac{0{,}00608\ \text{kg/kg}}{1 + 0{,}00608} = 0{,}005993\ \text{kg/kg}$$

Im Zustand *2* muß der absolute Wassergehalt betragen in kg je kg trockene Luft

$$x_2 = 0{,}622\ \frac{\varphi_2 p_{Ds2}}{p - \varphi p_{Ds2}} = \left(\frac{0{,}622 \cdot 0{,}8 \cdot 24{,}85}{1000 - 0{,}8 \cdot 24{,}85}\right) \text{kg/kg} = 0{,}01252\ \text{kg/kg}$$

Da $\varphi \approx \psi$, ist mit dem Wert der Tab. 14 angenähert

$$x_2 \approx \varphi_2 x_{S2} \approx 0{,}8 \cdot 0{,}01585\ \text{kg/kg} = 0{,}01268\ \text{kg/kg}$$

Einzuspritzende Wassermasse in kg je kg trockene Luft

$$\Delta x = x_2 - x_1 = (0{,}01252 - 0{,}00608)\ \text{kg/kg} = 0{,}00644\ \text{kg/kg}$$

Die Enthalpie der feuchten Luft im Zustand *1* ist nach Gl. (107) in kJ je kg trockene Luft ($t_1 = 17\,°C$; $x_1 = 0{,}00608$)

$$h_1 = c_{pL}t_1 + x_1(r_0 + c_{pL}t_1)$$

$$h_1 = 1{,}006\ \mathrm{kJ/kg\ K} \cdot 17\ \mathrm{K} + 0{,}00608\ (2500 + 1{,}86 \cdot 17)\ \mathrm{kJ/kg}$$
$$= 32{,}4\ \mathrm{kJ/kg}$$

Im Zustand *2* in kJ je kg trockene Luft ($t_2 = 21\,°C$; $x_2 = 0{,}01252$)

$$h_2 = 1{,}006\ \mathrm{kJ/kg\ K} \cdot 21\ \mathrm{K} + 0{,}01252\ (2500 + 1{,}86 \cdot 21)\ \mathrm{kJ/kg}$$
$$= 52{,}9\ \mathrm{kJ/kg}$$

Um im Zustand *1* die notwendige Wärme zu speichern, muß die Luft auf eine höhere Temperatur (t_3) gebracht werden.
Die Enthalpie des Wassers ist mit Gl. (27)

$$h_W = ct_W = 4{,}19\ \mathrm{kJ/kg\ K} \cdot 10\ \mathrm{K} = 41{,}9\ \mathrm{kJ/kg}$$

Die für die Berechnung der Temperatur benötigte Enthalpie in kJ je kg trockene Luft ist

$$h_3 = h_2 - \Delta x h_W = (52{,}9 - 0{,}00644 \cdot 41{,}9)\ \mathrm{kJ/kg} = 52{,}6\ \mathrm{kJ/kg}$$

Aus Gl. (107) ist dann die Temperatur

$$t_3 = \frac{h_3 - r_0 x_1}{c_{pL} + c_{pD}x_1} = \frac{(52{,}6 - 2500 \cdot 0{,}00608)\ \mathrm{kJ/kg}}{(1{,}006 + 1{,}86 \cdot 0{,}00608)\ \mathrm{kJ/kg\ K}} = 36{,}9\,°C$$

b) Die Enthalpie des einzublasenden Wasserdampfes beträgt

$$h_D = \frac{\Delta h}{\Delta x} = \frac{h_2 - h_1}{x_2 - x_1} = \frac{(52{,}9 - 32{,}4)\ \mathrm{kJ/kg}}{(0{,}01252 - 0{,}00608)\ \mathrm{kg/kg}} = 3180\ \mathrm{kJ/kg}$$

Aus dem h,x-Diagramm kann der Wert $\Delta h/\Delta x$ wie folgt gefunden werden. Die Verbindungslinie vom Zustand *1* nach Zustand *2* ist festzulegen. Dann ist die Verbindungslinie parallel zu verschieben bis zum Koordinatenursprung *O*. Am Diagrammrand ist dann abzulesen

$$h_D = \frac{\Delta h}{\Delta x} = 3160\ \mathrm{kJ/kg}$$

Aus dem h,s-Diagramm ist für diese Enthalpie z. B. zu entnehmen Heißdampf von $p = 5$ bar mit $t_ü = 350\,°C$ usw.

199. Es werden stündlich 5000 kg Luft von $\varphi = 0{,}75$ und einer Temperatur von 17 °C gewünscht. Zur Verfügung steht Außenluft von 5 °C mit $\varphi_1 = 0{,}9$ und Raumluft von 20 °C mit $\varphi_2 = 0{,}7$. Luftdruck 1 bar. Wieviel Kilogramm Raumluft und wieviel Kilogramm Außenluft sind zur Mischung erforderlich?

Bemerkungen zum Lösungsgang:

Im *h,x*-Diagramm werden die Punkte *1* und *2* festgelegt und die Mischungsgerade zwischen beiden gezogen. Liegt der Mischungspunkt nicht auf dieser Geraden, so ist durch einfache Mischung der Endzustand nicht zu erreichen. In diesem Fall ist der Luftmasse *1* oder *2* ein Zustand aufzuzwingen (kühlen oder erwärmen), bis die Möglichkeit der Mischung besteht (s. Bild 57 in 9.3.). Entsprechend der Aufgabenstellung ist durch einfache Mischung der Endzustand zu erreichen.

Mischung	Außenluft	Raumluft
$p = 1$ bar $= 1000$ mbar	$t_1 = 5\,°C$	$t_2 = 20\,°C$
$\dot{m}_f = 5000$ kg/h	$p_{Ds1} = 8{,}72$ mbar	$p_{Ds2} = 23{,}37$ mbar
$t_m = 17\,°C$	$\varphi_1 = 0{,}9$	$\varphi_2 = 0{,}7$
$p_{Dsm} = 19{,}36$ mbar		
$\varphi_m = 0{,}75$		

Der absolute Wassergehalt der Außenluft ist mit Gl. (105b) in kg je kg trockene Luft

$$x_1 = 0{,}622\,\frac{\varphi_1 p_{Ds1}}{p - \varphi_1 p_{Ds1}} = \left(\frac{0{,}622 \cdot 0{,}9 \cdot 8{,}72}{1000 - 0{,}9 \cdot 8{,}72}\right) \text{kg/kg} = 0{,}00492 \text{ kg/kg}$$

der Raumluft ($\varphi_2 = 0{,}7$; $p_{Ds2} = 23{,}37$ mbar)

$$x_2 = \left(\frac{0{,}622 \cdot 0{,}7 \cdot 23{,}37}{1000 - 0{,}7 \cdot 23{,}37}\right) \text{kg/kg} = 0{,}01033 \text{ kg/kg}$$

der Mischung ($\varphi_m = 0{,}75$; $p_{Dsm} = 19{,}36$ mbar)

$$x_m = \left(\frac{0{,}622 \cdot 0{,}75 \cdot 19{,}36}{1000 - 0{,}75 \cdot 19{,}36}\right) \text{kg/kg} = 0{,}009163 \text{ kg/kg}$$

Da $\varphi \approx \psi$, ist mit den Werten der Tab. 14 angenähert

$$x_1 \approx \varphi_1 x_{S1} \approx 0{,}9 \cdot 0{,}00547 \text{ kg/kg} = 0{,}00492 \text{ kg/kg}$$
$$x_2 \approx \varphi_2 x_{S2} \approx 0{,}7 \cdot 0{,}01488 \text{ kg/kg} = 0{,}01041 \text{ kg/kg}$$
$$x_m \approx \varphi_m x_{Sm} \approx 0{,}75 \cdot 0{,}01228 \text{ kg/kg} = 0{,}00921 \text{ kg/kg}$$

Die trockene Mischluftmasse ist mit Gl. (111) ($x_m = 0{,}009163$)

$$\dot{m} = \frac{\dot{m}_f}{1 + x_m} = \frac{5000 \text{ kg/h}}{1 + 0{,}009163} = 4954 \text{ kg/h}$$

Das Mischungsverhältnis der trockenen Luftmassen ist mit Gl. (109)

$$\frac{\dot{m}_1}{\dot{m}_2} = \frac{x_2 - x_m}{x_m - x_1} = \frac{0{,}01033 - 0{,}009163}{0{,}009163 - 0{,}00492} = 0{,}275$$

aus dem *h,x*-Diagramm ist mit $l_1 = 32$ mm; $l_2 = 8{,}8$ mm mit Gl. (109a)

$$\frac{\dot{m}_1}{\dot{m}_2} = \frac{l_2}{l_1} = \frac{8{,}8 \text{ mm}}{32 \text{ mm}} = 0{,}275$$

Es gilt

$$\dot{m} = \dot{m}_1 + \dot{m}_2, \text{ daraus } \dot{m}_2 = \dot{m} - \dot{m}_1;$$

die trockene Außenluftmasse ist dann

$$\dot{m}_1 = \frac{\dot{m}_1}{\dot{m}_2}\dot{m}_2 = \frac{\dot{m}_1}{\dot{m}_2}(\dot{m} - \dot{m}_1) = \frac{\dot{m}\cdot\dot{m}_1/\dot{m}_2}{1 + \dot{m}_1/\dot{m}_2} = \frac{4954\ \mathrm{kg/h}\cdot 0{,}275}{1 + 0{,}275}$$

$$= 1071\ \mathrm{kg/h}$$

Die feuchte Außenluftmasse nach Gl. (111) ($x_1 = 0{,}00492$)

$$\dot{m}_{f1} = \dot{m}_1(1 + x_1) = 1071\ \mathrm{kg/h}\cdot(1 + 0{,}00492) = 1076\ \mathrm{kg/h}$$

Die feuchte Raumluftmasse ist dann mit $\dot{m}_f = 5000$ kg/h

$$\dot{m}_{f2} = \dot{m}_f - \dot{m}_{f1} = (5000 - 1076)\ \mathrm{kg/h} = 3924\ \mathrm{kg/h}$$

200. Für einen klimatisierten Raum werden 11310 m³/h Luft mit $\varphi_m = 0{,}4$ und $t_m = 21\,°\mathrm{C}$ gewünscht.
Um den Mischungszustand zu erreichen, soll Frischluft von $t_F = 0\,°\mathrm{C}$ und $\varphi_F = 0{,}7$ mit Umluft von $t_2 = 24\,°\mathrm{C}$ und $\varphi_2 = 0{,}5$ miteinander gemischt werden.
Luftdruck 1 bar.

a) Auf welche Temperatur und auf welche Enthalpie muß die Frischluft gebracht werden, damit durch Mischung der geforderte Luftzustand erhalten werden kann?

b) Wie groß ist das massenmäßige Mischungsverhältnis der Trockenluft?

c) Wie groß ist das räumliche Mischungsverhältnis der feuchten Luft?

d) Welche Wärme ist der Frischluft zuzuführen?

e) Ablesung der Mischung im h,x-Diagramm

Lösung:

Mischung	Frischluft	Umluft
$p = 1\ \mathrm{bar} = 1000\ \mathrm{mbar}$	$t_F = 0\,°\mathrm{C}$	$t_1 = 24\,°\mathrm{C}$
$\dot{V}_{fm} = 11310\ \mathrm{m^3/h}$	$p_{DsF} = 6{,}11\ \mathrm{mbar}$	$p_{Ds2} = 29{,}82\ \mathrm{mbar}$
$t_m = 21\,°\mathrm{C}$	$\varphi_F = 0{,}7$	$\varphi_2 = 0{,}5$
$p_{Dsm} = 24{,}85\ \mathrm{mbar}$		
$\varphi_m = 0{,}4$		

a) Aus Gl. (108c) kann die Enthalpie h_1 gefunden werden, die die Frischluft haben muß, um die Mischung durchführen zu können.

$$\frac{h_2 - h_m}{x_2 - x_m} = \frac{h_m - h_1}{x_m - x_1}$$

Die notwendigen Größen für Gl. (108c) sind:
Absoluter Wassergehalt nach Gl. (105b) in kg je kg trockene Luft im Mischungszustand

$$x_m = 0{,}622\,\frac{\varphi_m p_{Dsm}}{p - \varphi_m p_{Dsm}} = \left(\frac{0{,}622\cdot 0{,}4\cdot 24{,}85}{1000 - 0{,}4\cdot 24{,}85}\right)\mathrm{kg/kg} = 0{,}00625\ \mathrm{kg/kg}$$

bei der Frischluft

$$x_F = 0{,}622 \frac{\varphi_F p_{DsF}}{p - \varphi_F p_{DsF}} = \left(\frac{0{,}622 \cdot 0{,}7 \cdot 6{,}11}{1000 - 0{,}7 \cdot 6{,}11}\right) \text{kg/kg} = 0{,}00266 \text{ kg/kg}$$

im Zustand *2* (Umluft)

$$x_2 = 0{,}622 \frac{\varphi_2 p_{Ds2}}{p - \varphi_2 p_{Ds2}} = \left(\frac{0{,}622 \cdot 0{,}5 \cdot 29{,}82}{1000 - 0{,}5 \cdot 29{,}82}\right) \text{kg/kg} = 0{,}00941 \text{ kg/kg}$$

Da $\varphi \approx \psi$, ist mit den Werten der Tab. 14 angenähert

$$x_m \approx \varphi_m x_{Sm} \approx 0{,}4 \cdot 0{,}01585 \text{ kg/kg} = 0{,}00634 \text{ kg/kg}$$

$$x_F \approx \varphi_F x_{SF} \approx 0{,}7 \cdot 0{,}00382 \text{ kg/kg} = 0{,}00267 \text{ kg/kg}$$

$$x_2 \approx \varphi_2 x_{S2} \approx 0{,}5 \cdot 0{,}0192 \text{ kg/kg} = 0{,}0096 \text{ kg/kg}$$

Die Enthalpie ist nach Gl. (107) in kJ je kg trockene Luft im Mischungszustand ($t_m = 21\,°C$; $x_m = 0{,}00625$)

$$h_m = c_{pL} t_m + x_m (r_0 + c_{pD} t_m)$$

$$h_m = 1{,}006 \text{ kJ/kg K} \cdot 21 \text{ K} + 0{,}00625\,(2500 + 1{,}86 \cdot 21) \text{ kJ/kg} = 37 \text{ kJ/kg}$$

bei der Frischluft ($t_F = 0\,°C$; $x_F = 0{,}00266$)

$$h_F = 1{,}006 \text{ kJ/kg K} \cdot 0 \text{ K} + 0{,}00266\,(2500 + 1{,}86 \cdot 0) \text{ kJ/kg} = 6{,}65 \text{ kJ/kg}$$

im Zustand *2* (Umluft) ($t_2 = 24\,°C$; $x_2 = 0{,}00941$)

$$h_2 = 1{,}006 \text{ kJ/kg K} \cdot 24 \text{ K} + 0{,}00941\,(2500 + 1{,}86 \cdot 24) \text{ kJ/kg} = 48 \text{ kJ/kg}$$

Aus Gl. (108c) ist dann die zu findende Enthalpie h_1 in kJ je kg trockene Luft, da $x_1 = x_F$,

$x_m = 0{,}00625$ kg/kg $h_m = 37$ kJ/kg
$x_1 = 0{,}00266$ kg/kg $h_2 = 48$ kJ/kg
$x_2 = 0{,}00941$ kg/kg $h_F = 6{,}65$ kJ/kg

$$h_1 = h_m - \frac{(x_m - x_1)(h_2 - h_m)}{x_2 - x_m}$$

$$h_1 = 37 \text{ kJ/kg} - \frac{(0{,}00625 - 0{,}00266) \text{ kg/kg} \cdot (48 - 37) \text{ kJ/kg}}{(0{,}00941 - 0{,}00625) \text{ kg/kg}} = 24{,}5 \text{ kJ/kg}$$

Nach Gl. (107) muß die Frischluft auf die Temperatur

$$t_1 = \frac{h_1 - r_0 x_1}{c_{pL} + c_{pD} x_1} = \frac{(24{,}5 - 2500 \cdot 0{,}00266) \text{ kJ/kg}}{(1{,}006 + 1{,}86 \cdot 0{,}00266) \text{ kJ/kg K}} = 17{,}7\,°C$$

gebracht werden [Enthalpiesteigerung; Wärmezufuhr ohne Wasserzufuhr; Zustandsänderung *1 2*, Bild 56 in 9.2.; s. a. Bild 62 in Lösung e)]. Die Enthalpiesteigerung (zuzuführende Wärme) für 1 kg trockene Frischluft beträgt

$$\Delta h = h_1 - h_F = (24{,}5 - 6{,}65)\ \text{kJ/kg} = 17{,}9\ \text{kJ/kg}$$

b) Für die Ermittlung der stündlich erforderlichen feuchten Luftmasse ist zunächst die Dichte der feuchten Luft mit dem Kehrwert der Gl. (106) zu bestimmen.

$\dot V_{fm} = 11\,310\ \text{m}^3/\text{h}$ $\qquad x_m = 0{,}006\,25\ \text{kg/kg}$

$t_m = 21\,°\text{C};\ T_m = 294\ \text{K}$ $\qquad p = 1\ \text{bar} = 1 \cdot 10^5\ \text{N/m}^2$

$R_D = 461{,}4\ \text{Nm/kg K}$

$$\varrho_{fm} = \frac{p(1 + x_m)}{R_D(0{,}622 + x_m)\,T_m} = \frac{1 \cdot 10^5\ \text{N/m}^2 \cdot (1 + 0{,}006\,25)}{461{,}4\ \text{Nm/kg K} \cdot (0{,}622 + 0{,}006\,25) \cdot 294\ \text{K}}$$
$$= 1{,}18\ \text{kg/m}^3$$

Die feuchte Luftmasse im Mischungszustand beträgt dann

$$\dot m_{fm} = \dot V_{fm}\varrho_{fm} = 11\,310\ \text{m}^3/\text{h} \cdot 1{,}18\ \text{kg/m}^3 = 13\,340\ \text{kg/h}$$

Die trockene Mischluftmasse ist nach Gl. (111) ($x_m = 0{,}006\,25$)

$$\dot m = \frac{\dot m_{fm}}{1 + x_m} = \frac{13\,340\ \text{kg/h}}{1 + 0{,}006\,25} = 13\,260\ \text{kg/h}$$

Aus Gl. (108b) ist die trockene Frischluftmasse ($\dot m_1 = \dot m_F$)

$$\dot m_1 = \frac{\dot m(x_m - x_2)}{x_1 - x_2} = \frac{13\,260\ \text{kg/h} \cdot (0{,}006\,25 - 0{,}009\,41)}{0{,}002\,66 - 0{,}009\,41} = 6\,210\ \text{kg/h}$$

Die Trockenluftmasse der Umluft beträgt dann

$$\dot m_2 = \dot m - \dot m_1 = (13\,260 - 6\,210)\ \text{kg/h} = 7\,050\ \text{kg/h}$$

Das Mischungsverhältnis der Trockenluftmassen ist mit Gl. (109)

$$\frac{\dot m_1}{\dot m_2} = \frac{6\,210\ \text{kg/h}}{7\,050\ \text{kg/h}} = 0{,}88, \quad \text{oder} \quad \frac{\dot m_1}{\dot m_2} = \frac{x_2 - x_m}{x_m - x_1}$$
$$= \frac{0{,}009\,41 - 0{,}006\,25}{0{,}006\,25 - 0{,}002\,66} = 0{,}88$$

c) Das spezifische Volumen der feuchten Frischluft nach der Erwärmung auf 17,7 °C ist nach Gl. (106)

$x_1 = 0{,}002\,66\ \text{kg/kg}$ $\qquad p = 1\ \text{bar} = 1 \cdot 10^5\ \text{N/m}^2$

$t_1 = 17{,}7\,°\text{C};\ T_1 = 290{,}7\ \text{K}$ $\qquad R_D = 461{,}4\ \text{Nm/kg K}$

$$v_{f1} = \frac{R_D(0{,}622 + x_1)\,T_1}{p(1 + x_1)} = \frac{461{,}4\ \text{Nm/kg K} \cdot (0{,}622 + 0{,}002\,66) \cdot 290{,}7\ \text{K}}{1 \cdot 10^5\ \text{N/m}^2 \cdot (1 + 0{,}002\,66)}$$
$$= 0{,}835\ \text{m}^3/\text{kg}$$

Die feuchte Frischluftmasse ist nach Gl. (111) mit $\dot{m}_1 = 6210$ kg/h

$$\dot{m}_{f1} = \dot{m}_1(1 + x_1) = 6210\ \text{kg/h} \cdot (1 + 0{,}00266) = 6226\ \text{kg/h}$$

Das Frischluftvolumen bei einer Temperatur von 17,7 °C beträgt mit Anwendung von Gl. (12)

$$\dot{V}_{f1} = \dot{m}_{f1} v_{f1} = 6226\ \text{kg/h} \cdot 0{,}835\ \text{m}^3/\text{kg} = 5199\ \text{m}^3/\text{h}$$

Das spezifische Volumen der Umluft ist mit Gl. (106)
$x_2 = 0{,}00941$ kg/kg $\quad t_2 = 24\,°\text{C}$; $\quad T_2 = 297$ K

$$v_{f2} = \frac{R_D(0{,}622 + x_2)\,T_2}{p(1 + x_2)} = \frac{461{,}4\ \text{Nm/kg K} \cdot (0{,}622 + 0{,}00941) \cdot 297\ \text{K}}{1 \cdot 10^5\ \text{N/m}^2 \cdot (1 + 0{,}00941)}$$

$$= 0{,}86\ \text{m}^3/\text{kg}$$

Die feuchte Umluftmasse ist nach Gl. (111) mit $\dot{m}_2 = 7050$ kg/h

$$\dot{m}_{f2} = \dot{m}_2(1 + x_2) = 7050\ \text{kg/h} \cdot (1 + 0{,}00941) = 7116\ \text{kg/h}$$

Das feuchte Umluftvolumen ist mit Anwendung von Gl. (12)

$$\dot{V}_{f2} = \dot{m}_{f2} v_{f2} = 7116\ \text{kg/h} \cdot 0{,}86\ \text{m}^3/\text{kg} = 6119\ \text{m}^3/\text{h}$$

Das räumliche Mischungsverhältnis der feuchten Luftanteile (Frischluft auf 17,7 °C erwärmt) ist

$$\frac{\dot{V}_{f1}}{\dot{V}_{f2}} = \frac{5199\ \text{m}^3/\text{h}}{6119\ \text{m}^3/\text{h}} = 0{,}85$$

d) Bei der Berechnung der zuzuführenden Wärme (Enthalpiesteigerung) ist die trockene Luftmasse zu berücksichtigen

$\dot{m}_1 = 6210$ kg/h $\qquad \Delta h = 17{,}9$ kJ/kg

$$\Delta\dot{H} = \dot{m}_1 \Delta h = 6210\ \text{kg/h} \cdot 17{,}9\ \text{kJ/kg}$$

$$= 109200\ \text{kJ/h} = \frac{109200\ \text{kWs/h}}{3600\ \text{s/h}} = 30{,}4\ \text{kW}$$

e) Diagrammablesung

Es wird zunächst der Zustand der Umluft (*2*) und der Mischungszustand (*m*) nach Bild 62 im *h,x*-Diagramm festgelegt.

Beide Punkte (*2m*) werden miteinander verbunden. Die Verbindungslinie wird bis zur Ordinate verlängert.

Nach der Festlegung des Frischluftzustandes (*F*) wird durch (*F*) eine Senkrechte gelegt, die von der verlängerten Verbindungslinie in (*1*), Frischluftzustand nach der Erwärmung, geschnitten wird. Es ist dem Diagramm zu entnehmen:

$x_F = x_1 = 0{,}0026$ kg/kg	$h_2 = 48$ kJ/kg	$l_1 = 17$ mm
$h_F = 6{,}7$ kJ/kg	$x_2 = 0{,}0094$ kg/kg	$l_2 = 15$ mm
$t_1 = 17{,}8\,°3$C	$h_m = 37$ kJ/kg	
$h_1 = 24{,}5$ kJ/kg	$x_m = 0{,}0062$ kg/kg	

Das Verhältnis der Trockenluftmassen ist mit Gl. (109a)

$$\frac{\dot{m}_1}{\dot{m}_2} = \frac{l_2}{l_1} = \frac{15 \text{ mm}}{17 \text{ mm}} = 0{,}882$$

Nach der Rechnung ergab sich ein Verhältnis $(\dot{m}_1/\dot{m}_2) = 0{,}88$. Die Trockenluftmasse der Mischung war $\dot{m} = 13\,260$ kg/h.

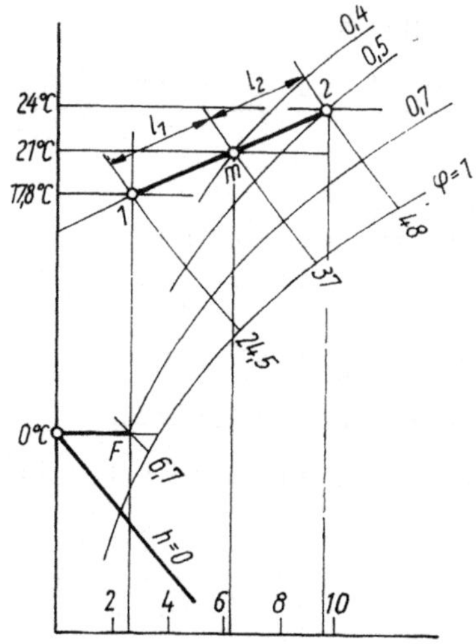

Bild 62

Wird $\dot{m}_2 = \dot{m} - m_1$ in Gl. (109a) eingesetzt, dann ist die Trockenluftmasse der Frischluft

$$\dot{m}_1 = \frac{\dot{m} \cdot l_2/l_1}{1 + l_2/l_1} = \frac{13\,260 \text{ kg/h} \cdot 0{,}882}{1 + 0{,}882} = 6214 \text{ kg/h}$$

oder nach 9.3.

$$\frac{l_2}{l_1} = \frac{l_2}{l_1 + l_2} = \frac{15 \text{ mm}}{(17 + 15) \text{ mm}} = 0{,}4687$$

$$\dot{m}_1 = 0{,}4687 \cdot \dot{m} = 0{,}4687 \cdot 13\,260 \text{ kg/h} = 6214 \text{ kg/h}$$

Die Rechnung ergab eine trockene Frischluftmasse von $\dot{m}_1 = 6210$ kg/h. Die Diagrammablesung ergibt mit wenigem Zeitaufwand genügend genaue Ergebnisse.

201. 140 kg/h aufbereitete Frischluft einer Klimaanlage mit einer Temperatur von 36 °C und $\varphi = 0{,}1$ wird mit 860 kg/h Abluft mit 20 °C und $\varphi = 0{,}7$ adiabatisch bei einem Luftdruck von 1 bar gemischt.
Wie ist der Mischungszustand?

a) rechnerische Lösung,

b) nach dem h,x-Diagramm.

Lösung:

a) rechnerische Lösung

$\dot{m}_{f1} = 140$ kg/h	$\dot{m}_{f2} = 860$ kg/h
$\varphi_1 = 0{,}1$	$\varphi_2 = 0{,}7$
$t_1 = 36\,°C$	$t_2 = 20\,°C$
$p_{Ds1} = 59{,}4$ mbar	$p_{Ds2} = 23{,}37$ mbar
$p = 1$ bar $= 1000$ mbar	

Absoluter Feuchtigkeitsgehalt der Frischluft nach Gl. (105b) in kg je kg trockene Luft

$$x_1 = 0{,}622\,\frac{\varphi_1 p_{Ds1}}{p - \varphi_1 p_{Ds1}} = \left(\frac{0{,}622 \cdot 0{,}1 \cdot 59{,}4}{1000 - 0{,}1 \cdot 59{,}4}\right)\text{kg/kg} = 0{,}00372\ \text{kg/kg}$$

der Abluft ($\varphi_2 = 0{,}7$; $p_{Ds2} = 23{,}37$ mbar) in kg je kg trockene Luft

$$x_2 = \left(\frac{0{,}622 \cdot 0{,}7 \cdot 23{,}37}{1000 - 0{,}7 \cdot 23{,}37}\right)\text{kg/kg} = 0{,}01033\ \text{kg/kg}$$

Da $\varphi \approx \psi$, ist mit den Werten der Tab. 14 angenähert

$$x_1 \approx \varphi_1 x_{S1} = 0{,}1 \cdot 0{,}0393\ \text{kg/kg} = 0{,}00393\ \text{kg/kg}$$

$$x_2 \approx \varphi_2 x_{S2} = 0{,}7 \cdot 0{,}01488\ \text{kg/kg} = 0{,}01041\ \text{kg/kg}$$

Die trockene Frischluftmasse ist nach Gl. (111) ($x_1 = 0{,}00372$)

$$\dot{m}_1 = \frac{\dot{m}_{f1}}{1 + x_1} = \frac{140\ \text{kg/h}}{1 + 0{,}00372} = 139{,}5\ \text{kg/h}$$

die trockene Abluftmasse ($x_2 = 0{,}01033$)

$$\dot{m}_2 = \frac{\dot{m}_{f2}}{1 + x_2} = \frac{860\ \text{kg/h}}{1 + 0{,}01033} = 850\ \text{kg/h}$$

Das Trockenluftverhältnis ist nach Gl. (109)

$$\frac{\dot{m}_1}{\dot{m}_2} = \frac{139{,}5\ \text{kg/h}}{850\ \text{kg/h}} = = 0{,}164$$

Der absolute Feuchtigkeitsgehalt der Mischluft in kg je kg trockene Luft ist aus Gl. (109)

$$x_m = \frac{x_2 + \dot{m}_1/\dot{m}_2 \cdot x_1}{\dot{m}_1/\dot{m}_2 + 1} = \left(\frac{0{,}01033 + 0{,}164 \cdot 0{,}00372}{0{,}164 + 1}\right)\text{kg/kg}$$
$$= 0{,}0094\ \text{kg/kg}$$

oder nach Gl. (108b)

$$x_{\mathrm{m}} = \frac{\dot{m}_1 x_1 + \dot{m}_2 x_2}{\dot{m}_1 + \dot{m}_2} = \left(\frac{139{,}5 \cdot 0{,}00372 + 850 \cdot 0{,}01033}{139{,}5 + 850}\right) \mathrm{kg/kg}$$
$$= 0{,}0094 \ \mathrm{kg/kg}$$

Die Mischungstemperatur ist genügend genau nach Gl. (110a) ($t_1 = 36\,°\mathrm{C}$; $t_2 = 20\,°\mathrm{C}$)

$$t_{\mathrm{m}} = \frac{\dot{m}_1 t_1 + \dot{m}_2 t_2}{\dot{m}_1 + \dot{m}_2} = \left(\frac{139{,}5 \cdot 36 + 850 \cdot 20}{139{,}5 + 850}\right) °\mathrm{C} = 22{,}2\,°\mathrm{C}$$

Die relative Feuchtigkeit der Mischluft ist mit $p_{\mathrm{Dsm}} = 26{,}75$ mbar (Tab. 14) aus Gl. (105b)

$$\varphi_{\mathrm{m}} = \frac{p x_{\mathrm{m}}}{(0{,}622 + x_{\mathrm{m}})\, p_{\mathrm{Dsm}}} = \frac{1000 \ \mathrm{mbar} \cdot 0{,}0094}{(0{,}622 + 0{,}0094)\ 26{,}75 \ \mathrm{mbar}} = 0{,}556$$

b) nach dem h,x-Diagramm

Nach der Festlegung der Mischungsgeraden ist nach Bild 57a in 9.3. die trockene Luftmasse $\dot{m}_1$ in Punkt *2* (zweckmäßig senkrecht nach oben; 10 kg $\triangleq$ 1 mm) und $\dot{m}_2$ in Punkt *1* (nach unten) anzutragen und der Mischungspunkt zu bestimmen.
Es ist dem h,x-Diagramm zu entnehmen:

$t_{\mathrm{m}} = 22\,°\mathrm{C}$; $h_{\mathrm{m}} = 46$ kJ/kg; $\varphi_{\mathrm{m}} = 0{,}56$; $x_{\mathrm{m}} = 0{,}0094$ kg/kg

oder, da nach Gl. (109a) $\dot{m}_1/\dot{m}_2 = l_2/l_1 = 0{,}164$ und die Gesamtlänge der Mischungsgeraden $l = 44$ mm, ist dann $l_2 = 0{,}164 \cdot l_1$

$$l = l_1 + l_2 = l_1 + 0{,}164 \cdot l_1 = l_1\,(1 + 0{,}164)$$

$$l_1 = \frac{l}{1 + 0{,}164} = \frac{44 \ \mathrm{mm}}{1{,}164} = 38 \ \mathrm{mm}$$

l_1 von Punkt *1* aus auf der Mischungsgeraden angetragen, legt den Mischungspunkt fest.

202. 100 kg Nebelluft (gesättigte Luft und Wassertröpfchen) von 22 °C hat je kg trockene Luft einen Feuchtigkeitsgehalt von 21 g/kg. Luftdruck 1 bar.

a) Wieviel Kilogramm Feuchtluft von 20°C und $\varphi_2 = 0.7$ sind beizumischen, bis daß der Nebel sich auflöst? Welche Temperatur und welcher absoluter Feuchtigkeitsgehalt ist dann vorhanden?
b) Auf welche Temperatur ist die Nebelluft zu bringen, wenn sich ohne Mischung der Nebel auflösen soll, und welche Enthalpie ist zuzuführen?

Bemerkungen zum Lösungsgang:

Zur Beseitigung des Nebels ist es notwendig, daß der Zustand der Nebelluft so geändert wird, bis daß im h,x-Diagramm mindestens die Grenzkurve $\varphi = 1$ erreicht wird (besser einen Zustandspunkt im ungesättigten Gebiet).

a) Die Punkte *1* und *2* sind im h,x-Diagramm festzulegen und nach Bild 57 in 9.3., die Mischungsgerade zu ziehen. Beim Schnitt mit der Linie $\varphi = 1$ liegt der Mischungspunkt.

$m_{f1} = 100\,\text{kg} \quad t_1 = 22\,°\text{C} \quad x_1 = 0{,}021\,\text{kg/kg} \quad l_1 = 36\,\text{mm}$

$\varphi_2 = 0{,}7 \quad t_2 = 20\,°\text{C} \quad x_2 = 0{,}01033\,\text{kg/kg} \quad l_2 = 13\,\text{mm}$

Die trockene Luftmasse im Zustand *1* ist nach Gl. (111)

$$m_1 = \frac{m_{f1}}{1 + x_1} = \frac{100\,\text{kg}}{1 + 0{,}021} = 97{,}9\,\text{kg}$$

Die erforderliche trockene Luftmasse vom Zustand *2* ist nach Gl. (109a)

$$m_2 = \frac{m_1 l_1}{l_2} = \frac{97{,}9\,\text{kg} \cdot 36\,\text{mm}}{13\,\text{mm}} = 271\,\text{kg}$$

Die erforderliche feuchte Luftmasse vom Zustand *2* ist nach Gl. (111)

$$m_{f2} = m_2(1 + x_2) = 271\,\text{kg}\,(1 + 0{,}01033) = 274\,\text{kg}$$

Die Mischungstemperatur und der absolute Feuchtigkeitsgehalt der gesättigten Luft bei $\varphi = 1$ ist

$$t_{sm} = 18\,°\text{C} \qquad x_{sm} \approx 0{,}013\,\text{kg/kg}$$

b) Die Zustandsänderung *1 2*, Bild 56 in 9.2., entspricht dem Erwärmungsvorgang.
Punkt *1* bei $x_1 = 21$ g/kg auf der Nebelisotherme 22 °C
Punkt *2* senkrecht darüber beim Schnitt mit $\varphi = 1$

$m_1 = 97{,}9\,\text{kg} \quad h_1 = 65\,\text{kJ/kg}$

$t_{s2} = 25{,}8\,°\text{C} \quad h_{S2} = 79\,\text{kJ/kg}$

Die zuzuführende Enthalpie beträgt

$$\Delta H = m_1(h_{S2} - h_1) = 97{,}9\,\text{kg}\,(79 - 65)\,\text{kJ/kg} = 1370\,\text{kJ}$$

oder, mit den Werten der Tab. 14 und nach 9.1.
$x_1 = x_{S2} = 21$ g/kg gesetzt, Ablesung $t_{s2} \approx 26\,°\text{C}$; $h_{S2} \approx 80$ kJ/kg
zuzuführende Enthalpie

$x_{S1} = 16{,}88\,\text{g/kg} = 0{,}01688\,\text{kg/kg} \quad h_{S1} = 65{,}02\,\text{kJ/kg} \quad c_W = 4{,}19\,\text{kJ/kg K}$

$$\begin{aligned} h_{Ne} &= h_{S1} + (x_{Ne} - x_{S1})\, c_W t_1 \\ &= 65{,}02\,\text{kJ/kg} + (0{,}021 - 0{,}01688)\,\text{kg/kg} \cdot 4{,}19\,\text{kJ/kg K} \cdot 22\,\text{K} \\ &= 65{,}4\,\text{kJ/kg} \end{aligned}$$

$$\Delta H = 97{,}9\,\text{kg}\,(80 - 65{,}4)\,\text{kJ/kg} = 1429\,\text{kJ}$$

203. Bei einem Luftdruck von 1 bar zeigte das trockene Thermometer eines Psychrometers eine Temperatur von 25 °C, das gut belüftete (Luftgeschwindigkeit 2···3 m/s) feuchte Thermometer eine Temperatur von 20 °C an.
Wie groß ist die relative Feuchtigkeit im Raum
a) rechnerisch
b) nach dem h,x-Diagramm?

Lösung:

a) rechnerisch

$p = 1\,\text{bar} = 1000\,\text{mbar}$	$t_f = 20\,°\text{C}$	$t_{fr} = 25\,°\text{C}$
$c_W = 4{,}19\,\text{kJ/kg K}$	$x_{Sf} = 0{,}01488\,\text{kg/kg}$	$p_{Dstr} = 31{,}67\,\text{mbar}$
	$h_{Sf} = 57{,}88\,\text{kJ/kg}$	

Basierend auf Gl. (107) und Gl. (27) ist die Enthalpie der Raumluft

$$h = h_{Sf} - c_W t_f (x_{Sf} - x) \quad \text{oder} \quad h = c_{pL} t_{tr} + x(r_0 + c_{pD} t_{tr})$$

Nach Gleichsetzung ist

$$h_{Sf} - c_W t_f (x_{Sf} - x) = c_{pL} t_{tr} + x(r_0 + c_{pD} t_{tr})$$

Der absolute Wassergehalt der Raumluft in kg je kg trockene Luft ist

$$x = \frac{h_{Sf} - x_{Sf} c_W t_f - c_{pL} t_{tr}}{(r_0 + c_{pD} t_{tr}) - c_W t_f}$$

$$x = \frac{(57{,}88 - 0{,}01488 \cdot 4{,}19 \cdot 20 - 1{,}006 \cdot 25)\,\text{kJ/kg}}{[(2500 + 1{,}86 \cdot 25) - 4{,}19 \cdot 20]\,\text{kJ/kg}} = 0{,}01279\,\text{kg/kg}$$

Die relative Feuchtigkeit der Raumluft ist aus Gl. (105b)

$$\varphi = \frac{px}{p_{Dstr}(0{,}622 + x)} = \frac{1000\,\text{mbar} \cdot 0{,}01279}{31{,}67\,\text{mbar}(0{,}622 + 0{,}01279)} = 0{,}638$$

b) nach dem h,x-Diagramm
Die Nebelisotherme $t_f = 20\,°\text{C}$ aus dem gesättigten Gebiet wird bis in das ungesättigte Gebiet (fast parallel mit $h = \text{konst.}$) verlängert. Beim Schnittpunkt mit $t_{tr} = 25\,°\text{C}$ ist abzulesen $\varphi = 0{,}64$ und $x = 0{,}0128\,\text{kg/kg}$.
(Ist kein Psychrometer vorhanden, dann kann t_f durch ein mit feuchtem Mull umhülltes Schleuderthermometer ermittelt werden.)

9.4. Taupunkt von Abgasen

Das Abgas ist eine Mischung aus trockenem Abgas (Mischgas) und Wasserdampf. Der durch Analyse oder Rechnung bekannte Wassergehalt der Abgase wird gleich x_S gesetzt (Wassergehalt bei Sättigung).

Mit Hilfe der *Dalton*schen Gesetze wird der Sättigungsdruck des Wasserdampfes p_{Ds} bestimmt. Die zum Sättigungsdruck gehörige Temperatur ist dann die Taupunkttemperatur.

Es gelten nach Gl. (7) die Zustandsgleichungen:

für den Wasserdampf $p_D V = m_D R_D T$

für das Abgas $p_G V = m_G R_G T$

Die Division beider Gln. ergibt

$$\frac{p_D}{p_G} = \frac{m_D R_D}{m_G R_G},$$

daraus ist der Wassergehalt in kg H_2O/kg trockenes Abgas

$$x = \frac{m_D}{m_G} = \frac{R_G p_D}{R_D p_G}$$

Nach Gl. (13) ist $p_G = p - p_D$ (p Gesamtdruck). Eingesetzt ist dann

$$x = \frac{R_G}{R_D} \frac{p_D}{p - p_D}$$

Beim Taupunkt ist p_D gleich dem Sättigungsdruck p_{Ds} und $x = x_S$.

Es ist der Sättigungsdruck

$$p_{Ds} = \frac{p x_S}{\frac{R_G}{R_D} + x_S}$$

$R_D = 461{,}4$ J/kg K für Wasserdampf

Beispiele:

204. Bei welcher Temperatur liegt der Taupunkt, wenn sich ein Abgas wie folgt zusammensetzt (Luftdruck $p = 980$ mbar):

$m_{H_2O} = 0{,}50$ kg; $R_{H_2O} = R_D = 461{,}4$ J/kg K

$m_{CO_2} = 2{,}86$ kg; $R_{CO_2} = 189$ J/kg K

$m_{SO_2} = 0{,}03$ kg; $R_{SO_2} = 129{,}9$ J/kg K

$m_{N_2} = 12{,}62$ kg; $R_{N_2} = 296{,}8$ J/kg K

$m_{O_2} = 1{,}537$ kg; $R_{O_2} = 259{,}9$ J/kg K

$\sum m = 17{,}547$ kg

Lösung:

Trockene Gasmasse $m_{tr} = m - m_{H_2O} = (17{,}547 - 0{,}5)$ kg $= 17{,}047$ kg trockenes Abgas. Massenteile der Einzelgase, bezogen auf das trockene Abgas nach Gl. (15),

$$g_{CO_2} = \frac{2{,}86}{17{,}05} = 0{,}1677 \qquad g_{N_2} = \frac{12{,}62}{17{,}05} = 0{,}741$$

$$g_{SO_2} = \frac{0{,}03}{17{,}05} = 0{,}00176 \qquad g_{O_2} = \frac{1{,}537}{17{,}05} = 0{,}0901$$

Kontrolle nach Gl. (15a): $\sum g_i = 1{,}00056$
Die Gaskonstante des trockenen Abgases ist nach Gl. (16)

$$R_G = \sum(g_i R_i) = g_{CO_2} R_{CO_2} + g_{SO_2} R_{SO_2} + g_{N_2} R_{N_2} + g_{O_2} R_{O_2}$$

$$R_G = (0{,}1677 \cdot 189 + 0{,}00176 \cdot 129{,}9 + 0{,}741 \cdot 296{,}8 + 0{,}0901 \times 259{,}9)\ \text{J/kg K}$$

$$R_G = 275{,}2\ \text{J/kg K}$$

Der Wassergehalt in kg je kg trockenes Abgas wird gleich dem Wassergehalt im Sättigungszustand gesetzt und ist

$$x_S = \frac{m_{H_2O}}{m_{tr}} = \frac{0{,}5\ \text{kg}}{17{,}05\ \text{kg}} = 0{,}0293\ \text{kg/kg}$$

Der Sättigungsdruck ist dann mit $p = 980$ mbar

$$p_{Ds} = \frac{p x_S}{\dfrac{R_G}{R_D} + x_S} = \left(\frac{980 \cdot 0{,}0293}{\dfrac{275{,}2}{461{,}4} + 0{,}0293}\right) \text{mbar} = 45{,}7\ \text{mbar}$$

Linear interpoliert ergibt sich aus Tab. 14 eine Sättigungstemperatur und damit eine Taupunkttemperatur von $t_s = 31{,}3\,°\text{C}$.
Sind Raumanteile bei bekanntem Gesamtdruck gegeben, dann kann der Partialdruck des Wasserdampfes, schwefliger Säure usw. nach Gl. (24) ermittelt werden.

205. Angaben entsprechend Beispiel 182.
Bei welcher Temperatur liegt der Taupunkt der Abgase (Normzustand)?
Ergebnis: $t_s \approx 57\,°\text{C}$

10. Wärmeübertragung

10.1. Wärmedurchgang durch die ebene Wand

Der Wärmedurchgang setzt sich zusammen aus dem Wärmeübergang von Stoff *1* an die Wand (einschließlich Strahlung), der Wärmeleitung durch die Wand und wieder Wärmeübergang an Stoff *2*.

Übliche Einheiten sind:

α Wärmeübergangskoeffizient in W/m² K
λ Wärmeleitfähigkeit in W/m K
δ Wanddicke in m
A Fläche in m²
k Wärmedurchgangskoeffizient in W/m² K

Es ist (Bild 63):

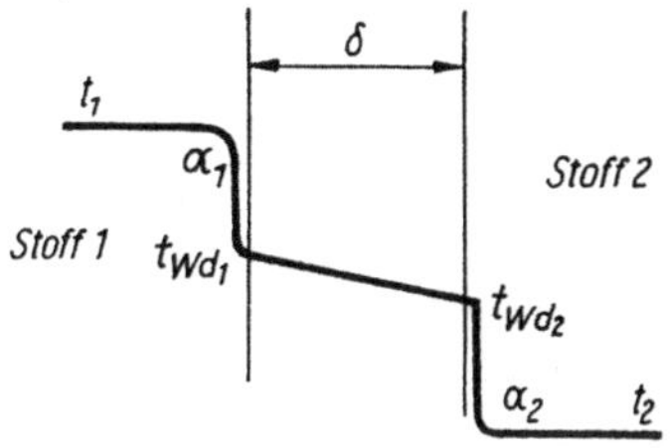

Bild 63

Wärmeübergang *1* $\dot{Q} = A\alpha_1(t_1 - t_{\mathrm{Wd1}})$

Wärmeleitung $\dot{Q} = A\frac{\lambda}{\delta}(t_{\mathrm{Wd1}} - t_{\mathrm{Wd2}})$

Wärmeübergang *2* $\dot{Q} = A\alpha_2(t_{\mathrm{Wd2}} - t_2)$

Zusammengefaßt ist:

$$
\begin{aligned}
t_1 - t_{\mathrm{Wd1}} &= \frac{\dot{Q}}{A}\frac{1}{\alpha_1}\\
t_{\mathrm{Wd1}} - t_{\mathrm{Wd2}} &= \frac{\dot{Q}}{A}\frac{\delta}{\lambda}\\
+\ t_{\mathrm{Wd2}} - t_2 &= \frac{\dot{Q}}{A}\frac{1}{\alpha_2}\\
\hline
t_1 - t_2 &= \frac{\dot{Q}}{A}\left(\frac{1}{\alpha_1} + \frac{\delta}{\lambda} + \frac{1}{\alpha_2}\right)
\end{aligned}
$$

Der Wärmedurchgangskoeffizient ist

$$k = \frac{1}{\frac{1}{\alpha_1} + \frac{\delta}{\lambda} + \frac{1}{\alpha_2}} \qquad (112)$$

Der Wärmedurchgangswiderstand ist

$$\frac{1}{k} = \frac{1}{\alpha_1} + \frac{\delta}{\lambda} + \frac{1}{\alpha_2}$$

Weiterhin ist:

$\frac{1}{\alpha}$ Wärmeübergangs-Widerstand

$\frac{\lambda}{\delta} = \Lambda$ Wärmedurchlässigkeit der Wand

$\frac{\delta}{\lambda} = \frac{1}{\Lambda}$ Wärmedurchlässigkeits-Widerstand der Wand (auch Dämmwert genannt)

(Die drei angegebenen Widerstände werden auch oft mit R_k, R_α, R_λ bezeichnet.)
Sind mehrere Wandschichten zu überwinden, so gilt:

$$\frac{1}{k} = \frac{1}{\alpha_1} + \frac{\delta_1}{\lambda_1} + \frac{\delta_2}{\lambda_2} + \cdots + \frac{1}{\alpha_2} \qquad (112a)$$

Der Wärmestrom (je Zeiteinheit) ist in J/s = W[1])

$$\dot{Q} = Ak(t_1 - t_2) \qquad (113)$$

10.2. Wärmedurchgang durch die Rohrwand

Es ist der Wärmedurchgangskoeffizient, bezogen auf 1 m Rohrlänge in W/m K

$$k_R = \frac{\Pi}{\frac{1}{\alpha_i d_i} + \frac{1}{2\lambda} \ln \frac{d_a}{d_i} + \frac{1}{\alpha_a d_a}} \qquad (114)$$

d_i Innendurchmesser, d_a Außendurchmesser

Bei mehreren Schichten gilt

$$k_R = \frac{\Pi}{\frac{1}{\alpha_i d_i} + \frac{1}{2\lambda_1} \ln \frac{d_a}{d_i} + \frac{1}{2\lambda_2} \ln \frac{d_a}{d_i} + \cdots + \frac{1}{\alpha_a d_a}} \qquad (114a)$$

---

[1]) Da 1 kcal = 4186,8 J, besteht mit der bisher üblichen Einheit kcal/h folgender Zusammenhang:
Beispiel:

$$\dot{Q} = 2000 \text{ kcal/h} = \frac{4186{,}8 \text{ Ws/kcal}}{3600 \text{ s/h}} \cdot 2000 \text{ kcal/h}$$

$$\dot{Q} = 1{,}163 \text{ Wh/kcal} \cdot 2000 \text{ kcal/h} = 2326 \text{ W}$$

Bezogen auf 1 m² kreisrunde Rohrfläche, gilt für die äußere Rohroberfläche

$$k_a = \frac{1}{\frac{1}{\alpha_i}\frac{d_a}{d_i} + \frac{d_a}{2}\sum\left(\frac{1}{\lambda}\ln\frac{d_a}{d_i}\right) + \frac{1}{\alpha_a}} \tag{114b}$$

für 1 m² der kreisrunden Innenfläche des Rohres

$$k_i = \frac{1}{\frac{1}{\alpha_i} + \frac{d_i}{2}\sum\left(\frac{1}{\lambda}\ln\frac{d_a}{d_i}\right) + \frac{1}{\alpha_a}\frac{d_i}{d_a}} \tag{114c}$$

d_i und d_a sind die jeweiligen Innen- und Außendurchmesser der um das Rohr herumgelegten Schichten, beim Innendurchmesser beginnend.
Der Wärmestrom (je Zeiteinheit) in W berechnet sich bei Anwendung der Gln. (114) und (114a) zu

$$\dot{Q} = l k_R (t_1 - t_2) \tag{115}$$

l Rohrlänge in m

Anmerkung: Ist die Wanddicke bei Metallrohren klein gegenüber dem Dmr., so genügt die Berechnung für den Wärmedurchgang bei Rohren nach den Gln. (112) bzw. (112a). Die äußere Rohroberfläche wird bei Ermittlung der Heizfläche dann eingesetzt, wenn α außen klein gegenüber α innen ist und umgekehrt. Sind die beiden α-Werte gleich groß, dann ist der mittlere Dmr. einzusetzen. Vergleichende Angaben sind auf denselben Dmr. zu beziehen.

10.3. Mittlere Temperaturdifferenz bei Gegenstrom, Gleichstrom, Kreuz- und Querstrom

Bei Gegen- und Gleichstrom, entsprechend den Differenzen a und b in den Bildern 64 und 65, wird

$$\Delta t_m = \frac{a - b}{\ln \frac{a}{b}} \tag{116}$$

Gegenstrom

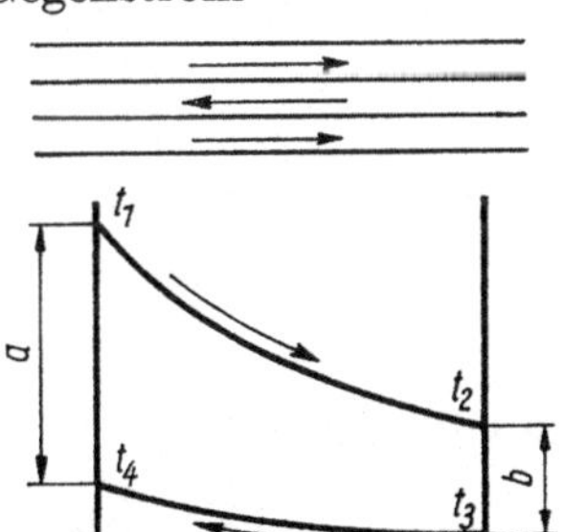

Bild 64

$a = t_1 - t_4$

$b = t_2 - t_3$

Gleichstrom

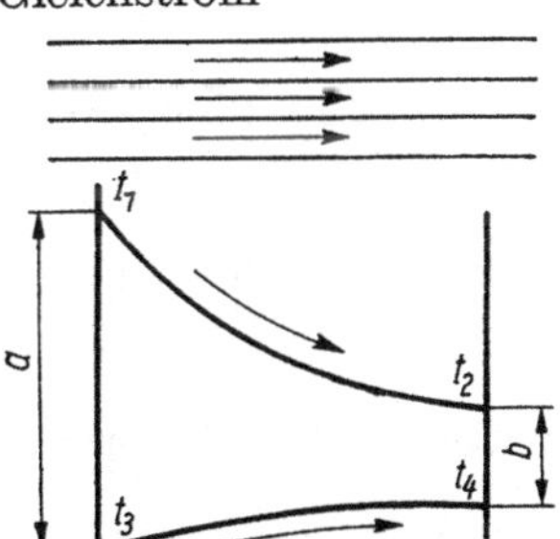

Bild 65

$a = t_1 - t_3$

$b = t_2 - t_4$

Bei Gleichstrom kann für Δt_m die Differenz der arithmetischen Mitteltemperatur gesetzt werden:

$$\Delta t_m = \frac{t_1 + t_2}{2} - \frac{t_3 + t_4}{2},$$

wenn

$$\frac{a}{b} \geqq 0{,}5 \quad \text{bzw.} \quad \leqq 2 \text{ ist.}$$

Bei Kreuz- und Querstrom (Bild 66)
Die mittlere Temperaturdifferenz bei Kreuz- und Querstrom ist nur über das räumliche Koordinatensystem zu finden.

$$a = t_1 - t_3$$

$$b = t_2 - t_4$$

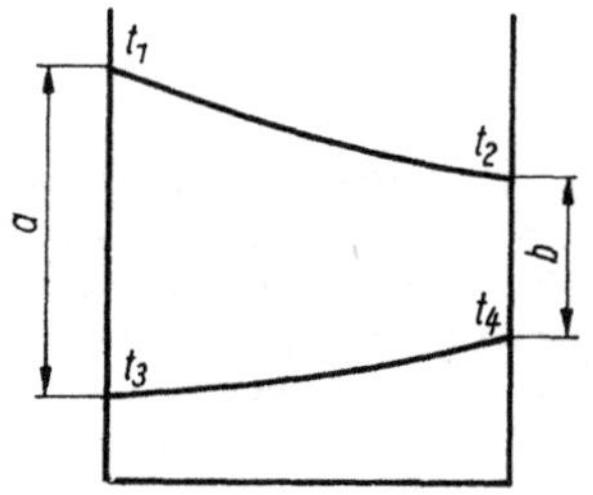

Bild 66

Mit guter Annäherung kann für die Temperaturdifferenz entsprechend den Differenzen a und b in Bild 66 gesetzt werden

$$\Delta t_m = \frac{a + b}{2} \tag{117}$$

Beispiele:

206. Es ist der Wärmedurchgangskoeffizient für den Wärmedurchgang von kondensierendem Wasserdampf durch eine ebene Metallwand an Luft zu ermitteln.

Gegeben: $\alpha_1 = 11\,600$ W/m² K und $\alpha_2 = 9{,}3$ W/m² K

a) durch eine $\delta_1 = 3$ mm dicke Stahlwand mit $\lambda_1 = 65$ W/m K

b) durch eine $\delta_2 = 1$ mm dicke Kupferwand mit $\lambda_2 = 372$ W/m K

Lösung:

Die Teilwiderstände und der k-Wert sind nach Gl. (112)

a) Stahlwand | b) Kupferwand

Wärmeübergangs-Widerstand Dampf → Metall $\frac{1}{\alpha_1} = \frac{1}{11\,600} = 0{,}000\,086\,2$; $\frac{1}{\alpha_1} = \frac{1}{11\,600} = 0{,}000\,086\,2$

Wärmedurchlässigkeits-Widerstand der Wand	$\frac{\delta_1}{\lambda_1} = \frac{0{,}003}{65} = 0{,}0000462$;	$\frac{\delta_2}{\lambda_2} = \frac{0{,}001}{372} = 0{,}00000269$
Wärmeübergangs-Widerstand Metall → Luft	$\frac{1}{\alpha_2} = \frac{1}{9{,}3} = 0{,}1075$;	$\frac{1}{\alpha_2} = \frac{1}{9{,}3} = 0{,}1075$
Wärmedurchgangs-Widerstand	$\frac{1}{k_{St}} = 0{,}10763$;	$\frac{1}{k_{Ku}} = 0{,}10758$

Die Wärmedurchgangskoeffizienten

$$k_{St} = \frac{1}{0{,}10763\ \mathrm{m^2K/W}} = 9{,}3\ \mathrm{W/m^2\,K};$$

$$k_{Ku} = \frac{1}{0{,}10758\ \mathrm{m^2\,K/W}} = 9{,}3\ \mathrm{W/m^2\,K}$$

Das Beispiel zeigt, daß ein mit kondensierendem Dampf beheizter Lufterhitzer ebensogut aus Stahl wie aus Kupfer gefertigt sein kann. Der ausschlaggebende Wärmeübergangs-Widerstand ist Metall an Luft. Die anderen Widerstände sind hier von untergeordneter Bedeutung.

207. Es ist der Wärmedurchgangskoeffizient von kondensierendem Wasserdampf durch eine ebene Metallwand an strömendes Wasser zu ermitteln.

Gegeben: $\alpha_1 = 11600\ \mathrm{W/m^2\,K}$ und $\alpha_2 = 2900\ \mathrm{W/m^2\,K}$

a) durch eine $\delta_1 = 3$ mm dicke Stahlwand mit $\lambda_1 = 46\ \mathrm{W/m\,K}$

b) durch eine $\delta_2 = 2$ mm dicke Messingwand mit $\lambda_2 = 105\ \mathrm{W/m\,K}$

Lösung:

Mit Gl. (112) ist der Wärmedurchgangskoeffizient

a) Stahlwand

$$k = \frac{1}{\frac{1}{\alpha_1} + \frac{\delta_1}{\lambda_1} + \frac{1}{\alpha_2}} = \frac{1}{\frac{1}{11600} + \frac{0{,}003}{46} + \frac{1}{2900}}\ \mathrm{W/m^2\,K}$$

$$k = 2020\ \mathrm{W/m^2K}$$

b) Messingwand

$$k = \frac{1}{\frac{1}{11600} + \frac{0{,}002}{105} + \frac{1}{2900}}\ \mathrm{W/m^2\,K} = 2220\ \mathrm{W/m^2\,K}$$

Hier wird durch den Einsatz von Messing der k-Wert um 10,1% erhöht, da *beide* α-Werte einen hohen Zahlenwert haben.

208. Es ist der k-Wert zu ermitteln beim Wärmedurchgang von kondensierendem Wasserdampf durch eine 4 mm dicke ebene Stahlwand an nicht siedendes Wasser.

Gegeben: $\alpha_1 = 11600$ W/m² K und $\alpha_2 = 580$ W/m² K

a) bei reiner Fläche $\delta_1 = 0{,}004$ m mit $\lambda_1 = 65$ W/m K

b) mit einer zusätzlichen Ölschicht von $\delta_2 = 0{,}2$ mm $= 0{,}0002$ m mit $\lambda_2 = 0{,}12$ W/m K

Lösung:

a) Mit Gl. (112) ist der Wärmedurchgangskoeffizient bei sauberer Fläche

$$k = \frac{1}{\frac{1}{\alpha_1} + \frac{\delta_1}{\lambda_1} + \frac{1}{\alpha_2}} = \frac{1}{\frac{1}{11600} + \frac{0{,}004}{65} + \frac{1}{580}} \text{ W/m}^2\text{ K}$$

$$k = 537 \text{ W/m}^2\text{ K}$$

b) Nach Gl. (112a) ist der Wärmedurchgangskoeffizient mit der zusätzlichen Ölschicht

$$k = \frac{1}{\frac{1}{\alpha_1} + \frac{\delta_1}{\lambda_1} + \frac{\delta_2}{\lambda_2} + \frac{1}{\alpha_2}} = \frac{1}{\frac{1}{11600} + \frac{0{,}004}{65} + \frac{0{,}0002}{0{,}12} + \frac{1}{580}} \text{ W/m}^2\text{ K}$$

$$k = 284 \text{ W/m}^2\text{ K}$$

Hier wird durch die Ölschicht der Wärmedurchgang um 47% vermindert.

209. Heizgase von der mittleren Temperatur 950 °C berühren einen Kessel mit einer Wassertemperatur von 180 °C ($\alpha_1 = 17$ W/m² K; $\alpha_2 = 5200$ W/m² K). Auf der Außenseite des 18 mm dicken ebenen Stahlbleches ($\lambda_1 = 58$ W/m K) befindet sich eine 1,5 mm dicke Rußschicht ($\lambda_2 = 0{,}09$ W/m K), darüber eine 3 mm dicke Flugascheschicht ($\lambda_3 = 0{,}07$ W/m K). Die Innenfläche ist mit einer 5 mm dicken Kesselsteinschicht ($\lambda_4 = 2{,}3$ W/m K) und einer 0,25 mm dicken Ölschicht ($\lambda_5 = 0{,}12$ W/m K) bedeckt. Die Heizfläche beträgt $A = 25$ m².
Wie groß ist die übertragene Wärme?

Lösung:

Mit Gl. (112a) ist der Wärmedurchgangswiderstand

$$\frac{1}{k} = \frac{1}{\alpha_1} + \frac{\delta_1}{\lambda_1} + \frac{\delta_2}{\lambda_2} + \frac{\delta_3}{\lambda_3} + \frac{\delta_4}{\lambda_4} + \frac{\delta_5}{\lambda_5} + \frac{1}{\alpha_2}$$

$$= \left(\frac{1}{17} + \frac{0{,}018}{58} + \frac{0{,}0015}{0{,}09} + \frac{0{,}003}{0{,}07} + \frac{0{,}005}{2{,}3} + \frac{0{,}00025}{0{,}12} + \frac{1}{5200}\right) \text{ m}^2\text{ K/W}$$

$$= 0{,}123 \text{ m}^2\text{ K/W}$$

Der Wärmedurchgangskoeffizient ist dann

$$k = \frac{1}{0{,}123 \text{ m}^2\text{ K/W}} = 8{,}13 \text{ W/m}^2\text{ K}$$

Die hindurchgehende Wärme ist nach Gl. (113)

$$\dot{Q} = Ak(t_1 - t_2) = 25\ \text{m}^2 \cdot 8{,}13\ \text{W/m}^2\,\text{K} \cdot (950 - 180)\ \text{K}$$
$$= 156\,500\ \text{W} = 156{,}5\ \text{kW}$$

210. Es sind die Wandtemperaturen beim Wärmedurchgang von gesättigtem Wasserdampf ($\alpha_1 = 11\,600\ \text{W/m}^2\,\text{K}$) mit einer Temperatur von 150 °C an nicht siedendes Wasser ($\alpha_2 = 580\ \text{W/m}^2\,\text{K}$) mit einer Temperatur von 50 °C bei einer Stahlwanddicke ($\lambda = 65\ \text{W/m K}$) von 4 mm zu ermitteln (ebene Wand). Heizfläche $A = 1\ \text{m}^2$

Lösung:

Der Wärmedurchgangskoeffizient ist mit Gl. (112)

$$k = \frac{1}{\dfrac{1}{\alpha_1} + \dfrac{\delta}{\lambda} + \dfrac{1}{\alpha_2}} = \frac{1}{\dfrac{1}{11\,600} + \dfrac{0{,}004}{65} + \dfrac{1}{580}}\ \text{W/m}^2\,\text{K}$$

$$k = 537\ \text{W/m}^2\,\text{K}$$

Die hindurchgehende Wärme ist nach Gl. (113)

$$\dot{Q} = Ak(t_1 - t_2) = 1\ \text{m}^2 \cdot 537\ \text{W/m}^2\,\text{K} \cdot (150 - 50)\ \text{K} = 53\,700\ \text{W}$$

Die Temperaturen sind

$$t_{\text{Wd}_1} = t_1 - \frac{\dot{Q}}{A\alpha_1} = 150\,°\text{C} - \frac{53\,700\ \text{W}}{1\ \text{m}^2 \cdot 11\,600\ \text{W/m}^2\,\text{K}} = 145{,}37\,°\text{C}$$

$$t_{\text{Wd}_2} = t_{\text{Wd}_1} - \frac{\dot{Q}\delta}{A\lambda} = 145{,}37\,°\text{C} - \frac{53\,700\ \text{W} \cdot 0{,}004\ \text{m}}{1\ \text{m}^2 \cdot 65\ \text{W/m K}} = 142{,}11\,°\text{C}$$

Es muß die Endtemperatur 50 °C betragen

$$t_2 = t_{\text{Wd}_2} - \frac{\dot{Q}}{A\alpha_2} = 142{,}11\,°\text{C} - \frac{53\,700\ \text{W}}{1\ \text{m}^2 \cdot 580\ \text{W/m}^2\,\text{K}} = 49{,}6\,°\text{C}$$

211. Wie groß ist der k-Wert für eine $1^1/_2$steinige (38 cm) Außenwand aus Ziegel ($\lambda_1 = 0{,}87\ \text{W/m K}$), beiderseits mit 1,5 cm Putz versehen?
(Innenputz $\lambda_2 = 0{,}7\ \text{W/m K}$; Außenputz $\lambda_3 = 0{,}87\ \text{W/m K}$)
Wärmeübergangskoeffizient innen $\alpha_1 = 8{,}15\ \text{W/m}^2\,\text{K}$
Wärmeübergangskoeffizient außen $\alpha_2 = 23\ \text{W/m}^2\,\text{K}$

Lösung:

Nach Gl. (112a) sind die einzelnen Widerstände und der k-Wert

Wärmeübergangs-Widerstand an der Innenseite $\quad \dfrac{1}{\alpha_1} = \dfrac{1}{8{,}15} = 0{,}1227$

Wärmedurchlässigkeits-Widerstand des Innenputzes $\frac{\delta_2}{\lambda_2} = \frac{0{,}015}{0{,}7} = 0{,}0214$

Wärmedurchlässigkeits-Widerstand der Ziegelmauer $\frac{\delta_1}{\lambda_1} = \frac{0{,}38}{0{,}87} = 0{,}436$

Wärmedurchlässigkeits-Widerstand des Außenputzes $\frac{\delta_3}{\lambda_3} = \frac{0{,}015}{0{,}87} = 0{,}0172$

Wärmeübergangs-Widerstand an der Außenseite $\frac{1}{\alpha_2} = \frac{1}{23} = 0{,}0435$

Wärmedurchgangs-Widerstand $\frac{1}{k} = 0{,}64$

Der Wärmedurchgangskoeffizient ist dann

$$k = \frac{1}{0{,}64\,\mathrm{m^2\,K/W}} = 1{,}56\ \mathrm{W/m^2\,K}$$

212. Eine $^1/_2$steinige (12 cm) Ziegelsteinwand ($\lambda_1 = 0{,}87$ W/m K), beiderseits mit 1,5 cm Putz versehen ($\lambda_2 = 0{,}7$ W/m K; $\lambda_3 = 0{,}87$ W/m K), soll mit einer Heraklithplatte ($\lambda = 0{,}072$ W/m K) verstärkt werden, so daß der Wärmedurchlässigkeits-Widerstand dem einer $1^1/_2$steinigen (38 cm) Ziegelsteinwand, beiderseits verputzt, entspricht.
Wie dick muß die Heraklithplatte sein?

Lösung:

Für die $^1/_2$steinige Wand ist der Wärmedurchlässigkeits-Widerstand (s. 10.1.)

$$\frac{1}{\Lambda_{12}} = \frac{\delta_1}{\lambda_1} + \frac{\delta_2}{\lambda_2} + \frac{\delta_3}{\lambda_3} = \left(\frac{0{,}12}{0{,}87} + \frac{0{,}015}{0{,}7} + \frac{0{,}015}{0{,}87}\right) \mathrm{m^2\,K/W}$$
$$= 0{,}1766\ \mathrm{m^2K/W}$$

für die $1^1/_2$steinige Wand

$$\frac{1}{\Lambda_{38}} = \left(\frac{0{,}38}{0{,}87} + \frac{0{,}015}{0{,}7} + \frac{0{,}015}{0{,}87}\right) \mathrm{m^2K/W} = 0{,}472\ \mathrm{m^2K/W}$$

Es ist

$$\frac{1}{\Lambda_{38}} = \frac{1}{\Lambda_{12}} + \frac{1}{\Lambda_{\mathrm{Isol}}}$$

$$\frac{1}{\Lambda_{\mathrm{Isol}}} = \frac{1}{\Lambda_{38}} - \frac{1}{\Lambda_{12}} = (0{,}472 - 0{,}1766)\ \mathrm{m^2K/W} = 0{,}295\ \mathrm{m^2K/W}$$

Die Dicke der Heraklithplatte muß betragen

$$\delta = \lambda \frac{1}{\Lambda_{\mathrm{Isol}}} = 0{,}072\ \mathrm{W/m\,K} \cdot 0{,}295\ \mathrm{m^2\,K/W} = 0{,}0213\ \mathrm{m}$$

(wird auf Handelsmaß gerundet)

213. In einem Raum hat die Luft eine Temperatur von 20 °C mit einer relativen Luftfeuchtigkeit von $\varphi = 0{,}6$; Luftdruck 1 bar.
Welchen k-Wert muß die Außenwand bei einer Außentemperatur von -15 °C haben, wenn der Taupunkt an der Innenseite der Wand (Schwitzwasserbildung) nicht unterschritten werden soll?
Gegeben: Wärmeübergangskoeffizient auf der Innenseite $\alpha_1 = 8{,}15$ W/m² K.

Lösung:

$t_1 = 20\,°\mathrm{C}$; $t_2 = -15\,°\mathrm{C}$; $\varphi = 0{,}6$; $\alpha_1 = 8{,}15\ \mathrm{W/m^2\,K}$

Bei stationärem Wärmedurchgang gilt

$$\text{Hindurchgehende Wärme} = \text{Übergehende Wärme}$$

$$k(t_1 - t_2) = \alpha_1(t_1 - t_{\mathrm{Wd}_1})$$

Die innere Wandoberflächen-Temperatur t_{Wd_1} darf die Temperatur des Taupunktes t_S nicht unterschreiten. Aus dem h,x-Diagramm ist $t_S = 12\,°\mathrm{C}$ (s. Bild 60, Beispiel 194).
Der erforderliche k-Wert ist dann

$$k = \frac{\alpha_1(t_1 - t_s)}{t_1 - t_2} = \frac{8{,}15\ \mathrm{W/m^2\,K} \cdot (20 - 12)\ \mathrm{K}}{[20 - (-15)]\ \mathrm{K}} = 1{,}86\ \mathrm{W/m^2K}$$

214. In einem Raum hat die Luft eine Temperatur von 20 °C mit einer relativen Feuchtigkeit von $\varphi = 0{,}8$. Wärmeübergangskoeffizient auf der Innenseite $\alpha_1 = 8{,}15$ W/m² K. Außentemperatur -15 °C. Die Außenwand hat eine Dicke von 38 cm; beiderseits verputzt, mit $k_1 = 1{,}56$ W/m² K. Luftdruck 1 bar.
Um eine Schwitzwasserbildung zu vermeiden, soll die Wand durch eine Heraklithplatte ($\lambda_{\mathrm{Isol}} = 0{,}072$ W/m K) verstärkt werden.
Wie dick muß die Heraklithplatte sein?

Lösung:

$t_1 = 20\,°\mathrm{C}$; $t_2 = -15\,°\mathrm{C}$; $\varphi = 0{,}8$; $\alpha_1 = 8{,}15\ \mathrm{W/m^2\,K}$
$k_1 = 1{,}56\ \mathrm{W/m^2\,K}$ $\lambda_{\mathrm{Isol}} = 0{,}072\ \mathrm{W/m\,K}$

Wie im Beispiel 213 gilt für den Gesamtwärmedurchgangs-Koeffizienten

$$\text{(I)}\quad k_2 = \frac{\alpha_1(t_1 - t_S)}{t_1 - t_2}$$

Aus dem h,x-Diagramm ist $t_S = 16{,}5\,°\mathrm{C}$ (s. Bild 60, Beispiel 194).
Der Wärmedurchgangswiderstand ist dann

$$\text{(II)}\quad \frac{1}{k_2} = \frac{1}{k_1} + \frac{1}{\Lambda_{\mathrm{Isol}}} = \frac{1}{k_1} + \frac{\delta_{\mathrm{Isol}}}{\lambda_{\mathrm{Isol}}}$$

Gl. (I), in Gl. (II) eingesetzt:

$$\frac{t_1 - t_2}{\alpha_1(t_1 - t_S)} = \frac{1}{k_1} + \frac{\delta_{\mathrm{Isol}}}{\lambda_{\mathrm{Isol}}}$$

Die Dicke der Heraklithplatte ergibt sich dann zu

$$\delta_{\mathrm{Isol}} = \lambda_{\mathrm{Isol}} \left[\frac{t_1 - t_2}{\alpha_1(t_1 - t_S)} - \frac{1}{k_1}\right]$$

$$\delta_{\mathrm{Isol}} = 0{,}072\ \mathrm{W/m\,K} \cdot \left[\frac{20-(-15)}{8{,}15(20-16{,}5)} - \frac{1}{1{,}56}\right] \mathrm{m^2\,K/W} = 0{,}0422\ \mathrm{m}$$

(wird auf Handelsmaß gerundet)

215. In einem Stahlrohr von 100/110 mm Dmr. ($\lambda_1 = 49$ W/m K) mit einer Länge von 20 m strömt gesättigter Wasserdampf ($\alpha_1 = 11\,600$ W/m² K) mit einer Temperatur von 180 °C. Die umgebende Lufttemperatur beträgt 20 °C.

a) Welche Wärme wird von dem Rohr abgegeben, wenn $\alpha_a = 12{,}8$ W/m² K ist? Die Rechnung ist mit der Gl. (114) (Wärmedurchgangskoeffizient, bezogen auf 1 m Rohrlänge) und der Gl. (112) (Wärmedurchgangskoeffizient, bezogen auf 1 m² ebene Wand) durchzuführen. Die Ergebnisse sind zu vergleichen.

b) Welche Wärme gibt das Rohr ab, wenn es mit einer Kieselgurschicht ($\lambda_2 = 0{,}1$ W/m K) von 50 mm Dicke umgeben ist und $\alpha_a = 10$ W/m² K ist? Durchführung der Rechnung mit Gl. (114a) und Gl. (112a). Die Ergebnisse sind zu vergleichen.

Lösung:

a) $l = 20$ m	$t_1 = 180\,°\mathrm{C}$	$\lambda_1 = 49$ W/m K
$d_i = 0{,}1$ m	$t_2 = 20\,°\mathrm{C}$	
$d_a = 0{,}11$ m	$\alpha_i = \alpha_1 = 11\,600$ W/m² K	
$\delta_1 = 0{,}005$ m	$\alpha_a = \alpha_2 = 12{,}8$ W/m² K	

Mit Gl. (114) beträgt der Wärmedurchgangskoeffizient für 1 m Rohrlänge

$$k_R = \frac{\pi}{\frac{1}{\alpha_i d_i} + \frac{1}{2\lambda_1}\ln\frac{d_a}{d_i} + \frac{1}{\alpha_a d_a}}$$

$$= \frac{\pi}{\frac{1}{11\,600\cdot 0{,}1} + \frac{1}{2\cdot 49}\ln\frac{0{,}11}{0{,}1} + \frac{1}{12{,}8\cdot 0{,}11}}\ \mathrm{W/m\,K}$$

$$k_R = 4{,}26\ \mathrm{W/m\,K}$$

Auf eine Rohrlänge von $l = 20$ m werden nach Gl. (115) abgegeben

$$\dot{Q}_1 = l k_R (t_1 - t_2) = 20\ \mathrm{m} \cdot 4{,}26\ \mathrm{W/m\,K} \cdot (180 - 20)\ \mathrm{K} = 13\,630\ \mathrm{W}$$

Der Wärmedurchgangskoeffizient für 1 m² ist mit Gl. (112)

$$k = \frac{1}{\frac{1}{\alpha_1} + \frac{\delta_1}{\lambda_1} + \frac{1}{\alpha_2}} = \frac{1}{\frac{1}{11\,600} + \frac{0{,}005}{49} + \frac{1}{12{,}8}}\ \mathrm{W/m^2\,K}$$

$$k = 12{,}8\ \mathrm{W/m^2\,K}$$

Die Oberfläche des Rohres beträgt

$$A = l d_a \pi = 20\ \text{m} \cdot 0{,}11\ \text{m} \cdot \pi = 6{,}9\ \text{m}^2$$

Die abgegebene Wärme beträgt nach Gl. (113)

$$\dot{Q}_2 = Ak(t_1 - t_2) = 6{,}9\ \text{m}^2 \cdot 12{,}8\ \text{W/m}^2\,\text{K} \cdot (180 - 20)\ \text{K} = 14100\ \text{W}$$

Eine Gegenüberstellung der Ergebnisse von $\dot{Q}_1$ und $\dot{Q}_2$ ergibt keinen sehr großen Unterschied, so daß, wie in der Anmerkung in 10.2. schon festgestellt wurde, dann, wenn die Wanddicke bei einem Rohr klein gegenüber dem Dmr. ist, auch Gl. (112) verwendet werden kann.

b) Da mehrere Schichten vorhanden sind, muß mit Gl. (114a) gerechnet werden.

$d_{i_1} = 0{,}1$ m	$\delta_1 = 0{,}005$ m	$\alpha_i = \alpha_1 = 11600$ W/m²K
$d_{a_1} = 0{,}11$ m	$\delta_2 = 0{,}05$ m	$\alpha_a = \alpha_2 = 10$ W/m² K
$d_{i_2} = 0{,}11$ m		$\lambda_1 = 49$ W/m K
$d_{a_2} = 0{,}21$ m		$\lambda_2 = 0{,}1$ W/m K

$$k_R = \frac{\pi}{\dfrac{1}{\alpha_i d_{i_1}} + \dfrac{1}{2\lambda_1}\ln\dfrac{d_{a_1}}{d_{i_1}} + \dfrac{1}{2\lambda_2}\ln\dfrac{d_{a_2}}{d_{i_2}} + \dfrac{1}{\alpha_a d_{a_2}}}$$

$$= \frac{\pi}{\dfrac{1}{11600 \cdot 0{,}1} + \dfrac{1}{2 \cdot 49}\ln\dfrac{0{,}11}{0{,}1} + \dfrac{1}{2 \cdot 0{,}1}\ln\dfrac{0{,}21}{0{,}11} + \dfrac{1}{10 \cdot 0{,}21}}\ \text{W/m K}$$

$$k_R = 0{,}846\ \text{W/m K}$$

Die abgegebene Wärme für $l = 20$ m Rohrlänge ist mit Gl. (115)

$$\dot{Q}_1 = l k_R (t_1 - t_2) = 20\ \text{m} \cdot 0{,}846\ \text{W/m K} \cdot (180 - 20)\ \text{K} = 2710\ \text{W}$$

Mit Gl. (112a) ist der k-Wert für 1 m²

$$k = \frac{1}{\dfrac{1}{\alpha_1} + \dfrac{\delta_1}{\lambda_1} + \dfrac{\delta_2}{\lambda_2} + \dfrac{1}{\alpha_2}} = \frac{1}{\dfrac{1}{11600} + \dfrac{0{,}005}{49} + \dfrac{0{,}05}{0{,}1} + \dfrac{1}{10}}\ \text{W/m}^2\,\text{K}$$

$$k = 1{,}666\ \text{W/m}^2\,\text{K}$$

Die abgegebene Wärme ist mit Gl. (113) ($A = 6{,}9$ m²)

$$\dot{Q}_2 = Ak(t_1 - t_2) = 6{,}9\ \text{m}^2 \cdot 1{,}666\ \text{W/m}^2\,\text{K} \cdot (180 - 20)\ \text{K} = 1839\ \text{W}$$

Bei Gegenüberstellung der unter b) ermittelten Ergebnisse von $\dot{Q}_1$ und $\dot{Q}_2$ ist eine große Differenz festzustellen.

Schlußfolgerung: Bei Rohrwanddicken, die gegenüber dem Dmr. erheblich sind, muß mit dem Wärmedurchgangskoeffizienten für 1 m Rohrlänge (k_R) gerechnet werden.

Gesamtgegenüberstellung der Ergebnisse von a) und b).

Durch Isolierung wird die Wärmeabgabe wesentlich vermindert. Die wirtschaftlichste Isolierdecke kann erst nach einer Kostenermittlung festgelegt werden. Bei der Ermittlung der einzelnen Wärmedurchgangskoeffizienten wurde festgestellt, daß die Wärmeabgabe beim vorliegenden Beispiel im wesentlichen von der Isolierung bzw. vom äußeren Wärmeübergangskoeffizienten bestimmt wurde.
Der innere Wärmeübergang und die Wärmeleitung durch die Rohrwandung waren von untergeordneter Bedeutung.

216. An der Heizfläche eines Vorwärmers kühlen sich die Abgase von 450 °C auf 150 °C ab. Das Wasser tritt mit einer Temperatur von 40 °C ein und verläßt den Vorwärmer mit 120 °C.
Wie groß ist die übertragene Wärme, bezogen auf 1 m², wenn $k = 10\ \mathrm{W/m^2\,K}$ ist,

a) bei Gegenstrom,

b) bei Gleichstrom?

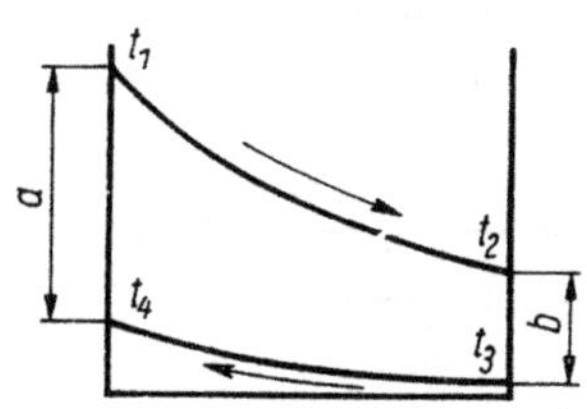

Bild 67

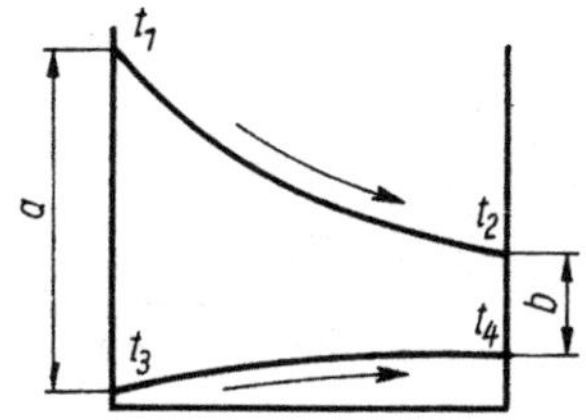

Bild 68

Lösung:

a) Gegenstrom (Bild 67)

Mit den Gln. (116) und (113) ist die Wärmeabgabe mit $k = 10\ \mathrm{W/m^2\,K}$

$$\Delta t_{\mathrm{m}} = \frac{a - b}{\ln \dfrac{a}{b}}$$

$t_1 = 450\,°\mathrm{C}$

$t_2 = 150\,°\mathrm{C}$

$t_3 = 40\,°\mathrm{C}$

$t_4 = 120\,°\mathrm{C}$

$A = 1\ \mathrm{m^2}$

$$\Delta t_{\mathrm{m}} = \frac{(t_1 - t_4) - (t_2 - t_3)}{\ln \dfrac{t_1 - t_4}{t_2 - t_3}}$$

$$\Delta t_{\mathrm{m}} = \frac{[(450 - 120) - (150 - 40)]\ \mathrm{K}}{\ln \dfrac{450 - 120}{150 - 40}} = 200\ \mathrm{K}$$

$$\dot{Q} = A k \Delta t_{\mathrm{m}} = 1\ \mathrm{m^2} \cdot 10\ \mathrm{W/m^2\,K} \cdot 200\ \mathrm{K} = 2000\ \mathrm{W}$$

b) Gleichstrom (Bild 68)

$$\Delta t_{\mathrm{m}} = \frac{a - b}{\ln \dfrac{a}{b}}$$

$t_1 = 450\,°C$

$t_2 = 150\,°C$

$t_3 = 40\,°C$

$t_4 = 120\,°C$

$A = 1\ m^2$

$$\Delta t_m = \frac{(t_1 - t_3) - (t_2 - t_4)}{\ln \frac{t_1 - t_3}{t_2 - t_4}}$$

$$\Delta t_m = \frac{[(450 - 40) - (150 - 120)]\ K}{\ln \frac{450 - 40}{150 - 120}} = 145\ K$$

$$\dot{Q} = A k \Delta t_m = 1\ m^2 \cdot 10\ W/m^2\,K \cdot 145\ K = 1450\ W$$

10.4. Wärmeübergang und Anwendung auf den Wärmedurchgang

Die Wärme geht vom strömenden oder ruhenden Stoff an die Wandoberfläche über und umgekehrt. Der zu errechnende Wärmeübergangskoeffizient α gibt an, wieviel $W/m^2\,K$ übergehen. Eine einfache rechnerische Erfassung des Wärmeübergangswertes ist nicht möglich. Bei der Berechnung der Wärmeübergangsvorgänge werden die dimensionslosen Verbindungen von Kenngrößen mit Erfolg angewendet.

Einige Kenngrößen sind:

*Nusselt*sche Zahl $$Nu = \alpha \frac{d}{\lambda} \qquad (118)$$

*Prandtl*sche Zahl $$Pr = \frac{c\eta}{\lambda} = \frac{\nu}{a}$$

*Reynolds*sche Zahl $$Re = \frac{wd\varrho}{\eta} = \frac{wd}{\nu} \qquad (119)$$

*Péclet*sche Zahl $$Pe = RePr = \frac{wd\varrho c}{\lambda} = \frac{wd}{a}$$

*Grashof*sche Zahl $$Gr = \frac{d^3 g \beta \Delta t}{\nu^2} = \frac{d^3 g \varrho^2 \beta \Delta t}{\eta^2} \qquad (120)$$

Übliche Einheiten sind:

α Wärmeübergangskoeffizient in $W/m^2\,K$

d kennzeichnende Größe für den Wärmedurchgang (auch l oder h) in m

w mittlere Strömungsgeschwindigkeit in m/s

g Fallbeschleunigung in m/s^2 (9,81 m/s^2)

Δt Temperaturunterschied zwischen Flüssigkeit oder Gas und der Wand in K

λ Wärmeleitfähigkeit in W/m K oder J/s m K

ϱ Dichte in kg/m^3

η dynamische Viskosität in Ns/m^2 [1]) (nur abhängig von der Temperatur) Umrechnungs-

---

[1]) $1\ Ns/m^2 = 1\ m^{-1}\,kg\,s^{-1}$; der 10. Teil dieser Einheit ist das Poise ($1\ P = 10^{-1}\ Ns/m^2 = 10^{-1}\ m^{-1}\,kg\,s^{-1}$)

gleichung

$$\eta = \eta_0 \sqrt{\frac{T}{T_0}} \cdot \frac{1 + C/T_0}{1 + C/T} \quad \text{(\textit{Sutherland}konstante } C\text{, s. Tab. 22)}$$

ν kinematische Viskosität in m^2/s $\nu = \eta/\varrho$ temperatur- und druckabhängig. (Bei vollkommenen Gasen ist ν dem Druck umgekehrt proportional.)

a Temperaturleitzahl in m^2/s $a = \frac{\lambda}{c\varrho}$

c spez. Wärmekapazität in J/kg K (bei Gasen ist c_p einzusetzen)
(In den Tab. wird die spez. Wärmekapazität meist in kJ/kg K angegeben.)

β Raumausdehnungskoeffizient $1/T$ in $1/\mathrm{K}$ $\left(\text{bei vollkommenen Gasen } \frac{1}{273\ \mathrm{K}}\right)$

Die Stoffwerte sind der Tabelle 21 zu entnehmen und auf die arithmetische Mitteltemperatur von strömendem Stoff und Wandtemperatur zu beziehen.
Für die Praxis genügt es, die mittlere Temperatur des strömenden Stoffes einzusetzen.
Die Beziehungen der einzelnen Kenngrößen untereinander lassen sich nur durch Versuche finden.

Anmerkung: Nur die wichtigsten Kenngrößen und Gleichungen für den Wärmeübergang wurden in die Formelsammlung am Ende des Buches aufgenommen. (Sind durch Zahlenbezeichnung hervorgehoben.) Weitere Gleichungen für den Wärmeübergang sind Tab. 23 zu entnehmen. Innerhalb der Beispiele befinden sich entsprechende Hinweise.

Da der Wärmeübergang vom strömenden oder ruhenden Stoff innerhalb der Grenzschicht zwischen Stoff und Wand erfolgt, ist die Strömungsart für den α-Wert von großer Bedeutung.
Mit Hilfe der *Reynolds*schen Zahl, Gl. (119), kann ermittelt werden, ob *turbulente* (wirblige) oder *laminare* (schleichende) *Strömung* in einem geraden kreisförmigen Rohr vorhanden ist.

Turbulente Strömung ist vorhanden, wenn $Re \geqq 2320$.

Laminare Strömung ist vorhanden, wenn $Re \leqq 2320$.

Die in der Praxis meist auftretende Strömungsart liegt im turbulenten Gebiet. Für Überschlagsrechnungen werden oft folgende Gleichungen verwendet:

Gase an Wand $\alpha = 2{,}3 + 11{,}6\sqrt{w}$ in $\mathrm{W/m^2\,K}$

Flüssigkeit an Wand $\alpha = 350 + 2100\sqrt{w}$ in $\mathrm{W/m^2\,K}$

w Strömungsgeschwindigkeit in m/s

Bei Vorausberechnungen für Oberflächenkondensatoren kann

$$k = 3490\sqrt{w} \quad \text{in W/m}^2\,\text{K}$$

gewählt werden.

w Strömungsgeschwindigkeit des Wassers in den Rohren in m/s

Die 3 aufgeführten Gleichungen ergeben nur Überschlagswerte.

Die nachfolgenden und in Tabelle 23 zusammengestellten Gleichungen, mit deren Hilfe der genauere α-Wert ermittelt werden kann, haben nur Gültigkeit für den Wärmeübergang durch *Konvektion*. Ausnahmen sind besonders vermerkt.
Bei freier Strömung an Außenflächen kann die Wärmeübertragung durch Strahlung beträchtliche Werte annehmen. Der Anteil dieser Strahlung läßt sich sehr schwer versuchsmäßig für den α-Wert bestimmen. Der dadurch auftretende Fehler im α-Wert ergibt eine zusätzliche Sicherheit bei der Ermittlung der notwendigen Heizfläche. (Siehe auch 10.5. Wärmestrahlung.)
Die in der Praxis für diesen Teil der Wärmeübertragung (freie Strömung an Außenflächen) gebräuchlichen α-Werte sind empirisch ermittelt worden.

Gleichwertiger Durchmesser

Für die Strömung von Gasen, Dämpfen und Flüssigkeiten in nicht kreisrunden, geraden Rohren kann in die Gleichungen für den Wärmeübergang ein „gleichwertiger“ runder Dmr. eingesetzt werden.

Es ist $d_{gl} = \frac{4A}{U}$

A durchflossener Querschnitt

U wärmeaustauschender Umfang mit einheitlicher Temperatur

Einige Werte für d_{gl} (Bild 69, Wärmedurchgang senkrecht zur Bildebene)

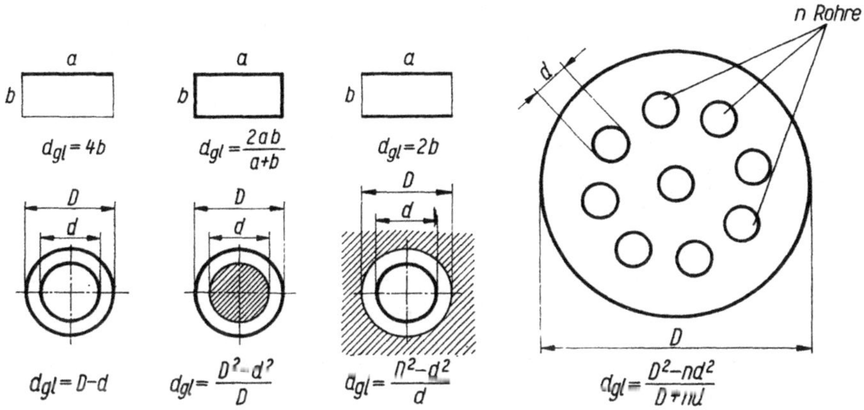

Bild 69

Für turbulent strömende Flüssigkeiten im Rohr ist die *Nusselt*sche Zahl

$$Nu = 0{,}032\, Re^{0,8}\, Pr^{n} \left(\frac{l}{d}\right)^{-0,054} \tag{121}$$

$n = 0{,}37$ für Aufheizung

$n = 0{,}3$ für Abkühlung der im Rohr strömenden Flüssigkeit

Geltungsbereich: $Pr = 0{,}7 \cdots 370$

$Re = 4500 \cdots 90000$ bei Öl

$Re =$ bis 500000 bei Wasser

Nur für Gase und Dämpfe im Rohr gilt (turbulente Strömung)

$$Nu = 0{,}024\, Re^{0{,}786} Pr^{0{,}45} \left[1 + \left(\frac{d}{l}\right)^{\frac{2}{3}}\right] \tag{122}$$

Bei quer angeströmtem, versetztem und fluchtendem Rohrbündel für $600 < Re < 4000$ ist

$$Nu = 0{,}33\, Re^{0{,}6}\, Pr^{\frac{1}{3}} \text{ für Flüssigkeiten und Gase} \tag{123a}$$

$$Nu = 0{,}295\, Re^{0{,}6} \text{ für Luft} \tag{123b}$$

Bei der Errechnung von Re ist in den Gln. (123a) und (123b) der äußere Rohrdmr. einzusetzen.
w Geschwindigkeit des strömenden Stoffes zwischen den Rohrreihen.
Bei der Strömung von Wasser in längeren Rohrleitungen mit $d = 10\cdots100$ mm und einer mittleren Wassertemperatur von t ist nach *Schack* angenähert

$$\alpha \approx 3370 w^{0{,}85}(1 + 0{,}014 t) \tag{124}$$

α	w	t
W/m² K	m/s	°C

Kondensation

Für ein waagerechtes Rohr bzw. für die erste waagerechte Rohrreihe und wenn die Rohranordnung so gestaltet ist, daß das Kondensat nicht auf die anderen Rohrreihen tropft (6 Rohrreihen in einem Bündel sind anzustreben), gilt bei Oberflächenkondensatoren für Wasser

$$\alpha = 7{,}03 \sqrt[4]{\frac{r\varrho^2\lambda^3}{d\eta(t_S - t_{Wd})}} \tag{125}$$

α	r	ϱ	λ	d	η	t_s; t_{Wd}
W/m² K	kJ/kg	kg/m³	W/m K	m	N s/m²	°C

Zahlenwerte für r und t_S sind auf den Sattdampf, ϱ, λ und η auf das Kondensat zu beziehen (s. Beispiel 222).

Beispiele:

Bemerkungen zum Lösungsgang der Beispiele 217···224

Zunächst ist zu ermitteln, welche Strömungsart vorliegt.
Dann ist die für den jeweiligen Fall zweckmäßigste Gleichung der Tabelle bzw. der Formelsammlung zu entnehmen.

217. In einem Rohr von 50 mm Dmr. und einer Länge von 8 m strömt Wasser mit einer mittleren Temperatur von 60 °C und einer Geschwindigkeit von 1 m/s.
Wie groß ist der Wärmeübergangskoeffizient?
Die Rechnung ist mit verschiedenen Gleichungen durchzuführen.

Lösung:

$d = 0{,}05\,\text{m}$; $t = 60\,°\text{C}$; $l = 8\,\text{m}$; $w = 1\,\text{m/s}$

Die entsprechenden Stoffwerte aus Tab. 21 sind:

kinematische Viskosität $\nu = 0{,}478 \cdot 10^{-6}\,\text{m}^2/\text{s}$

Wärmeleitfähigkeit $\lambda = 0{,}65\,\text{W/m K}$

*Prandtl*sche Zahl $Pr = 3{,}01$

Die *Reynolds*sche Zahl ist mit Gl. (119)

$$Re = \frac{wd}{\nu} = \frac{1\,\text{m/s} \cdot 0{,}05\,\text{m}}{0{,}478 \cdot 10^{-6}\,\text{m}^2/\text{s}} = 104\,600$$

Da $Re > 2320$, ist turbulente Strömung vorhanden.

1. Für turbulent strömende Flüssigkeit ist mit Gl. (121) die *Nusselt*sche Zahl

$$Nu = 0{,}032\,Re^{0,8} Pr^{0,3} \left(\frac{l}{d}\right)^{-0,054}$$

$$Nu = 0{,}032 \cdot 104\,600^{0,8} \cdot 3{,}01^{0,3} \left(\frac{8}{0{,}05}\right)^{-0,054} = 351$$

Der Wärmeübergangskoeffizient ist aus Gl. (118)

$$\alpha_1 = \frac{Nu\,\lambda}{d} = \frac{351 \cdot 0{,}65\,\text{W/m K}}{0{,}05\,\text{m}} = 4\,560\,\text{W/m}^2\,\text{K}$$

2. Mit Gl. (1) der Tab. 23 ist die *Nusselt*sche Zahl nach *Kraussolt*

$$Nu = 0{,}024\,Re^{0,8}\,Pr^{0,37} = 0{,}024 \cdot 104\,600^{0,8} \cdot 3{,}01^{0,37} = 373,$$

aus Gl. (118) ist

$$\alpha_2 = \frac{Nu\,\lambda}{d} = \frac{373 \cdot 0{,}65\,\text{W/m K}}{0{,}05\,\text{m}} = 4\,850\,\text{W/m}^2\,\text{K}$$

3. Nach der Grenzschichttheorie ist die *Nusselt*sche Zahl [Gl. (2), Tab. 23] (vereinfacht)

$$Nu = 0{,}039\,65\,\frac{Re^{0,75}\,Pr}{1 + 0{,}35\,(Pr - 1)}$$

$$Nu = 0{,}039\,65\,\frac{104\,600^{0,75} \cdot 3{,}01}{1 + 0{,}35(3{,}01 - 1)} = 406,$$

aus Gl. (118) ist der Wärmeübergangskoeffizient

$$\alpha_3 = \frac{Nu\,\lambda}{d} = \frac{406 \cdot 0{,}65\,\text{W/m K}}{0{,}05\,\text{m}} = 5\,280\,\text{W/m}^2\,\text{K}$$

Zusammenstellung der Ergebnisse

Nach *Nusselt*, Gl. (121) $\alpha_1 = 4560\ \mathrm{W/m^2\,K}$

Nach *Kraussolt*, Tab. 23, Gl. (1) $\alpha_2 = 4850\ \mathrm{W/m^2\,K}$

Grenzschichttheorie, Tab. 23, Gl. (2) $\alpha_3 = 5280\ \mathrm{W/m^2\,K}$

Mittelwert $\alpha = \dfrac{\alpha_1 + \alpha_2 + \alpha_3}{3} = \dfrac{(4560 + 4850 + 5280)\ \mathrm{W/m^2\,K}}{3} = 4890\ \mathrm{W/m^2\,K}$

Nach der Überschlagsgleichung (s. 10.4.) würde sein

$\alpha = 350 + 2100\sqrt{w} = 350 + 2100\sqrt{1} = 2450;\quad \alpha = 2450\ \mathrm{W/m^2\,K}$ (unbrauchbar)

218. Durch ein Rohr von 50 mm Dmr. und 8 m Länge strömt Luft mit einer Temperatur von 100 °C, $p = 1$ bar und einer Geschwindigkeit von 20 m/s.
Wie groß ist der Wärmeübergangskoeffizient? Die Rechnung ist mit verschiedenen Gln. durchzuführen.

Lösung:

$d = 0{,}05\ \mathrm{m};\quad t = 100\,°\mathrm{C};\quad l = 8\ \mathrm{m};\quad w = 20\ \mathrm{m/s}$

Die entsprechenden Stoffwerte aus Tab. 21 sind:

kinematische Viskosität $\nu = 23{,}3 \cdot 10^{-6}\,\mathrm{m^2/s}$

Wärmeleitfähigkeit $\lambda = 0{,}0311\ \mathrm{W/m\,K}$

*Prandtl*sche Zahl $Pr = 0{,}71$

Die *Reynolds*sche Zahl ist nach Gl. (119)

$$Re = \frac{wd}{\nu} = \frac{20\ \mathrm{m/s} \cdot 0{,}05\ \mathrm{m}}{23{,}3 \cdot 10^{-6}\ \mathrm{m^2/s}} = 42800$$

Da $Re > 2320$, liegt turbulente Strömung vor.

1. Für turbulent strömende Gase und Dämpfe ist die *Nusselt*sche Zahl nach Gl. (122)

$$Nu = 0{,}024\, Re^{0{,}786} Pr^{0{,}45}\left[1 + \left(\frac{d}{l}\right)^{\frac{2}{3}}\right]$$

$$Nu = 0{,}024 \cdot 42800^{0{,}786} \cdot 0{,}71^{0{,}45}\left[1 + \left(\frac{0{,}05}{8}\right)^{\frac{2}{3}}\right] = 88$$

Mit Gl. (118) ist der Wärmeübergangskoeffizient

$$\alpha_1 = \frac{Nu\,\lambda}{d} = \frac{88 \cdot 0{,}0311\ \mathrm{W/m\,K}}{0{,}05\ \mathrm{m}} = 54\ \mathrm{W/m^2\,K}$$

2. Nach *Kraussolt*, Gl. (1), Tab. 23, ist die *Nusselt*sche Zahl (kann angewendet werden, da $l/d = 8/0{,}05 = 160$ ist)

$$Nu = 0{,}024\, Re^{0{,}8} Pr^{0{,}37} = 0{,}024 \cdot 42800^{0{,}8} \cdot 0{,}71^{0{,}37} = 107{,}5$$

Mit Gl. (118) ist dann der Wärmeübergangskoeffizient

$$\alpha_2 = \frac{Nu\,\lambda}{d} = \frac{107{,}5 \cdot 0{,}0311\ \mathrm{W/m\,K}}{0{,}05\ \mathrm{m}} = 66{,}8\ \mathrm{W/m^2\,K}$$

3. Nach *Kraussolt*, Gl. (6), Tab. 23, ist

$c_p = 1{,}008\ \mathrm{kJ/kg\,K}$ $\quad \varrho = 0{,}934\ \mathrm{kg/m^3}$ (Tab. 21)

$$\alpha_3 = 8{,}26\ \frac{0{,}0311}{0{,}05} \left(\frac{20 \cdot 1{,}008 \cdot 0{,}934 \cdot 0{,}05}{0{,}0311}\right)^{0{,}786} \left(\frac{8}{0{,}05}\right)^{-0{,}054} = 57{,}5$$

$$\alpha_3 = 57{,}5\ \mathrm{W/m^2\,K}$$

Zusammenstellung der Ergebnisse

Nach Gl. (122)	$\alpha_1 = 54\ \mathrm{W/m^2\,K}$
Nach *Kraussolt*, Gl. (1), Tab. 23	$\alpha_2 = 66{,}8\ \mathrm{W/m^2\,K}$
Nach *Kraussolt*, Gl. (6), Tab. 23	$\alpha_3 = 57{,}5\ \mathrm{W/m^2\,K}$

Mittelwert $\alpha = \dfrac{\alpha_1 + \alpha_2 + \alpha_3}{3} = \dfrac{(54 + 66{,}8 + 57{,}5)\ \mathrm{W/m^2K}}{3} = 59{,}4\ \mathrm{W/m^2K}$

Nach der Überschlagsgleichung (s. 10.4.) würde sich ergeben

$$\alpha = 2{,}3 + 11{,}6\sqrt{20} = 54{,}2; \quad \alpha = 54{,}2\ \mathrm{W/m^2\,K}\ \text{(brauchbar)}$$

219. Die Abgastemperatur vor einem Vorwärmer beträgt 300 °C, nach dem Vorwärmer 200 °C. Luftdruck 1 bar.
Rohranordnung: 3 Rohrreihen, versetzt.
Rohrmaterial: Stahlrohr 39,75/48,25 mm Dmr., glatt ($\lambda = 53\ \mathrm{W/m\,K}$).
Die Geschwindigkeit zwischen den Rohrreihen beträgt 6 m/s; Querströmung.
Welche Wärme wird von 1 m² Heizfläche abgegeben, wenn die Temperatur des Wassers bei einer Strömungsgeschwindigkeit von 0,6 m/s von 50 °C auf 80 °C steigt?

Lösung:

$t_1 = 300\,°\mathrm{C}$	$d_i = 0{,}03975\ \mathrm{m}$
$t_2 = 200\,°\mathrm{C}$	$d_a = 0{,}04825\ \mathrm{m}$
$t_m = 250\,°\mathrm{C}$; $T_m = 523\ \mathrm{K}$	$t_{W_1} = 50\,°\mathrm{C}$
$\lambda = 53\ \mathrm{W/m\,K}$	$t_{W_2} = 80\,°\mathrm{C}$

Der Wärmeübergangskoeffizient errechnet sich nach *Reiher*, Gl. (10), Tab. 23 ($c = 7{,}1$ für 3 versetzte Rohrreihen).
Die Strömungsgeschwindigkeit des Gases ist auf den Normzustand von der mittleren Temperatur aus zu beziehen.

Es gilt: $\dot V_0 = w_0 A$ und $\dot V = wA$.

Nach Gl. (8) ist die Strömungsgeschwindigkeit des Gases im Normzustand $w = 6$ m/s; $p_b = 1$ bar; $p_0 = 1{,}013$ bar; $T_m = 523$ K; $T_0 = 273$ K

$$w_0 = w \frac{p_b}{p_0} \frac{T_0}{T_m} = 6 \text{ m/s} \cdot \frac{1 \text{ bar} \cdot 273 \text{ K}}{1{,}013 \text{ bar} \cdot 523 \text{ K}} = 3{,}1 \text{ m/s}$$

Eingesetzt ist dann mit Gl. (10), Tab. 23, und $d_a = 0{,}048$ m

$$\alpha_a = 7{,}1 \frac{3{,}1^{0,69}}{0{,}048^{0,31}} = 40; \quad \alpha_a = 40 \text{ W/m}^2\text{K}$$

Nach der Überschlagsgleichung (s. 10.4.) würde sich ergeben

$$\alpha = 2{,}3 + 11{,}6 \sqrt{6} = 31; \quad \alpha = 31 \text{ W/m}^2 \text{ K (bedingt brauchbar)}$$

Der Wärmeübergangskoeffizient auf der Innenseite des Rohres ist mit Gl. (124) mit $w_W = 0{,}6$ m/s nach *Schack*

$$t_{Wm} = \frac{t_{W_1} + t_{W_2}}{2} = \frac{(50 + 80)\,°\text{C}}{2} = 65\,°\text{C}$$

$$\alpha_i \approx 3370 \cdot 0{,}6^{0,85}(1 + 0{,}014 \cdot 65) \approx 2970; \quad \alpha_i \approx 2970 \text{ W/m}^2\text{K}$$

Nach der Überschlagsgleichung (s. 10.4.) würde sein

$$\alpha = 350 + 2100 \sqrt{0{,}6} = 1975; \quad \alpha = 1975 \text{ W/m}^2 \text{ K (unbrauchbar).}$$

Da der Wärmefluß von der Außenseite der Rohrwand zur Innenwand erfolgt, ist mit Gl. (114c) der Wärmedurchgangskoeffizient für 1 m² kreisrunde Rohrfläche

$$k_i = \frac{1}{\dfrac{1}{\alpha_i} + \dfrac{d_i}{2\lambda} \ln \dfrac{d_a}{d_i} + \dfrac{1}{\alpha_a} \dfrac{d_i}{d_a}}$$

$$= \frac{1}{\dfrac{1}{2970} + \dfrac{0{,}0398}{2 \cdot 53} \ln \dfrac{0{,}048}{0{,}0398} + \dfrac{1}{40} \cdot \dfrac{0{,}0398}{0{,}048}} \text{ W/m}^2 \text{ K} = 47{,}4 \text{ W/m}^2 \text{ K}$$

Nach der allgemein üblichen Gl. (112) (Angaben in den Tabellen) ist (Wärmeleitung durch die Rohrwand kann vernachlässigt werden)

$$k = \frac{1}{\dfrac{1}{\alpha_i} + \dfrac{1}{\alpha_a}} = \frac{1}{\dfrac{1}{2970} + \dfrac{1}{40}} \text{ W/m}^2 \text{ K} = 39{,}5 \text{ W/m}^2 \text{ K}$$

Bei Vorwärmern kann je nach Anordnung der Rohre, Rauchgasgeschwindigkeiten und Temperaturgefälle für k verwendet werden:

Glattrohrvorwärmer aus Grauguß	$k =$ 14⋯18,5 W/m² K
Rippenrohrvorwärmer (Verbandrohr)	$k =$ 9,3⋯14 W/m² K
Rippenrohrvorwärmer (Hochleistungsrohr)	$k =$ 14⋯21 W/m² K
Stahlrohr	$k =$ 21⋯58 W/m² K und mehr

Die mittlere Temperaturdifferenz bei Querstrom ist mit Gl. (117)

$t_1 \;\; = 300\,°C$

$t_2 \;\; = 200\,°C$

$t_{W_1} = \;\; 50\,°C$

$t_{W_2} = \;\; 80\,°C$

$$\Delta t_m = \frac{a + b}{2}$$

$$a = t_1 - t_{W1}; \quad b = t_2 - t_{W2}$$

$$\Delta t_m = \frac{t_1 - t_{W1} + t_2 - t_{W2}}{2}$$

$$\Delta t_m = \frac{[(300 - 50) + (200 - 80)]\,K}{2} = 185\,K$$

Mit Gl. (113) ist dann die Wärmeabgabe für $A = 1\,m^2$ Heizfläche

$$\dot{Q} = Ak\Delta t_m = 1\,m^2 \cdot 47{,}4\,W/m^2\,K \cdot 185\,K = 8770\,W$$

220. Verbrennung, Taupunkt, Wärmedurchgang, Heizwert

Auf einem Planrost werden stündlich 250 kg Kohle folgender Analyse verbrannt:

C	53%;	$g_C \;\;\; = 0{,}53$
H_2	4,5%;	$g_{H_2} \;\; = 0{,}045$
O_2	17%;	$g_{O_2} \;\; = 0{,}17$
N_2	1%;	$g_{N_2} \;\; = 0{,}01$
S	1%;	$g_S \;\;\; = 0{,}01$
H_2O	15%;	$g_{H_2O} = 0{,}15$

Rest Asche

Die Abgase haben im Fuchs eine Temperatur von 300 °C. Ein Teil der Abgaswärme soll zur Wassererwärmung ausgenutzt werden. Um den natürlichen Zug zu gewährleisten, darf eine Abgastemperatur von 180 °C nicht unterschritten werden.
Die Feuerung wird mit einem Luftüberschuß von 50% ($\lambda = 1{,}5$) betrieben. Lufttemperatur im Kesselhaus 20 °C mit einer relativen Feuchtigkeit von $\varphi = 0{,}7$. Luftdruck 1,013 bar.

a) Wie hoch muß die Eintrittstemperatur des Wassers in das einzubauende Rohrsystem sein, wenn der Taupunkt der Abgase nicht unterschritten werden soll (vollkommene Verbrennung)?

b) Wieviel Kilogramm Wasser lassen sich stündlich um 30 °C erwärmen?

c) Welche Länge hat das eingebaute Rohrsystem bei einem Stahlrohr ($\lambda = 53\,W/m\,K$) von 39,75/48,25 mm Dmr., glatt, wenn das Abgas mit einer Geschwindigkeit von 6 m/s zwischen den versetzt angeordneten Rohren strömt (Querstrom)? Wassergeschwindigkeit in den Rohren 0,6 m/s.

d) Wie groß ist der Wirkungsgrad der Kesselanlage nach dem Einbau des Vorwärmers, wenn vor dem Einbau eine Ausnutzung von 60% vorhanden war?

Lösung:

$\dot{m}_B = 250\,kg/h$	$t_{KL} = 20\,°C$	$d_i \;\;\; = 0{,}03975\,m$
$\lambda \;\; = 1{,}5$	$\varphi \;\; = 0{,}7$	$d_a \;\;\; = 0{,}04825\,m$
$t_1 \;\; = 300\,°C$	$p_{Ds} = 23{,}37\,mbar$	$\lambda \;\;\;\; = 53\,W/m\,K$
$t_2 \;\; = 180\,°C$	$p \;\;\; = 1013\,mbar$	$R_{H_2O} = 461{,}4\,Nm/kg\,K$

a) Es muß zunächst der Taupunkt der Abgase ermittelt werden (s. 9.4.).

Der theoretische Sauerstoffbedarf in kg O_2 je kg Kohle ist mit den Verbrennungsgleichungen (s. 7.2.)

$$O_{min} = \frac{8}{3} g_C + 8 g_{H_2} + g_S - g_{O_2}$$

$$O_{min} = \left(\frac{8}{3}\, 0{,}53 + 8 \cdot 0{,}045 + 0{,}01 - 0{,}17\right) \text{kg/kg} = 1{,}613 \text{ kg/kg}$$

Der theoretisch trockene Luftbedarf in kg je kg Kohle ist nach Gl. (92b)

$$L_{min} = \frac{O_{min}}{g_{O_2,L}} = \frac{1{,}613 \text{ kg/kg}}{0{,}232} = 6{,}97 \text{ kg/kg}$$

Der wirkliche trockene Luftbedarf in kg je kg Kohle ist mit Gl. (93)

$$L_{wirkl} = \lambda\, L_{min} = 1{,}5 \cdot 6{,}97 \text{ kg/kg} = 10{,}45 \text{ kg/kg}$$

Der absolute Wassergehalt der zugeführten Kesselhausluft in kg je kg trockene Luft ist nach Gl. (105b) ($p = 1013$ mbar)

$$x = 0{,}622 \frac{\varphi p_{DS}}{p - \varphi p_{DS}} = \left(\frac{0{,}622 \cdot 0{,}7 \cdot 23{,}37}{1013 - 0{,}7 \cdot 23{,}37}\right) \text{kg/kg} = 0{,}0102 \text{ kg/kg}$$

Die mit der Verbrennungsluft zugeführte Wassermasse in kg je kg Kohle beträgt

$$m_{W_1} = x L_{wirkl} = 0{,}0102 \cdot 10{,}45 \text{ kg/kg} = 0{,}1065 \text{ kg/kg}$$

Abgaszusammenstellung in kg je kg Kohle

$$m_{H_2O} = 9 g_{H_2} + g_{H_2O} + m_{W_1} = (9 \cdot 0{,}045 + 0{,}15 + 0{,}1065) \text{ kg/kg} = 0{,}6615 \text{ kg/kg}$$

$$m_{CO_2} = \frac{11}{3} g_C = \frac{11 \cdot 0{,}53}{3} \text{kg/kg} = 1{,}945 \text{ kg/kg}$$

$$m_{SO_2} = 2 g_S = 2 \cdot 0{,}01 \text{ kg/kg} = 0{,}02 \text{ kg/kg}$$

$$m_{N_2} = L_{wirkl} \cdot 0{,}768 + g_{N_2} = (10{,}45 \cdot 0{,}768 + 0{,}01) \text{ kg/kg} = 8{,}03 \text{ kg/kg}$$

$$m_{O_2} = O_{min}(\lambda - 1) = 1{,}613 \text{ kg/kg} \cdot (1{,}5 - 1) = 0{,}806 \text{ kg/kg}$$

Die nassen Abgase in kg je kg Kohle sind $m_{naß} = 11{,}4625$ kg/kg

Die trockenen Abgase in kg je kg Kohle sind

$$m_{tr} = m_{naß} - m_{H_2O} = (11{,}4625 - 0{,}6615) \text{ kg/kg} = 10{,}8 \text{ kg/kg}$$

Die Massenanteile der Einzelgase, bezogen auf das trockene Abgas, sind nach Gl. (15)

$$g_{CO_2tr} = \frac{m_{CO_2}}{m_{tr}} = \frac{1{,}945}{10{,}8} = 0{,}18; \quad g_{SO_2tr} = 0{,}00185;$$

$$g_{N_2tr} = 0{,}744; \quad g_{O_2tr} = 0{,}0747$$

Kontrolle nach Gl. (15a): $\sum_{i=1}^{k} g_i = 1{,}0055$

Die Gaskonstante der trockenen Abgase ist nach Gl. (16) [$\bar{R}$ aus Tab. 1 und Gl. (11b)]

$$R = \sum_{i=1}^{k} (g_i R_i) = g_{CO_2tr} R_{CO_2} + g_{SO_2tr} \frac{\bar{R}}{M_{SO_2}} + g_{N_2tr} R_{N_2} + g_{O_2tr} R_{O_2}$$

$$R_{tr} = \Big(0{,}18 \cdot 189 + 0{,}001\,85 \frac{8314}{64} +$$

$$+ 0{,}744 \cdot 296{,}8 + 0{,}0747 \cdot 259{,}9\Big) \text{ Nm/kg K}$$

$$R_{tr} = 274{,}5 \text{ Nm/kg K}$$

Die Wassermasse in kg je kg trockenes Abgas wird gleich x_S bei Sättigung gesetzt (s. 9.4.)

$$x_S = \frac{m_{H_2O}}{m_{tr}} = \frac{0{,}661\,5 \text{ kg/kg}}{10{,}8 \text{ kg/kg}} = 0{,}061\,2 \text{ kg/kg}$$

Der Sättigungsdruck ist dann mit $p = 1\,013$ mbar

$$p_{Ds} = \frac{p x_S}{\dfrac{R_{tr}}{R_{H_2O}} + x_s} = \left(\frac{1013 \cdot 0{,}061\,2}{\dfrac{274{,}5}{461{,}4} + 0{,}061\,2}\right) \text{mbar} = 94{,}2 \text{ mbar}$$

Aus Tab. 14 ist die dazugehörige Sättigungstemperatur $t_S \approx 45\,°C$.
Gewählt wird für die Wassereintrittstemperatur $t_{W_1} = 50\,°C$.
Die Wasseraustrittstemperatur ist dann $t_{W_1} = 80\,°C$.

b) Der Wärmeentzug (Enthalpieentzug) bei den Abgasen ist nach Gl. (38) zu ermitteln.

$$\Delta H = m c_{pm}(t_1 - t_2)$$

Der Mittelwert der spez. Wärmekapazitäten der Einzelgase ist mit den Werten der Tab. 7 bei der mittleren Abgastemperatur $t_m = (t_1 + t_2)/2 = (300 + 180)\,°C/2 = 240\,°C$ zu bestimmen.
Die Massenteile der Einzelgase, bezogen auf das nasse Abgas, betragen nach Gl. (15)

$$g_{H_2Onaß} = \frac{m_{H_2O}}{m_{naß}} = \frac{0{,}6615}{11{,}46} = 0{,}0577; \quad g_{CO_2naß} = 0{,}17$$

$$g_{SO_2naß} = 0{,}001\,748; \quad g_{N_2naß} = 0{,}701; \quad g_{O_2naß} = 0{,}0705$$

Kontrolle nach Gl. (15a): $\sum_{i=1}^{k} g_i = 1{,}000\,948$

Die mittlere spez. Wärmekapazität des Abgases ist nach Gl. (32a)

$$c_{pm} = \sum_{i=1}^{k} (g_i c_{pi}) + g_{H_2Onaß} c_{pmH_2O} + g_{CO_2naß} c_{pmCO_2}$$

$$+ g_{SO_2naß} c_{pmSO_2} + g_{N_2naß} c_{pmN_2} + g_{O_2naß} c_{pmO_2}$$

$$c_{pm} = (0{,}0577 \cdot 1{,}91 + 0{,}17 \cdot 1{,}021 + 0{,}001\,748 \cdot 0{,}746$$

$$+ 0{,}701 \cdot 1{,}058 + 0{,}0705 \cdot 0{,}976) \text{ kJ/kg K}$$

$$c_{pm} = 1{,}1 \text{ kJ/kg K}$$

Der stündliche Abgasstrom beträgt

$$\dot{m}_A = \dot{m}_B m_{naß} = 250\ \mathrm{kg/h} \cdot 11{,}46\ \mathrm{kg/kg} = 2865\ \mathrm{kg/h}$$

Die entzogene Wärme (Enthalpieentzug) ist nach Gl. (38)

$$|\Delta \dot{H}| = \dot{m}_A c_{pm}(t_1 - t_2) = 2865\ \mathrm{kg/h} \cdot 1{,}1\ \mathrm{kJ/kg\,K} \cdot (300 - 180)\ \mathrm{K}$$

$$= 378000\ \mathrm{kJ/h} = \frac{378000\ \mathrm{kJ/h}}{3600\ \mathrm{s/h}} = \frac{378000\ \mathrm{kWs/h}}{3600\ \mathrm{s/h}} = 105\ \mathrm{kW}$$

Die stündlich erwärmbare Wassermasse ist mit $c = 4{,}19\ \mathrm{kJ/kg\,K}$ nach Gl. (27)

$$\dot{m}_W = \frac{|\Delta \dot{H}|}{c(t_{W2} - t_{W1})} = \frac{378000\ \mathrm{kJ/h}}{4{,}19\ \mathrm{J/kg\,K} \cdot (80 - 50)\ \mathrm{K}} = 3000\ \mathrm{kg/h}$$

c) Um die Anzahl der Rohrreihen festzulegen, wird zunächst geschätzt

$$k = 47\ \mathrm{W/m^2\,K}$$

Die mittlere Temperaturdifferenz bei Querstrom ist mit Gl. (117)

$t_1 = 300\,°\mathrm{C}$; $t_2 = 180\,°\mathrm{C}$; $a = t_1 - t_{W_1}$

$t_{W_2} = 80\,°\mathrm{C}$; $t_{W_1} = 50\,°\mathrm{C}$; $b = t_2 - t_{W_2}$

$$\Delta t_m = \frac{a + b}{2} = \frac{t_1 - t_{W_1} + t_2 - t_{W_2}}{2}$$

$$\Delta t_m = \frac{[(300 - 50 + 180 - 80)]\ \mathrm{K}}{2} = 175\ \mathrm{K}$$

Die notwendige Heizfläche würde aus Gl. (113) sein

$$A = \frac{\Delta \dot{H}}{k \Delta t_m} = \frac{105000\ \mathrm{W}}{47\ \mathrm{W/m^2\,K} \cdot 175\ \mathrm{K}} \approx 13\ \mathrm{m^2}$$

Bei der Berechnung der vorläufigen Rohrlängen ist der Innendmr. einzusetzen, da der Wärmefluß von der Außenseite zur Innenseite erfolgt. Die sich vorläufig ergebende Rohrlänge ist

$$l' = \frac{A}{d_i \pi} = \frac{13\ \mathrm{m^2}}{0{,}03975\ \mathrm{m} \cdot \pi} = 104{,}2\ \mathrm{m}$$

Es werden gewählt: 7 Reihen hoch, 7 Reihen tief, versetzt, je 2,2 m Länge.
Der Wärmeübergangskoeffizient ist nach *Reiher*, Gl. (10), Tab. 23, zu berechnen ($c = 8{,}42$ für 7 versetzte Rohrreihen).
Geschwindigkeit des Abgases beim Normzustand

$t_m = 240\,°\mathrm{C}$; $T_m = 513\ \mathrm{K}$; $w = 6\ \mathrm{m/s}$

Es gilt: $\dot{V}_0 = w_0 A$ und $\dot{V} = wA$

Da der Luftdruck dem Normzustand entspricht, ist mit dem Gasgesetz der Isobare, Gl. (2), die Strömungsgeschwindigkeit des Gases im Normzustand

$$\frac{\dot{V}_0}{\dot{V}} = \frac{w_0 A}{w A} = \frac{T_0}{T_m}; \quad w_0 = w \frac{T_0}{T_m} = 6 \text{ m/s} \cdot \frac{273 \text{ K}}{513 \text{ K}} = 3{,}19 \text{ m/s}$$

Eingesetzt ist dann der Wärmeübergangskoeffizient mit $d_a = 0{,}048$ m

$$\alpha_a = \frac{8{,}42 \cdot 3{,}19^{0{,}69}}{0{,}048^{0{,}31}} = 48; \quad \alpha_a = 48 \text{ W/m}^2\text{ K}$$

Nach der Überschlagsgleichung (s. 10.4.) würde sich ergeben

$$\alpha = 2{,}3 + 11{,}6\sqrt{6} = 31; \quad \alpha = 31 \text{ W/m}^2\text{ K (unbrauchbar)}$$

Nachrechnung des k-Wertes
Wärmeübergangskoeffizient auf der Innenseite
Nach *Schack*, Gl. (124), mit $t_{Wm} = (t_{W_1} + t_{W_2})/2 = (50 + 80)\,°C/2 = 65\,°C$ und $w_W = 0{,}6$ m/s

$$\alpha_i \approx 3370 \cdot 0{,}6^{0{,}85}(1 + 0{,}014 \cdot 65) \approx 2970;$$

$$\alpha_i \approx 2970 \text{ W/m}^2\text{ K}$$

Nach der Überschlagsgleichung würde sein

$$\alpha = 350 + 2100\sqrt{0{,}6} = 1975; \quad \alpha = 1975 \text{ W/m}^2\text{ K (unbrauchbar)}$$

Da der Wärmefluß von der Außenseite des Rohres nach der Innenseite des Rohres erfolgt, ist mit Gl. (114c) für 1 m² kreisrunde Rohrfläche

$d_i = 0{,}03975$ m $\quad \alpha_i = 2970$ W/m² K $\quad \lambda = 53$ W/m K

$d_a = 0{,}04825$ m $\quad \alpha_a = 48$ W/m² K

$$k_i = \frac{1}{\dfrac{1}{\alpha_i} + \dfrac{d_i}{2\lambda}\ln\dfrac{d_a}{d_i} + \dfrac{1}{\alpha_a}\dfrac{d_i}{d_a}}$$

$$= \frac{1}{\dfrac{1}{2970} + \dfrac{0{,}0398}{2 \cdot 53}\ln\dfrac{0{,}048}{0{,}0398} + \dfrac{1}{48}\cdot\dfrac{0{,}0398}{0{,}048}} \text{ W/m}^2\text{ K} = 58{,}1 \text{ W/m}^2\text{ K}$$

Nach der allgemein üblichen Gl. (112) (Angaben in den Tabellen) ist (Wärmeleitung durch die Rohrwand kann vernachlässigt werden)

$$k = \frac{1}{\dfrac{1}{\alpha_i} + \dfrac{1}{\alpha_a}} = \frac{1}{\dfrac{1}{2970} + \dfrac{1}{48}} \text{ W/m}^2\text{ K} = 47{,}3 \text{ W/m}^2\text{ K}$$

Gute Übereinstimmung mit dem geschätzten Wert $k = 47$ W/m² K.

d) Der Heizwert der verfeuerten Kohle ist nach Gl. (101)

$g_C = 0{,}53; \quad g_{H_2} = 0{,}045; \quad g_{N_2} = 0{,}01; \quad g_S = 0{,}01; \quad g_{O_2} = 0{,}17; \quad g_{H_2O} = 0{,}15$

$$\Delta_H h = 34\,800 \cdot g_C + 93\,800 \cdot g_{H_2} + 6280 \cdot g_{N_2} + 10\,460 \cdot g_S - 10\,800 \cdot g_{O_2} - 2450 \cdot g_{H_2O}$$

$$\Delta_H h = (34\,800 \cdot 0{,}53 + 93\,800 \cdot 0{,}045 + 6280 \cdot 0{,}01 + 10\,460 \cdot 0{,}01 - 10\,800 \cdot 0{,}17 - 2450 \cdot 0{,}15)\ \mathrm{kJ/kg}$$

$$\Delta_H h = 20\,634\ \mathrm{kJ/kg}$$

In der Feuerung werden stündlich aufgewendet

$$\dot{Q}_1 = \dot{m}_B \Delta_H h = 250\ \mathrm{kg/h} \cdot 20\,634\ \mathrm{kJ/kg} = 5\,160\,000\ \mathrm{kJ/h} = \frac{5\,160\,000\ \mathrm{kWs/h}}{3600\ \mathrm{s/h}} = 1450\ \mathrm{kW}$$

davon wurden bei einem Wirkungsgrad von $\eta_{K_1} = 0{,}6$ ausgenutzt

$$\dot{Q}_2 = \eta_{K_1} \dot{Q}_1 = 0{,}6 \cdot 1450\ \mathrm{kW} = 870\ \mathrm{kW}$$

Bei der Wassererwärmung wurden durch Enthalpieentzug zusätzlich nutzbar gemacht $|\Delta \dot{H}| = 105$ kW.
Die ausgenutzte Wärme beträgt dann

$$\dot{Q}_3 = \dot{Q}_2 + |\Delta \dot{H}| = (870 + 105)\ \mathrm{kW} = 975\ \mathrm{kW}$$

Der Wirkungsgrad nach Ausnutzung der Abgaswärme ist

$$\eta_{K_2} = \frac{\dot{Q}_3}{\dot{Q}_1} = \frac{975\ \mathrm{kW}}{1450\ \mathrm{kW}} = 0{,}672$$

Der Wirkungsgrad der Anlage wurde um 7,2% verbessert.

221. Für eine Kesselanlage mit einer Fördermasse von 1,5 t/h Dampf ist die Heizfläche für einen Überhitzer ohne Berücksichtigung der auftretenden Verluste zu bestimmen. Jeweils 4 Stahlrohre 25/33 mm Dmr. sind versetzt anzuordnen.
Der Rauchgasstrom erfolgt quer zur Heizfläche. Für die Berechnung der Heizfläche ist Gegenstrom anzunehmen, Luftdruck 1 bar.

Dampfseite

Der Dampf hat beim Eintritt in den Überhitzer einen Feuchtigkeitsgehalt von 5%. Dampfgeschwindigkeit in den Rohren 12 m/s. Die Überhitzungstemperatur soll 280 °C betragen bei einem Druck von 10 bar.

Abgasseite

Es werden stündlich 300 kg Kohle verbrannt. Die Abgasmasse für 1 kg Kohle beträgt 10 kg/kg, die Dichte des Abgases im Normzustand ist $\varrho_0 = 1{,}34\ \mathrm{kg/m^3}$.
Rauchgastemperatur vor dem Überhitzer 500 °C. Gasgeschwindigkeit zwischen den Rohrreihen 5 m/s.

Die spez. Wärmekapazitäten sind auf Luft zu beziehen.

Lösung:

$p = 10$ bar	$t_s = 179{,}9\,°C$	$\dot{m}_D = 1500$ kg/h
$h' = 762{,}2$ kJ/kg	$t_ü = 280\,°C$	$\dot{m}_B = 300$ kg/h
$h'' = 2777{,}5$ kJ/kg	$x = 0{,}95$ kg/kg	$m_{A'} = 10$ kg/kg
$r = 2015{,}3$ kJ/kg	$c_{pm} = 2{,}28$ kJ/kg K	$t_{A_1} = 500\,°C$

Beim Eintritt in den Überhitzer hat der Dampf nach Gl. (76) eine Enthalpie von

$$h = h' + xr = (762{,}2 + 0{,}95 \cdot 2015{,}3)\ \text{kJ/kg} = 2676\ \text{kJ/kg}$$

Nach der Überhitzung hat der Dampf nach Gl. (79) eine Enthalpie von

$$h_ü = h'' + c_{pm}(t_ü - t_s)$$

$$h_ü = 2777{,}5\ \text{kJ/kg} + 2{,}28\ \text{kJ/kg K} \cdot (280 - 179{,}9)\ \text{K} = 3000\ \text{kJ/kg}$$

Die aufzuwendende Wärme (Enthalpiesteigerung) beträgt

$$\Delta \dot{H} = \dot{m}_D(h_ü - h) = 1500\ \text{kg/h} \cdot (3000 - 2676)\ \text{kJ/kg}$$

$$= 486000\ \text{kJ/h} = \frac{486000\ \text{kWs/h}}{3600\ \text{s/h}} = 135\ \text{kW}$$

Die stündlich entstehende Abgasmasse beträgt

$$\dot{m}_A = \dot{m}_B m_{A'} = 300\ \text{kg/h} \cdot 10\ \text{kg/kg} = 3000\ \text{kg/h}$$

Die Temperatur des Abgases nach dem Überhitzer wird geschätzt $t_{A2} = 350\,°C$.
Die spez. Wärmekapazität mit der geschätzten Temperatur ist aus Gl. (38)

$$c_{pm} = \frac{\Delta \dot{H}}{\dot{m}_A(t_{A_1} - t_{A_2})} = \frac{486000\ \text{kJ/h}}{3000\ \text{kg/h} \cdot (500 - 350)\ \text{K}} = 1{,}08\ \text{kJ/kg K}$$

Aus Tab. 7 hat die mittlere spez. Wärmekapazität, auf Luft bezogen, einen kleineren Wert.
Da die Werte aus Tab. 7 auf Luft bezogen sind und die spez. Wärmekapazität des Abgases etwas höher liegen muß, ist die Übereinstimmung genügend genau. Also $t_{A2} = 350\,°C$. Wärmeübergang auf der Gasseite.
Nach *Reiher* [Gl. (10), Tab. 23] wird α_{a1} berechnet ($c = 7{,}7$ für 4 versetzte Rohrreihen).
Die Geschwindigkeit der Abgase, bezogen auf den Normzustand, ist nach Gl. (8)

$t_{Am} = (t_{A_1} + t_{A_2})/2 = (500 + 350)\,°C/2 = 425\,°C;\quad T_{Am} = 698$ K

$w = 5$ m/s $\quad p_b = 1$ bar $\quad p_0 = 1{,}013$ bar $\quad T_0 = 273$ K

$$w_0 = w\,\frac{p_b}{p_0}\,\frac{T_0}{T_{Am}} = 5\ \text{m/s} \cdot \frac{1\ \text{bar} \cdot 273\ \text{K}}{1{,}013\ \text{bar} \cdot 698\ \text{K}} = 1{,}94\ \text{m/s}$$

Eingesetzt ist der Wärmeübergangskoeffizient auf der Gasseite $d_a = 0{,}033$ m

$$\alpha_{a_1} = \frac{7{,}7 \cdot 1{,}94^{0{,}69}}{0{,}033^{0{,}31}} = 35; \quad \alpha_{a_1} = 35\ \mathrm{W/m^2\,K}$$

mit den Werten nach Gl. (123a)
Die *Reynolds*sche Zahl ist nach Gl. (119)

$$Re = \frac{w d_a \varrho}{\eta}$$

Es muß diese Form gewählt werden, da in der kinematischen Viskosität ν aus Tab. 21 die für das Beispiel benötigte Dichte nicht berücksichtigt ist.
Umrechnung der Dichte mit Gl. (8) und Einsetzen von Gl. (1)

$\varrho_0 = 1{,}34\ \mathrm{kg/m^3}$ $\quad T_{\mathrm{Am}} = 698$ K $\quad p_b = 1$ bar

$$\varrho = \varrho_0 \frac{p_b}{p_0} \frac{T_0}{T_{\mathrm{Am}}} = 1{,}34\ \mathrm{kg/m^3} \cdot \frac{1\ \mathrm{bar} \cdot 273\ \mathrm{K}}{1{,}013\ \mathrm{bar} \cdot 698\ \mathrm{K}} = 0{,}517\ \mathrm{kg/m^3}$$

Aus Tab. 21 ist mit genügender Genauigkeit die dynamische Viskosität

$\eta = 3{,}34 \cdot 10^{-5}\ \mathrm{Ns/m^2}$ $\quad d_a = 0{,}033$ m $\quad w = 5$ m/s

$$Re = \frac{5\ \mathrm{m/s} \cdot 0{,}033\ \mathrm{m} \cdot 0{,}517\ \mathrm{kg/m^3}}{3{,}34 \cdot 10^{-5}\ \mathrm{kg/m\,s}} = 2580$$

Da $Re = 2580 < 4000$ ist, kann Gl. (123a) verwendet werden.
Aus Tab. 21 ist mit genügender Genauigkeit $Pr = 0{,}74$ und $\lambda = 0{,}0509$ W/m K.
Die *Nusselt*sche Zahl ist dann mit Gl. (123a)

$$Nu = 0{,}33\, Re^{0{,}16} Pr^{1/3} = 0{,}33 \cdot 2580^{0{,}16} \cdot 0{,}74^{1/3} = 33{,}2$$

Aus Gl. (118) ist dann der Wärmeübergangskoeffizient

$$\alpha_{a_2} = \frac{Nu\lambda}{d_a} = \frac{33{,}2 \cdot 0{,}0509\ \mathrm{W/m\,K}}{0{,}033\ \mathrm{m}} = 51{,}2\ \mathrm{W/m^2\,K}$$

Nach der Überschlagsgleichung (s. 10.4.) würde sein

$$\alpha = 2{,}3 + 11{,}6\sqrt{5} = 28{,}2; \quad \alpha = 28{,}2\ \mathrm{W/m^2\,K}\ \text{(unbrauchbar)}$$

Wärmeübergang auf der Dampfseite
Die *Reynolds*sche Zahl ist mit Gl. (119)

$$Re = \frac{w d \varrho}{\eta}$$

Es muß wieder diese Form gewählt werden, da in der kinematischen Viskosität ν aus Tab. 21 die für das Beispiel benötigte Dichte und damit der erhöhte Druck nicht berücksichtigt sind.

Die dynamische Viskosität η ist nur temperaturabhängig und kann Tab. 21 entnommen werden.
Für die Stoffwerte ist eine mittlere Temperatur des Dampfes von $t_{üm} = 230\,°C$ anzunehmen.
Mit dem Kehrwert der Gl. (80) ist die Dichte des Dampfes (angenähert, s. 4.2.2.)

$t_{üm} = 230\,°C; \quad T_{üm} = 503\,K \qquad p = 10 \cdot 10^5\,N/m^2$

$$\varrho_ü = \frac{1}{\dfrac{480 \cdot 503}{10 \cdot 10^5} - 0{,}017} = 4{,}47; \quad \varrho_ü = 4{,}47\,kg/m^3$$

Eingesetzt ist dann mit

$\eta = 1{,}765 \cdot 10^{-5}\,Ns/m^2 \qquad d_i = 0{,}025\,m \qquad w = 12\,m/s$

$$Re = \frac{w d_i \varrho_ü}{\eta} = \frac{12\,m/s \cdot 0{,}025\,m \cdot 4{,}47\,kg/m^3}{1{,}765 \cdot 10^{-5}\,kg/m\,s} = 76\,000$$

Da $Re > 2320$, herrscht turbulente Strömung.
Um Gl. (8), Tab. 23, verwenden zu können, muß noch die *Prandtl*sche Zahl berechnet werden (s. 10.4.).
Die Wärmeleitfähigkeit ist, da erhöhter Druck und erhöhte Temperatur vorliegen, Tab. 20 zu entnehmen.

$c_{pm230} = 2{,}36\,kJ/kg\,K = 2360\,J/kg\,K \qquad \eta = 1{,}765 \cdot 10^{-5}\,Ns/m^2$

$\lambda \quad = 0{,}0425\,W/m\,K = 0{,}0425\,J/s\,m\,K$

$$Pr = \frac{c_{pm230}\eta}{\lambda} = \frac{2360\,J/kg\,K \cdot 1{,}765 \cdot 10^{-5}\,kg/m\,s}{0{,}0425\,J/s\,m\,K} = 0{,}98$$

Mit Gl. (8), Tab. 23 (Grenzschichttheorie), ist die *Nusselt*sche Zahl

$$Nu = 0{,}03956 \frac{Re^{3/4} Pr}{1 + 1{,}5\,Pr^{-1/6} Re^{-1/8} (Pr - 1)}$$

$$Nu = 0{,}03956 \frac{76000^{3/4} \cdot 0{,}98}{1 + 1{,}5 \cdot 0{,}98^{-1/6} \cdot 76000^{-1/8} \cdot (0{,}98 - 1)} = 175$$

Mit Gl. (1), Tab. 23, ist nach *Kraussolt* die *Nusselt*sche Zahl

$$Nu = 0{,}024\,Re^{0,8} Pr^{0,37} = 0{,}024 \cdot 76000^{0,8} \cdot 0{,}98^{0,37} = 186$$

Der Mittelwert der *Nusselt*schen Zahl ist

$$Nu = \frac{175 + 186}{2} = 180$$

Der Wärmeübergangskoeffizient ist mit Gl. (118) (Dampfseite)

$$\alpha_i = \frac{Nu\,\lambda}{d_i} = \frac{180 \cdot 0{,}0425\,W/m\,K}{0{,}025\,m} = 306\,W/m^2 K$$

Errechnung nach Gl. (7), Tab. 23

Es ist zunächst mit Hilfe des allgemeinen Gasgesetzes, Gl. (5) [s. a. Gl. (8)], die Geschwindigkeit beim Normzustand zu bestimmen.

$w = 12$ m/s $\quad p_0 = 1{,}013$ bar $\quad T_0 = 273$ K

$t_{\text{üm}} = 230\,°\text{C}$; $T_{\text{üm}} = 503$ K $\quad p = 10$ bar $\quad d_i = 0{,}025$ m

$$Aw_0 = Aw \frac{p}{p_0} \frac{T_0}{T_{\text{üm}}}; \quad w_0 = 12\ \text{m/s} \cdot \frac{10\ \text{bar} \cdot 273\ \text{K}}{1{,}013\ \text{bar} \cdot 503\ \text{K}} = 64{,}2\ \text{m/s}$$

Mit Gl. (7), Tab. 23, ist der Wärmeübergangskoeffizient (angenäherter Wert)

$$\alpha_i = 3{,}49 \frac{64{,}2^{0,8}}{0{,}025^{0,25}} = 245; \quad \alpha_i = 245\ \text{W/m}^2\,\text{K}$$

gewählt $\alpha_i = 304$ W/m² K

Zusammenstellung der Ergebnisse:

Abgasseite

Nach der Gl. von *Reiher* $\alpha_{a1} = 35$ W/m² K

Nach Gl. (123a) $\alpha_{a2} = 51{,}2$ W/m² K

Dampfseite $\alpha_i = 306$ W/m² K

Berechnung des Wärmedurchgangskoeffizienten

Da die Wärme von der Rohroberfläche zur Innenseite fließt, ist mit Gl. (114c) für die kreisrunde Fläche
(die Wärmeleitung durch die Rohrwand kann vernachlässigt werden)

$$k_i = \frac{1}{\dfrac{1}{\alpha_i} + \dfrac{1}{\alpha_a} \dfrac{d_i}{d_a}}$$

Mit dem α_{a1}-Wert nach der Gl. von *Reiher*

$$k_i = \frac{1}{\dfrac{1}{306} + \dfrac{1}{35} \cdot \dfrac{0{,}025}{0{,}033}}\ \text{W/m}^2\,\text{K} = 40{,}3\ \text{W/m}^2\,\text{K}$$

Mit dem α_{a2}-Wert nach der Gl. (123a)

$$k_i = \frac{1}{\dfrac{1}{306} + \dfrac{1}{51{,}2} \cdot \dfrac{0{,}025}{0{,}033}}\ \text{W/m}^2\,\text{K} = 55{,}5\ \text{W/m}^2\,\text{K}$$

Mit der allgemein üblichen Gl. (112) (Angabenwert in den Tabellen) ist mit dem α_{a1}-Wert nach der Gl. von *Reiher*

$$k = \frac{1}{\dfrac{1}{306} + \dfrac{1}{35}}\ \text{W/m}^2\,\text{K} = 31{,}5\ \text{W/m}^2\,\text{K}$$

Mit dem α_{a2}-Wert nach der Gl. (123a)

$$k = \frac{1}{\frac{1}{306} + \frac{1}{51{,}2}}\ \mathrm{W/m^2K} = 44{,}4\ \mathrm{W/m^2\,K}$$

Es wird der Wert $k = 31{,}5\ \mathrm{W/m^2\,K}$ gewählt.
Allgemein gilt bei Überhitzern:

$$k = 0{,}87 \cdots 0{,}95\alpha; \quad \alpha\text{-Wert der Rauchgase}$$

$k = 23 \cdots 46\ \mathrm{W/m^2\,K}$ bei Überhitzern aus Stahlrohr, je nach Anordnung, Temperatur, Rauchgas- und Dampfgeschwindigkeiten bis $k \leqq 70\ \mathrm{W/m^2\,K}$.
Benötigte Heizfläche

$$\Delta\dot{H} = 135\,000\ \mathrm{W}; \quad k = 31{,}5\ \mathrm{W/m^2\,K}$$

Abgastemperaturen: $t_{A_1} = 500\,°C$; $t_{A_2} = 350\,°C$
Dampftemperaturen: $t_ü = 280\,°C$; $t_S = 179{,}9\,°C$

Die mittlere Temperaturdifferenz bei Gegenstrom ist nach Gl. (116)

$$a = t_{A_1} - t_ü \qquad \Delta t_m = \frac{a - b}{\ln \frac{a}{b}} = \frac{(t_{A_1} - t_ü) - (t_{A_2} - t_S)}{\ln \frac{t_{A_1} - t_ü}{t_{A_2} - t_S}}$$

$$b = t_{A_2} - t_S$$

$$\Delta t_m = \frac{[(500 - 280) - (350 - 179{,}9)]\ \mathrm{K}}{\ln \frac{500 - 280}{350 - 179{,}9}} = 194\ \mathrm{K}$$

Die Heizfläche ist dann aus Gl. (113)

$$A_i = \frac{\Delta\dot{H}}{k\Delta t_m} = \frac{135\,000\ \mathrm{W}}{31{,}5\ \mathrm{W/m^2\,K} \cdot 194\ \mathrm{K}} = 22\ \mathrm{m^2}$$

222. In einem Kondensator für Wasserdampf mit waagerechter, versetzter Rohranordnung herrscht ein Druck von 0,1 bar.
Das Kühlwasser bewegt sich mit einer Geschwindigkeit von 1,6 m/s durch Messingrohre 19/23 mm Dmr. und erwärmt sich von 10 °C auf 30 °C.
Welche Wärme wird von 1 m Rohr übertragen?

Lösung:

Wärmeübertragung auf der Dampfseite

Nach Gl. (125) ist der Wärmeübergangskoeffizient α_a

$d_a = 0{,}023\ \mathrm{m}$	aus Tab. 21 ist für das Kondensat
$p = 0{,}1\ \mathrm{bar}$	$\eta = 65{,}3 \cdot 10^{-5}\ \mathrm{Ns/m^2}$ dynamische Viskosität
$r = 2392{,}2\ \mathrm{kJ/kg}$	$\varrho = 991\ \mathrm{kg/m^3}$ Dichte

$t_s \;\; = 45{,}84\,°C \qquad \lambda = 0{,}634$ W/m K Wärmeleitfähigkeit

$t_{Wd} = 38{,}5\,°C$ (geschätzt)

$$\alpha_a = 7{,}03 \sqrt[4]{\frac{2392{,}2 \cdot 991^2 \cdot 0{,}634^3}{0{,}023 \cdot 65{,}3 \cdot 10^{-5}(45{,}8 - 38{,}5)}} = 11000;$$

$$\alpha_a = 11000\ \mathrm{W/m^2\,K}$$

Wärmeübergang auf der Wasserseite

Die *Nusselt*sche Zahl ist nach *Kraussolt* [Gl. (1), Tab. 23]

$$Nu = 0{,}024\, Re^{0{,}8}\, Pr^{0{,}37}$$

Die *Reynolds*sche Zahl ist nach Gl. (119)
(Stoffwerte aus Tab. 21 bei einer Bezugstemperatur von $t_{Wm} = 20\,°C$)

$d_i = 0{,}019$ m $\qquad \lambda = 0{,}598$ W/m K $\qquad Pr = 7{,}03$

$w = 1{,}6$ m/s $\qquad \nu = 1{,}006 \cdot 10^{-6}\,\mathrm{m^2/s}$

$$Re = \frac{w d_i}{\nu} = \frac{1{,}6\ \mathrm{m/s} \cdot 0{,}019\ \mathrm{m}}{1{,}006 \cdot 10^{-6}\ \mathrm{m^2/s}} = 30200$$

Eingesetzt ist dann

$$Nu = 0{,}024 \cdot 30200^{0{,}8} \cdot 7{,}03^{0{,}37} = 184{,}5$$

Aus Gl. (118) ist der Wärmeübergangskoeffizient auf der Wasserseite

$$\alpha_i = \frac{Nu\,\lambda}{d_i} = \frac{184{,}5 \cdot 0{,}598\ \mathrm{W/m\,K}}{0{,}019\ \mathrm{m}} = 5810\ \mathrm{W/m^2\,K}$$

Mit der Gl. (124) nach *Schack* ist

$$\alpha_i \approx 3370 \cdot 1{,}6^{0{,}85}(1 + 0{,}014 \cdot 20) \approx 6480; \quad \alpha_i \approx 6480\ \mathrm{W/m^2\,K}$$

Gewählt $\alpha_i = 5810\ \mathrm{W/m^2\,K}$.

Berechnung des Wärmedurchgangskoeffizienten

Der Wärmestrom fließt von außen nach innen.
Es ist dann für die kreisrunde Rohrfläche mit Gl. (114c)

(Wärmeleitung durch die Rohrwand kann vernachlässigt werden)

$\alpha_i = 5810\ \mathrm{W/m^2\,K} \qquad d_i = 0{,}019$ m

$\alpha_a = 11000\ \mathrm{W/m^2\,K} \qquad d_a = 0{,}023$ m

$$k_i = \frac{1}{\dfrac{1}{\alpha_i} + \dfrac{1}{\alpha_a}\cdot\dfrac{d_i}{d_a}} = \frac{1}{\dfrac{1}{5810} + \dfrac{1}{11000}\cdot\dfrac{0{,}019}{0{,}023}}\ \mathrm{W/m^2\,K} = 4050\ \mathrm{W/m^2\,K}$$

Nach der Überschlagsgleichung (s. 10.4.) würde sein

$$k = 3490\,\sqrt{1{,}6} = 4400; \quad k = 4400\ \mathrm{W/m^2\,K}\ \text{(brauchbar)}$$

Nachrechnung der geschätzten Wandtemperatur
Die mittlere Temperaturdifferenz bei Gegenstrom beträgt nach Gl. (116) (Bild 70)

$t_S = 45{,}8\,°C$

$t_{W_1} = 10\,°C$

$t_{W_2} = 30\,°C$

$$\Delta t_m = \frac{a - b}{\ln \dfrac{a}{b}} = \frac{(t_s - t_{W_1}) - (t_s - t_{W_2})}{\ln \dfrac{t_s - t_{W_1}}{t_s - t_{W_2}}}$$

$$\Delta t_m = \frac{[(45{,}8 - 10) - (45{,}8 - 30)]\ \mathrm{K}}{\ln \dfrac{45{,}8 - 10}{45{,}8 - 30}} = 24{,}4\ \mathrm{K}$$

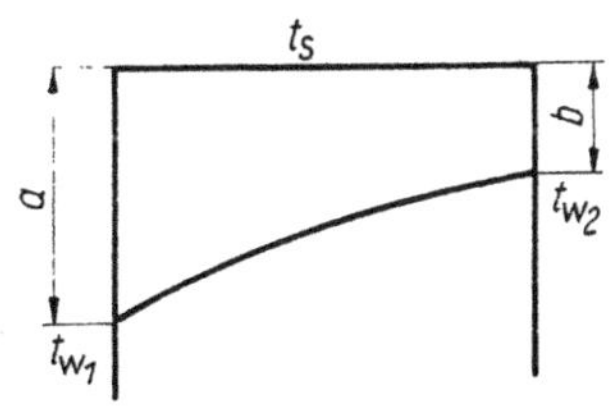

Bild 70

Es gilt:

hindurchgehende Wärme = übergehende Wärme

Bezogen auf 1 m Rohr,
$k = 4050\ \mathrm{W/m^2\,K}$ $\quad d_i = 0{,}019\ \mathrm{m}$
$\alpha_a = 11000\ \mathrm{W/m^2\,K}$ $\quad d_a = 0{,}023\ \mathrm{m}$

$$\dot q = k d_i \pi \Delta t_m = \alpha_a d_a \pi (t_s - t_{Wd})$$

$$\dot q = k d_i \pi \Delta t_m = 4050\ \mathrm{W/m^2\,K} \cdot 0{,}019\ \mathrm{m} \cdot \pi \cdot 24{,}4\ \mathrm{K} = 5880\ \mathrm{W/m}$$

Also

$$\dot q = \alpha_a d_a \pi (t_s - t_{Wd}) = 5880\ \mathrm{W/m}$$

Die Wandtemperatur ist dann

$$t_{Wd} = t_s - \frac{\dot q}{\alpha_a d_a \pi} = 45{,}84\,°C - \frac{5880\ \mathrm{W/m}}{11000\ \mathrm{W/m^2\,K} \cdot 0{,}023\ \mathrm{m} \cdot \pi} = 38{,}39\,°C$$

Die Übereinstimmung mit der geschätzten Temperatur $t_{Wd} = 38{,}5\,°C$ ist genügend genau.

223. Ein Mantelrohr 42/48 mm Dmr. hat ein Innenrohr von 20/25 mm Dmr. Die Länge des Rohres beträgt 16 m.
Im Ringraum soll Luft strömen mit einer Geschwindigkeit von 20 m/s und sich von 70 °C auf 30 °C abkühlen. Druck, im Ringraum 10 bar.
Im Innenrohr fließt Wasser, das sich von 20 °C auf 40 °C erwärmt.

Es ist zu untersuchen, ob im Mittel 64,4 m^3/h mit dem gegebenen Mantelrohr bei den herrschenden Temperaturverhältnissen gekühlt werden können (Gegenstrom).

Lösung:

Nachrechnung des Fördervolumens

Der freie Ringquerschnitt ist

$$D_i = 0{,}042\ \mathrm{m}; \quad d_a = 0{,}025\ \mathrm{m}; \quad w = 20\ \mathrm{m/s}$$

$$A = \frac{(D_i^2 - d_a^2)\,\pi}{4} = \frac{(0{,}042^2 - 0{,}025^2)\,\pi}{4}\ \mathrm{m^2} = 0{,}000\,894\,2\ \mathrm{m^2}$$

Das strömende Volumen

$$\dot{V} = Aw = 0{,}000\,894\,2\ \mathrm{m^2} \cdot 20\ \mathrm{m/s} \cdot 3600\ \mathrm{s/h} = 64{,}4\ \mathrm{m^3/h}$$

(Mit dem Wert in der Aufgabenstellung übereinstimmend.)
Ermittlung der zu entziehenden Wärme (Enthalpieentzug)

$t_1 = 70\,°\mathrm{C}$ $\quad \dot{V} = 64{,}4\ \mathrm{m^3/h}$ $\quad p = 10\ \mathrm{bar} = 10 \cdot 10^5\ \mathrm{N/m^2}$

$t_2 = 30\,°\mathrm{C}$ $\quad R_L = 287\ \mathrm{Nm/kg\,K}$

Die mittlere Lufttemperatur ist $t_m = \dfrac{t_1 + t_2}{2} = \dfrac{(70 + 30)\,°\mathrm{C}}{2} = 50\,°\mathrm{C}; \quad T_m = 323\ \mathrm{K}$

Die stündlich strömende Luftmasse ist mit Gl. (7)

$$\dot{m} = \frac{p\dot{V}}{R_L T_m} = \frac{10 \cdot 10^5\ \mathrm{Nm/kg\,K} \cdot 64{,}4\ \mathrm{m^3/h}}{287\ \mathrm{Nm/kg\,K} \cdot 323\ \mathrm{K}} = 695\ \mathrm{kg/h}$$

Aus Tab. 7 ist $c_{pm} = 1{,}007\ \mathrm{kJ/kg\,K}$. (Im Wert $c_{pm} = 1{,}007\ \mathrm{kJ/kg\,K}$ ist die Druckabhängigkeit der spezifischen Wärmekapazität der Gase genügend berücksichtigt.)
Die zu entziehende Wärme (Enthalpieentzug, überschreitet die Systemgrenze) ist nach Gl. (38)

$$|\Delta\dot{H}| = \dot{m}c_{pm}(t_1 - t_2) = 695\ \mathrm{kg/h} \cdot (70 - 30)\ \mathrm{K}$$

$$= 28\,000\ \mathrm{kJ/h} = \frac{28\,000\ \mathrm{kWs/h}}{3600\ \mathrm{s/h}} = 7{,}85\ \mathrm{kW} = 7850\ \mathrm{W}$$

Ermittlung der Wassergeschwindigkeit

$t_{W_1} = 20\,°\mathrm{C}$ $\quad t_{W_2} = 40\,°\mathrm{C}$ $\quad c = 4{,}19\ \mathrm{kJ/kg\,K}$

Die Kühlwassermasse ist aus Gl. (27)

$$\dot{m}_W = \frac{|\Delta\dot{H}|}{c(t_{W_2} - t_{W_1})} = \frac{28\,000\ \mathrm{kJ/h}}{4{,}19\ \mathrm{kJ/kg\,K} \cdot (40 - 20)\ \mathrm{K}} = 336\ \mathrm{kg/h}$$

Das entspricht $\dot{V}_W = 0{,}336\ m^3/h$. Die Strömungsgeschwindigkeit des Wassers ist dann

$d_i = 0{,}02\ m;\quad A_i = 0{,}000314\ m^2$

$$w_W = \frac{\dot{V}_W}{A_i} = \frac{0{,}336\ m^3/h}{0{,}000314\ m^2 \cdot 3600\ s/h} = 0{,}297\ m/s$$

Benötigter k-Wert

Die mittlere Temperaturdifferenz bei Gegenstrom ist mit Gl. (116)

$t_1 = 70\,°C;\quad t_2 = 30\,°C;\quad t_{W_1} = 20\,°C;\quad t_{W_2} = 40\,°C;$

$$a = t_1 - t_{W_2} \qquad \Delta t_m = \frac{a - b}{\ln \frac{a}{b}} = \frac{(t_1 - t_{W_2}) - (t_2 - t_{W_1})}{\ln \frac{t_1 - t_{W_2}}{t_2 - t_{W_1}}}$$
$$b = t_2 - t_{W_1}$$

$$\Delta t_m = \frac{[(70 - 40) - (30 - 20)]\ K}{\ln \frac{30}{10}} = 18{,}2\ K$$

Der erforderliche Wärmedurchgangskoeffizient, bezogen auf den inneren Rohrdurchmesser, ist

$\Delta\dot{H} = 7850\ W \qquad d_i = 0{,}02\ m \qquad l = 16\ m$

$$k_i = \frac{\Delta\dot{H}}{d_i \pi l \Delta t_m} = \frac{7850\ W}{0{,}02\ m \cdot \pi \cdot 16\ m \cdot 18{,}2\ K} = 430\ W/m^2K$$

Nachrechnung des k-Wertes

Wärmeübergang auf der Gasseite

Da ein Mantelrohr vorhanden ist, muß mit einem gleichwertigen runden Durchmesser gerechnet werden (siehe Bild 69 in 10.4.)

$$D_i = 0{,}042\ m;\quad d_a = 0{,}025\ m$$

$$d_{gl} = \frac{4A}{U} = \frac{4(D_i^2 - d_a^2)\frac{\pi}{4}}{(D_i + d_a)\pi} = D_i - d_a = (0{,}042 - 0{,}025)\ m = 0{,}017\ m$$

*Reynolds*sche Zahl mit Gl. (119) (Stoffwerte bei $t_m = 50\,°C$)

$w = 20\ m/s;\quad d_{gl} = 0{,}017\ m;\quad \eta = 1{,}96 \cdot 10^{-5}\ N\ s/m^2$

$$Re = \frac{w d_{gl} \varrho}{\eta}$$

Umrechnung der Dichte nach dem allgemeinen Gasgesetz, Gl. (5) und Gl. (1).

$\varrho_0 = 1{,}293\ kg/m^3 \qquad T_m = 323\ K \qquad p = 10\ bar \qquad p_0 = 1{,}013\ bar$

$$\varrho = \varrho_0 \frac{pT_0}{p_0 T_m} = 1{,}293\ kg/m^3 \cdot \frac{10\ bar \cdot 273\ K}{1{,}013\ bar \cdot 323\ K} = 10{,}8\ kg/m^3$$

Dann ist

$$Re = \frac{20\ \text{m/s} \cdot 0{,}017\ \text{m} \cdot 10{,}8\ \text{kg/m}^3}{1{,}96 \cdot 10^{-5}\ \text{kg/m s}} = 187000$$

Die *Prandtl*sche Zahl ist (s. 10.4.)

$c_{pm} = 1{,}007\ \text{kJ/kg K} = 1007\ \text{J/kg K} \qquad \lambda = 0{,}0278\ \text{W/m K} = 0{,}0278\ \text{J/s m K}$

$$Pr = \frac{c_{pm}\eta}{\lambda} = \frac{1007\ \text{J/kg K} \cdot 1{,}96 \cdot 10^{-5}\ \text{kg/m s}}{0{,}0278\ \text{J/s m K}} = 0{,}718$$

Mit Gl. (121) ist die *Nusselt*sche Zahl

$$Nu = 0{,}032\, Re^{0{,}8}\, Pr^{0{,}3} \left(\frac{l}{d_{gl}}\right)^{-0{,}054}$$

$$Nu = 0{,}032 \cdot 187000^{0{,}8} \cdot 0{,}718^{0{,}3} \left(\frac{16}{0{,}017}\right)^{-0{,}054} = 330$$

Aus Gl. (118) ist dann der Wärmeübergangskoeffizient auf der Gasseite

$$\alpha_a = \frac{Nu\lambda}{d_{gl}} = \frac{330 \cdot 0{,}0278\ \text{W/m K}}{0{,}017\ \text{m}} = 557\ \text{W/m}^2\text{K}$$

Wärmeübergangskoeffizient auf der Wasserseite

$t_{Wm} = (20 + 40)\,°\text{C}/2 = 30\,°\text{C}; \quad w_W = 0{,}297\ \text{m/s}$

Nach *Schack*, Gl. (124), ist

$\alpha_i \approx 3370 \cdot 0{,}297^{0{,}85}(1 + 0{,}014 \cdot 30) \approx 1700; \quad \alpha_i \approx 1700\ \text{W/m}^2\text{K}$

Bezogen auf den inneren Rohrdurchmesser, ist der vorhandene k-Wert für 1 m² kreisrunde Fläche mit Gl. (114c)

$\alpha_i = 1700\ \text{W/m}^2\text{K} \qquad d_i = 0{,}02\ \text{m}$

$\alpha_a = 557\ \text{W/m}^2\text{K} \qquad d_a = 0{,}025\ \text{m}$

(Wärmeleitung durch die Rohrwand wird vernachlässigt)

$$k_i = \frac{1}{\frac{1}{\alpha_i} + \frac{1}{\alpha_a} \cdot \frac{d_i}{d_a}} = \frac{1}{\frac{1}{1700} + \frac{1}{557} \cdot \frac{0{,}02}{0{,}025}}\ \text{W/m}^2\text{K} = 500\ \text{W/m}^2\text{K}$$

Gegenüber dem erforderlichen $k = 430\ \text{W/m}^2\text{K}$ besteht eine Sicherheit von 16%.

224. In einem Wärmeübertrager von 2 m Länge, dessen Mantelrohr $D_i = 0{,}45$ m Dmr. hat, sind 100 Rohre von 21/25 mm Dmr. untergebracht.
Die zu kühlende Luft hat eine mittlere Temperatur von 50 °C bei einem Druck von 1 bar. Luftgeschwindigkeit 12 m/s.
In den Rohren fließt Wasser.
Wie groß ist der Wärmeübergangskoeffizient Luft → Rohrwand?

Lösung:

Es werden Gl. (121) und Gl. (6), Tab. 23, angewendet.
Gleichwertiger runder Durchmesser (siehe Bild 69 in 10.4.)

$D_i = 0{,}45\ \mathrm{m}; \quad d_a = 0{,}025\ \mathrm{m}; \quad n = 100$

$$d_{gl} = \frac{4A}{U} = \frac{4(D_i^2 - n d_a^2)\frac{\pi}{4}}{(D_i + n d_a)\,\pi} = \frac{D_i^2 - n d_a^2}{D_i + n d_a}$$

$$d_{gl} = \frac{(0{,}45^2 - 100 \cdot 0{,}025^2)\ \mathrm{m}^2}{(0{,}45 + 100 \cdot 0{,}025)\ \mathrm{m}} = 0{,}0475\ \mathrm{m}$$

Mit Gl. (119) ist die *Reynolds*sche Zahl

$w = 12\ \mathrm{m/s} \qquad \nu = 18{,}2 \cdot 10^{-6}\ \mathrm{m^2/s} \qquad \lambda = 0{,}0278\ \mathrm{W/m\,K} \qquad Pr = 0{,}71$

$$Re = \frac{w d_{gl}}{\nu} = \frac{12\ \mathrm{m/s} \cdot 0{,}0475\ \mathrm{m}}{18{,}2 \cdot 10^{-6}\ \mathrm{m^2/s}} = 31\,400$$

Die *Nusselt*sche Zahl ist nach Gl. (121)

$$Nu = 0{,}032\, Re^{0,8}\, Pr^{0,3} \left(\frac{l}{d_{gl}}\right)^{-0,054}$$

$$Nu = 0{,}032 \cdot 31\,400^{0,8} \cdot 0{,}71^{0,3} \left(\frac{2}{0{,}0475}\right)^{-0,054} = 93{,}4$$

Aus Gl. (118) ist der Wärmeübergangskoeffizient

$$\alpha_1 = \frac{Nu\,\lambda}{d_{gl}} = \frac{93{,}4 \cdot 0{,}0278\ \mathrm{W/m\,K}}{0{,}0475\ \mathrm{m}} = 54{,}6\ \mathrm{W/m^2\,K}$$

Mit Gl. (6), Tab. 23, ist der α-Wert

$c_p = 1{,}007\ \mathrm{kJ/kg\,K} \qquad \varrho = 1{,}078\ \mathrm{kg/m^3}$ (Tab. 21)

$$\alpha_2 = 8{,}26\, \frac{0{,}0278}{0{,}0475} \left(\frac{12 \cdot 1{,}007 \cdot 1{,}078 \cdot 0{,}0475}{0{,}0278}\right)^{0,786} \left(\frac{2}{0{,}0475}\right)^{-0,054} = 45{,}2;$$

$$\alpha_2 = 45{,}2\ \mathrm{W/m^2\,K}$$

Mittelwert $\alpha = \frac{\alpha_1 + \alpha_2}{2} = \frac{(54{,}6 + 45{,}2)\ \mathrm{W/m^2K}}{2} = 49{,}9\ \mathrm{W/m^2K}$

Nach der Überschlagsgleichung (s. 10.4.) würde sein

$$\alpha = 2{,}3 + 11{,}6\sqrt{12} = 42{,}4; \quad \alpha = 42{,}4\ \mathrm{W/m^2\,K}\ \text{(brauchbar)}$$

10.5. Wärmestrahlung

Die Übertragung der Wärme kann ohne materiellen Träger durch Strahlung erfolgen.
Der größte Teil dieser Strahlung liegt im für das menschliche Auge unsichtbaren infraroten Gebiet des Spektrums.

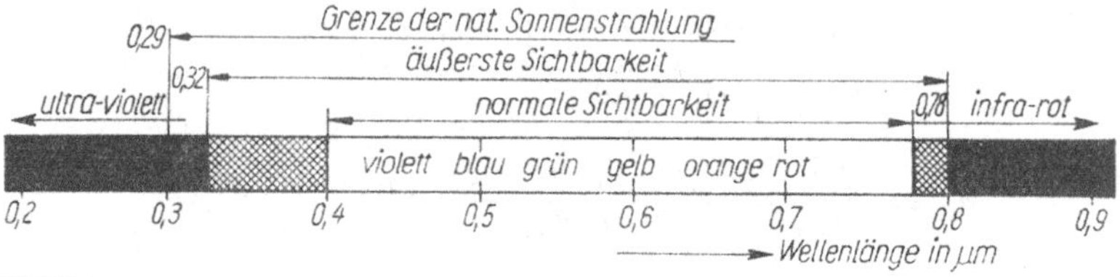

Bild 71

Die Wärme, die von 1 m² des absolut schwarzen Körpers je Zeiteinheit abgestrahlt wird, beträgt nach dem *Stefan-Boltzmann*schen Gesetz

$$\dot{q}_S = C_S(T/100)^4$$

$C_S = 5{,}77\ \mathrm{W/m^2\,K^4}$ ist Strahlungszahl des absolut schwarzen Körpers. Kesselanlagen mit kleiner Beschickungsöffnung (meist vorhandene Anlagen) sind dem absolut schwarzen Körper praktisch gleichzusetzen.
Für andere Körper ist die Konstante des Strahlungsaustausches, die wirksame Strahlungszahl (siehe Tab. 16),

$$C = \varepsilon C_S$$

ε Absorptionsvermögen

Es sind folgende Fälle zu unterscheiden (Index 1 bezieht sich auf die strahlende, Index 2 auf die angestrahlte Wand):

1. Die beiden Flächen stehen sich parallel gegenüber.

$$C = \frac{1}{\frac{1}{C_1} + \frac{1}{C_2} - \frac{1}{C_S}} \tag{126a}$$

2. A_2 (angestrahlte Wand) umgibt A_1 (strahlende Wand) vollkommen.

$$C = \frac{1}{\frac{1}{C_1} + \frac{A_1}{A_2}\left(\frac{1}{C_2} - \frac{1}{C_S}\right)} \tag{126b}$$

3. A_2 groß gegen A_1 (Rohrleitung im Raum).

$$C = C_1 \tag{126c}$$

4. Liegen die etwa gleich großen Flächen A_1 und A_2 mit den wenig unterschiedlichen Strahlungszahlen C_1 und C_2 beliebig zueinander, so kann nach *Nusselt* gesetzt werden

$$C = \frac{C_1 C_2}{C_S} \qquad (126\text{d})$$

Die abgestrahlte Wärme je Zeiteinheit wird berechnet nach

$$\dot{Q}_S = A_1 C \left[\left(\frac{T_1}{100}\right)^4 - \left(\frac{T_2}{100}\right)^4\right]$$

Wenn mit α_S der Wärmeübergangskoeffizient durch Strahlung bezeichnet wird, dann gilt, bezogen auf 1 m² Fläche,

$$\alpha_S(T_1 - T_2) = C \left[\left(\frac{T_1}{100}\right)^4 - \left(\frac{T_2}{100}\right)^4\right]$$

$$\alpha_S = C \frac{\left(\frac{T_1}{100}\right)^4 - \left(\frac{T_2}{100}\right)^4}{T_1 - T_2}$$

Der Bruchstrichwert ist der Temperaturfaktor β,

also $\qquad \alpha_S = \beta C$

Die Werte für β können Tab. 17 entnommen werden.
Die durch Strahlung übertragene Wärme je Zeiteinheit in W ist dann

$$\dot{Q}_S = A_1 \alpha_S (t_1 - t_2) \qquad (127)$$

Beispiele:

225. Ein Raum hat eine Oberfläche von 80 m². Die Wandtemperatur beträgt 20 °C. Im Raum befindet sich ein Kessel mit einer Oberfläche von 6 m² und einer Temperatur von 200 °C.
Wie groß ist die abgestrahlte Wärme, wenn $\varepsilon_{\text{Kes}} = 0{,}95$ und $\varepsilon_{\text{Wd}} = 0{,}9$ ist?

Lösung:

Die Strahlungszahlen sind

Kessel $C_1 = \varepsilon_{\text{Kes}} C_S = 0{,}95 \cdot 5{,}77\ \text{W/m}^2\,\text{K}^4 = 5{,}48\ \text{W/m}^2\,\text{K}^4$

Wand $C_2 = \varepsilon_{\text{Wd}} C_S = 0{,}9 \cdot 5{,}77\ \text{W/m}^2\,\text{K}^4 = 5{,}19\ \text{W/m}^2\,\text{K}^4$

Die Strahlungszahl für den Austausch ist mit Gl. (126b)

$A_1 = 6\ \text{m}^2$; $\quad A_2 = 80\ \text{m}^2$

$$C = \frac{1}{\frac{1}{C_1} + \frac{A_1}{A_2}\left(\frac{1}{C_2} - \frac{1}{C_S}\right)} = \frac{1}{\frac{1}{5{,}48} + \frac{6}{80}\left(\frac{1}{5{,}19} - \frac{1}{5{,}77}\right)}\ \text{W/m}^2\,\text{K}^4$$

$$= 5{,}46\ \text{W/m}^2\,\text{K}^4$$

Errechnung des Temperaturfaktors (s. a. Tab. 17)

$t_1 = 200\,°\mathrm{C}; \quad T_1 = 473\,\mathrm{K} \qquad t_2 = 20\,°\mathrm{C}; \quad T_2 = 293\,\mathrm{K}$

$$\beta = \frac{\left(\frac{T_1}{100}\right)^4 - \left(\frac{T_2}{100}\right)^4}{T_1 - T_2} = \frac{\left[\left(\frac{473}{100}\right)^4 - \left(\frac{293}{100}\right)^4\right] \mathrm{K}^4}{(473 - 293)\,\mathrm{K}} = 2{,}36\,\mathrm{K}^3$$

Der α_S-Wert für Strahlung ist dann

$$\alpha_S = \beta C = 2{,}36\,\mathrm{K}^3 \cdot 5{,}46\,\mathrm{W/m^2\,K^4} = 12{,}88\,\mathrm{W/m^2\,K}$$

Die abgestrahlte Wärme beträgt mit Gl. (127)

$$\dot{Q}_S = A_1 \alpha_S (t_1 - t_2) = 6\,\mathrm{m}^2 \cdot 12{,}88\,\mathrm{W/m^2\,K} \cdot (200 - 20)\,\mathrm{K}$$
$$= 13\,900\,\mathrm{W}$$

226. Eine nicht isolierte waagerechte Rohrleitung von 70/76 mm Dmr. und 12 m Länge hat eine Oberflächentemperatur von 100 °C.
Die Lufttemperatur im umgebenden größeren Raum beträgt 20 °C.
Welche Wärmeverluste hat das Rohr stündlich, wenn $\alpha_a \triangleq k$ ist?

Lösung:

Der Wärmeübergangskoeffizient durch Konvektion ist nach Gl. (14 a), Tab. 23

$t_{Wd} = 100\,°\mathrm{C}; \quad t_L = 20\,°\mathrm{C}; \quad d_a = 0{,}076\,\mathrm{m}$

$$\alpha_{Konv} = 1{,}186 \sqrt[4]{\frac{100 - 20}{0{,}076}} = 6{,}75; \quad \alpha_{Konv} = 6{,}75\,\mathrm{W/m^2\,K}$$

Wärmeabgabe durch Strahlung
Nach Gl. (126 c) (Rohrleitung im Raum) ist

$$C = C_1$$

Nach Tab. 16 ist $C = 4{,}3\,\mathrm{W/m^2\,K^4}$. Aus Tab. 17 ist $\beta = 1{,}49\,\mathrm{K}^3$.
Der α_S-Wert für Strahlung ist dann

$$\alpha_S = \beta C = 1{,}49\,\mathrm{K}^3 \cdot 4{,}3\,\mathrm{W/m^2\,K^4} = 6{,}4\,\mathrm{W/m^2\,K}$$

Gesamtwärmeübergangskoeffizient (Konvektion und Strahlung)

$$\alpha_a = \alpha_{Konv} + \alpha_S = (6{,}75 + 6{,}4)\,\mathrm{W/m^2\,K} = 13{,}15\,\mathrm{W/m^2\,K}$$

Für 12 m Rohr dann

$$\dot{Q} = d_a \pi l \alpha_a (t_{Wd} - t_L)$$

$$\dot{Q} = 0{,}076\ \text{m} \cdot \pi \cdot 12\ \text{m} \cdot 13{,}15\ \text{W/m}^2\,\text{K} \cdot (100 - 20)\ \text{K}$$
$$= 3000\ \text{W}$$

Nachrechnung des α_a-Wertes mit Gl. (11), Tab. 23 (Konvektion und Strahlung)

$$\alpha_a = 9{,}5 + 0{,}00852(100 - 20)^{1{,}33} = 12{,}4; \quad \alpha_a = 12{,}4\ \text{W/m}^2\,\text{K}$$

Die Übereinstimmung ist genügend genau.

227. Luft hat eine Temperatur von 300 °C bei einem Druck von 1 bar.
Wie groß ist die dynamische Viskosität η?

Lösung:

Aus Tab. 22 ist $\eta = 2{,}96 \cdot 10^{-5}$ Ns/m².
Nachgerechnet wird mit der Umrechnungsgleichung (s. 10.4.)
Aus Tab. 22 ist $\eta_0 = 1{,}727 \cdot 10^{-5}$ Ns/m².

*Sutherland*konstante $C = 111$; $T_0 = 273$ K; $t = 300$ °C; $T = 573$ K

$$\eta = \eta_0 \sqrt{\frac{T}{T_0}} \cdot \frac{1 + C/T_0}{1 + C/T}$$

$$= 1{,}727 \cdot 10^{-5} \sqrt{\frac{573}{273}} \cdot \frac{1 + 111/273}{1 + 111/573}\ \text{Ns/m}^2 = 2{,}95 \cdot 10^{-5}\ \text{Ns/m}^2$$

228. In den Handbüchern wird die Wärmeabgabe von Kachelöfen bei Vollast (Oberflächentemperatur 70···90 °C) im Mittel mit 700 W/m² angegeben.
Welche Wärmeabgabe haben Kachelöfen bei einer Oberflächentemperatur von 60 °C? Ofenhöhe 2 m. Raumtemperatur 20 °C. Raumwandtemperatur 18 °C. Luftdruck 1 bar.

Gegeben: für die Kachel $C_1 = 4{,}3\ \text{W/m}^2\,\text{K}^4$
für die Wand $C_2 = 4{,}65\ \text{W/m}^2\,\text{K}^4$

Lösung:

Wärmeübergang durch Konvektion

Um mit Gl. (15b), Tab. 23, rechnen zu können, muß die *Grashof*sche Zahl nach Gl. (120) bestimmt werden.
Umrechnung der Dichte der Luft nach Gl. (8) mit Gl. (1)

$\varrho_0 = 1{,}293\ \text{kg/m}^3$ $\quad T_0 = 273$ K $\quad t_{Wd} = 60$ °C; $T_{Wd} = 333$ K $\quad p_b = 1$ bar

$$\varrho = \varrho_0 \frac{p_b}{p_0} \frac{T_0}{T_{Wd}} = 1{,}293\ \text{kg/m}^3 \cdot \frac{1\ \text{bar} \cdot 273\ \text{K}}{1{,}013\ \text{bar} \cdot 333\ \text{K}} = 1{,}045\ \text{kg/m}^3$$

Die dynamische Viskosität wird nach der Umrechnungsgleichung und den Werten der Tab. 22 bestimmt.

$$\eta_0 = 1{,}727 \cdot 10^5\ \mathrm{Ns/m^2} \qquad \textit{Sutherland}\text{konstante } C = 111$$

$$\eta = \eta_0 \sqrt{\frac{T_{\mathrm{Wd}}}{T_0} \cdot \frac{1 + C/T_0}{1 + C/T_{\mathrm{Wd}}}}$$

$$\eta = 1{,}727 \cdot 10^{-5} \sqrt{\frac{333}{273} \cdot \frac{1 + 111/273}{1 + 111/333}}\ \mathrm{Ns/m^2} = 2{,}01 \cdot 10^{-5}\ \mathrm{Ns/m^2}$$

Die *Grashof*sche Zahl ist dann nach Gl. (120)

$\varrho = 1{,}045\ \mathrm{kg/m^3}$ $\quad \lambda = 0{,}0285\ \mathrm{W/m\,K}$ $\quad t_{\mathrm{Wd}} = 60\,°\mathrm{C}$

$h = 2\ \mathrm{m}$ $\quad \beta = 1/273\ \mathrm{K}$ $\quad t_{\mathrm{L}} = 20\,°\mathrm{C}$

$$Gr = \frac{h^3 g \varrho^2 \beta (t_{\mathrm{Wd}} - t_{\mathrm{L}})}{\eta^2} = \frac{(2\ \mathrm{m})^3 \cdot 9{,}81\ \mathrm{m/s^2} \cdot (1{,}045\ \mathrm{kg/m^3})^2 \cdot (60 - 20)\ \mathrm{K}}{273\ \mathrm{K} \cdot (2{,}01 \cdot 10^{-5}\ \mathrm{kg/m\,s})^2}$$

$$= 31 \cdot 10^9 \text{ (also turbulent)}$$

Eingesetzt in Gl. (15b), Tab. 23, errechnet sich die *Nusselt*sche Zahl

$$Nu = 0{,}0325\ Gr^{0,4} = 0{,}0325(31 \cdot 10^9)^{0,4} = 511$$

Mit Gl. (118) ist dann der Wärmeübergangskoeffizient für Konvektion

$$\alpha_{\mathrm{Konv}} = \frac{Nu\,\lambda}{h} = \frac{511 \cdot 0{,}0285\ \mathrm{W/m\,K}}{2\ \mathrm{m}} = 7{,}27\ \mathrm{W/m^2\,K}$$

Wärmeübertragung durch Strahlung

Die Strahlungszahl ist mit Gl. (126a)

$C_1 = 4{,}3\ \mathrm{W/m^2\,K^4}$ $\quad C_2 = 4{,}65\ \mathrm{W/m^2\,K^4}$ $\quad C_{\mathrm{S}} = 5{,}77\ \mathrm{W/m^2\,K^4}$

$$C = \frac{1}{\dfrac{1}{C_1} + \dfrac{1}{C_2} - \dfrac{1}{C_{\mathrm{S}}}} = \frac{1}{\dfrac{1}{4{,}3} + \dfrac{1}{4{,}65} - \dfrac{1}{5{,}77}}\ \mathrm{W/m^2\,K^4}$$

$$= 3{,}65\ \mathrm{W/m^2\,K^4}$$

Der Temperaturfaktor β ist (s. 10.5.)

$T_{\mathrm{Wd}} = T_1 = 333\ \mathrm{K}$; $\quad t_2 = 18\,°\mathrm{C}$; $\quad T_2 = 291\ \mathrm{K}$ (Raumwandtemperatur)

$$\beta = \frac{\left(\dfrac{T_1}{100}\right)^4 - \left(\dfrac{T_2}{100}\right)^4}{T_1 - T_2} = \frac{\left[\left(\dfrac{333}{100}\right)^4 - \left(\dfrac{291}{100}\right)^4\right]\mathrm{K^4}}{(333 - 291)\ \mathrm{K}} = 1{,}21\ \mathrm{K^3}$$

Der α_{S}-Wert für Strahlung ist dann

$$\alpha_{\mathrm{S}} = \beta C = 1{,}21\ \mathrm{K^3} \cdot 3{,}65\ \mathrm{W/m^2\,K^4} = 4{,}38\ \mathrm{W/m^2\,K}$$

Gesamtwärmeübergangskoeffizient (Konvektion und Strahlung)

$$\alpha = \alpha_{\text{Konv}} + \alpha_{\text{S}} = (7{,}27 + 4{,}38)\ \text{W/m}^2\,\text{K} = 11{,}65\ \text{W/m}^2\,\text{K}$$

Mit Gl. (13b) Tab. 23 würde der Wärmeübergangskoeffizient bei Konvektion sein

$$\alpha_{\text{Konv}} = 2{,}56\,\sqrt[4]{60-20} = 6{,}45; \quad \alpha_{\text{Konv}} = 6{,}45\ \text{W/m}^2\,\text{K}$$

Der Gesamtwärmeübergangskoeffizient (Konvektion und Strahlung)

$$\alpha = \alpha_{\text{Konv}} + \alpha_{\text{S}} = (6{,}45 + 4{,}38)\ \text{W/m}^2\,\text{K} = 10{,}83\ \text{W/m}^2\,\text{K}$$

Mittelwert

$$\alpha = \frac{(11{,}65 + 10{,}83)\ \text{W/m}^2\,\text{K}}{2} \approx 11\ \text{W/m}^2\,\text{K}$$

Bei der gegebenen Temperaturdifferenz ist die Wärmeabgabe für 1 m² Kachelofenheizfläche

$$\dot{q} = \alpha(t_{\text{Wd}} - t_{\text{L}}) = 11\ \text{W/m}^2\,\text{K} \cdot (60 - 20)\ \text{K} = 440\ \text{W/m}^2$$

11. Ausströmung von Gasen und Dampf

11.1. Kritisches Druckverhältnis

Bei jeder Art von Strömung wird potentielle Energie (Druckenergie) in kinetische Energie umgesetzt.
Die erzeugte Geschwindigkeit ist also vom Druckverhältnis abhängig.
Es ist das kritische Druckverhältnis (*Laval*-Druckverhältnis) bei Ausströmung aus Mündungen

$$\left(\frac{p_2}{p_1}\right)_k = \frac{p_k}{p_1} = \left(\frac{2}{\varkappa + 1}\right)^{\frac{\varkappa}{\varkappa - 1}}$$

Der kritische Druck (nicht zu verwechseln mit dem kr. Druck in 4.4.1.) ist:

für 2atomige Gase	$(\varkappa = 1{,}4)$	$p_k = 0{,}528 p_1$
für Heißdampf und 3atomige Gase	$(\varkappa = 1{,}3)$	$p_k = 0{,}546 p_1$
für tr. ges. Dampf	$(\varkappa = 1{,}135)$	$p_k = 0{,}577 p_1$

für Naßdampf mit dem anfänglichen Dampfgehalt x ist (bis $p = 25$ bar; $x > 0{,}75$)

$$\varkappa = 1{,}035 + 0{,}1x$$

Ist der Gegendruck bei der Ausströmung kleiner als der kritische Druck, dann ist ein überkritisches Druckverhältnis vorhanden und umgekehrt.

11.2. Ausströmungsgeschwindigkeit

Allgemein kann vorausgesetzt werden, daß bei der Ausströmung aus Mündungen der Vordruck p_1 konstant ist.
Die Zustromgeschwindigkeit w_1 ist im Verhältnis zur Ausströmungsgeschwindigkeit sehr klein, so daß praktisch $w_1 = 0$ gesetzt werden kann.
Bei verlustloser Strömung ist die Ausströmungsgeschwindigkeit in m/s

$$w = \sqrt{2 \frac{\varkappa}{\varkappa - 1} p_1 v_1 \left[1 - \left(\frac{p_2}{p_1}\right)^{\frac{\varkappa - 1}{\varkappa}}\right]} \tag{128}$$

ist die Zustromgeschwindigkeit w_1 mit zu berücksichtigen, dann ist

$$w = \sqrt{2 \frac{\varkappa}{\varkappa - 1} p_1 v_1 \left[1 - \left(\frac{p_2}{p_1}\right)^{\frac{\varkappa - 1}{\varkappa}}\right] + {w_1}^2}$$

In einfachen Düsen (Bild 72) kann auch bei vorhandenem überkritischem Druckgefälle nur das kritische Druckgefälle zur Geschwindigkeitssteigerung ausgenutzt werden.

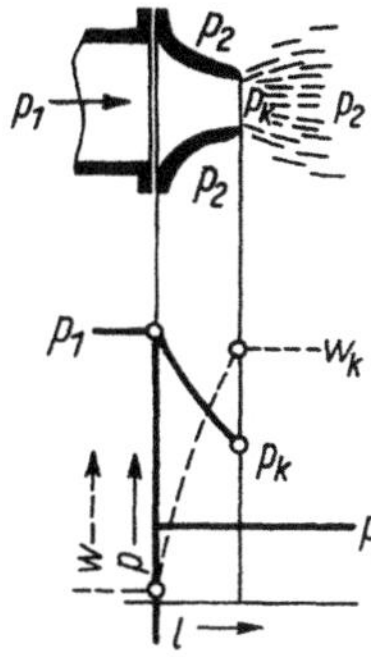

Bild 72

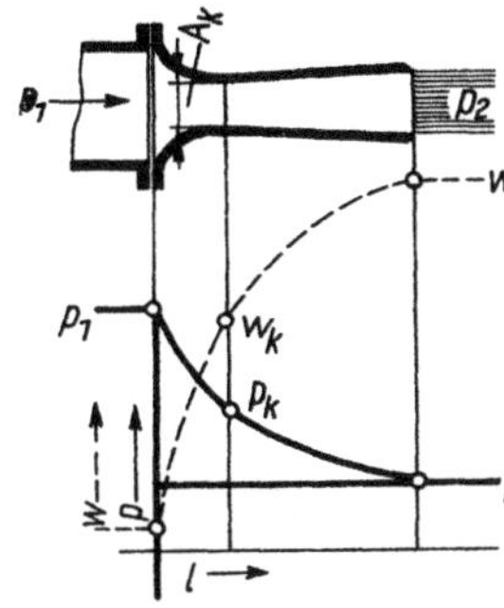

Bild 73

In der Düsenmündung stellt sich der kritische Druck p_k ein. Die weitere Ausdehnung des strömenden Mediums erfolgt unter Wirbelbildung hinter der Düse ohne Geschwindigkeitssteigerung. Die dem kritischen Druckgefälle entsprechende kritische Geschwindigkeit ist

$$w_k = \sqrt{2\, p_1 v_1 \frac{\varkappa}{\varkappa + 1}} \tag{129}$$

In anderer Form ist

$$w_k = \sqrt{\varkappa p_k v_k} = \sqrt{\varkappa R T_k} \tag{129a}$$

Die Gl. (129a) ist identisch mit der Gl. der Fortpflanzungsgeschwindigkeit des Schalles im strömenden Gas oder Dampf beim kritischen Zustand.
Mit den von *de Laval* entwickelten sog. *Laval*düsen (Bild 73), deren Öffnungswinkel etwa 8···10° beträgt, können auch überkritische Druckgefälle vollständig in kinetische Energie umgesetzt werden. Auch bei zur Verfügung stehendem überkritischem Druckgefälle stellt sich im engsten Querschnitt der *Laval*düse der kritische Druck p_k mit der kritischen Geschwindigkeit w_k ein.
Bei geringen Druckunterschieden, die Ausströmungsgeschwindigkeiten bis etwa 80 m/s entsprechen, bleibt das Volumen annähernd konstant. Es gilt dann die vereinfachte Ausströmgleichung

$$w = \sqrt{\frac{2\Delta p}{\varrho}} \tag{130}$$

Die tatsächlich erreichten Ausströmungsgeschwindigkeiten sind durch auftretende Verluste geringer.
Es ist der Geschwindigkeitsbeiwert

$$\varphi = \frac{w_2}{w}$$

$\varphi = 0{,}98\cdot\cdot 0{,}90$ bei Strahlapparaten
$\varphi = 0{,}98\cdots 0{,}95$ bei gut abgerundeten Düsen

w Ausströmgeschwindigkeit ohne Verluste
w_2 tatsächliche Ausströmgeschwindigkeit

11.3. Ausströmende Masse

Die ausströmende Masse je Zeiteinheit, bezogen auf den Endzustand, beträgt mit dem Düsenquerschnitt A_D

$$\dot{m} = \dot{V}\varrho_2 = A_D \frac{w}{v_2}$$

Mit Verwendung von Gl. (128) wird

$$\dot{m} = A_D \sqrt{2 \frac{\varkappa}{\varkappa - 1} \frac{p_1 v_1}{v_2^2} \left[1 - \left(\frac{p_2}{p_1}\right)^{\frac{\varkappa-1}{\varkappa}}\right]}$$

Aus Gl. (41b) ist

$$\frac{v_2^2}{v_1^2} = \left(\frac{p_1}{p_2}\right)^{\frac{2}{\varkappa}}; \quad \frac{1}{v_2^2} = \frac{1}{v_1^2}\left(\frac{p_2}{p_1}\right)^{\frac{2}{\varkappa}}$$

Eingesetzt ist dann die ausströmende Masse je Zeiteinheit in kg/s

$$\dot{m} = A_D \sqrt{2 \frac{\varkappa}{\varkappa - 1} \frac{p_1}{v_1} \left[\left(\frac{p_2}{p_1}\right)^{\frac{2}{\varkappa}} - \left(\frac{p_2}{p_1}\right)^{\frac{\varkappa+1}{\varkappa}}\right]} \tag{131}$$

Für die durch eine Düse ausströmende maximale Gasmasse ist, auch bei vorhandenem überkritischem Druckgefälle, für alle Düsenarten die kritische Geschwindigkeit maßgebend.
Mit Verwendung von Gl. (129) beträgt die maximal austretende Gas- oder Dampfmasse je Zeiteinheit durch den engsten Querschnitt A_k

$$\dot{m}_{max} = A_k \sqrt{\varkappa \frac{p_1}{v_1} \left(\frac{2}{\varkappa + 1}\right)^{\frac{\varkappa+1}{\varkappa-1}}} \tag{132}$$

Für die tatsächlich austretende Masse ist die Kontraktionszahl μ zu berücksichtigen

$$\mu = \frac{A_S}{A_D}$$

A_S Querschnitt des austretenden Strahles

A_D Querschnitt der Düse

$\mu = 1$ bei gut abgerundeten Düsen und bei erweiterten Düsen

Bei zugeschärften Eintrittskanten, z. B. Meßblenden, sinkt die Kontraktionszahl bis etwa $\mu = 0{,}65$ und tiefer.

11.4. Ausströmung von Dampf

Beim Ausströmen von Dampf ergibt sich, basierend auf Gl. (128), wenn die Zustromgeschwindigkeit vernachlässigt wird, die Ausströmgeschwindigkeit mit Δh in J/kg aus Düsen nach

$$w = \sqrt{2\Delta h} \tag{133}$$

Zur Bestimmung der kritischen Ausströmgeschwindigkeit ist für Δh der kritische Enthalpieunterschied einzusetzen.
Ist die Zustromgeschwindigkeit w_1 mit zu berücksichtigen, dann ist

$$w = \sqrt{2\Delta h + w_1^2}$$

Es ist vorteilhaft, die Ausströmungsgeschwindigkeiten für Dampf an der Doppelskale des h,s-Diagramms (s. Beilage) abzulesen.
Der Geschwindigkeitsbeiwert ist $\varphi = 0{,}92\cdots0{,}97$.
Der durch den Geschwindigkeitsbeiwert hervorgerufene Düsenverlust Δh_{Dv} im Enthalpieunterschied ausgedrückt ist

$$\frac{w}{w_{\mathrm{S}}} = \sqrt{\frac{\Delta h}{\Delta h_{\mathrm{S}}}} = \varphi; \qquad \frac{\Delta h}{\Delta h_{\mathrm{S}}} = \varphi^2$$

$$\Delta h_{\mathrm{Dv}} = \Delta h_{\mathrm{S}} - \Delta h = \Delta h_{\mathrm{S}} - \Delta h_{\mathrm{S}}\varphi^2$$

$$\Delta h_{\mathrm{Dv}} = \Delta h_{\mathrm{S}}(1 - \varphi^2) \tag{134}$$

Δh_{s} isentropes Enthalpiegefälle (Senkrechte im h,s-Diagramm) bei verlustloser Ausströmung

Beispiele:

229. In einer Gasleitung (Stadtgas) befindet sich ein Loch von 2 mm Dmr.
Der Überdruck in der Gasleitung beträgt 600 N/m², die Dichte des Stadtgases $\varrho = 0{,}6$ kg/m³.
Welches Volumen strömt in einer Stunde bei einem Luftdruck von 1 bar aus, wenn der Geschwindigkeitsbeiwert $\varphi = 0{,}9$ und die Kontraktionszahl $\mu = 0{,}65$ ist?

Lösung:
Da nur ein kleines Druckgefälle vorhanden ist, kann Gl. (130) angewendet werden.

$\Delta p_{\ddot{u}} = 600\ \mathrm{N/m^2} = 0{,}006$ bar $\qquad p_2 = p_{\mathrm{b}} = 1$ bar
$d = 0{,}002$ m; $A_{\mathrm{D}} = 0{,}00000314\ \mathrm{m^2}$ $\qquad \varphi = 0{,}9$
$\varrho = 0{,}6\ \mathrm{kg/m^3}$ $\qquad \mu = 0{,}65$

Nach Gl. (9a) ist der absolute Innendruck

$$p_1 = p_{\mathrm{b}} + \Delta p_{\ddot{u}} = (1 + 0{,}006)\ \mathrm{bar} = 1{,}006\ \mathrm{bar}$$

Der Druckunterschied beträgt

$$\Delta p = p_1 - p_2$$

$$\Delta p = (1{,}006 - 1)\ \mathrm{bar} = 0{,}006\ \mathrm{bar} = 0{,}006 \cdot 10^5\ \mathrm{N/m^2} = 600\ \mathrm{kg/m\,s^2}$$

Die tatsächliche Ausströmgeschwindigkeit ist mit Gl. (130)

$$w_2 = \varphi\sqrt{\frac{2\Delta p}{\varrho}} = 0{,}9\sqrt{\frac{2 \cdot 600\ \mathrm{kg/m\,s^2}}{0{,}6\ \mathrm{kg/m^3}}} = 40{,}2\ \mathrm{m/s}$$

Für das austretende Volumen ist die Kontraktionszahl $\mu = 0{,}65$ zu berücksichtigen.

$$\dot{V} = \mu A_{\mathrm{D}} w_2$$

$$\dot{V} = 0{,}65 \cdot 0{,}00000314\ \mathrm{m^2} \cdot 40{,}2\ \mathrm{m/s} \cdot 3600\ \mathrm{s/h} = 0{,}295\ \mathrm{m^3/h}$$

230. In einem Behälter befindet sich Luft ($\varkappa = 1{,}4$) mit einem konstanten absoluten Druck von 2,5 bar, bei einer Temperatur von 30 °C.

a) Wie groß ist die Ausströmgeschwindigkeit aus einer gut abgerundeten Düse bei einem absoluten Gegendruck von 1,4 bar, wenn der Geschwindigkeitsbeiwert $\varphi = 0{,}96$ ist?

Der Dmr. der Düse beträgt 20 mm.
Wie groß ist die Geschwindigkeit der Luft im engsten Querschnitt? Welche Masse strömt je Sekunde aus, wenn die Kontraktionszahl $\mu = 1$ ist?

b) Wie ändern sich die Werte in a) bei einem absoluten Gegendruck von 1 bar, wenn eine entsprechende *Laval*düse, deren engster Dmr. 20 mm beträgt, eingebaut wurde. Bis zur Verengung (s. Bild 73 in 11.2.) ist $\varphi_1 = 0{,}97$.
Für die ganze Düse $\varphi_2 = 0{,}94$ und $\mu = 1$.

Lösung:

a) Ausströmgeschwindigkeit
Es ist der kritische Druck mit $p_1 = 2{,}5$ bar (s. 11.1.)

$$p_k = 0{,}528 \cdot p_1 = 0{,}528 \cdot 2{,}5 \text{ bar} = 1{,}32 \text{ bar}$$

Da $p_2 = 1{,}4 \text{ bar} > p_k = 1{,}32$ bar, ist ein unterkritisches Druckverhältnis vorhanden. Das spezifische Volumen im Anfangszustand ist mit Gl. (6)

$p_1 = 2{,}5 \text{ bar} = 2{,}5 \cdot 10^5 \text{ N/m}^2 \qquad t_1 = 30\,°\text{C}; \quad T_1 = 303 \text{ K} \qquad R = 287 \text{ Nm/kg K}$

$$v_1 = \frac{RT_1}{p_1} = \frac{287 \text{ Nm/kg K} \cdot 303 \text{ K}}{2{,}5 \cdot 10^5 \text{ N/m}^2} = 0{,}348 \text{ m}^3\text{/kg}$$

Die Ausströmungsgeschwindigkeit ist nach Gl. (128)

$p_1 = 2{,}5 \cdot 10^5 \text{ N/m}^2 = 2{,}5 \cdot 10^5 \text{ kg/m s}^2 \qquad p_2 = 1{,}4 \text{ bar} \qquad \varphi = 0{,}96$

$$w_2 = \varphi \sqrt{2 \frac{\varkappa}{\varkappa - 1} p_1 v_1 \left[1 - \left(\frac{p_2}{p_1}\right)^{\frac{\varkappa - 1}{\varkappa}}\right]}$$

$$w_2 = 0{,}96 \sqrt{2 \frac{1{,}4}{1{,}4 - 1} 2{,}5 \cdot 10^5 \text{ kg/m s}^2 \cdot 0{,}348 \text{ m}^3\text{/kg} \cdot \left[1 - \left(\frac{1{,}4}{2{,}5}\right)^{\frac{1{,}4-1}{1{,}4}}\right]}$$

$$w_2 = 290 \text{ m/s}$$

Die Strömungsgeschwindigkeit im engsten Querschnitt beträgt ebenfalls 290 m/s. Die ausströmende Gasmasse je Zeiteinheit ist nach Gl. (131)

$p_1 = 2{,}5 \cdot 10^5 \text{ kg/m s}^2 \qquad p_2 = 1{,}4 \text{ bar}$

$v_1 = 0{,}348 \text{ m}^3\text{/kg} \qquad \varphi = 0{,}96$

$d = 0{,}02 \text{ m}; \quad A_D = 0{,}000314 \text{ m}^2 \qquad \mu = 1$

$$\dot{m} = \varphi \mu A_{\mathrm{D}} \sqrt{2 \frac{\varkappa}{\varkappa - 1} \frac{p_1}{v_1} \left[\left(\frac{p_2}{p_1}\right)^{\frac{2}{\varkappa}} - \left(\frac{p_2}{p_1}\right)^{\frac{\varkappa+1}{\varkappa}} \right]}$$

$$\dot{m} = 0{,}96 \cdot 1 \cdot 0{,}000314\ \mathrm{m}^2 \sqrt{2 \frac{1{,}4}{1{,}4 - 1} \cdot \frac{2{,}5 \cdot 10^5\ \mathrm{kg/m\,s^2}}{0{,}348\ \mathrm{m^3/kg}} \left[\left(\frac{1{,}4}{2{,}5}\right)^{\frac{2}{1{,}4}} - \left(\frac{1{,}4}{2{,}5}\right)^{\frac{1{,}4+1}{1{,}4}} \right]}$$

$$\dot{m} = 0{,}175\ \mathrm{kg/s}$$

b) Es war der kritische Druck $p_{\mathrm{k}} = 1{,}32$ bar.
Da $p_2 = 1$ bar $< p_{\mathrm{k}} = 1{,}32$ bar, ist ein überkritisches Druckverhältnis vorhanden. Nach Gl. (128) ist die Ausströmgeschwindigkeit

$p_1 = 2{,}5 \cdot 10^5\ \mathrm{kg/m\,s^2}$ $\quad v_1 = 0{,}348\ \mathrm{m^3/kg}$

$p_2 = 1$ bar $\quad \varphi_2 = 0{,}94$

$$w_2 = \varphi_2 \sqrt{2 \frac{\varkappa}{\varkappa - 1} p_1 v_1 \left[1 - \left(\frac{p_2}{p_1}\right)^{\frac{\varkappa-1}{\varkappa}} \right]}$$

$$w_2 = 0{,}94 \sqrt{2 \frac{1{,}4}{1{,}4 - 1} 2{,}5 \cdot 10^5\ \mathrm{kg/m\,s^2} \cdot 0{,}348\ \mathrm{m^3/kg} \cdot \left[1 - \left(\frac{1}{2{,}5}\right)^{\frac{1{,}4-1}{1{,}4}} \right]}$$

$$w_2 = 354\ \mathrm{m/s}$$

Im engsten Querschnitt herrscht der *Laval*druck mit der kritischen Geschwindigkeit nach Gl. (129) und $\varphi_1 = 0{,}97$

$$w_{\mathrm{k}} = \varphi_1 \sqrt{2 p_1 v_1 \frac{\varkappa}{\varkappa + 1}}$$

$$w_{\mathrm{k}} = 0{,}97 \sqrt{2 \cdot 2{,}5 \cdot 10^5\ \mathrm{kg/m\,s^2} \cdot 0{,}348\ \mathrm{m^3/kg} \cdot \frac{1{,}4}{1{,}4 + 1}} = 309\ \mathrm{m/s}$$

Die ausströmende Masse ist, da ein überkritisches Druckverhältnis vorhanden ist, nach Gl. (132) mit $\varphi_2 = 0{,}94$, $\mu = 1$ und $A_{\mathrm{k}} = 0{,}000314\ \mathrm{m}^2$

$$\dot{m}_{\max} = \varphi_2 \mu A_{\mathrm{k}} \sqrt{\varkappa \frac{p_1}{v_1} \left(\frac{2}{\varkappa + 1}\right)^{\frac{\varkappa+1}{\varkappa-1}}}$$

$$\dot{m}_{\max} = 0{,}94 \cdot 1 \cdot 0{,}000314\ \mathrm{m}^2 \sqrt{1{,}4 \frac{2{,}5 \cdot 10^5\ \mathrm{kg/m\,s^2}}{0{,}348\ \mathrm{m^3/kg}} \left(\frac{2}{1{,}4 + 1}\right)^{\frac{1{,}4+1}{1{,}4-1}}}$$

$$\dot{m}_{\max} = 0{,}171\ \mathrm{kg/s}$$

Da im Fall b) der Geschwindigkeitsbeiwert für die ganze Düse kleiner als im Fall a) und die kritische Geschwindigkeit nur geringfügig größer als die Geschwindigkeit im Fall a) ist, ergibt sich eine geringere Masse für $\dot{m}_{\max}$.

231. In einem Behälter, der mit einer kurzen Rohrleitung an den engsten Querschnitt einer *Laval*düse angeschlossen ist, soll ein Unterdruck von 240 mbar bei einem Barometerstand von 1013 mbar hergestellt werden.
Engster Dmr. der Düse 30 mm, weitester Dmr. 45 mm. Die zur Verfügung stehende Druckluft hat eine Temperatur von 20 °C.

a) Welcher Überdruck muß vor der Düse herrschen?
b) Ist ein über- oder unterkritisches Druckverhältnis vorhanden?
c) Welche Luftmasse strömt je Sekunde aus?

Verluste bleiben unberücksichtigt.

Lösung:

a) Der absolute Druck im Behälter ist nach Gl. (9b)

$\Delta p_u = 240 \text{ mbar} = 24000 \text{ N/m}^2 \qquad p_2 = 1{,}013 \text{ bar} = 101300 \text{ N/m}^2$

$$p = p_2 - \Delta p_u = (101300 - 24000) \text{ N/m}^2 = 77300 \text{ N/m}^2 = 0{,}773 \text{ bar}$$

Durch beide Querschnitte der Düse muß die gleiche Masse strömen.
Nach der Kontinuitätsgleichung gilt, wenn mit A_1 der engste Querschnitt und mit A_2 der weiteste Querschnitt bezeichnet wird, nach Gl. (131)

$$A_1^2 \left[\left(\frac{p}{p_1}\right)^{\frac{2}{\varkappa}} - \left(\frac{p}{p_1}\right)^{\frac{\varkappa+1}{\varkappa}}\right] = A_2^2 \left[\left(\frac{p_2}{p_1}\right)^{\frac{2}{\varkappa}} - \left(\frac{p_2}{p_1}\right)^{\frac{\varkappa+1}{\varkappa}}\right]$$

Der absolute Vordruck ist dann

$$\frac{p^{\frac{2}{\varkappa}}}{p_1^{\frac{2}{\varkappa}}} - \frac{p^{\frac{\varkappa+1}{\varkappa}}}{p_1^{\frac{\varkappa+1}{\varkappa}}} = \left(\frac{A_2}{A_1}\right)^2 \frac{p_2^{\frac{2}{\varkappa}}}{p_1^{\frac{2}{\varkappa}}} - \left(\frac{A_2}{A_1}\right)^2 \frac{p_2^{\frac{\varkappa+1}{\varkappa}}}{p_1^{\frac{\varkappa+1}{\varkappa}}}$$

$$\frac{p^{\frac{2}{\varkappa}}}{p_1^{\frac{2}{\varkappa}}} - \left(\frac{A_2}{A_1}\right)^2 \frac{p_2^{\frac{2}{\varkappa}}}{p_1^{\frac{2}{\varkappa}}} = \frac{p^{\frac{\varkappa+1}{\varkappa}}}{p_1^{\frac{\varkappa+1}{\varkappa}}} - \left(\frac{A_2}{A_1}\right)^2 \frac{p_2^{\frac{\varkappa+1}{\varkappa}}}{p_1^{\frac{\varkappa+1}{\varkappa}}}$$

$$\frac{1}{p_1^{\frac{2}{\varkappa}}}\left[p^{\frac{2}{\varkappa}} - \left(\frac{A_2}{A_1}\right)^2 p_2^{\frac{2}{\varkappa}}\right] = \frac{1}{p_1^{\frac{\varkappa+1}{\varkappa}}}\left[p^{\frac{\varkappa+1}{\varkappa}} - \left(\frac{A_2}{A_1}\right)^2 p_2^{\frac{\varkappa+1}{\varkappa}}\right]$$

$$p_1 = \left[\frac{\left(\frac{A_2}{A_1}\right)^2 p_2^{\frac{\varkappa+1}{\varkappa}} - p^{\frac{\varkappa+1}{\varkappa}}}{\left(\frac{A_2}{A_1}\right)^2 p_2^{\frac{2}{\varkappa}} - p^{\frac{2}{\varkappa}}}\right]^{\frac{\varkappa}{\varkappa-1}}$$

$d_1 = 0{,}03\ \text{m}$; $A_1 = 0{,}000706\ \text{m}^2$ $p_2 = 1{,}013\ \text{bar}$ $\varkappa = 1{,}4$

$d_2 = 0{,}045\ \text{m}$; $A_2 = 0{,}00159\ \text{m}^2$ $p = 0{,}773\ \text{bar}$

$$p_1 = \left[\frac{\left(\frac{1{,}59}{0{,}706}\right)^2 1{,}013^{\frac{1{,}4+1}{1{,}4}} - 0{,}773^{\frac{1{,}4+1}{1{,}4}}}{\left(\frac{1{,}59}{0{,}706}\right)^2 1{,}013^{\frac{2}{1{,}4}} - 0{,}773^{\frac{2}{1{,}4}}}\right]^{\frac{1{,}4}{1{,}4-1}} \text{bar} = 1{,}056\ \text{bar}$$

Der Überdruck gegenüber dem Barometerstand beträgt

$$\Delta p_{\ddot{u}} = p_1 - p_2 = (105600 - 101300)\ \text{N/m}^2 = 4300\ \text{N/m}^2$$

b) Es ist der kritische Druck (s. 11.1.)

$$p_k = 0{,}528 \cdot p_1 = 0{,}528 \cdot 1{,}056\ \text{bar} = 0{,}557\ \text{bar}$$

Da $p_2 = 1{,}013\ \text{bar} > p_k = 0{,}557\ \text{bar}$, ist ein unterkritisches Druckverhältnis vorhanden.

c) Das spezifische Volumen im Zustand *1* ist nach Gl. (6)

$p_1 = 1{,}056 \cdot 10^5\ \text{N/m}^2$ $t_1 = 20\,°\text{C}$; $T_1 = 293\ \text{K}$ $R = 287\ \text{Nm/kg K}$

$$v_1 = \frac{RT_1}{p_1} = \frac{287\ \text{Nm/kg K} \cdot 293\ \text{K}}{1{,}056 \cdot 10^5\ \text{N/m}^2} = 0{,}796\ \text{m}^3/\text{kg}$$

Die ausströmende Masse ist nach Gl. (131) zu bestimmen. Da Gl. (131) auf den Endzustand bezogen und ein unterkritisches Druckverhältnis vorhanden ist, muß für A_D der Querschnitt $A_2 = 0{,}00159\ \text{m}^2$ eingesetzt werden.

$p_1 = 1{,}056 \cdot 10^5\ \text{N/m}^2 = 1{,}056 \cdot 10^5\ \text{kg/m s}^2$ $p_2 = 1{,}013\ \text{bar}$

$$\dot{m} = A_2 \sqrt{2\,\frac{\varkappa}{\varkappa - 1}\,\frac{p_1}{v_1}\left[\left(\frac{p_2}{p_1}\right)^{\frac{2}{\varkappa}} - \left(\frac{p_2}{p_1}\right)^{\frac{\varkappa+1}{\varkappa}}\right]}$$

$$\dot{m} = 0{,}00159\ \text{m}^2 \sqrt{2\,\frac{1{,}4}{1{,}4 - 1} \cdot \frac{1{,}056 \cdot 10^5\ \text{kg/m s}^2}{0{,}796\ \text{m}^3/\text{kg}}\left[\left(\frac{1{,}013}{1{,}056}\right)^{\frac{2}{1{,}4}} - \left(\frac{1{,}013}{1{,}056}\right)^{\frac{1{,}4+1}{1{,}4}}\right]}$$

$\dot{m} = 0{,}161\ \text{kg/s}$

232. In einem Behälter mit einem Volumen von $5{,}5\ \text{m}^3$ befindet sich Luft bei einer Temperatur von $25\,°\text{C}$ und einem Druck von 21 bar.
Der Außendruck beträgt 1 bar.
Durch eine gut abgerundete Öffnung mit einem Dmr. von 40 mm strömt die Luft aus. Nach welcher Zeit ist der dem kritischen Druckverhältnis entsprechende, letzte mögliche kritische Vordruck im Behälter vorhanden, wenn die Ausströmung, bezogen auf die Luft im Behälter,

a) isotherm,

b) isentrop (adiabat) und ohne Verluste erfolgt?

Bemerkungen zum Lösungsgang:

Es ist ein überkritisches Druckgefälle vorhanden. Während des Ausströmens bis zum letzten möglichen kritischen Vordruck im Behälter, ist eine, abhängig von dem sich einstellenden jeweiligen kritischen Druckverhältnis, sich dauernd ändernde kritische Ausströmungsgeschwindigkeit vorhanden.
Der letzte mögliche kritische Vordruck im Behälter ist (s. 11.1.) mit $p_2 = 1$ bar

$$p_k = p_2 \left(\frac{\varkappa + 1}{2}\right)^{\frac{\varkappa}{\varkappa - 1}} = 1 \text{ bar} \frac{1}{0{,}528} = 1{,}893 \text{ bar}$$

In den folgenden Herleitungen wird für p_k allgemein p gesetzt.
V_B Behältervolumen
T_1 Anfangstemperatur der Luft im Behälter
p_1 Anfangsdruck im Behälter
Die am Anfang im Behälter befindliche Luftmasse ist m_B.
Nach der Zeit τ sind m kg Luft ausgeströmt. Für den Luftrest im Behälter gilt nach Gl. (7)

$$m_B - m(p, T) = \frac{p V_B}{RT}$$

Durch Differentiation und Multiplikation mit -1 ergibt sich die Differentialgleichung

$$\mathrm{d}m = -\frac{V_B}{RT}\,\mathrm{d}p + \frac{V_B p}{RT^2}\,\mathrm{d}T \tag{I}$$

Da ein überkritisches Druckgefälle vorhanden ist, ist dann die in der Zeit $\mathrm{d}\tau$ ausströmende Luftmasse mit v aus Gl. (6) in Gl. (132)

$$\mathrm{d}m = \frac{p}{\sqrt{T}} A \sqrt{\frac{\varkappa}{R}\left(\frac{2}{\varkappa + 1}\right)^{\frac{\varkappa+1}{\varkappa-1}}}\,\mathrm{d}\tau \tag{II}$$

a) isotherm
Da bei isothermer Ausdehnung $T_1 = T$, also $\mathrm{d}T = 0$, ist mit den Gln. (I) und (II)

$$\mathrm{d}\tau_{is} = -\frac{V_B}{A} \cdot \frac{1}{\sqrt{\varkappa R T_1 \left(\frac{2}{\varkappa + 1}\right)^{\frac{\varkappa+1}{\varkappa-1}}}}\,\frac{\mathrm{d}p}{p}$$

Die Ausströmzeit ist dann

$$\tau_{is} = \frac{V_B}{A} \cdot \frac{1}{\sqrt{\varkappa R T_1 \left(\frac{2}{\varkappa + 1}\right)^{\frac{\varkappa+1}{\varkappa-1}}}} \ln \frac{p_1}{p}$$

$V_B = 5{,}5 \text{ m}^3$	$R = 287 \text{ J/kg K} = 287 \text{ kg m}^2/\text{s}^2 \text{ kg K}$ $\quad \varkappa = 1{,}4$
$d = 0{,}04 \text{ m}$; $A = 0{,}001257 \text{ m}^2$	$p_1 = 21$ bar
$t_1 = 25\,°\text{C}$; $T_1 = 298$ K	$p = p_k = 1{,}893$ bar

$$\tau_{is} = \frac{5{,}5\ \text{m}^3}{0{,}001\,257\ \text{m}^2} \cdot \frac{1}{\sqrt{1{,}4 \cdot 287\ \text{kg m}^2/\text{s}^2\ \text{kg K} \cdot 298\ \text{K} \left(\frac{2}{1{,}4+1}\right)^{\frac{1{,}4+1}{1{,}4-1}}}} \ln \frac{21}{1{,}893}$$

$$\tau_{is} = 52{,}5\ \text{s}$$

b) isentrop (adiabat)

Die Temperatur ist veränderlich. Nach Gl. (41 c) ist

$$T = T_1 \left(\frac{p}{p_1}\right)^{\frac{\varkappa-1}{\varkappa}}$$

Es ist dann

$$\text{d}T = \frac{\varkappa - 1}{\varkappa} \cdot \frac{T_1}{p_1} \left(\frac{p}{p_1}\right)^{-\frac{1}{\varkappa}} \text{d}p$$

Analog der Lösung in a) mit den Gln. (I) und (II) ist dann

$$\text{d}\tau_{ad} = -\frac{V_B}{A} \cdot \frac{p^{\frac{\varkappa-1}{2\varkappa}}}{\varkappa \sqrt{\varkappa R T_1 \left(\frac{2}{\varkappa+1}\right)^{\frac{\varkappa+1}{\varkappa-1}}}} \cdot \frac{\text{d}p}{p^{\frac{3\varkappa-1}{2\varkappa}}}$$

die Ausströmzeit

$$\tau_{ad} = \frac{V_B}{A} \cdot \frac{2}{(\varkappa - 1) \sqrt{\varkappa R T_1 \left(\frac{2}{\varkappa+1}\right)^{\frac{\varkappa+1}{\varkappa-1}}}} \left[\left(\frac{p_1}{p}\right)^{\frac{\varkappa-1}{2\varkappa}} - 1\right]$$

$V_B = 5{,}5\ \text{m}^3$ $\quad R = 287\ \text{J/kg K} = 287\ \text{kg m}^2/\text{s}^2\ \text{kg K}$ $\quad \varkappa = 1{,}4$

$d = 0{,}04\ \text{m}$; $A = 0{,}001\,257\ \text{m}^2$ $\quad p_1 = 21\ \text{bar}$

$t_1 = 25\ °\text{C}$; $T_1 = 298\ \text{K}$ $\quad p = p_k = 1{,}893\ \text{bar}$

$$\tau_{ad} = \frac{5{,}5\ \text{m}^3}{0{,}001\,257\ \text{m}^2} \cdot \frac{2}{(1{,}4 - 1)\sqrt{1{,}4 \cdot 287\ \text{m}^2/\text{s}^2\ \text{K} \cdot 298\ \text{K} \left(\frac{2}{1{,}4+1}\right)^{\frac{1{,}4+1}{1{,}4-1}}}} \times$$

$$\times \left[\left(\frac{21}{1{,}893}\right)^{\frac{1{,}4-1}{2 \cdot 1{,}4}} - 1\right]$$

$$\tau_{ad} = 45\ \text{s}$$

233. Ein Wasserdampfkessel fördert 1,8 t/h Sattdampf mit einem absoluten Druck von 12 bar.

Welchen Dmr. muß das Sicherheitsventil haben, wenn bei unverminderter Dampfentwicklung die Dampfentnahme vollständig gedrosselt wird, der Außendruck absolut 1 bar beträgt und Verluste unberücksichtigt bleiben?

Lösung:

Es ist der kritische Druck mit $p_1 = 12$ bar (s. 11.1.)

$$p_k = 0{,}577 \cdot p_1 = 0{,}577 \cdot 12 \text{ bar} = 6{,}92 \text{ bar}$$

Da $p_2 = 1 \text{ bar} < p_k = 6{,}92$ bar, ist ein überkritisches Druckverhältnis vorhanden. Im Querschnitt des Sicherheitsventils (einfache Düse) stellt sich der kritische Druck mit der kritischen Geschwindigkeit ein. Die Fördermasse entspricht $\dot{m}_{max}$.
Die Fördermasse je Sekunde ist mit $\dot{m}_D = 1800$ kg/h

$$\dot{m}_{max} = \frac{1800 \text{ kg/h}}{3600 \text{ s/h}} = 0{,}5 \text{ kg/s}$$

Aus Gl. (132) ist der notwendige Querschnitt

($p_1 = 12 \text{ bar} = 12 \cdot 10^5 \text{ N/m}^2 = 12 \cdot 10^5 \text{ kg/m s}^2$ $\quad v_1 = v'' = 0{,}1633 \text{ m}^3\text{/kg}$
$\varkappa = 1{,}135$)

$$A_k = \frac{\dot{m}_{max}}{\sqrt{\varkappa \frac{p_1}{v_1} \left(\frac{2}{\varkappa + 1}\right)^{\frac{\varkappa+1}{\varkappa-1}}}}$$

$$A_k = \frac{0{,}5 \text{ kg/s}}{\sqrt{1{,}135 \frac{12 \cdot 10^5 \text{ kg/m s}^2}{0{,}1633 \text{ m}^3\text{/kg}} \left(\frac{2}{1{,}135 + 1}\right)^{\frac{1{,}135+1}{1{,}135-1}}}}$$

$$A_k = 0{,}00029 \text{ m}^2; \quad d = 0{,}0192 \text{ m} \approx 20 \text{ mm}$$

Oder:

Bei einfachen Düsen bleibt während der Entspannung vom Anfangsdruck bis zum kritischen Druck die Entropie praktisch konstant (Senkrechte im h,s-Diagramm).
Der kritische Druck war $p_k = 6{,}92$ bar.
Für die Ablesung der erforderlichen Werte in Tab. 11 kann mit genügender Genauigkeit für $p_k = 7$ bar angenommen werden.
Aus Gl. (83) ist der Dampfgehalt im kritischen Zustand

$s = s_1'' = 6{,}523$ kJ/kg K $\quad s_k' = 1{,}992$ kJ/kg K $\quad s_k'' = 6{,}709$ kJ/kg K

$$x_k = \frac{s - s_k'}{s_k'' - s_k'} = \frac{(6{,}523 - 1{,}992) \text{ kJ/kg K}}{(6{,}709 - 1{,}992) \text{ kJ/kg K}} = 0{,}961 \text{ kg/kg}$$

Die Enthalpie im kritischen Zustand ist mit Gl. (76)

$h_k' = 696{,}7$ kJ/kg $\quad r_k = 2065{,}4$ kJ/kg

$$h_k = h_k' + x_k r_k = (696{,}7 + 0{,}961 \cdot 2065{,}4) \text{ kJ/kg} = 2681{,}5 \text{ kJ/kg}$$

Mit $h_1'' = 2784{,}7$ kJ/kg ist die kritische Geschwindigkeit nach Gl. (133)

$$w_k = \sqrt{2(h_1'' - h_k)}$$

$$w_k = \sqrt{2(2784700 - 2681500)\ \text{J/kg}} = \sqrt{2(2784700 - 2681500)\ \text{kg m}^2/\text{s}^2\ \text{kg}}$$

$$w_k = 455\ \text{m/s}$$

(In Gl. (133) ist Δh in J/kg = Nm/kg einzusetzen.)
Das spezifische Volumen im kritischen Zustand ist nach Gl. (77)

$v_k' = 0{,}0011$ m³/kg $\qquad v_k'' = 0{,}2727$ m³/kg $\qquad x_k = 0{,}961$ kg/kg

$$v_k = v_k' + x_k(v_k'' - v_k')$$

$$v_k = 0{,}0011\ \text{m}^3/\text{kg} + 0{,}961(0{,}2727 - 0{,}0011)\ \text{m}^3/\text{kg} = 0{,}262\ \text{m}^3/\text{kg}$$

Mit $\dot{m}_{max} = 0{,}5$ kg/s ist der Querschnitt

$$A_k = \frac{\dot{m}_{max} v_k}{w_k} = \frac{0{,}5\ \text{kg/s} \cdot 0{,}262\ \text{m}^3/\text{kg}}{455\ \text{m/s}} = 0{,}000288\ \text{m}^2$$

Das gleiche Ergebnis, wie beim ersten Lösungsweg.
Die Werte für Δh_k, x_k, w_k, v_k usw. sind mit guter Genauigkeit im h,s-Diagramm abzulesen.

234. In einer *Laval*düse wird Dampf mit einem absoluten Druck von 10 bar und 300 °C bis auf einen absoluten Gegendruck von 0,1 bar mit einem Geschwindigkeitsbeiwert von $\varphi = 0{,}95$ entspannt.

a) Wie groß ist der Dampfgehalt nach der Entspannung, und wie groß ist die Ausströmgeschwindigkeit?

b) Welches spezifische Volumen ist im engsten Querschnitt der Düse vorhanden?

Lösung:

a) Die Entropie des überhitzten Dampfes (Punkt *1* in Bild 74) ist nach Gl. (84)

$p_1 = 10$ bar $\qquad t_ü = 300$ °C; $\quad T_ü = 573$ K

$\qquad\qquad\qquad t_s = 179{,}9$ °C; $\quad T_s = 452{,}9$ K

$s'' = 6{,}587$ kJ/kg K $\qquad c_{pm} = 2{,}26$ kJ/kg K

$$s_ü = s'' + c_{pm} \ln \frac{T_ü}{T_s} = \left(6{,}587 + 2{,}26 \ln \frac{573}{452{,}9}\right) \text{kJ/kg K} = 7{,}12\ \text{kJ/kg K}$$

Während der isentropen Entspannung (Punkt *1*···*2'* in Bild 74) auf $p_2 = 0{,}1$ bar bleibt die Entropie konstant. Aus Gl. (83) ist der Dampfgehalt bei Punkt *2'*

$s_2' = 0{,}6492$ kJ/kg K $\qquad s_2'' = 8{,}149$ kJ/kg K

$$x_{2'} = \frac{s_ü - s_2'}{s_2'' - s_2'} = \frac{(7{,}12 - 0{,}6492)\ \text{kJ/kg K}}{(8{,}149 - 0{,}6492)\ \text{kJ/kg K}} = 0{,}864\ \text{kg/kg}$$

Die Enthalpie bei Punkt *2'* ist mit Gl. (76)

$h_2' = 191{,}7\ \mathrm{kJ/kg} \qquad r_2 = 2392{,}7\ \mathrm{kJ/kg} \qquad p_2 = 0{,}1\ \mathrm{bar}$

$$h_{2'} = h_2' + x_2 r_2 = (191{,}7 + 0{,}864 \cdot 2392{,}7)\ \mathrm{kJ/kg} = 2258\ \mathrm{kJ/kg}$$

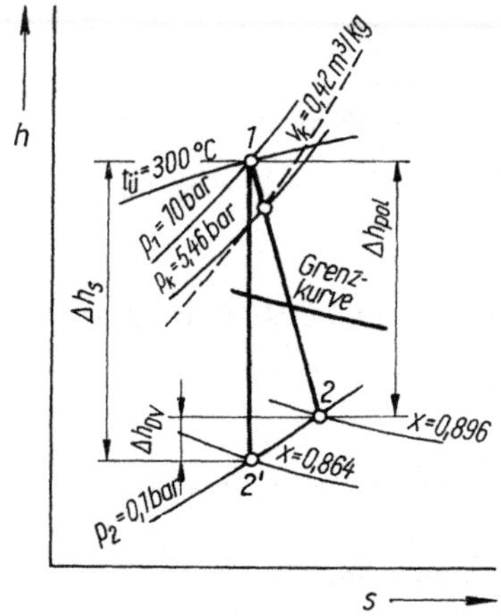

Bild 74

Die Enthalpie des überhitzten Dampfes ist mit Gl. (79)

$h_1'' = 2777{,}5\ \mathrm{kJ/kg}; \quad c_{pm} = 2{,}26\ \mathrm{kJ/kg\,K}; \quad t_ü = 300\,°\mathrm{C}; \quad t_s = 179{,}9\,°\mathrm{C}$

$$h_{ü1} = h_1'' + c_{pm}(t_ü - t_s)$$
$$= 2777{,}5\ \mathrm{kJ/kg} + 2{,}26\ \mathrm{kJ/kg\,K} \cdot (300 - 179{,}9)\ \mathrm{K} = 3050\ \mathrm{kJ/kg}$$

Das isentrope Enthalpiegefälle beträgt

$$\Delta h_s = h_{ü1} - h_{2'} = (3050 - 2258)\ \mathrm{kJ/kg} = 792\ \mathrm{kJ/kg}$$

Der Düsenverlust ist mit $\varphi = 0{,}95$ nach Gl. (134)

$$\Delta h_{Dv} = \Delta h_s(1 - \varphi^2) = 792\ \mathrm{kJ/kg} \cdot (1 - 0{,}95^2) = 79{,}2\ \mathrm{kJ/kg}$$

Die Enthalpie in Punkt *2* (Endzustand) ist dann

$$h_2 = h_{2'} + \Delta h_{Dv} = (2258 + 79{,}2)\ \mathrm{kJ/kg} = 2337{,}2\ \mathrm{kJ/kg}$$

Der Dampfgehalt im Endzustand ist aus Gl. (76)

$$x_2 = \frac{h_2 - h_2'}{r_2} = \frac{(2337{,}2 - 191{,}7)\ \mathrm{kJ/kg}}{2392{,}7\ \mathrm{kJ/kg}} = 0{,}896\ \mathrm{kg/kg}$$

Die Ausströmgeschwindigkeit ergibt sich aus Gl. (133) (hier ist der Enthalpieunterschied in J/kg einzusetzen)

$$w_2 = \sqrt{2(h_{ü1} - h_2)} = \sqrt{2(3\,050\,000 - 2\,337\,200)\ \mathrm{J/kg}}$$
$$= \sqrt{2(3\,050\,000 - 2\,337\,200)\ \mathrm{kg\ m^2/s^2\ kg}}$$
$$= 1196\ \mathrm{m/s}$$

b) Es ist der kritische Druck mit $p_1 = 10$ bar (s. 11.1.)

$$p_k = 0{,}546 \cdot p_1 = 0{,}546 \cdot 10\ \mathrm{bar} = 5{,}46\ \mathrm{bar}$$

Da $p_2 = 0{,}1$ bar $< p_k = 5{,}46$ bar, ist ein überkritisches Druckverhältnis vorhanden. Im engsten Querschnitt der *Laval*düse herrscht der kritische Zustand.
Das spezifische Volumen im Anfangszustand ist nach Tab. 13 $v_1 = 0{,}258\ \mathrm{m^3/kg}$.
Da der kritische Zustand noch im Heißdampfgebiet liegt, ist $\varkappa = 1{,}3$. Aus Gl. (41b) ist das spezifische Volumen im engsten Querschnitt

$$\frac{v_k}{v_1} = \left(\frac{p_1}{p_k}\right)^{\frac{1}{\varkappa}} = \left(\frac{10}{5{,}46}\right)^{\frac{1}{1{,}3}} = 1{,}59$$
$$v_k = v_1 \cdot 1{,}59 = 0{,}258\ \mathrm{m^3/kg} \cdot 1{,}59 = 0{,}41\ \mathrm{m^3/kg}$$

Mit v_k, w_k und $\dot{m}_{max}$ ist bei überkritischem Druckgefälle der engste Querschnitt für *Laval*düsen zu bestimmen.
Entsprechend der Darstellung in Bild 74 und mit Benutzung der Doppelskale sind die Werte im h,s-Diagramm abzulesen.

12. Anhang (Tabellen)

1. Stoffeigenschaften einiger Gase

Gas	Zeichen	Molmasse M in kg/kmol	Molvolumen bei 0 °C und 1013 mbar $\bar{v}_0$ in m³/kmol	Dichte bei 0 °C und 1013 mbar ϱ_0 in kg/m³	$\varkappa = c_p/c_v$ bei 0 °C	Gaskonstante R in Nm/kg K
Äthylen (Äthen)	C_2H_4	28,052	22,257	1,260	1,25	296,7
Azetylen (Äthin)	C_2H_2	26,036	22,236	1,171	1,23	319,6
Ammoniak	NH_3	17,032	22,079	0,771	1,32	488,2
Kohlenoxid	CO	28,010	22,408	1,250	1,401	297
Kohlendioxid	CO_2	44,010	22,262	1,977	1,310	189
Luft	—	28,964	22,402	1,293	1,402	287,1
Methan	CH_4	16,042	22,379	0,717	1,300	518,3
Sauerstoff	O_2	32,000	22,394	1,429	1,400	259,9
Schwefeldioxid	SO_2	64,060	21,89	2,927	1,271	129,9
Stickstoff	N_2	28,016	22,404	1,250	1,401	296,8
Wasserstoff	H_2	2,016	22,432	0,0899	1,407	4124,8
Wasserdampf	H_2O	18,016	22,4	0,804	1,332[1]	461,4

[1] bei 100 °C

2. Mittlere Zusammensetzung fester und flüssiger Brennstoffe in Massenteilen in Prozent

Brennstoff	C	H_2	$O_2 + N_2$	S	H_2O	Asche	Heizwert $\Delta_H h$ in kJ/kg
Torf (lufttrocken)	44	4,5	25	0,5	20	6	16119
Braunkohle (DDR)	30	2,5	10,5	1	50	6	10467
Braunkohlenbriketts	51	4,3	18	1,7	15	10	20097
Braunkohle (ČSSR)	54	5	14	1	20	6	21855
Pechglanzkohle (ČSSR)	65	7	10	3	9	6	29098

Tabelle 2 (Fortsetzung)

Brennstoff	C	H_2	O_2+N_2	S	H_2O	Asche	Heizwert $\Delta_H h$ in kJ/kg
Flammkohle	69	4,5	15,5	1	4	6	26502
Gaskohle	74	5	11	1	3	6	29517
Fettkohle	78	5	8	1	2	6	31359
Fettkohle	81	4,5	5,5	1	2	6	32155
Magerkohle	84	4	4	1	1	6	32657
Anthrazit	87	2,5	2,5	1	1	6	32113
Zechenkoks	88	0,5	1,5	1	1	8	30145
Gaskoks	84	1	2	1	2	10	29308
Erdöl und Destillate	85	13	1,7	0,3	—	—	41868 bis 43961
Steinkohlenteeröl	89	7	3,5	0,5	—	—	38100
Benzin (mit Sprit)	80,7	14,2	5,1	—	—	—	42035
Benzol	92,1	7,9	—	—	—	—	40193
Braunkohlenteeröl	84	11	4,3	0,7	—	—	40193
Naphthalin	93,7	6,3	—	—	—	—	38937

3. Mittlere Zusammensetzung gasförmiger Brennstoffe in Raumteilen in Prozenten

Gasart	H_2	CH_4	C_mH_n	CO	CO_2	N_2	Heizwert bei 0 °C und 1013 mbar $\Delta_H h_0$ in kJ/m³
Schwelgas von Steinkohle	27	48	13	7	3	2	28889
Leuchtgas	48	35	4	8	2	3	21018
Koksofengas	50	29	4	8	2	7	19259
Wassergas	49	0,5	—	42	5	3,5	10886
Mischgas	12	3	—	28	3	54	6071
Gichtgas	3	—	—	29	8	60	4019

4. Entzündungstemperatur verschiedener Stoffe

Kohlenoxid	650 °C	Torf	250 °C
Wasserstoff	500 °C	Steinkohle	450 °C
Methan	700 °C	Holzkohle	360 °C
Kohlenstoff	700 °C	Koks	700 °C
Schwere Kohlenwasserstoffe	600···800 °C	Leuchtgas	800 °C

5. Verbrennungswärme und Heizwert einiger Stoffe (gerundet)

Stoff	Verbrennungswärme		Heizwert	
	$\Delta_V h$ in kJ/kg	$\Delta_V h_0$ in kJ/m³	$\Delta_H h$ in kJ/kg	$\Delta_H h_0$ in kJ/m³
Kohlenstoff (C) zu CO_2	33900	—	—	—
Kohlenstoff (C) zu CO	10200	—	—	—
Kohlenoxid (CO)	10200	12640	—	—
Wasserstoff (H_2)	142800	12770	120160	10760
Methan (CH_4)	55700	39900	50000	35800
Äthylen (Äthen) (C_2H_4)	51100	64000	47300	59900
Azetylen (Äthin) (C_2H_2)	50200	58600	49000	56900

6. Mittlere spezifische Wärmekapazität c_{pm} in kJ/kg K von Gasen zwischen 0 °C und t bei konstantem Druck $p = 0$[1])

t in °C	H_2	N_2	O_2	CO	H_2O	CO_2	SO_2	CH_4	Luft
0	14,21	1,040	0,915	1,040	1,859	0,818	0,607	2,158	1,005
100	14,29	1,041	0,924	1,042	1,873	0,872	0,636	2,310	1,007
200	14,39	1,045	0,937	1,046	1,893	0,914	0,664	2,467	1,012
300	14,41	1,049	0,951	1,054	1,919	0,953	0,688	2,642	1,019
400	14,45	1,058	0,966	1,064	1,947	0,986	0,707	2,822	1,029
500	14,50	1,067	0,980	1,075	1,977	1,017	0,725	2,996	1,039
600	14,54	1,076	0,993	1,088	2,010	1,044	0,741	3,163	1,051
700	14,58	1,088	1,005	1,100	2,042	1,067	0,754	3,328	1,061
800	14,64	1,100	1,016	1,112	2,077	1,090	0,766	3,479	1,073
900	14,70	1,109	1,027	1,121	2,110	1,108	0,776	3,620	1,081
1000	14,79	1,119	1,036	1,132	2,142	1,127	0,781	3,759	1,093
1100	14,87	1,130	1,044	1,142	2,177	1,144	0,793	3,887	1,101
1200	14,93	1,137	1,052	1,151	2,210	1,159	0,799	4,001	1,110
1300	15,03	1,146	1,060	1,159	2,240	1,172	0,806	—	1,118
1400	15,12	1,153	1,066	1,166	2,272	1,184	0,811	—	1,126
1500	15,20	1,161	1,072	1,175	2,302	1,196	0,816	—	1,133
1600	15,29	1,172	1,078	1,181	2,333	1,207	0,820	—	1,142
1700	15,39	1,176	1,083	1,187	2,361	1,217	0,824	—	1,146
1800	15,50	1,181	1,090	1,194	2,388	1,225	0,828	—	1,152
1900	15,58	1,186	1,095	1,199	2,414	1,235	0,831	—	1,158
2000	15,66	1,192	1,100	1,205	2,440	2,242	0,835	—	1,162
$R =$	4,1248	0,2968	0,2599	0,297	0,4614	0,189	0,1299	0,5183	0,2871

Die mittlere spezifische Wärmekapazität bei konstantem Volumen ist $c_{vm} = c_{pm} - R$

[1]) Auszug, umgerechnet, Taschenbuch Maschinenbau Band 1/I, VEB Verlag Technik, Berlin 1973

7. Wahre spezifische Wärmekapazität c_p in kJ/kg K von Gasen bei konstantem Druck $p = 0$[1])

t in °C	H_2	N_2	O_2	CO	H_2O	CO_2	SO_2	Luft
0	14,21	1,040	0,915	1,040	1,859	0,818	0,607	1,005
100	14,45	1,043	0,934	1,045	1,891	0,916	0,664	1,011
200	14,52	1,052	0,963	1,060	1,940	0,995	0,714	1,025
300	14,54	1,070	0,996	1,081	2,001	1,061	0,753	1,045
400	14,60	1,092	1,024	1,106	2,063	1,115	0,784	1,070
500	14,68	1,116	1,049	1,133	2,130	1,159	0,807	1,093
600	14,79	1,140	1,069	1,159	2,202	1,197	0,825	1,116
700	14,93	1,162	1,086	1,181	2,275	1,228	0,840	1,136
800	15,12	1,182	1,100	1,200	2,345	1,255	0,850	1,155
900	15,33	1,200	1,113	1,217	2,414	1,278	0,859	1,171
1000	15,54	1,216	1,124	1,232	2,482	1,297	0,866	1,185
1100	15,74	1,230	1,133	1,245	2,544	1,313	0,871	1,198
1200	15,97	1,242	1,141	1,256	2,602	1,328	0,876	1,210
1300	16,18	1,252	1,149	1,264	2,656	1,342	0,880	1,219
1400	16,39	1,261	1,157	1,273	2,705	1,352	0,883	1,227
1500	16,57	1,270	1,164	1,281	2,751	1,362	0,886	1,236
1600	16,76	1,278	1,171	1,288	2,793	1,370	0,888	1,243
1700	16,92	1,284	1,179	1,294	2,835	1,378	0,890	1,251
1800	17,09	1,289	1,187	1,299	2,870	1,384	0,892	1,256
1900	17,26	1,294	1,195	1,303	2,904	1,391	0,894	1,262
2000	17,41	1,300	1,201	1,308	2,937	1,397	0,895	1,266
$R =$	4,1248	0,2968	0,2599	0,297	0,4614	0,189	0,1299	0,2871

Die wahre spezifische Wärmekapazität bei konstantem Volumen ist $c_v = c_p - R$

[1]) Aus Tab. 8 errechnet

8. Wahre molare Wärmekapazität $\bar{c}_p$ in kJ/kmol K von Gasen bei konstantem Druck $p = 0$[1])

t in °C	H_2	N_2	O_2	CO	H_2O	CO_2	SO_2	Luft
0	28,64	29,14	29,27	29,14	33,50	36,01	38,90	29,10
100	29,14	29,23	29,90	29,27	34,08	40,32	42,54	29,27
200	29,27	29,48	30,82	29,69	34,96	43,80	45,72	29,69
300	29,31	29,98	31,86	30,27	36,05	46,69	48,23	30,27
400	29,43	30,61	32,78	30,98	37,18	49,07	50,24	30,98
500	29,60	31,28	33,58	31,74	38,39	51,00	51,71	31,65
600	29,81	31,95	34,21	32,45	39,69	52,67	52,88	32,32
700	30,10	32,57	34,75	33,08	40,99	54,05	53,80	32,91
800	30,48	33,12	35,21	33,62	42,25	55,23	54,47	33,45
900	39,90	33,62	35,63	34,08	43,50	56,23	55,02	33,91
1000	31,32	34,08	35,97	34,50	44,72	57,07	55,48	34,33
1100	31,74	34,46	36,26	34,88	45,85	57,78	55,81	34,71
1200	32,20	34,79	36,51	35,17	46,89	58,45	56,11	35,05
1300	32,62	35,09	36,76	35,42	47,86	59,04	56,36	35,30
1400	33,04	35,34	37,01	35,67	48,74	59,50	56,57	35,55
1500	33,41	35,59	37,26	35,88	49,57	59,92	56,73	35,80

Tabelle 8 (Fortsetzung)

t in °C	H_2	N_2	O_2	CO	H_2O	CO_2	SO_2	Luft
1600	33,79	35,80	37,47	36,09	50,33	60,29	56,90	36,01
1700	34,12	35,97	37,72	36,26	51,08	60,63	57,03	36,22
1800	34,46	36,13	37,98	36,39	51,71	60,92	57,15	36,39
1900	34,79	36,26	38,23	36,51	52,34	61,21	57,24	36,55
2000	35,09	36,39	38,44	36,64	52,92	61,47	57,32	36,68
$M =$	2,016	28,02	32,00	28,01	18,02	44,01	64,06	28,964

Die wahre molare Wärmekapazität bei konstantem Volumen ist

$\bar{c}_v = \bar{c}_p - \bar{R}$ mit $\bar{R} = 8{,}3144$ kJ/kmol K

Die wahre spezifische Wärmekapazität für 1 kg Gas bei konstantem Druck ist

$$c_p = \frac{\bar{c}_p}{M} \text{ in kJ/kg K}$$

[1]) Auszug, Taschenbuch Maschinenbau Band 1/I, VEB Verlag Technik, Berlin 1973

9. Spez. Wärmekapazität fester und flüssiger Stoffe c in kJ/kg K zwischen 0 °C und 100 °C

Aluminium	0,9002	Nickel 0···600 °C	0,5443
Antimon	0,2093	Nickel 0···800 °C	0,5443
Asbest	0,8164	Nickel 0···1000 °C	0,5862
Bimsstein	1,0048	Petroleum	2,0934
Blei	0,1285	Phosphor (roter)	0,7118
Dolomit	0,896	Platin	0,1357
Eis	2,05	Portlandzement	1,1346
Eisen, chem. rein 0···100 °C	0,4865	Quarz	0,7829
Eisen, chem. rein 0···500 °C	0,5719	Quecksilber	0,1382
Eisen, chem. rein 0···1000 °C	0,7025	Sandstein	0,9211
Eisen, chem. rein 0···1500 °C	0,6979	Schmiedbarer Guß 15···100 °C	0,4815
Feuerfeste Steine	0,9211···1,0467	Schwefelsäure	1,4080
Flußeisen (0,5% C)	0,4731	Silber, fest	0,2340
Glockenbronze (80 Cu, 20 Sn)	0,3609	Silizium	0,5694
Gold	0,1323	Spiegelglas	0,7787
Grauguß	0,4982	Steinkohle	1,2979
Hochofenschlacke	0,8374	Talk	0,8750
Holzkohle	0,7955	Ton	0,9378
Kalk (CaO)	0,7448	Tonerde (Al_2O_3)	0,8273
Kohlensäure	0,8164	Wasser	4,1868
Kohlenstoff, Koks	0,8499	Wismut	0,1273
Kupfer	0,3906	Wolframit	0,4103
Magnesia	1,0212	Wolle, trocken	1,6454
Mangan	0,5095	Zellulose, trocken	1,5324
Messing (60 Cu, 40 Zn)	0,3839	Ziegel	0,9002
Neusilber	0,3961	Zink	0,3915
Nickel 0···200 °C	0,5024	Zinn	0,2340

10. Zustandsgrößen von Wasser und Dampf bei Sättigung (Drucktafel) nach VDI-Wasserdampftafeln

Druck	Temperatur	spez. Volumen		Enthalpie		Verdampfungswärme			Energie	
		des Dampfes	Dampfdichte	der sied. Flüssigkeit	des Dampfes	insgesamt	innere	äußere $\psi_v = p \cdot (v''-v')$	der sied. Flüssigkeit	des Dampfes
p in bar	t_s in °C	v'' in m³/kg	ϱ'' in kg/m³	h' in kJ/kg	h'' in kJ/kg	r in kJ/kg	φ_v in kJ/kg	kJ/kg	u' in kJ/kg	u'' in kJ/kg
0,02	17,51	67,02	0,01492	73,45	2532,7	2459,3	2325,3	134,0	73,45	2398,7
0,06	36,19	23,75	0,04211	151,42	2566,7	2415,2	2272,8	142,5	151,42	2424,2
0,10	45,84	14,68	0,06812	191,71	2583,9	2392,2	2245,4	146,8	191,70	2437,1
0,20	60,09	7,652	0,1307	251,28	2608,9	2357,6	2204,6	153,0	251,26	2455,9
0 30	69,12	5,231	0,1912	289,11	2624,4	2335,3	2178,4	156,9	289,08	2467,5
0,40	75,89	3,994	0,2504	317,46	2635,7	2318,3	2158,5	159,7	317,42	2475,9
0,60	85,95	2,732	0,3660	359,73	2652,2	2292,5	2128,6	163,9	359,67	2488,3
0,80	93,51	2,087	0,4792	391,53	2664,3	2272,7	2105,9	166,9	391,45	2497,3
1,0	99,63	1,694	0,5905	417,33	2673,8	2256,5	2087,2	169,3	417,23	2504,4
1,2	104,81	1,428	0,7003	439,18	2681,8	2242,6	2071,4	171,2	439,05	2510,4
1,6	1131,32	1,091	0,9167	475,20	2694,5	2219,3	2044,9	174,4	475,03	2519,9
2,0	120,23	0,8852	1,130	504,52	2704,6	2200,1	2023,3	176,8	504,31	2527,6
3,0	133,54	0,6054	1,652	561,2	2723,2	2161,9	1976,1	181,3	560,9	2537,0
3,4	137 86	0,5383	1,858	579,7	2729,0	2149,2	1966,7	182,7	579,3	2546,0
4,0	143,63	0,4621	2,164	604,4	2736 5	2132,1	1947,7	184,4	604,0	2551,7
4,5	147,92	0,4137	2,417	622,9	2742,0	2119,0	1933,4	185,7	622,4	2555,8
5,0	151,85	0,3746	2,669	639,9	2746,8	2107,0	1920,1	186,8	639,4	2559,5
6,0	158,84	0,3155	3,170	670,1	2755,2	2085,1	1896,5	188,6	669,4	2565,9
7,0	164,96	0,2727	3,667	696,7	2762,1	2065,4	1875,6	190,1	695,6	2571,2
8,0	170,41	0,2403	4,161	720,6	2768,0	2047,5	1856,1	191,4	719,7	2575,8
9,0	175,36	0,2149	4,654	742,2	2773,1	2030,8	1838,5	192,4	741,2	2579,7
10	179,88	0,1944	5,144	762,2	2777,5	2015,3	1822,0	193,3	761,1	2583,1
11	184,06	0,1775	5,634	780,7	2781,3	2000,6	1807,6	194,0	779,5	2586,1
12	187,96	0,1633	6,123	797,9	2784,7	1986,7	1792,2	194,6	796,5	2588,7
13	191,60	0,1512	6,612	814,2	2787,6	1973,4	1778,3	195,1	812,7	2591,0
14	195,04	0,1408	7,100	829,5	2790,2	1960,7	1765,2	195,5	827,9	2593,1
15	198,28	0,1318	7,589	844,1	2792,5	1948,4	1752,4	196,0	842,4	2594 8
16	201,37	0,1238	8,077	858,0	2794,6	1936,6	1740,4	196,2	856,2	2596,5
17	204,30	0,1167	8,566	871,3	2796,4	1925,1	1728,7	196,4	869,3	2598,0
18	207,11	0,1104	9,056	884,0	2798,0	1914,0	1717,4	196,6	881,9	2599,3
19	209,79	0,1048	9,546	896,2	2799,3	1903,2	1706,2	197,0	894,0	2600,2
20	212,37	0,09964	10,04	908,0	2800,6	1893,6	1695,7	197,0	905,7	2601,3
22	217,24	0,09074	11,02	930,3	2802,5	1872,2	1675,2	197,0	927,7	2602,9
26	226,03	0,07692	13,00	971,0	2804,8	1833,8	1636,9	196,9	967,9	2604,8
30	233,84	0,06667	15,00	1007,7	2805,5	1797,9	1601,4	196,4	1004,1	2605,5
34	240,88	0,05874	17,02	1041,1	2805,0	1763,9	1568,4	195,5	1036,9	2605,3
38	247,31	0,05243	19,07	1072,1	2803,6	1731,4	1536,9	194,5	1067,4	2604,3
40	250,33	0,04973	20,11	1086,7	2802,4	1715,7	1521,8	193,9	1081,7	2603,5
44	256,05	0 04504	22,20	1114,7	2799,7	1685,0	1492,4	192,6	1109,1	2601,5
48	261,38	0,04111	24,33	1141,1	2796,5	1655,3	1464,2	191,2	1135,0	2599,2
50	263,92	0,03937	25,40	1153,8	2794,6	1640,8	1450,4	190,4	1147,4	2597,8
60	275,56	0,03236	30,90	1213,1	2783,9	1570,8	1384,5	186,2	1205,2	2589,7
70	285,80	0,02729	36,64	1266,7	2771,1	1504,3	1322,9	181,6	1257,2	2580,1
80	294,98	0,02346	42,63	1316,4	2756,9	1440,6	1263,5	177,0	1305,7	2569,2
90	303,31	0 02045	48,89	1362,9	2741,6	1378,5	1207,4	171,3	1350,2	1557,6
100	310,96	0,01803	55,45	1407,0	2725,6	1318,2	1152,8	165,8	1392,5	2545,3
150	342,12	0,01034	96,71	1608,9	2610,5	999,7	871,4	130,2	1584,0	2455,4
200	365,71	0,00591	169,3	1826,7	2416,0	589,3	512,3	77,0	1785,5	2297,8
221,29 (krit.)	374,15	0,00318	315	2099,7		0	0	0	2029,3	

[1]) Auszug. Werte u' und u'' nach E. Schmidt

11. Zustandsgrößen von Wasser und Dampf bei Sättigung nach *Wukalowitsch*

Druck	Temperatur	Spezifisches Volumen des sied. Wassers	Spezifisches Volumen des Dampfes	Dampfdichte	Enthalpie des sied. Wassers	Enthalpie des Dampfes	Verdampfungswärme	Entropie des sied. Wassers	Entropie des Dampfes
p in bar	t_s in °C	v' in m³/kg	v'' in m³/kg	ϱ'' in kg/m³	h' in kJ/kg	h'' in kJ/kg	r in kJ/kg	s' in kJ/kg K	s'' in kJ/kg K
0,010	6,92	0,0010001	129,9	0,00770	29,32	2513	2484	0,1054	8,975
0,015	13,038	0,0010007	87,90	0,01138	54,75	2525	2470	0,1958	8,827
0 020	17,514	0,0010014	66,97	0.01493	73,52	2533	2459	0,2609	8,722
0,025	21,094	0,0010021	54,24	0,01843	88,50	2539	2451	0,3124	8,642
0,030	24,097	0,0010028	45,66	0,02190	101,04	2545	2444	0,3546	8,576
0,040	28,979	0,0010041	34,81	0,02873	121,42	2554	2433	0,4225	8,473
0,050	32,88	0,0010053	28,19	0,03547	137,83	2561	2423	0,4761	8,393
0,060	36,18	0,0010064	23,74	0,04212	151,50	2567	2415	0,5207	8.328
0,070	39,03	0,0010075	20,53	0,04871	163,43	2572	2409	0,5591	8,274
0,080	41,54	0,0010085	18,10	0,05525	173,9	2576	2402	0,5927	8,227
0,090	43,79	0,0010094	16,20	0,06172	183,3	2580	2397	0,6225	8,186
0,10	45,84	0,0010103	14,68	0,06812	191,9	2584	2392	0,6492	8,149
0,12	49,45	0,0010119	12,35	0,08097	207,0	2591	2384	0,6966	8,085
0,15	54,00	0,0010140	10,02	0,09980	226,1	2599	2373	0,7550	8,007
0,20	60,08	0,0010171	7,647	0,1308	251,4	2609	2358	0,8321	7,907
0,25	64,99	0,0010199	6,202	0,1612	272,0	2618	2346	0,8934	7,830
0,30	69,12	0,0010222	5,226	9,1913	289,3	2625	2336	0,9441	7,769
0,40	75,88	0,0010264	3,994	0,2504	317,7	2636	2318	1,0261	7,670
0,50	81,35	0,0010299	3,239	0,3087	340,6	2645	2304	1,0910	7,593
0,60	85,95	0,0010330	2,732	0,3661	360,0	2653	2293	1,1453	7,531
0,70	89,97	0,0010359	2,364	0,4230	376,8	2660	2283	1,1918	7,479
0,80	93,52	0,0010385	2,087	0,4792	391,8	2665	2273	1,2330	7,434
0,90	96,72	0,0010409	1,869	0,5350	405,3	2670	2265	1,2696	7,394
1,0	99,64	0,0010432	1,694	0,5903	417,4	2675	2258	1,3026	7,360
1,1	102,32	0,0010452	1,550	0,6453	428,9	2679	2250	1,3327	7,328
1,2	104,81	0,0010472	1,429	0,6999	439,4	2683	2244	1,3606	7.298
1,3	107,14	0,0010492	1,325	0,7545	449,2	2687	2238	1,3866	7,271
1,4	109,33	0,0010510	1,236	0,8088	458,5	2690	2232	1,4109	7,246
1,5	111,38	0,0010527	1,159	0,8627	467,2	2693	2226	1,4336	7,223
1,6	113,32	0,0010543	1,091	0,9164	475,4	2696	2221	1,4550	7,202
1,8	116,94	0,0010575	0,9773	1,023	490,7	2702	2211	1,4943	7,163
2,0	120,23	0,0010605	0,8854	1,129	504,8	2707	2202	1,5302	7,127
2,2	123,27	0,0010633	0,8098	1,235	517,8	2711	2193	1,5630	7,096
2,4	126,09	0,0010659	0.7465	1,340	529,8	2715	2185	1,5929	7,067
2,6	128,73	0,0010685	0,6925	1,444	540,9	2719	2178	1,621	7,040
2,8	131,20	0,0010709	0,6461	1,548	551,4	2722	2171	1,647	7,015
3,0	133,54	0,0010733	0,6057	1,651	561,4	2725	2164	1,672	6,992
3,2	135,75	0,0010754	0,5701	1,754	571,1	2728	2157	1,695	6,971
3,4	137,86	0,0010776	0,5386	1,857	580,2	2731	2151	1,717	6,951
3,6	139,87	0,0010797	0,5104	1,959	588,7	2734	2145	1,738	6,932
3,8	141,79	0,0010817	0,4852	2,061	596,8	2736	2139	1,758	6,914
4,0	143,62	0,0010836	0,4624	2,163	604,7	2738	2133	1,777	6,897
4,5	147,92	0,0010883	0,4139	2,416	623,4	2744	2121	1,821	6.857
5,0	151,84	0,0010926	0,3747	2,669	640,1	2749	2109	1,860	6,822
6,0	158,84	0,0011007	0,3156	3,169	670,5	2757	2086	1,931	6,761
7,0	164,96	0,0011081	0,2728	3,666	697,2	2764	2067	1,992	6,709
8,0	170,42	0,0011149	0,2403	4,161	720,9	2769	2048	2,046	6,663
9,0	175,35	0,0011213	0,2149	4,654	742,8	2774	2031	2,094	6,623

Tabelle 11 (Fortsetzung)

Druck	Temperatur	Spezifisches Volumen		Dampfdichte	Enthalpie		Verdampfungswärme	Entropie	
		des sied. Wassers	des Dampfes		des sied. Wassers	des Dampfes		des sied. Wassers	des Dampfes
p in bar	t_s in °C	v' in m³/kg	v'' in m³/kg	ϱ'' in kg/m³	h' in kJ/kg	h'' in kJ/kg	r in kJ/kg	s' in kJ/kg K	s'' in kJ/kg K
10	179,88	0,001 1273	0,1946	5,139	762,7	2 778	2 015	2,138	6,587
11	184,05	0,001 1331	0,1775	5,634	781,1	2 781	2 000	2,179	6,554
12	187,95	0,001 1385	0,1633	6,124	798,3	2 785	1 987	2,216	6,523
13	191,60	0,001 1438	0,1512	6,614	814,5	2 787	1 973	2,251	6,495
14	195,04	0,001 1490	0,1408	7,103	830,0	2 790	1 960	2,284	6,469
15	198,28	0,001 1539	0,1317	7,593	844,6	2 792	1 947	2,314	6,445
16	201,36	0,001 1586	0,1238	8,080	858,3	2 793	1 935	2,344	6,422
17	204,30	0,001 1632	0,1167	8,569	871,6	2 795	1 923	2,371	6,400
18	207,10	0,001 1678	0,1104	9,058	884,4	2 796	1 912	2,397	6,379
19	209,78	0,001 1722	0,1047	9,549	896,6	2 798	1 901	2,422	6,359
20	212,37	0,001 1766	0,099 58	10,041	908,5	2 799	1 891	2,447	6,340
22	217,24	0,001 1851	0,090 68	11,03	930,9	2 801	1 870	2,492	6,305
24	221,77	0,001 1932	0,083 24	12,01	951,8	2 802	1 850	2,534	6,272
26	226,03	0,001 2012	0,076 88	13,01	971,7	2 803	1 831	2,573	6,242
28	230,04	0,001 2088	0,071 41	14,00	990,4	2 803	1 813	2,611	6,213
30	233,83	0,001 2163	0,066 65	15,00	1 008,3	2 804	1 796	2,646	6,186
32	237,44	0,001 2238	0,062 46	16,01	1 025,3	2 803	1 778	2,679	6,161
34	240,88	0,001 2310	0,058 75	17,02	1 041,9	2 803	1 761	2,710	6,137
36	244,16	0,001 2380	0,055 43	18,04	1 057,5	2 802	1 745	2,740	6,113
38	247,31	0,001 2450	0,052 46	19,06	1 072,7	2 802	1 729	2,769	6,091
40	250,33	0,001 2520	0,049 77	20,09	1 087,5	2 801	1 713	2,796	6,070
42	253,24	0,001 2588	0,047 32	21,13	1 101,7	2 800	1 698	2,823	6,049
44	256,05	0,001 2656	0,045 08	22,18	1 115,3	2 798	1 683	2,849	6,029
46	258,75	0,001 2724	0,043 05	23,23	1 128,8	2 797	1 668	2,847	6,010
48	261,37	0,001 2790	0,041 18	24,29	1 141,8	2 796	1 654	2,898	5,991
50	263,91	0,001 2857	0,039 44	25,35	1 154,4	2 794	1 640	2,921	5,973
55	269,94	0,001 3021	0,035 64	28,06	1 184,9	2 790	1 604,6	2,976	5,930
60	275,56	0,001 3185	0,032 43	30,84	1 213,9	2 785	1 570,8	3,027	5,890
65	280,83	0,001 3347	0,029 73	33,64	1 241,3	2 779	1 537,5	3,076	5,851
70	285,80	0,001 3510	0,027 37	36,54	1 267,4	2 772	1 504,9	3,122	5,814
75	290,50	0,001 3673	0,025 32	39,49	1 292,7	2 766	1 472,8	3,166	5,779
80	294,98	0,001 3838	0,023 52	42,52	1 317,0	2 758	1 441,1	3,208	5,745
85	299,24	0,001 4005	0,021 92	45,62	1 340,8	2 751	1 409,8	3,248	5,711
90	303,32	0,001 4174	0,020 48	48,83	1 363,7	2 743	1 379,3	3,287	5,678
95	307,22	0,001 4345	0,019 19	52,11	1 385,9	2 734	1 348,4	3,324	5,646
100	310,96	0,001 4521	0,018 03	55,46	1 407,7	2 725	1 317,0	3,360	5,615
110	318,04	0,001 489	0,015 98	62,58	1 450,2	2 705	1 255,4	3,430	5,553
120	324,63	0,001 527	0,014 26	70,13	1 491,1	2 685	1 193,5	3,496	5,492
130	330,81	0,001 567	0,012 77	78,30	1 531,5	2 662	1 130,8	3,561	5,432
140	336,63	0,001 611	0,011 49	87,03	1 570,8	2 638	1 066,9	3,623	5,372
150	342,11	0,001 658	0,010 35	96,62	1 610	2 611	1 001,1	3,684	5,310
160	347,32	0,001 710	0,009 318	107,3	1 650	2 582	932,0	3,746	5,247
170	352,26	0,001 768	0,008 382	119,3	1 690	2 548	858,3	3,807	5,177
180	356,96	0,001 837	0,007 504	133,2	1 732	2 510	778,2	3,871	5,107
190	361,44	0,001 921	0,006 68	149,7	1 776	2 466	690	3,938	5,027
200	365,71	0,002 04	0,005 85	170,9	1 827	2 410	583	4,015	4,928
210	369,79	0,002 21	0,004 98	200,7	1 888	2 336	448	4,108	4,803
220	373,7	0,002 73	0,003 67	272,5	2 016	2 168	152	4,303	4,591
221,2 (krit.)	374,15	0,003 17		315,5	2 095		0	4,430	

12. Mittlere spez. Wärmekapazität $\left| c_p \right|_{t_s}^{t_ü}$ des überhitzten Wasserdampfes in kJ/kg K
(nach *Knoblauch*, *Raisch* und *Hause*, umgerechnet in SI-Einheiten und gerundet)

p in bar	0,5	1	2	4	6	8	10	12	14	16	18	20	22	24	26	28	30
t_s in °C	81,35	99,64	120,23	143,62	158,84	170,42	179,88	187,95	195,04	201,36	207,10	212,37	217,24	221,77	226,03	230,04	233,83
$t = t_s$	2,00	2,03	2,09	2,20	2,30	2,42	2,53	2,65	2,77	2,90	3,04	3,18	3,32	3,47	3,62	3,77	3,93
120	1,98	2,01	—	—	—	—	—	—	—	—	—	—	—	—	—	—	—
140	1,97	2,00	2,07	—	—	—	—	—	—	—	—	—	—	—	—	—	—
160	1,96	1,99	2,05	2,16	—	—	—	—	—	—	—	—	—	—	—	—	—
180	1,96	1,98	2,04	2,14	2,25	2,38	—	—	—	—	—	—	—	—	—	—	—
200	1,95	1,98	2,03	2,12	2,22	2,33	2,44	2,57	2,73	—	—	—	—	—	—	—	—
220	1,95	1,98	2,02	2,10	2,19	2,28	2,38	2,50	2,61	2,75	2,89	3,07	3,26	—	—	—	—
240	1,95	1,97	2,01	2,09	2,17	2,26	2,34	2,43	2,53	2,64	2,76	2,88	3,02	3,17	3,34	3,53	3,74
260	1,95	1,97	2,01	2,08	2,15	2,23	2,30	2,38	2,47	2,56	2,66	2,75	2,86	2,98	3,10	3,23	3,37
280	1,96	1,97	2,01	2,08	2,14	2,20	2,28	2,34	2,42	2,50	2,58	2,66	2,75	2,85	2,94	3,04	3,14
300	1,96	1,98	2,01	2,07	2,13	2,19	2,26	2,32	2,38	2,50	2,52	2,59	2,67	2,79	2,82	2,91	2,98
320	1,97	1,98	2,01	2,07	2,13	2,18	2,24	2,29	2,36	2,41	2,48	2,54	2,60	2,67	2,73	2,80	2,87
340	1,97	1,98	2,01	2,07	2,12	2,17	2,23	2,28	2,33	2,38	2,44	2,50	2,55	2,60	2,66	2,72	2,78
360	1,97	1,98	2,01	2,07	2,12	2,16	2,21	2,26	2,31	2,36	2,41	2,46	2,51	2,56	2,61	2,66	2,71
380	1,97	1,99	2,02	2,07	2,11	2,15	2,20	2,25	2,29	2,34	2,38	2,43	—	—	—	—	—
400	—	2,00	2,02	2,07	2,11	2,15	2,20	—	—	—	—	2,38	—	—	—	—	2,56
450	—	2,02	2,03	2,07	2,11	2,15	2,19	—	—	—	—	2,35	—	—	—	—	2,49
500	—	2,03	2,04	2,08	2,11	2,15	2,19	—	—	-	—	2,33	—	—	—	—	2,45
550	—	2,04	2,05	2,08	2,12	2,15	2,19	—	—	—	—	2,30	—	—	—	—	2,42

13. Zustandsgrößen für überhitzten Wasserdampf nach *Wukalowitsch*

p in bar	t_s in °C	$v_ü$ in m³/kg, $h_ü$ in kJ/kg, $s_ü$ in kJ/kg K	Überhitzungstemperatur $t_ü$ in °C 300	350	400	450	500	550	600
1	99,64	$v_ü$	2,638	2,871	3,102	3,334	3,565	3,797	4,028
		$h_ü$	3074	3175	3278	3382	3488	3596	3706
		$s_ü$	8,211	8,381	8,541	8,690	8,833	8,969	9,097
2	120,23	$v_ü$	1,316	1,433	1,549	1,664	1,781	1,897	2,013
		$h_ü$	3071	3173	3276	3381	3487	3595	3705
		$s_ü$	7,887	8,059	8,219	8,369	8,512	8,648	8,776
5	151,84	$v_ü$	0,522	0,570	0,617	0,664	0,711	0,758	0,804
		$h_ü$	3062	3167	3272	3377	3484	3592	3702
		$s_ü$	7,454	7,629	7,791	7,943	8,086	8,223	8,351
10	179,88	$v_ü$	0,258	0,282	0,306	0,330	0,354	0,378	0,401
		$h_ü$	3048	3156	3263	3370	3479	3588	3698
		$s_ü$	7,116	7,296	7,461	7,615	7,761	7,898	8,024
15	198,28	$v_ü$	0,169	0,186	0,203	0,219	0,235	0,251	0,267
		$h_ü$	3033	3145	3255	3364	3473	3583	3694
		$s_ü$	6,910	7,095	7,265	7,421	7,568	7,706	7,837
20	212,37	$v_ü$	0,125	0,138	0,151	0,163	0,175	0,187	0,199
		$h_ü$	3019	3134	3246	3357	3468	3578	3690
		$s_ü$	6,757	6,949	7,122	7,282	7,429	7,569	7,701
30	233,83	$v_ü$	0,081	0,091	0,099	0,108	0,116	0,124	0,132
		$h_ü$	2988	3111	3229	3343	3456	3569	3682
		$s_ü$	6,530	6,735	6,916	7,080	7,231	7,373	7,506
40	250,33	$v_ü$	0,059	0,066	0,073	0,080	0,086	0,093	0,099
		$h_ü$	2955	3087	3211	3329	3445	3560	3674
		$s_ü$	6,352	6,573	6,762	6,933	7,087	7,231	7,367
50	263,91	$v_ü$	0,045	0,052	0,058	0,063	0,069	0,074	0,079
		$h_ü$	2920	3063	3193	3315	3433	3550	3666
		$s_ü$	6,200	6,440	6,640	6,815	6,974	7,120	7,257
60	275,56	$v_ü$	0,036	0,042	0,047	0,052	0,057	0,061	0,065
		$h_ü$	2880	3039	3174	3299	3421	3540	3658
		$s_ü$	6,060	6,326	6,535	6,716	6,876	7,028	7,165

14. Werte für Feuchtluft, Temperatur, Druck, Dampfdichte, Enthalpie, spezifisches Volumen, Wassergehalt für Temperaturen von —20 °C···95 °C

Temperatur	Druck	Dampfdichte	Enthalpie ges. Feuchtluft bei p = 1 bar	spez. Volumen ges. Feuchtluft bei p = 1 bar	Wassermasse x_S im ges. Zutand in g je kg tr. Luft bei p_b in mbar		
t_s in °C	p_{Ds} in mbar	ϱ'' in g/m³	h_S in kJ/kg	v_S in m³/kg	981 g/kg	1000 g/kg	1013 g/kg
−20	1,029	0,881	−18,53	0,727	0,654	0,641	0,63
−19	1,133	0,968	−17,36	0,723	0,720	0,706	0,70
−18	1,246	1,06	−16,19	0,733	0,792	0,776	0,77
−17	1,369	1,16	−14,99	0,736	0,870	0,853	0,85
−16	1,503	1,27	−13,78	0,739	0,955	0,936	0,93
−15	1,649	1,39	−12,54	0,742	1,048	1,028	1,01
−14	1,808	1,52	−11,29	0,745	1,150	1,127	1,11
−13	1,980	1,66	−10,02	0,748	1,260	1,234	1,22
−12	2,169	1,81	−8,72	0,751	1,379	1,352	1,34
−11	2,373	1,97	−7,39	0,754	1,509	1,479	1,46
−10	2,595	2,13	−6,04	0,757	1,650	1,618	1,60
−9	2,833	2,31	−4,66	0,760	1,801	1,767	1,75
−8	3,095	2,52	−3,25	0,763	1,969	1,931	1,91
−7	3,376	2,75	−1,80	0,766	2,149	2,107	2,08
−6	3,681	2,98	−0,315	0,769	2,343	2,298	2,27
−5	4,011	3,23	+1,21	0,772	2,552	2,505	2,47
−4	4,368	3,51	2,78	0,776	2,781	2,729	2,69
−3	4,754	3,81	4,39	0,779	3,03	2,97	2,94
−2	5,172	4,14	6,06	0,782	3,30	3,23	3,19
−1	6,621	4,48	7,78	0,785	3,59	3,51	3,47
0	6,11	4,85	9,55	0,788	3,90	3,82	3,78
1	6,56	5,24	11,29	0,791	4,20	4,11	4,07
2	7,05	5,62	13,07	0,795	4,51	4,42	4,37
3	7,57	6,00	14,91	0,798	4,85	4,75	4,70
4	8,13	6,39	16,80	0,802	5,20	5,10	5,03
5	8,72	6,80	18,75	0,805	5,58	5,47	5,40
6	9,35	7,25	20,77	0,808	5,98	5,87	5,79
7	10,01	7,76	22,85	0,812	6,42	6,29	6,21
8	10,72	8,25	24,99	0,815	6,88	6,74	6,65
9	11,47	8,81	27,22	0,819	7,36	7,22	7,13
10	12,27	9,40	29,52	0,822	7,88	7,73	7,63
11	13,12	10,03	31,90	0,826	8,44	8,27	8,15
12	14,01	10,67	34,37	0,829	9,02	8,84	8,75
13	14,99	11,36	36,93	0,833	9,64	9,45	9,35
14	15,97	12,08	39,59	0,837	10,30	10,10	9,97
15	17,04	12,82	42,34	0,841	11,00	10,78	10,6
16	18,17	13,64	45,21	0,845	11,74	11,51	11,4
17	19,36	14,50	48,17	0,849	12,54	12,28	12,1
18	20,62	15,40	51,28	0,853	13,37	13,09	12,9
19	21,96	16,31	54,49	0,857	14,25	13,96	13,8

Tabelle 14 (Fortsetzung)

Temperatur	Druck	Dampfdichte	Enthalpie ges. Feuchtluft bei $p = 1$ bar	spez. Volumen ges. Feuchtluft bei $p = 1$ bar	Wassermasse x_S im ges. Zustand in g je kg tr. Luft bei p_b in mbar		
t_s in °C	p_{Ds} in mbar	ϱ'' in g/m³	h_S in kJ/kg	v_S in m³/kg	981 g/kg	1000 g/kg	1013 g/kg
20	23,37	17,29	57,88	0,861	15,19	14,88	14,7
21	24,85	18,36	61,37	0,865	16,18	18,85	15,6
22	26,42	19,46	65,02	0,870	17,24	16,88	16,6
23	28,08	20,60	68,83	0,874	18,33	17,97	17,7
24	29,82	21,80	72,79	0,878	19,51	19,12	18,8
25	31,67	23,04	76,94	0,883	20,77	20,33	20,0
26	33,60	24,41	81,26	0,888	22,09	21,62	21,4
27	35,64	25,83	85,78	0,893	23,47	22,99	22,6
28	37,78	27,28	90,49	0,898	24,93	24,42	24,0
29	40,04	28,80	95,43	0,903	26,19	25,94	25,6
30	42,41	30,36	100,51	0,908	28,14	27,52	27,2
31	44,91	32,00	105,99	0,914	29,88	29,25	28,8
32	47,53	33,72	111,73	0,919	31,69	31,07	30,6
33	50,29	35,65	117,57	0,925	33,64	32,93	32,5
34	53,18	37,57	123,76	0,930	35,69	34,93	34,4
35	56,22	39,6	130,26	0,937	37,9	37,0	36,6
36	59,40	41,8	137,05	0,943	40,1	39,3	38,8
37	62,74	44,0	144,19	0,949	42,5	41,6	41,1
38	66,24	46,2	151,67	0,956	45,1	44,1	43,5
39	69,91	48,6	159,52	0,963	47,8	46,7	46,0
40	73,75	51,1	167,73	0,970	50,6	49,5	48,8
41	77,77	53,7	176,39	0,977	53,6	52,4	51,7
42	81,98	56,5	185,47	0,985	56,8	55,5	54,8
43	86,39	59,4	195,02	0,992	60,1	58,8	58,0
44	91,00	62,3	205,03	1,001	63,7	62,2	61,3
45	95,82	65,4	218,60	1,009	67,4	65,9	65,0
46	100,85	68,6	226,68	1,018	71,4	69,7	68,9
47	106,12	72,0	238,37	1,027	75,5	73,8	72,8
48	111,62	75,6	250,67	1,037	70,0	78,1	77,0
49	117,36	79,3	263,63	1,047	84,6	82,7	81,5
50	123,35	83,0	277,27	1,057	89,5	87,5	86,2
55	157,4	104,3	357,75	1,117	118,9	116,2	114
60	199,2	130,2	464,52	1,194	158,5	154,7	152
65	250,1	161,1	609,20	1,294	212,9	207,4	204
70	311,6	198,1	811,14	1,430	289,7	281,5	276
75	385,5	241,8	1105,67	1,625	393,1	390,2	382
80	473,6	293	1563,24	1,925	580	559	545
85	578,0	353	2350,75	2,435	894	852	828
90	701,1	424	3983,04	3,485	1559	1459	1400
95	845,2	505	9189,60	6,824	3880	3396	3120

15. Dampftabelle für Ammoniak (NH_3)[1])

Temperatur	Druck	Spezifisches Volumen		Enthalpie		Verdampfungswärme	Entropie	
		der sied. Flüssigkeit	des Dampfes	der sied. Flüssigkeit	des Dampfes		der sied. Flüssigkeit	des Dampfes
t_s in °C	p in bar	v' in dm³/kg	v'' in m³/kg	h' in kJ/kg	h'' kJ/kg	r in kJ/kg	s' in kJ/kg K	s'' in kJ/kg K
−75	0,07514	1,3679	12,8200	161,8	1645,1	1483,2	−0,4430	7,0425
−70	0,10962	1,3785	8,9976	183,9	1654,4	1470,5	−0,3332	6,9055
−65	0,15664	1,3895	6,4410	206,0	1663,6	1457,6	−0,2257	6,7770
−60	0,21959	1,4008	4,6956	228,1	1672,6	1444,5	−0,1205	6,6563
−55	0,30243	1,4123	3,4811	250,4	1681,5	1431,1	−0,0174	6,5427
−50	0,40975	1,4242	2,6209	272,7	1690,1	1417,4	0,0837	6,4355
−45	0,54676	1,4365	2,0017	295,1	1698,5	1403,4	0,1829	6,3342
−40	0,71934	1,4491	1,5491	317,6	1706,7	1389,1	0,2803	6,2382
−35	0,93402	1,4621	1,2135	340,2	1714,6	1374,4	0,3759	6,1471
−30	1,1980	1,4755	0,9614	362,8	1722,1	1359,3	0,4699	6,0604
−25	1,5191	1,4893	0,76967	385,5	1729,4	1343,9	0,5621	5,9778
−20	1,9059	1,5036	0,62217	408,3	1736,3	1328,0	0,6527	5,8988
−15	2,3675	1,5184	0,50746	431,1	1742,9	1311,8	0,7418	5,8233
−10	2,9136	1,5338	0,41736	454,0	1749,1	1295,1	0,8293	5,7508
−5	3,5546	1,5497	0,34590	477,0	1754,9	1277,9	0,9154	5,6811
0	4,3013	1,5662	0,28873	500,0	1760,3	1260,3	1,0000	5,6139
+5	5,1525	1,5833	0,24260	523,1	1765,3	1242,2	1,0832	5,5491
10	6,1583	1,6012	0,20510	546,2	1769,8	1223,5	1,1652	5,4864
15	7,2929	1,6198	0,17437	569,5	1773,8	1204,4	1,2459	5,4255
20	8,5821	1,6392	0,14902	592,8	1777,4	1184,6	1,3255	5,3664
25	10,039	1,6595	0,12797	616,3	1780,5	1164,2	1,4040	5,3088
30	11,678	1,6808	0,11038	639,9	1783,0	1143,2	1,4816	5,2523
35	13,513	1,7032	0,09558	663,6	1785,0	1121,4	1,5584	5,1974
40	15,559	1,7268	0,08080	687,6	1786,4	1098,8	1,6344	5,1433
45	17,832	1,7517	0,07245	711,8	1787,2	1075,4	1,7099	5,0899
50	20,346	1,7780	0,06336	736,4	1787,3	1051,0	1,7850	5,0372
55	23,118	1,8060	0,05556	761,2	1786,7	1025,5	1,8598	4,9848
60	26,165	1,8358	0,04883	786,5	1785,3	998,8	1,9346	4,9326
65	29,503	1,8677	0,04299	812,3	1783,0	970,8	2,0095	4,8803
70	33,151	1,9020	0,03791	838,6	1779,8	941,3	2,0847	4,8277
75	37,127	1,9391	0,03346	865,5	1775,5	910,0	2,1605	4,7743
80	41,449	1,9795	0,02955	893,3	1770,0	876,8	2,2372	4,7199

Bei 0 °C wurde gesetzt $h' = 500$ kJ/kg und $s' = 1{,}0$ kJ/kg K

[1]) Auszug: Dampftafel von Ammoniak, Institut für Luft- und Kältetechnik, Dresden 1973

16. Strahlungszahl C verschiedener Oberflächen[1]) in W/m² K⁴ bei 0···200 °C

Absolut schwarzer Körper	5,77
Edle Metalle, hochglanzpoliert	0,09···0,29
Nichtedle Metalle, hochglanzpoliert	0,15···0,41
Metalle	
Aluminium, roh	0,41···0,50
Blei, grau, oxydiert	1,63
Eisen, Stahl, roh mit Walz- oder Gußhaut	4,3···4,7
Eisen, Stahl, frisch abgeschmirgelt	1,4···2,6
Eisen, Stahl, ganz rot verrostet	4,0
Eisen, Stahl, matt verzinnt	0,5
Eisen, Stahl, verzinkt	1,3···1,6
Kupfer, geschabt	0,53
Kupfer, schwarz oxydiert	4,5
Messing, rohe Walzfläche	0,4
Messing, frisch geschmirgelt	1,163
Messing, brüniert	2,4
Anstriche	
Aluminiumlack	2,0···2,4
Emaillelack, schneeweiß	5,2
Spirituslack, schwarz glänzend	4,8
Schmelzemaille, weiß	5,2
Ölfarben, beliebige, auch weiß	5,1···5,6
Ruß — Wasserglas	5,54
Verschiedene Körper	
Asbestschiefer, rauh	5,6
Eichenholz, gehobelt	5,1
Dachpappe	5,2
Eis, glatt	5,2
Gips	5,2
Glas, glatt	5,5
Gummi, weich	5,0
Kachel, weiß glasiert	5,0
Kohle	4,7
Hartgummi, glatt, schwarz	5,3
Marmor, hellgrau, poliert	4,9
Öl	5,3
Papier	5,5
Porzellan, glasiert	5,3
Quarz, geschmolzen, rauh	5,3
Reif	5,68
Wasser, senkrechte Strahlung	5,56
Wasser, allseitige Strahlung	5,56
Ziegelstein, rot, rauh	5,3···5,5

[1]) Aus *Cammerer*, Der Wärme- und Kälteschutz in der Industrie, Berlin 1938, nach Versuchen von *E. Schmidt* u. a. (umgerechnet in SI-Einheiten)

17. Temperaturfaktor β in K³ $\quad \beta = \dfrac{\left(\dfrac{T_1}{100}\right)^4 - \left(\dfrac{T_2}{100}\right)^4}{T_1 - T_2}$

t_1 ↓ / t_2 →	−10	0	10	20	50	100	200	300	400	500	600	700	800	900
−10	0,728													
0	0,770	0,814												
10	0,814	0,859	0,906											
20	0,862	0,908	0,954	1,008										
50	1,017	1,060	1,119	1,172	1,34									
100	1,32	1,38	1,44	1,49	1,70	2,08								
200	2,14	2,23	2,28	2,36	2,69	3,07	4,23							
300	3,33	3,41	3,50	3,60	3,87	4,42	5,77	7,53						
400	4,88	4,99	5,08	5,20	5,55	6,19	7,75	9,73	12,19					
500	6,92	7,03	7,16	7,29	7,71	8,44	10,23	12,46	15,19	18,48				
600	9,45	9,59	9,74	9,89	10,36	11,30	13,27	15,77	18,70	22,38	26,61			
700	12,56	12,72	12,90	13,07	13,62	14,62	16,92	19,71	23,04	26,96	31,55	36,84		
800	16,30	16,50	16,70	16,90	17,53	18,66	21,26	24,36	28,01	32,29	37,29	42,93	49,5	
900	20,79	20,97	21,25	21,47	22,20	23,42	26,33	29,76	33,76	38,41	43,75	49,85	56,8	64,6
1000	25,95	26,21	26,48	26,75	27,54	28,96	32,20	35,98	40,35	45,38	51,1	57,6	65,0	73,3

18. Wärmeleitfähigkeit λ von Metallen in W/m K zwischen 0°C und 100°C

Metalle			
Aluminium	229	Lithium	71
Antimon	17	Magnesium, rein	170
Blei	34,3	Magnesium 99,6%	142
Eisen 99,12%	71	Natrium 0°C	100
Schmiedeeisen, rein	58	Nickel 99,94%	87
Gußeisen 3% C	56···64	Nickel 97···99%	58
Gußeisen 1% Ni	50	Platin	71
Stahl 99,2% Fe, 0,2% C	45	Quecksilber 0°C	8···10
Gold	311	Silber, rein	418
Iridium	58	Silber 99,9%	413
Kadmium	92,5	Wismut	7,8
Kalium	128	Wolfram	158
Kupfer, rein	394	Zink	112
Handelskupfer	372	Zinn	63
Legierungen			
Aluminiumbronze	83	AlCuMg 1/2	165
Bronze 90% Cu, 10% Sn	42	G-MgAl 6 Zn 1/3	116,3
Bronze 75% Cu, 25% Sn	26	Kolbenlegierung	135···144
Messing 70% Cu, 30% Zn	112	Gi-AlSi 12	162
Monel 29% Cu, 67% Ni, 2% Fe	22	Chromstahl 5% Cr	20···37
Neusilber 62% Cu, 15% Ni, 22% Zn	25	Chromnickelstahl	10···15
Phosphorbronze	36···79	V 2 A-Stahl	15
Rotguß	60	Wolframstahl 1 W, 0,6 Cr, 0,3 C	40
Nickelstahl 5% Ni	35	Konstantan	22,7
Nickelstahl 15% Ni	22	Manganin	21,9
Nickelstahl 30% Ni	12,2	Woods Metall	13
Nickelstahl 50% Ni	14,5		

19. Wärmeleitfähigkeit λ von Wärmeschutzstoffen mit durchschnittlichem Feuchtegehalt in W/m K bei 20°C

Stoff	ϱ in kg/m³	λ in W/m K
Asbestplatten	2000	0,698
Asbestwolle	50	0,058
	100	0,058
	300	0,093
Bimskies als Füllstoff	600	0,326
Glasgespinstmatten	100	0,038
	200	0,048
Glaswolle, Schlackenwolle	100	0,047
	200	0,041
	300	0,047

Tabelle 19 (Fortsetzung)

Stoff	ϱ in kg/m³	λ in W/m K
Haarfilz	270	0,035···0,081
Hobelspäne als Füllstoff	100···140	0,093
Holzfaserplatten	200	0,047
	300	0,051
Leichtbausteine, Mauerwerk, Schlackensteine, Zellenbetonsteine u. ä.	600	0,407
	1000	0,570
	1200	0,663
Kies als Füllstoff	1500···1800	0,930
Leichtbauplatten aus mineralisierter Holzwolle wie Heraklith, Tekton u. ä.	200	0,062
	300	0,072
	600	0,128

20. Wärmeleitfähigkeit (Wasser und Wasserdampf)[1]

Druck p in bar	λ in W/m K von Wasserdampf bei verschiedenen Temperaturen in °C und Drücken (t_S Sättigungstemperatur, p_S Sättigungsdruck)							
	t_S	0	50	100	200	300	400	500
0	—	0,0369	0,0198	0,0238	0,0326	0,0424	0,0550	0,0752
1	0,0242			0,0242	0,0328	0,0427	0,0551	0,0752
5	0,0312				0,0347	0,0434	0,0555	0,0756
10	0,0361				0,0370	0,0442	0,0561	0,0761
20	0,0449					0,0459	0,0573	0,0770
40	0,0523					0,0502	0,0597	0,0787
60	0,0606					0,0565	0,0622	0,0805
80	0,0637					0,0663	0,0650	0,0822
100	0,0754						0,0680	0,0840
p_S		0,0369	0,0199	0,0242	0,0404	0,0709		

[1]) Aus Hütte I, 28. Aufl. (umgerechnet in SI-Einheiten und gerundet)

21. Kennzeichnende Stoffwerte für die Wärmeübertragung

Nach *Schmidt, E.*: Einführung in die (Techn. Thermodynamik, 10. Aufl., S. 393/395. Berlin/Göttingen/Heidelberg, Springer-Verlag 1963 (umgerechnet in SI-Einheiten)

a) Flüssigkeiten (bei 1,013 bar)

Stoff	t in °C	ϱ in kg/dm³	c in kJ/kgK	$10^5\eta$ in Ns/m²	$10^6\nu$ in m²/s	λ in W/m K	$10^6 a$ in m²/s	Pr	β in 1/K
Wasser	0	0,9998	4,190	178,9	1,789	0,555	0,131	13,6	0,00006
H_2O	20	0,9982	4,183	100,5	1,006	0,598	0,143	7,03	0,00020
	40	0,9921	4,178	65,3	0,658	0,627	0,151	4,35	0,00038
	60	0,983	4,191	47,0	0,478	0,651	0,159	3,01	0,00054
	80	0,972	4,199	35,4	0,364	0,669	0,164	2,22	0,00065
	100	0,958	4,216	28,2	0,294	0,682	0,169	1,75	0,00078
	150[1])	0,917	4,271	18,4	0,201	0,683	0,174	1,15	0,00113
	200[1])	0,865	4,501	13,8	0,160	0,665	0,171	0,94	0,00155
Kohlen-	20[1])	0,771	3,64	4,8	0,062	0,087	0,031	2,00	0,0066
dioxid CO_2	30[1])	0,596	—	3,2	0,054	0,071	—	—	0,0147
Ammoniak	0[1])	0,639	4,65	24,0	0,376	0,540	0,182	2,07	0,00211
NH_3	20[1])	0,610	4,77	22,0	0,361	0,494	0,170	2,12	0,00244
Schwefel-	−20	1,485	1,273	46,5	0,313	0,223	0,118	2,65	0,00178
dioxid	0[1])	1,435	1,357	36,8	0,257	0,212	0,109	2,36	0,00172
SO_2	+20[1])	1,383	1,390	30,4	0,220	0,199	0,103	2,14	0,00194
Spindelöl	20	0,871	1,851	1306	15,0	0,144	0,089	168	0,00074
	40	0,858	1,934	681	7,93	0,143	0,086	92,0	0,00075
	60	0,845	2,018	418	4,95	0,142	0,083	59,4	0,00075
	80	0,832	2,102	283	3,40	0,141	0,080	42,1	0,00076
	100	0,820	2,186	200	2,44	0,140	0,078	31,4	0,00077
	120	0,807	2,269	154	1,19	0,138	0,076	25,3	0,00078
Trans-	20	0,866	1,892	3161	36,5	0,124	0,076	481	0,00069
formatorenöl	40	0,852	1,993	1422	16,7	0,123	0,072	230	0,00069
	60	0,842	2,093	732	8,7	0,122	0,069	126	0,00070
	80	0,830	2,198	432	5,2	0,120	0,066	79,4	0,00071
	100	0,818	2,294	310	3,8	0,119	0,063	60,3	0,00072

[1]) bei jeweiligem Sättigungsdruck

Tabelle 21 (Fortsetzung)

b) Gase (bei 1 bar)

Stoff	t in °C	ϱ in kg/m³	c_p in kJ/kg K	$10^5\eta$ in Ns/m²	$10^6\nu$ in m²/s	λ in W/m K	$10^6 a$ in m²/s	Pr
Wasser-stoff H_2	−50	0,1085	—	0,73	67,7	0,147	—	—
	0	0,0886	14,235	0,84	95,1	0,176	139,3	0,68
	50	0,0748	14,361	0,94	125,1	0,202	188,3	0,67
	100	0,0649	14,444	1,03	158,9	0,229	245,2	0,65
	200	0,0512	14,528	1,21	236,3	0,276	362,8	0,64
	300	0,0423	14,570	1,39	329,5	0,297	437,4	0,64
Wasserdampf H_2O	100	0,589	2,135	1,28	21,7	0,0242	19,2	1,12
	200	0,461	1,926	1,66	36,1	0,0328	36,9	0,97
	300	0,379	2,010	2,01	53,1	0,0427	56,0	0,95
	400	0,322	2,052	2,35	73,0	0,0551	83,4	0,88
Luft	−50	1,563	1,005	1,46	9,3	0,0205	12,9	0,72
	0	1,276	1,005	1,71	13,3	0,0242	18,8	0,71
	50	1,078	1,008	1,96	18,2	0,0278	25,7	0,71
	100	0,934	1,009	2,18	23,3	0,0311	33,0	0,71
	200	0,736	1,026	2,59	35,2	0,0368	48,7	0,72
	300	0,608	1,047	2,96	48,7	0,0429	67,6	0,72
	400	0,518	1,068	3,29	63,6	0,0485	87,7	0,73
	600	0,399	1,114	3,88	97,4	0,0582	131,0	0,74
	800	0,324	1,156	4,44	137,3	0,0669	178,5	0,77
	1000	0,273	1,185	4,93	180,4	0,0762	235,4	0,77
Kohlendioxid CO_2	−50	2,420	—	1,13	4,67	0,0109	—	—
	0	1,950	0,829	1,38	7,08	0,0143	8,8	0,80
	50	1,648	0,875	1,62	9,8	0,0178	12,4	0,80
	100	1,428	0,925	1,85	12,9	0,0213	16,1	0,80
	200	1,125	0,996	2,29	20,4	0,0283	25,3	0,81
Schwefel-dioxid SO_2	0	0,289	0,624	1,15	4,0	0,0084	4,6	0,86
	50	—	0,649	1,40	—	—	—	—
	100	—	0,674	1,62	—	—	—	—
	200	—	0,720	2,07	—	—	—	—
Ammoniak NH_3	0	0,761	2,169	0,93	12,3	0,022	13,4	0,92
	50	0,638	2,198	1,10	17,4	—	—	—
	100	0,551	2,232	1,30	23,6	0,030	24,4	0,97
	200	0,433	2,395	1,65	38,3	—	—	—

22. Dynamische Viskosität[1]) η in Ns/m² $\qquad \eta = \eta_0 \sqrt{\frac{T}{T_0}} \cdot \frac{1 + C/T_0}{1 + C/T}$

Stoff	dynamische Viskosität bei 0 °C $\eta_0 \cdot 10^5$	*Sutherland*-Konstante C	gültig für °C	Stoff	dynamische Viskosität bei 0 °C $\eta_0 \cdot 10^5$	*Sutherland*-Konstante C	gültig für °C
Wasserstoff	0,876	86	80···200	Kohlenoxid	1,754	101,2	20···277
		234	700···800	Kohlendioxid	1,404	254	25···280
Sauerstoff	2,017	125	15···830			213	300···824
Stickstoff	1,780	104,7	20···825	Schwefeldioxid	1,245	395,6	20···120
Luft	1,727	111	16···825			306	300···825
				Methan	1,087	162	20···500
Ammoniak	0,981	503	20···300	Propan	0,794	290	25···280
Wasserdampf	0,963	961	20···406	Benzol	0,735	447,5	130···313

23. Zusammenstellung einiger gebräuchlicher Formeln für den Wärmeübergangskoeffizienten α[1]) (umgerechnet in SI-Einheiten)

1. Wärmeübergangskoeffizient von Flüssigkeiten

a) Erzwungene turbulente Strömung

Nr.	Stoff	Strömung	Formel	Forscher und Geltungsbereich
(1)	Flüssigkeiten, Heißdampf und Gase	im Rohr	$Nu = 0{,}024 \cdot Re^{0,8} \cdot Pr^{0,37}$	*Kraussold*, Forschung, Band 4, 1933, Nr. 1, für $Re > 10000$, $Pr = 0{,}7 \cdots 100$, $\frac{l}{d} = 100 \cdots 400$
(2)	beliebige Flüssigkeiten	im Rohr	$Nu = 0{,}03956 \, \frac{Re^{0,75} \cdot Pr}{1 + 0{,}35(Pr - 1)}$	Grenzschichttheorie
(3)[2])	Kältemittel CO_2, NH_3, SO_2 usw.	in Rohren	$\alpha = 8{,}42 \cdot \lambda^{0,25} \cdot c_p{}^{0,75} \cdot \frac{\dot{m}^{0,75}}{d^{1,75}}$ α: W/m² K; λ: W/m K; c_p: kJ/kg K; $\dot{m}$: kg/s; d: m	*ten Bosch*, Wärmeübertragung, 1936

[1]) Aus „Technische Wärmelehre" Prof. Dr. *Hans Faltin*, 4. Auflage, Akademie-Verlag, Berlin 1961

[2]) Aus der Ähnlichkeitstheorie vereinfachend abgeleitet

Tabelle 23 (Fortsetzung)

b) freie Strömung

Nr.	Stoff	Strömung	Formel	Forscher und Geltungsbereich
(4)	Wasser	um Rohre	$\alpha = 350 \cdots 580$ W/m² K	Wärmefluß vom Rohr an das Wasser
(5a) (5b)	Wasser	ruhend bewegt	$\alpha = 350 \cdots 580$ W/m² K $\alpha = 580 \cdots 3500$ W/m² K	überschläglich für nicht siedendes Wasser

2. Der Wärmeübergangskoeffizient von Gasen und überhitzten Dämpfen

a) Erzwungene turbulente Strömung

Nr.	Stoff	Strömung	Formel	Forscher und Geltungsbereich
(6)	Gase und Heißdämpfe	in Rohren	$\alpha = 8{,}26 \frac{\lambda}{d} \left(\frac{w c_p \varrho d}{\lambda}\right)^{0{,}786} \left(\frac{l}{d}\right)^{-0{,}054}$ α: W/m²K; λ: W/m K; d: m w: m/s; c_p: kJ/kg K; ϱ: kg/m³; l: m	*Kraussold*, Forschg. Bd. 4, 1933, Nr. 1, für $Re > 10000$ $t = 0 \cdots 600\,°C$ ($\cdots 1000\,°C$)
(7)	Gas, Luft, Heißdampf	in Rohren	$\alpha = 3{,}49 \frac{w_0^{0{,}8}}{d^{0{,}25}}$ α: W/m² K; w_0: m/s; d: m w_0, bezogen auf m³ im Normzustand	*Dubbel*, Taschenbuch Bd. 1, S. 292, 10. Aufl. 1951. Wärmefluß von der Wand an das Gas
(8)	Gas und Flüssigkeiten	in Rohren	$Nu = 0{,}03956 \times$ $\times \frac{Re^{3/4} \cdot Pr}{1 + 1{,}5 \cdot Pr^{-1/6} \cdot Re^{-1/8}(Pr - 1)}$	Grenzschichttheorie
(8)	Luft und Rauchgase	um Rohre im Querstrom, Rohre fluchtend	$Nu = C \cdot Re^{0{,}654}$, $\alpha = c \frac{w_0^{0{,}654}}{d^{0{,}346}}$, wobei α: W/m² K; w_0: m/s; d: m w_0, bezogen auf m³ im Normzustand $c = 4{,}88$ bei 2 Rohrreihen $c = 5{,}12$ bei 3 Rohrreihen $c = 5{,}23$ bei 4 Rohrreihen $c = 5{,}29$ bei 5 u. mehr Rohrreihen	*Reiher*, Forschgs.-Heft d. VDI Nr. 269

Tabelle 23 (Fortsetzung)

Nr.	Stoff	Strömung	Formel	Forscher und Geltungsbereich
(10)	Luft und Rauchgase	um Rohre im Querstrom, Rohre versetzt	$Nu = C \cdot Re^{0,69}$ $\alpha = c \dfrac{w_0^{0,69}}{d^{0,31}}$, wobei α: W/m² K; w_0: m/s; d: m w_0, bezogen auf m³ im Normzustand $c = 6{,}1$ bei 2 Rohrreihen $c = 7{,}1$ bei 3 Rohrreihen $c = 7{,}7$ bei 4 Rohrreihen $c = 8{,}1$ bei 5 Rohrreihen $c = 8{,}8$ bei 10 u. mehr Rohrreihen	Derselbe

b) **Freie** Strömung

Nr.	Stoff	Strömung	Formel	Forscher und Geltungsbereich
(11)	Luft	um waagerechte und senkrechte Rohre	$\alpha = 9{,}5 + 0{,}00852(t_{Wd} - t_L)^{1,33}$ α: W/m² K; t_{Wd}; t_L: °C	*Dubbel*, Taschenbuch I, S. 291, 10. Aufl. 1951 Konvektion und Strahlung
(12)	Luft	um isolierte Rohrleitungen	$\alpha = 9{,}4 + 0{,}052(t_{Wd} - t_L)$ α: W/m² K; t_{Wd}; t_L: °C	*Cammerer*, für $(t_{Wd} - t_L) = 0 \cdots 150$ K Konvektion und Strahlung
(13a) (13b)	Luft	um senkrechte Platten und Rohre	$\alpha = 3{,}49 + 0\,093(t_{Wd} - t_L)$ $\alpha = 2{,}56 \sqrt[4]{t_{Wd} - t_L}$ α: W/m² K; t_{Wd}; t_L: °C	*Dubbel*, Taschenbuch, Bd. 1, S. 292 10. Aufl. 1951 für $(t_{Wd} - t_L) < 15$ K für $(t_{Wd} - t_L) > 15$ K

Tabelle 23 (Fortsetzung)

Nr.	Stoff	Strömung	Formel	Forscher und Geltungsbereich
(14a)	Luft	um waagerechtes Rohr	$\alpha = 1{,}186 \sqrt[4]{\frac{t_{\mathrm{Wd}} - t_{\mathrm{L}}}{d}}$	für $d > 0{,}01$ m
(14b)		um waagerechte Wand	$\alpha = 3{,}25 \sqrt[4]{t_{\mathrm{Wd}} - t_{\mathrm{L}}}$ α: W/m² K; t_{Wd}; t_{L}: °C; d: m	
(15a)	Luft	um senkrechte ebene Wände und Rohre ($d > 0{,}01$m)	$Nu = 0{,}590 \cdot \sqrt[4]{Gr \cdot Pr}$ Stoffwerte bei Wandtemperatur t_{Wd} $\Delta t = t_{\mathrm{Wd}} - t$; für d ist die Wandhöhe bzw. Rohrlänge l zu setzen	*ten Bosch* 1936, S. 159ff., für Laminarströmung für $Gr < 10^9$
(15b)			$Nu = 0{,}0325 \cdot Gr^{0{,}4}$	für Turbulenzströmung $Gr > 10^9$

3. Der Wärmeübergangskoeffizient von siedendem Wasser und Sattdampf

(16)	Siedendes Wasser	in Rohren	$\alpha = 4600 \cdots 6900$ W/m² K	Näherungsformel
(17)	gesättigter Wasserdampf		$\alpha = 11600$ W/m² K	überschläglich

24. Umrechnung von Einheiten

24.1. Druckeinheiten

Einheit	$N/m^2 = Pa$	bar	kp/cm^2	Torr	$mm\,WS = kp/m^2$
$1\ N/m^2 = 1\ Pa$	1	10^{-5}	$1{,}01972 \cdot 10^{-5}$	$7{,}5006 \cdot 10^{-3}$	$1{,}01972 \cdot 10^{-1}$
1 bar	10^5	1	1,01972	$7{,}5006 \cdot 10^{2}$	$1{,}01972 \cdot 10^{4}$
$1\ kp/cm^2$	$0{,}980665 \cdot 10^5$	0,980665	1	$7{,}355 \cdot 10^{2}$	10^4
Torr	$1{,}3333 \cdot 10^{2}$	$1{,}3333 \cdot 10^{-3}$	$1{,}3595 \cdot 10^{-3}$	1	$1{,}3595 \cdot 10^{1}$
1 mm WS $= 1\ kp/m^2$	9,80665	$0{,}980665 \cdot 10^{-4}$	10^{-4}	$7{,}355 \cdot 10^{-2}$	1

24.2. Energieeinheiten

Einheit	J, Nm, Ws	kpm	kcal	kWh	PSh
1 J (Nm, Ws)	1	0,10197	$2{,}388 \cdot 10^{-4}$	$2{,}778 \cdot 10^{-7}$	$3{,}776 \cdot 10^{-7}$
1 kpm	9,80665	1	$2{,}342 \cdot 10^{-3}$	$2{,}724 \cdot 10^{-6}$	$3{,}703 \cdot 10^{-6}$
1 kcal	$4{,}1868 \cdot 10^{3}$	$4{,}269 \cdot 10^{2}$	1	$1{,}163 \cdot 10^{-3}$	$1{,}581 \cdot 10^{-3}$
1 kWh	$3{,}6 \cdot 10^{6}$	$3{,}67 \cdot 10^{5}$	$8{,}598 \cdot 10^{2}$	1	1,359
1 PSh	$2{,}648 \cdot 10^{6}$	$2{,}7 \cdot 10^{5}$	$6{,}324 \cdot 10^{2}$	0,7355	1

24.3. Leistungseinheiten

Einheit	W, Nm/s, J/s	kpm/s	kcal/h	PS
1 W (Nm/s, J/s)	1	0,101972	0,8598	$1{,}359 \cdot 10^{-3}$
1 kpm/s	9,80665	1	8,432	$1{,}333 \cdot 10^{-2}$
1 kcal/h	1,163	0,1186	1	$1{,}581 \cdot 10^{-3}$
1 PS	$7{,}355 \cdot 10^{2}$	75	$6{,}324 \cdot 10^{2}$	1

Benutzte Formelzeichen mit gebräuchlichen Einheiten

A	Fläche, Querschnitt in m^2
a	Temperaturleitzahl in m^2/s, Stufendruckverhältnis
$\dot{b}_e$	Brennstoffverbrauch in kg/kWh oder m^3/kWh
C	Strahlungszahl in $W/m^2 K^4$
C_p, C_v	Wärmekapazität der Gase für 1 m^3 bei konstantem Druck bzw. bei konstantem Volumen in J/m^3 K oder kJ/m^3 K
$\bar{c}_p$, $\bar{c}_v$	molare Wärmekapazität bei konstantem Druck bzw. bei konstantem Volumen in J/kmol K oder kJ/kmol K
c_p, c_v	spezifische Wärmekapazität für 1 kg Gas bei konstantem Druck bzw. bei konstantem Volumen in J/kg K oder kJ/kg K
c	spezifische Wärmekapazität allgemein in J/kg K oder kJ/kg K
D, d	Durchmesser in m
d_{BZ}	Bruttoverdampfungsziffer in kg Dampf je kg Brennstoff bzw. kg Dampf je m^3 Brenngas im Normzustand
d_{NZ}	Nettoverdampfungsziffer in kg Normaldampf je kg Brennstoff bzw. kg Normaldampf je m^3 Brenngas im Normzustand
F	Kraft in N
G	Gewicht (Gewichtskraft) in N
g	Erdbeschleunigung in m/s^2 (9,806 65 m/s^2), Massenanteil
H, $\dot{H}$	Enthalpie in Nm, J, Ws; Enthalpie je Zeiteinheit
h	Enthalpie in J/kg oder kJ/kg
h'	Enthalpie der siedenden Flüssigkeit in J/kg oder kJ/kg
h''	Enthalpie des Sattdampfes in J/kg oder kJ/kg
$\Delta_H h$	Heizwert in J/kg oder kJ/kg bzw. J/m^3 oder kJ/m^3
$\Delta_V h$	Verbrennungswärme in J/kg oder kJ/kg bzw. J/m^3 oder kJ/m^3
k	Wärmedurchgangskoeffizient in W/m^2K
k_R	Wärmedurchgangskoeffizient für 1 m Rohrlänge in W/m K
L_{min}, L_{wirkl}	theoretischer bzw. wirklicher Luftbedarf bei der Verbrennung in m^3/m^3, m^3/kg oder kg/kg
l	Länge in m
M	Molmasse in kg/kmol
m, $\dot{m}$	Masse in kg, Masse je Zeiteinheit
n	Polytropenexponent, Drehzahl in min^{-1}
P	Leistung in W oder kW
p	Druck in N/m^2, bar, mbar
p_b	Barometerstand, äußerer Luftdruck in bar, mbar

$Q, \dot{Q}$	zu- oder abgeführte Wärme in Nm, J, Ws; Wärme je Zeiteinheit in W
q	zu- oder abgeführte Wärme in J/kg oder kJ/kg
R	Gaskonstante in Nm/kg K, J/kg K oder kJ/kg K
$\bar{R}$	allgemeine Gaskonstante in Nm/kmol K, J/kmol K oder kJ/kmol K
r	Verdampfungswärme in J/kg oder kJ/kg, Raumanteil
S	Entropie für eine beliebige Menge in J/K oder kJ/K
s	Entropie für 1 kg in J/kg K oder kJ/kg K
s', s''	Entropie der siedenden Flüssigkeit, des tr. gesättigten Dampfes in J/kg K oder kJ/kg K
t, T	Temperatur in °C, thermo-dynamische Temperatur (absolute Temperatur) in K
t_s, T_s	Siedetemperatur in °C, thermo-dynamische Siedetemperatur in K
U	innere Energie für eine beliebige Menge in J oder kJ
u	innere Energie für 1 kg in J/kg oder kJ/kg
$V, \dot{V}$	Volumen in m^3, Volumen je Zeiteinheit
$\bar{v}$	Molvolumen in m^3/kmol
v	spezifisches Volumen in m^3/kg
W	Raumänderungsarbeit in Nm, J, Ws
W_{Kr}	Arbeit des Kreisprozesses in Nm, J, Ws
w	Raumänderungsarbeit in Nm/kg, Geschwindigkeit in m/s
w_{Kr}	Arbeit des Kreisprozesses in Nm/kg
x	absolute Feuchtigkeit in kg/kg
x, γ	Dampf- bzw. Flüssigkeitsgehalt in kg/kg
α	Wärmeübergangskoeffizient in W/m^2 K
β	Temperaturfaktor in K^3, Raumausdehnungskoeffizient in $^1/K$
δ	Wanddicke in m
η	dynamische Viskosität in Ns/m^2 (kg/m s)
η_m	mechanischer Wirkungsgrad (der jeweilige Index kennzeichnet die Art des Wirkungsgrades)
$\varkappa$	Verhältnis der spezifischen Wärmekapazitäten
λ	Luftverhältnis, Wärmeleitfähigkeit in W/m K
λ_F	Füllungsgrad
λ_L	Liefergrad
μ	Kontraktionszahl
ν	kinematische Viskosität in m^2/s
ϱ	Dichte in kg/m^3
φ	relative Feuchtigkeit, Einspritzverhältnis, Geschwindigkeitsbeiwert
φ_V	innere Verdampfungswärme in J/kg oder kJ/kg
ψ	Sättigungsgrad
ψ_V	äußere Verdampfungswärme in J/kg oder kJ/kg

Quellenverzeichnis

[1] *Baehr*: Thermodynamik. Berlin/Heidelberg/New York: Springer-Verlag 1966

[2] *Bošnjaković, Fr.*: Technische Thermodynamik, 4. Aufl. Dresden und Leipzig: Verlag Theodor Steinkopff 1965

[3] Das Grundwissen des Ingenieurs, 9. Aufl. Leipzig: VEB Fachbuchverlag 1974

[4] *Elsner, N.*: Grundlagen der Technischen Thermodynamik, 2. Aufl. Berlin: Akademie-Verlag 1974

[5] *Häussler, W.*: Lufttechnische Berechnungen im *Mollier* i,x-Diagramm. Dresden: Verlag Theodor Steinkopff 1969

[6] Lehrbriefe für das Fachschulfernstudium — Thermodynamik. Institut für Fachschulwesen Karl-Marx-Stadt

[7] *Michejew*: Grundlagen der Wärmeübertragung. Berlin: VEB Verlag Technik 1968

[8] *Puschmann, G.*, und *R. Drath*: Die Grundzüge der technischen Wärmelehre, 22. Aufl. Leipzig: VEB Fachbuchverlag 1975

[9] *Schmidt, E.*: Einführung in die Technische Thermodynamik, 10. Aufl. Berlin/Göttingen/ Heidelberg: Springer-Verlag 1963

[10] *Spalding/Traustel/Cole*: Grundlagen der technischen Thermodynamik. Überarbeitung und Übersetzung von Prof. Dr.-Ing. habil. S. *Traustel* (Titel der englischen Originalausgabe: Engineering Thermodynamics). Braunschweig: Verlag Friedr. Vieweg + Sohn 1965

[11] Taschenbuch Maschinenbau, Band I/1 , 3. Aufl. Berlin: VEB Verlag Technik 1974

[12] Techn. Thermodynamik, Band I und II. Leipzig: VEB Deutscher Verlag für Grundstoffindustrie 1973/1974

[13] *Wukalowitsch, M. P.*, und *I. I. Nowikow*: Techn. Thermodynamik. Leipzig: VEB Fachbuchverlag 1962

Sachwortverzeichnis

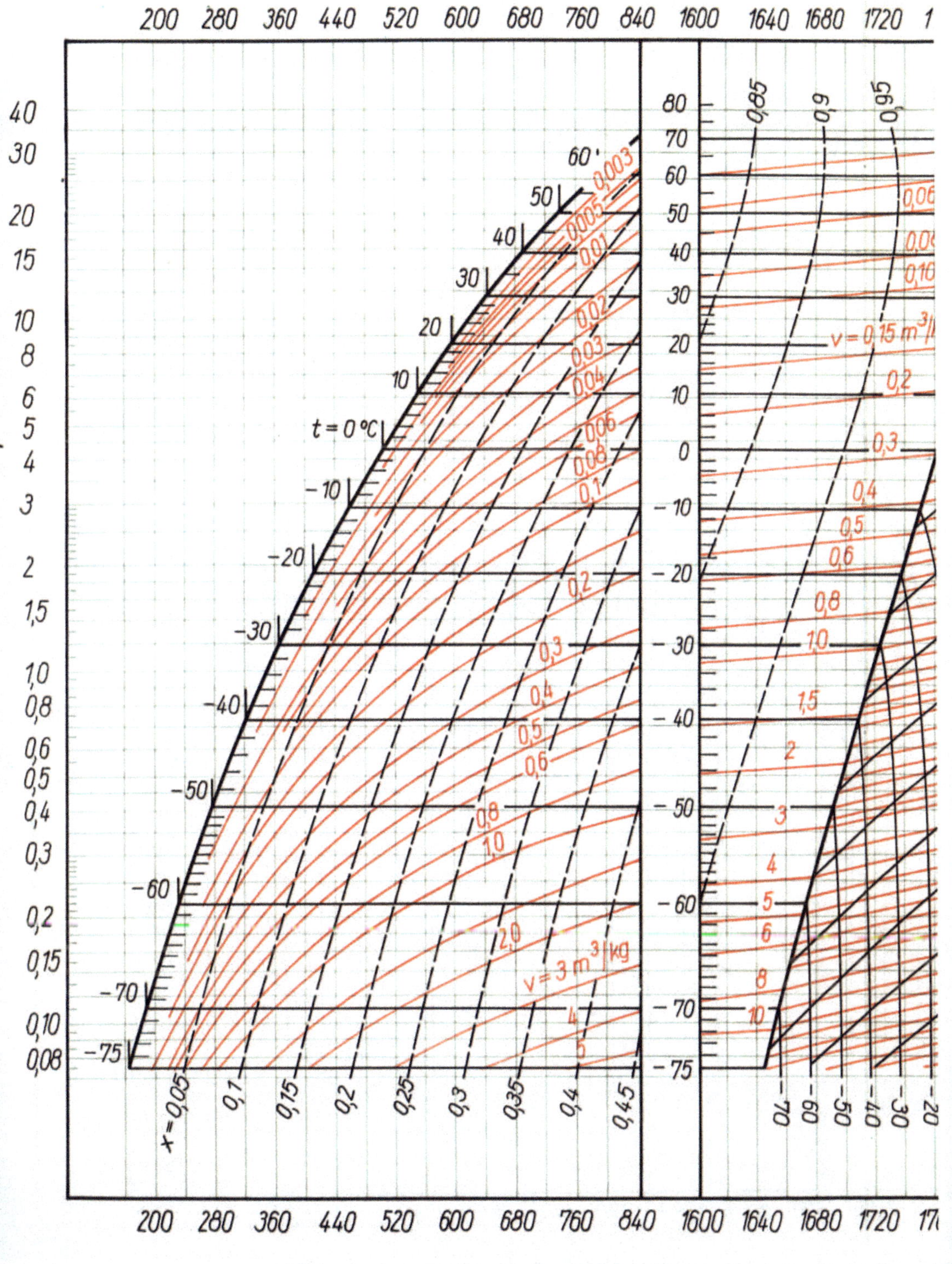
t = 0 °C
v = 3 m³/kg
v = 0,15 m³/
x = 0,05

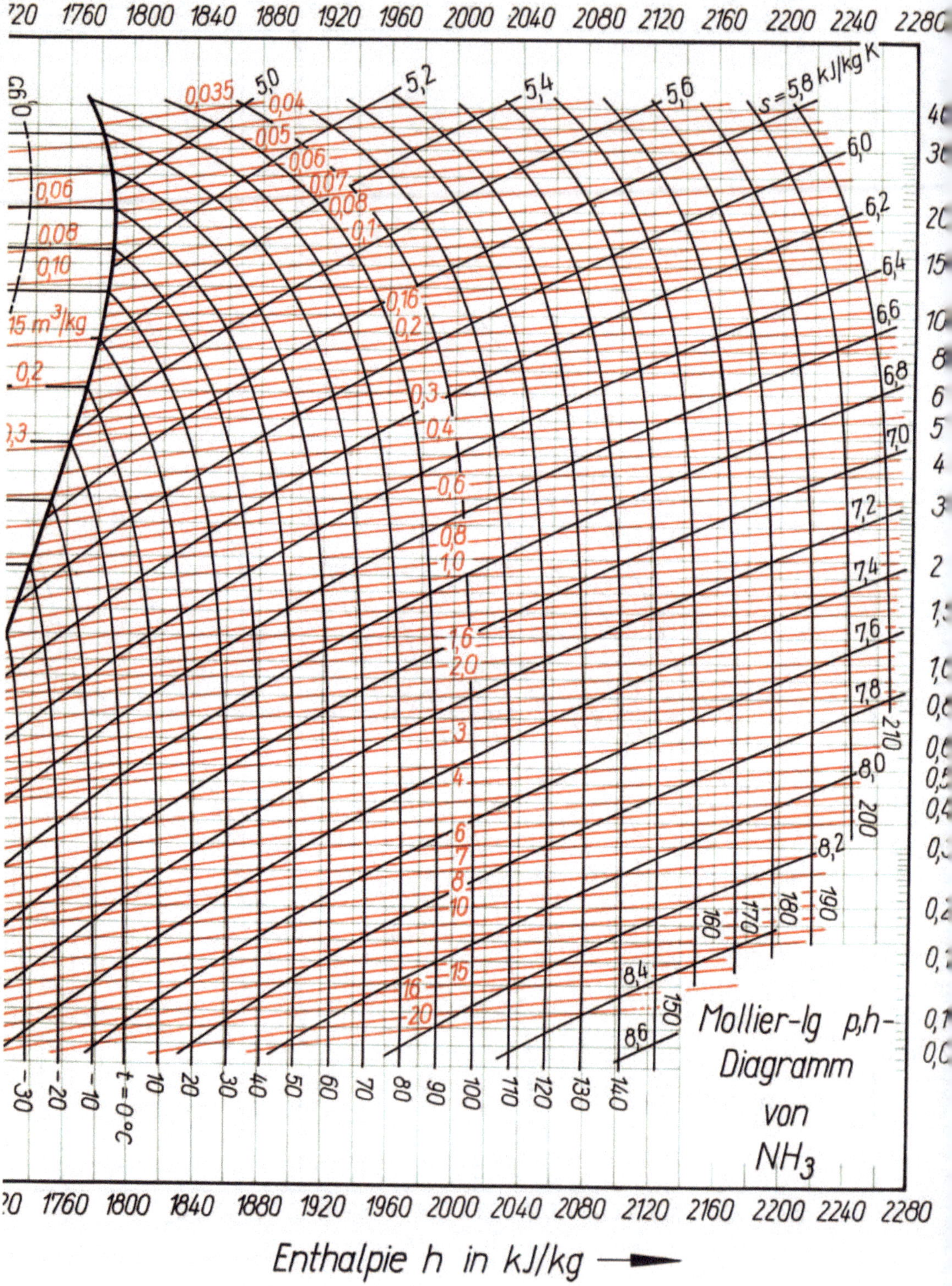

(Nach dem Diagramm vom Institut für Luft- und Kältetechnik, Dresden. Bei 0°C ist $h' = 500$ kJ/kg und $s' = 1{,}0$ kJ/kg K gesetzt.)

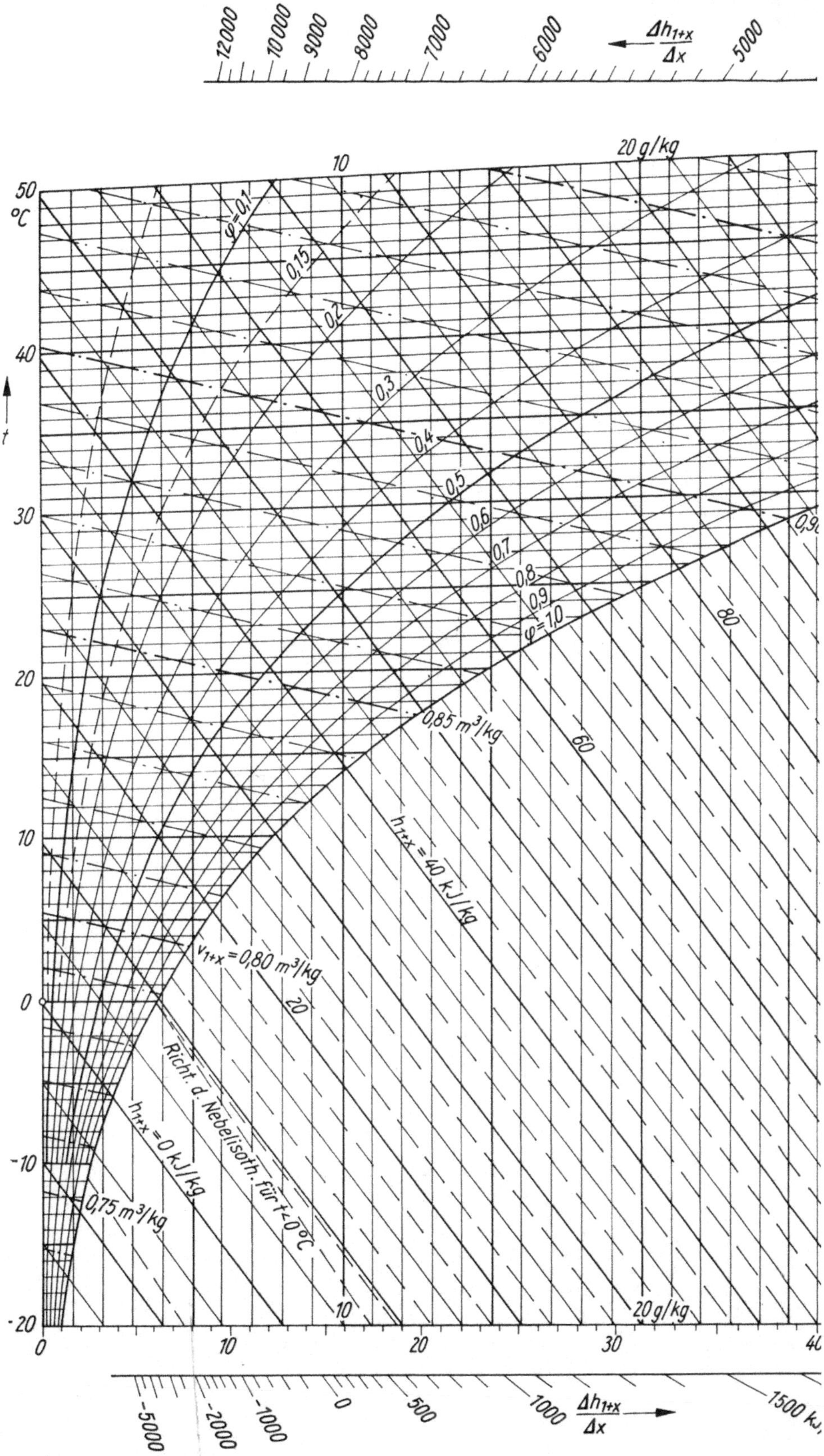

12000
10000
9000
8000
7000
6000
5000
Δh1+x / Δx
20 g/kg
10
50
°C
40
t
30
20
10
0
-10
-20
φ=0,1
0,15
0,2
0,3
0,4
0,5
0,6
0,7
0,8
0,9
φ=1,0
0,90
80
60
0,85 m³/kg
h1+x = 40 kJ/kg
v1+x = 0,80 m³/kg
20
Richt. d. Nebelisoth. für t<0°C
h1+x = 0 kJ/kg
0,75 m³/kg
10
20 g/kg
0
10
20
30
-5000
-2000
-1000
0
500
1000
1500 kJ

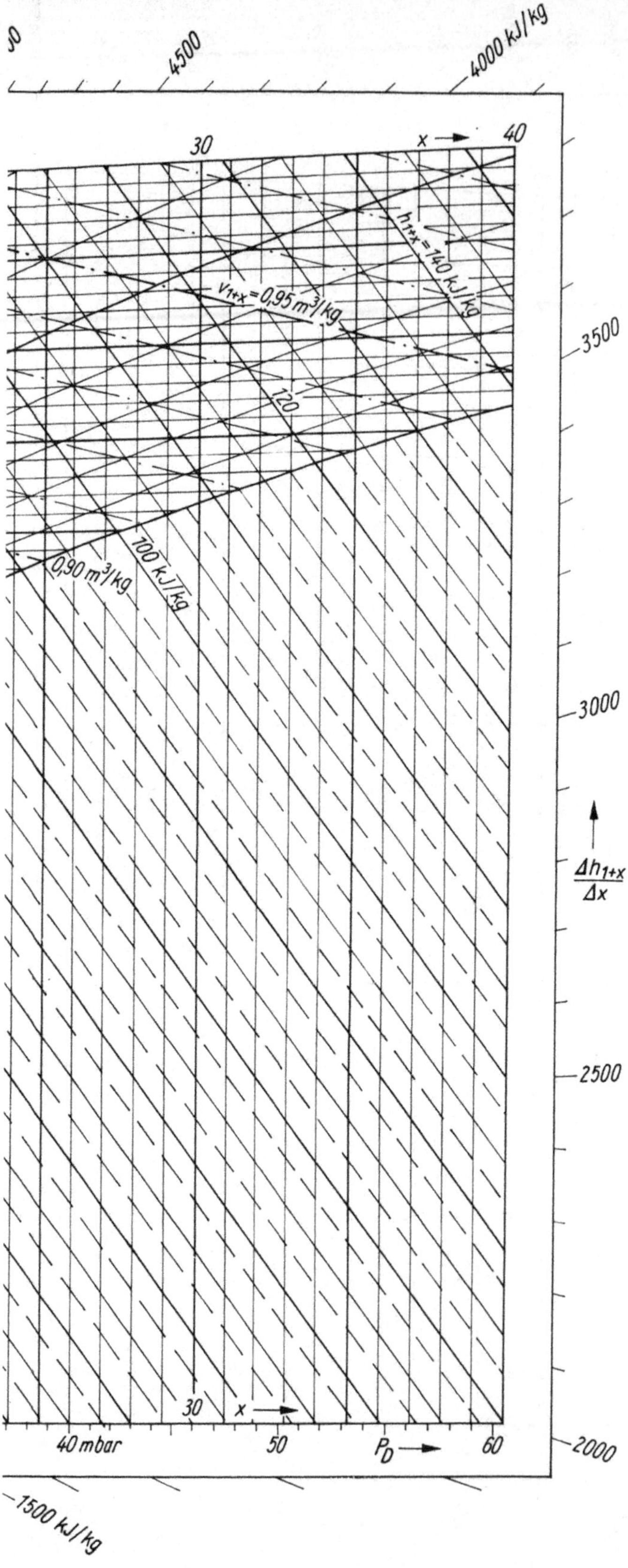

Mollier-h,x-Diagramm für feuchte Luft von Prof. Dr.-Ing. *W. Häußler* für 1 bar

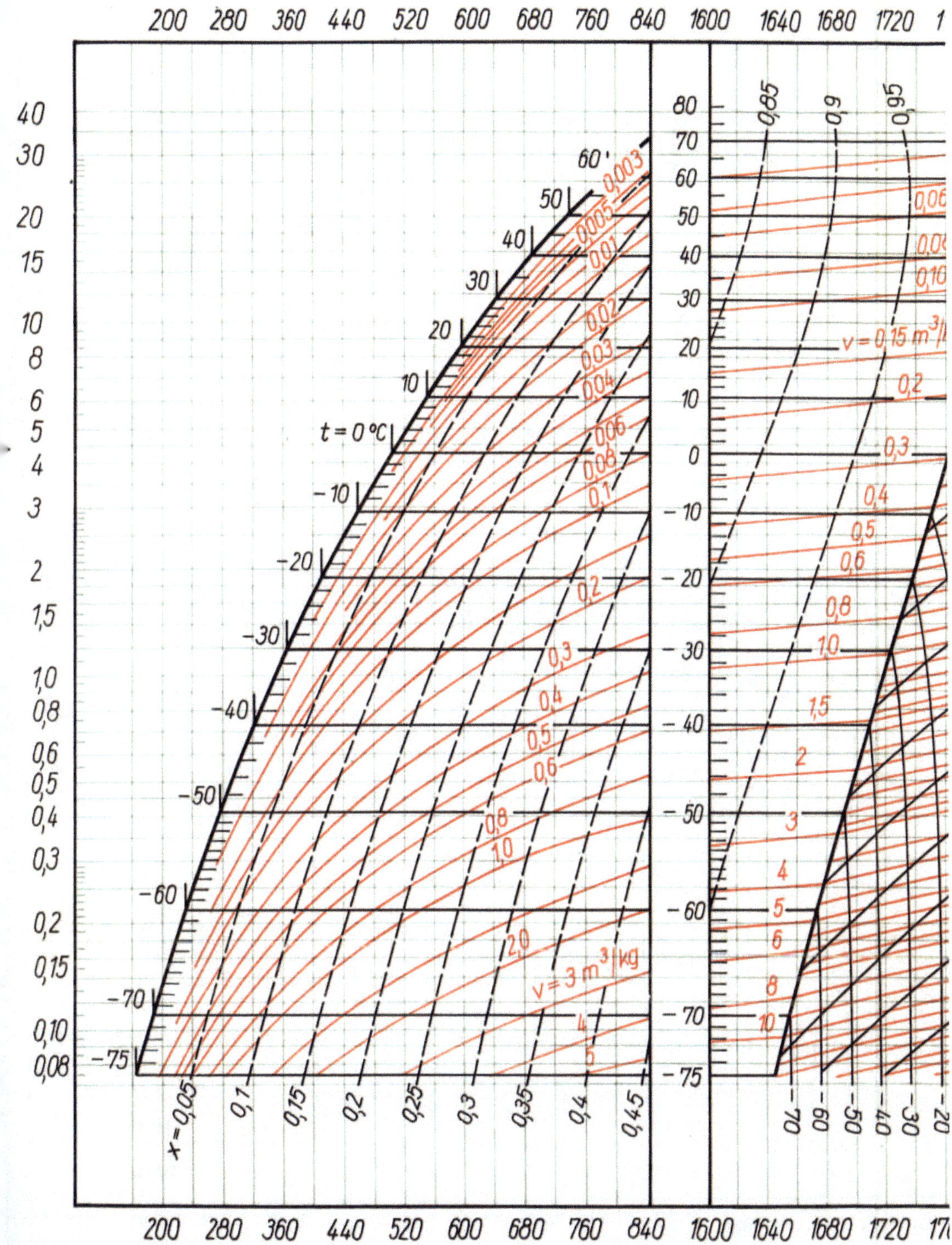

t = 0 °C
v = 3 m³/kg
v = 0,15 m³/kg
x = 0,05

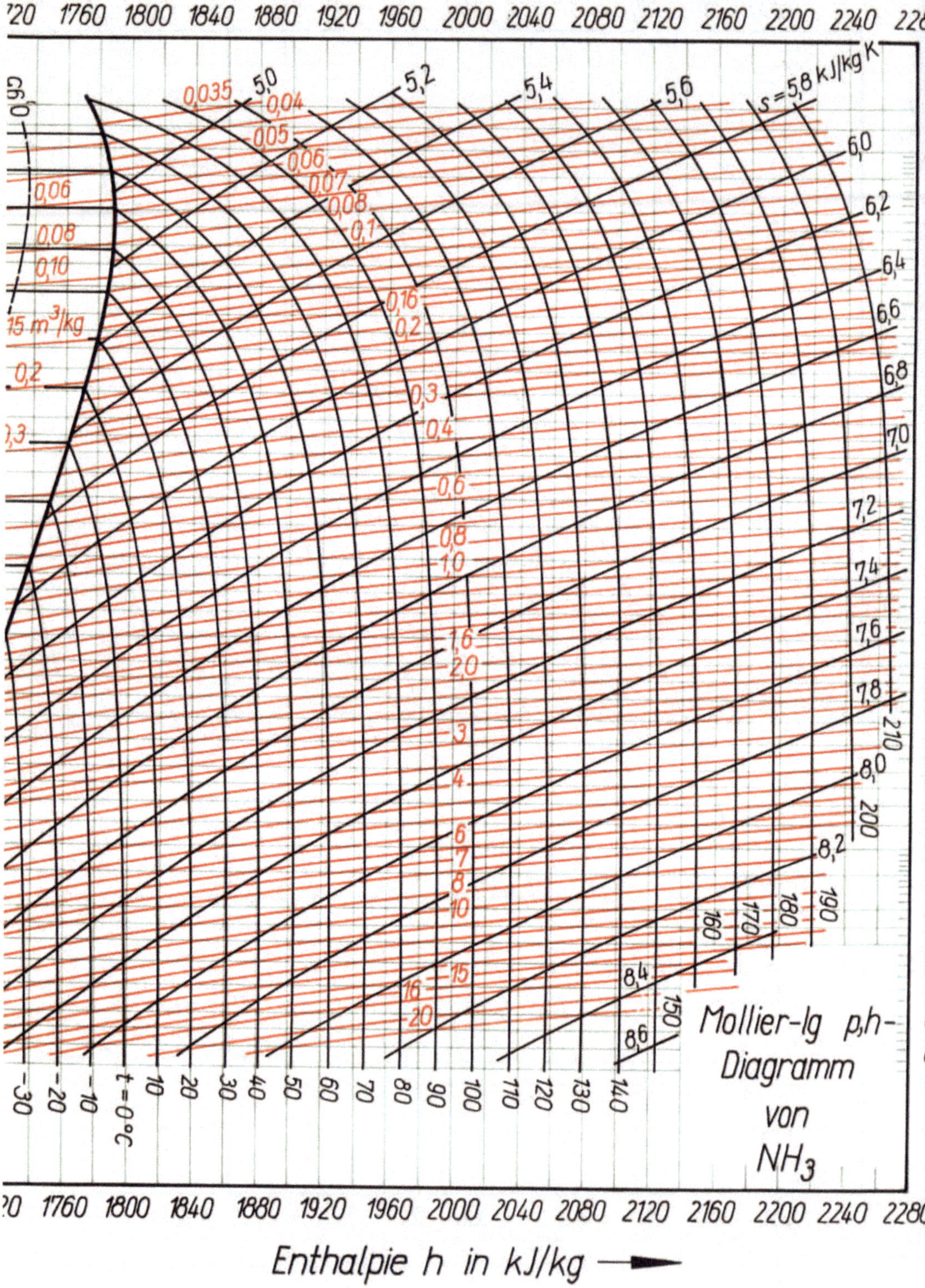

(Nach dem Diagramm vom Institut für Luft- und Kältetechnik, Dresden. Bei 0°C ist $h' = 500$ kJ/kg und $s' = 1{,}0$ kJ/kg K gesetzt.)

GPSR Compliance

The European Union's (EU) General Product Safety Regulation (GPSR) is a set of rules that requires consumer products to be safe and our obligations to ensure this.

If you have any concerns about our products, you can contact us on ProductSafety@springernature.com

In case Publisher is established outside the EU, the EU authorized representative is:

Springer Nature Customer Service Center GmbH
Europaplatz 3
69115 Heidelberg, Germany

Batch number: 08568549

Printed by Printforce, the Netherlands